Biochemie und molekulare Biologie – Das Beste aus BIO*spektrum*

Jürgen Alves (Hrsg.)

Biochemie und Molekulare Biologie

Das Beste aus BIO*spektrum*

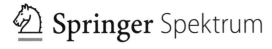 Springer Spektrum

Herausgeber
Professor Dr. Jürgen Alves
Medizinische Hochschule Hannover
Institut für Biophysikalische Chemie
Carl-Neuberg-Straße 1
30623 Hannover

ISBN 978-3-8274-3110-3

Die Deutsche Nationalbibliothek verzeichnet diese Publikation in der Deutschen Nationalbibliografie; detaillierte bibliografische Daten sind im Internet über http://dnb.d-nb.de abrufbar.

Springer Spektrum
© Springer-Verlag Berlin Heidelberg 2012

Planung und Lektorat: Dr. Ulrich G. Moltmann, Kaja Rosenbaum-Feldbrügge, Katrin Petermann
Satz: TypoDesign Hecker, Leimen
Einbandentwurf: deblik, Berlin

Gedruckt auf säurefreiem und chlorfrei gebleichtem Papier

Springer Spektrum ist eine Marke von Springer DE. Springer DE ist Teil der Fachverlagsgruppe Springer Science+Business Media.
www.springer-spektrum.de

INHALT

GENE UND IHRE REGULATION

1 **Teil 1: Gene – von der Evolution über die Regulation zur Manipulation**

3 Varianz und Stabilität der Gene
Jürgen Schmitz, Jürgen Brosius

7 Mechanismen der transkriptionellen Regulation in der Blütenentwicklung
Kerstin Kaufmann, Franziska Turck

10 Wenn Proteine ihren Partner wechseln
Chiara Cabrele

14 Die CTD der RNA-Polymerase II – eine neue Ebene der Genregulation
Martin Heidemann, Corinna Hintermair, Roland Schüller, Kirsten Voss, Dirk Eick

18 DNA-Methylierung und Evolution
Eberhard Schneider, Ruxandra Farcas, Thomas Haaf

21 Die Chemische Biologie beschreitet neue Wege in der Chromatinforschung
Dirk Schwarzer

24 Epigenom-Karten erstellen und nutzen
Christoph Bock, Thomas Lengauer

28 Gezielte Manipulation des Genoms mit Zinkfingernukleasen
Melanie Meyer, Benedikt Wefers, Oskar Ortiz, Wolfgang Wurst, Ralf Kühn

32 Adeno-assoziierte Viren für effizientes Gene Targeting in humanen Zellen
Stefan Mockenhaupt, Dirk Grimm

RNA UND IHRE BEDEUTUNG

37 **Teil 2: RNA – vielseitige Moleküle zur Regulation der Proteinsynthese**

39 Die Rolle der PPR-Proteine beim RNA-Editing in Pflanzenmitochondrien
Anja Zehrmann, Mizuki Takenaka

42 Hochspezifische RNA-Polymerasen mit ungewöhnlichen Eigenschaften
Heike Betat, Mario Mörl

45 Struktur, Funktion und Evolution von Dnmt2
Sara Müller, Albert Jeltsch, Wolfgang Nellen

49 Kleine RNAs, soweit das Auge reicht
Renate Rieder

52 Von ein wenig antisense zu globalen RNA-Regulons
Jörg Vogel

56 NMR-Spektroskopie zum Verständnis RNA-basierter Regulation
Boris Fürtig, Janina Buck, Jörg Rinnenthal, Anna Wacker, Harald Schwalbe

60 Genregulatoren aus dem Baukasten – das Hammerhead-Ribozym
Markus Wieland, Jörg S. Hartig

63 Auch einmal klein angefangen: Evolution von mikro-RNAs
Sascha Laubinger

PROTEINE UND IHRE STRUKTUR

67 **Teil 3: Proteine – von der Synthese und der dreidimensionalen Struktur über den Abbau zum Proteindesign und dem Proteom**

69 Ribosomen-Biogenese: Hierarchie oder koordiniertes Miteinander?
Joachim Griesenbeck, Gernot Längst, Philipp Milkereit, Attila Németh, Herbert Tschochner

72 Genauigkeit und Geschwindigkeit der Proteinsynthese
Wolfgang Wintermeyer, Marina V. Rodnina

76 Ribosom-assoziierte Chaperone kontrollieren die Proteinbiosynthese
Jeannette Juretschke, Elke Deuerling

80 Proteinimport in die peroxisomale Matrix – ein Prozess nimmt Form an
Astrid Hensel, Wolfgang Girzalsky, Ralf Erdmann

83 Analyse von Protein-Interaktionen durch FRET und FACS
Michael Schindler, Carina Banning

86 Chemisches Cross-Linking und MS zur Untersuchung von Proteinkomplexen
Sabine Schaks, Stefan Kalkhof, Fabian Krauth, Olaf Jahn, Andrea Sinz

90 Struktur und Dynamik von Biomolekülen mit high precision-FRET
Thomas-O. Peulen, Claus A. M. Seidel

93 GSDIM: ein pointillistischer Blick auf die Zelle
Tamara Straube, Alexandra Elli, Ralf Jacob

95 Der THz-Tanz des Wassers mit den Proteinen
Martina Havenith

99 Immunoproteasomen: Schutz vor Stress
Elke Krüger, Ulrike Seifert, Peter-M. Kloetzel

102 ADAM17: molekularer Schalter zwischen Entzündung und Regeneration
Athena Chalaris, Stefan Rose-John

105 Enzyme am Reißbrett
Christoph Malisi, André C. Stiel, Birte Höcker

108 Proteinsemisynthese – ein Werkzeug für komplex modifizierte Proteine
Christian F. W. Becker

VOM STOFFWECHSEL BIS ZUR ZELLULÄREN BIOLOGIE

METHODISCHE ENTWICKLUNGEN

Vorwort

■ Als an mich die Idee herangetragen wurde, die besten Beiträge aus der Zeitschrift BIO*spektrum* als Buch herauszugeben, war ich erstaunt. Die entsprechenden Artikel waren ja gerade erst veröffentlicht worden. Welchen zusätzlichen Nutzen sollte ein solches Buch haben? Dann wurde mir aber bewusst, dass die Artikel bisher nur einer begrenzten Leserschaft zur Verfügung stehen und dass sie in einer entsprechenden Auswahl, die auch noch thematisch enger fokussiert ist, in einem ganz neuen Licht erscheinen. Als begeisterter BIO*spektrum* Leser ist es mir auch ein Anliegen, diese Zeitschrift und die sie tragenden Gesellschaften einem breiteren Publikum bekannt zu machen. Es gibt nicht viel Gelegenheit, qualitativ hochwertige, kurz und prägnant geschriebene Übersichtsartikel aus dem Bereich der molekularen Biowissenschaften in deutscher Sprache zu lesen. Gerade für junge Studierende aus verwandten Studienfächern ist BIO*spektrum* eine gute Möglichkeit, sich die aktuelle Forschungslandschaft in Deutschland zu erschließen. Wenn das Buch gerade auch bei diesen Lesern die Lust auf ein Abonnement wecken sollte, können sie auch gleich überlegen, ob sie nicht einer der Gesellschaften beitreten wollen, die diese Zeitschrift tragen. Das Abonnement ist dann im Mitgliedsbeitrag inbegriffen und sie haben die Möglichkeit, sich über die Teilnahme an Tagungen oder Praktika oder Abschlussarbeiten in den entsprechenden Arbeitsgruppen auch selbst in die ‚scientific community' einzubringen.

Die hohe Qualität der Artikel in BIO*spektrum* resultiert daraus, dass die Gesellschaften für die Auswahl sorgen. Der Inhalt wird also von der

 Gesellschaft für Biochemie und Molekularbiologie (GBM),

 Vereinigung für Allgemeine und Angewandte Mikrobiologie (VAAM),

 Gesellschaft für Entwicklungsbiologie (GfE),

 Gesellschaft für Genetik (GfG) und

 Deutsche Gesellschaft für Experimentelle und Klinische Pharmakologie und Toxikologie (DGPT) und die

 DECHEMA Gesellschaft für Chemische Technik und Biotechnologie e.V.

bestimmt. Da in allen Bereichen, die diese Gesellschaften vertreten, mit überlappenden Thematiken und den gleichen Techniken geforscht wird, sind die ausgewählten Artikel für die breite Leserschaft interessant und wenden sich auch bewusst an diese. Studierende können hier weit über das hinaus, was sie in den Lehrbüchern finden, Eindrücke von der Vielfalt der Biowissenschaften gewinnen. Für Wissenschaftler in akademischer und auch industrieller Forschung und Entwicklung ermöglicht der Blick über den Tellerrand in andere Forschungsfelder viele Gelegenheiten, neue Anregungen für die eigene Arbeit zu erhalten. Nicht zuletzt bereitet es Freude, überraschende, gut und knapp dargestellte Wissenschaft in einem weiten Spektrum der Biowissenschaften zu lesen.

Für dieses Buch habe ich nun Artikel ausgewählt, die unter die breite Überschrift Biochemie und Molekulare Biologie passen. Ein ähnliches Buch entsteht für die Bereiche Mikrobiologie und Zellbiologie. Natürlich gibt es Überschneidungen, sodass tatsächlich einige Artikel erst für beide Bücher ausgewählt wurden. Das ließ sich aber leicht bereinigen, da die Bücher gar nicht den Anspruch haben (können), einen Bereich erschöpfend darzustellen.

Entsprechend der Inhalte habe ich die Artikel zu Kapiteln zusammengefasst, die jeweils eine kurze thematische Einführung haben. Sie sind entlang des klassischen Weges von den Genen und ihrer Expression über die RNA zu den Proteinen und ihren Funktionen in Stoffwechsel und Signaltransduktion geordnet. Dabei blieben dann noch einige methodisch orientierte Artikel für ein letztes Kapitel übrig. Es ist aber auffällig, dass sich sehr viele Artikel mit der Anwendung neuer oder der Weiterentwicklung älterer Techniken befassen. Es wird hier besonders deutlich, dass die Forschung darauf angewiesen ist, die genutzten Methoden an die Fragestellungen anzupassen, und dass methodische Neuentwicklungen viele neue Anwendungen nach sich ziehen. Insofern hält dieses Buch auch eine Fülle methodischer Anregungen bereit. ■

Prof. Dr. Jürgen Alves
Institut für Biophysikalische Chemie
Medizinische Hochschule Hannover

Gene und ihre Regulation

Teil 1: Gene – von der Evolution über die Regulation zur Manipulation

In diesem Teil stehen die Gene und die Regulation ihrer Transkription in RNA im Vordergrund. Im ersten Artikel diskutieren J. Schmitz & J. Brosius die Vorteile der Exon-Intron-Struktur bei alternativen Spleißvorgängen und beleuchten mögliche Wege zur Evolution neuer Exons aus repetitiven Sequenzen, wie sie aus Genomvergleichen ablesbar sind. Die beiden folgenden Artikel beschäftigen sich dann mit Transkriptionsfaktoren, die über kombinatorische Protein-Protein-Interaktionen komplexe Regulationen bewirken können (K. Kaufmann & F. Turk, C. Cabrele). Das Ziel solcher Regulationen, die RNA-Polymerase II, ist Thema des nächsten Artikels (M. Heidemann et al.). Ihre C-terminale Domäne ist eine Plattform zur Regulation und Interaktion mit einer Vielfalt von Proteinen, die auf die naszierende RNA übertragen werden und auch auf die Chromatinstruktur einwirken. Dies führt uns zur Epigenetik, einer zurzeit intensiv beforschten Thematik. Hier werden nacheinander die DNA-Methylierung (E. Schneider et al.), die Erforschung der Histonmodifikationen (D. Schwarzer) und Erstellung und Nutzung von Epigenom-Karten (C. Bock & T. Lengauer) diskutiert. Den Abschluss dieses Teils bilden Ansätze zur zielgerichteten In vivo-Manipulation der Gene durch Zinkfingernukleasen (M. Meyer et al.) und Vektoren aus Adeno-assoziierten Viren (S. Mockenhaupt & D. Grimm), die auch für Gentherapien nutzbar sind.

Alternatives Spleißen

Varianz und Stabilität der Gene

JÜRGEN SCHMITZ, JÜRGEN BROSIUS
INSTITUT FÜR EXPERIMENTELLE PATHOLOGIE, ZMBE, UNIVERSITÄT MÜNSTER

Die belebte Natur generiert eine enorme Vielfalt aus einer lediglich überschaubaren Anzahl an Genen. Durch alternatives Spleißen werden häufig neue Komponenten von Genen aus der großen genomischen Masse funktionsloser Sequenzen rekrutiert.

Living organisms generate much of their phenotypic diversity from a limited amount of genes. Alternative splicing is one important mechanism to recruit novel parts of genes from the vast mass of hitherto non-functional genomic DNA.

■ Eine der großen Überraschungen der Sequenzierung und Analyse des menschlichen Genoms ist die Tatsache, dass es nur etwas über 20.000 Protein-codierende Gene enthält [1]. Dazu kommen noch einige Tausend Gene, die für funktionale und regulatorische RNAs codieren. Allerdings erlaubt die von Introns unterbrochene Struktur der Gene eine dramatische Erhöhung der Varianz. Bei der Maturierung der Primärtranskripte können die funktionalen Exons beim Herausspleißen der Introns unterschiedlich zusammengesetzt werden [2]. Ein oder mehrere Exons können ausgelassen oder zusätzliche Exons aus intronischen Regionen hinzugefügt werden (**Abb. 1**). Aus einem Gen entstehen so mehrere Varianten. Durch Auslassen oder Einfügen von Exons kann sich auch der darauffolgende Leserahmen einer mRNA ändern, sodass aus einem Gen Proteine exprimiert werden, die

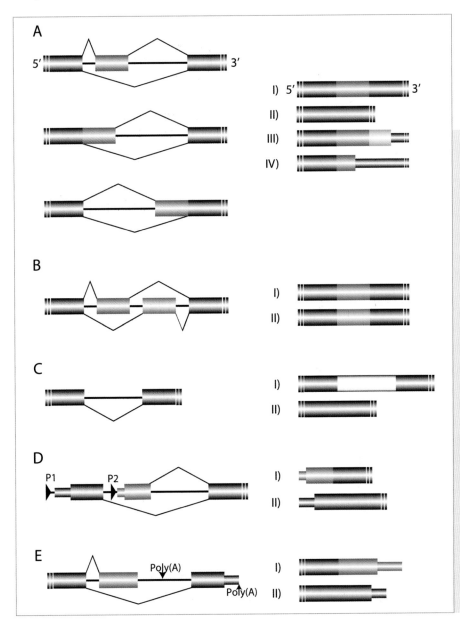

◄ **Abb. 1:** Einige Beispiele alternativer Spleißmuster. Die Genstruktur ist auf der linken Seite abgebildet, wobei lediglich ein zentraler Teilabschnitt des Gens dargestellt ist (A–C). Das 5'-Ende eines Gens ist in D und das 3'-Ende in E dargestellt. Rechts sind resultierende mRNA-Varianten gezeigt. Protein-codierende Exons sind durch breite Balken gekennzeichnet, 5'- oder 3'-untranslatierte Regionen (UTR) durch schmalere Balken, Introns durch Linien und Spleißmuster durch gewinkelte Linien. **A**, oben: neues Exon (rot), das ein- oder ausgeschlossen werden kann; Mitte bzw. unten: alternative 5'- und 3'-Spleißstelle. Ist die Anzahl der Nukleotide im alternativen Exon (rot) durch drei teilbar, bleibt die mRNA im gleichen Leserahmen (I), und es resultiert ein Protein, das sich vom kürzeren (II) nur durch eine zusätzliche Sequenz unterscheidet. Ist dies nicht der Fall oder beinhaltet das alternative Exon ein Stoppcodon, ist der distale Teil der mRNA in einem anderen Leserahmen (hellgrau) als die Variante unter (II), bis ein Stoppcodon erreicht wird (III), oder das Protein terminiert bereits im alternativen Exon (IV). **B**, sich gegenseitig ausschließende Exons (rot und blau). **C**, Einbettung des Introns (weiß) in die mRNA (rechts). Für B und C gelten auch die Varianten des anderen distalen Leserahmens oder des frühzeitigen Translationsstopps (nicht gezeigt). **D**, Verwendung alternativer Promotoren mit verschiedenem 5'-Exon durch alternatives Spleißen. **E**, Verwendung alternativer Poly(A)-Terminationsstellen und verschiedener 3'-Exons durch alternatives Spleißen.

sich eventuell in ihrer Struktur signifikant unterscheiden. In einer Zelle können folglich in einem bestimmten Verhältnis zwei oder mehrere Proteinvarianten translatiert werden. Es ist allerdings auch möglich, dass eine Variante ausschließlich in einem Zelltyp und die andere Variante in einem anderen Zelltyp durch alternatives Spleißen exprimiert werden. Auch sind Spleißvarianten im gleichen Zelltyp, aber in verschiedenen Entwicklungsstadien nicht selten. Die Hoffnung, dass durch diese Vielseitigkeit die höhere Komplexität von Säugetieren oder Vertebraten zu erklären ist, hat sich allerdings nicht erfüllt, da das alternative Spleißen auch in Invertebraten bedeutend ist. Den bisherigen Rekord hält dabei ein Gen in der Taufliege, von dem – zumindest theoretisch – fast 40.000 Varianten möglich sind [3].

Befreiung vom Selektionsdruck durch Redundanz

Eine interessante Fragestellung ist, ob und wie neue Exons evolutionsgeschichtlich entstehen. Mindestens seit den 1960er-Jahren ist bekannt, dass sich neue Gene durch Duplikation existierender Gene bilden [4]. Duplikationen entstehen durch Fehler bei der Zellteilung oder Replikation von Chromosomensequenzen, wobei ganze Chromosomen oder Abschnitte mit einem oder mehreren Genen in ihrer existierenden Intron/Exon-Struktur verdoppelt werden können. Ein weiterer Weg der Genduplikation ist die Rückschreibung von mRNA in DNA und die zeitgleiche Integration an zufälligen Orten des Genoms, ein Vorgang, der als Retroposition beschrieben wird. In den Fällen, wo die cDNA-Kopie (gespleißte komplementäre DNA) sich zufällig in einem Genort integriert, an dem flankierende Sequenzen die Transkription ermöglichen, kann ein neues Gen entstehen, das allerdings im Unterschied zum ursprünglichen Gen keine Introns aufweist. Wird das Duplikat exprimiert, entstehen zunächst identische Isoformen, deren Genprodukte sich in nichts unterscheiden. Wichtig ist, dass nur eine der beiden Formen unter Funktionszwang (Selektion) steht, während sich die andere Form selektionsneutral verändern kann, z. B. bis ein neues Genprodukt entsteht, das für den Organismus vorteilhaft ist. Erst dann gerät auch diese Form unter Selektionsdruck [5]. Gleichzeitig kann jedoch auch die eine oder andere Form in verschiedenen Abstammungslinien inaktiviert werden und verloren gehen. Die Generierung und vor

allem Persistenz von neuen Genen über eine Zeitspanne von etwa 100 bis 200 Millionen Jahren (entsprechend der Radiation der Säugetiere) ist allerdings recht selten. Es gibt Schätzungen, dass sich Maus und Mensch lediglich durch einige Hundert Gene unterscheiden, das heißt also durch Gene, die im anderen Organismus kein vorhandenes oder funktionales Ortholog aufweisen. Eine numerisch wesentlich bedeutendere Rolle spielt die Akquisition von neuen Genkomponenten. Dies ist nicht nur beschränkt auf Exons, die den offenen Leserahmen und daher auch die Proteinstruktur ausmachen, sondern beinhaltet auch regulatorische Sequenzen in den untranslatierten Regionen der mRNA oder auch Regulationselemente wie Polyadenylierungssequenzen oder Promotor- und Transkriptionsmodulatoren [5]. Im Folgenden beschränken wir uns allerdings auf die Protein-codierenden Regionen.

Genteile aus „Schrottteilen"

Der Ursprung der meisten neutralen Sequenzen, die bis zu 95 Prozent eines Genoms ausmachen und zwischen Genen sowie innerhalb von Genen zwischen Exons liegen, ist vermutlich RNA, die durch Retroposition zu DNA umgeschrieben wurde. Dieser Vorgang gehört durchaus nicht der Vergangenheit an, sondern kann sich jederzeit in jeder Zelle abspielen. Geschieht dies in der Keimbahn, werden diese zusätzlichen Sequenzen an die nächste Generation weitergegeben. Als RNA-Vorlage können nicht nur mRNAs, sondern auch kleine RNAs dienen, die nicht für Proteine codieren. Einige davon, wie z. B. tRNAs oder SRP(*signal recognition particle*)-RNAs werden wegen ihres multiplikativen Vorkommens bevorzugt von der Retropositionsmaschinerie in DNA umgeschrieben und wie im Schrotschussverfahren in alle möglichen Orte des Genoms integriert. Meistens sind diese neu integrierten RNA-Gene nicht mehr direkt transkribiert und werden als Retropseudogene beschrieben. Aktive Retroposition führt dazu, dass ihre Zahl über wenige Millionen Jahre bis in die Hunderttausende oder gar Millionen gehen kann. Das bekannteste Beispiel sind die *Alu*-Elemente im menschlichen Genom. Wie man sich vorstellen kann, sind solche Neuintegrationen nicht ganz unbedenklich für den betroffenen Organismus. Man rechnet damit, dass in der Keimbahn des Menschen eine *Alu*-Retroposition pro 20 Geburten auftritt. Manchmal führt ein solches Ereignis zu einer genetischen Erkrankung [6]. Allerdings sind die meisten Inser-

tionen entweder neutral oder nur schwach schädigend.

Es stellt sich die Frage, ob es auch nützliche Integrationen gibt. Bei der Computeranalyse von RNA-Transkripten in verschiedenen menschlichen Zellen und Geweben, wurden Tausende mRNAs entdeckt, die auch im offenen Leserahmen zumindest einen Teil an *Alu*-Elementen enthielten [7]. Dies war umso überraschender, da die kleinen RNAs, von denen die *Alu*-Elemente stammen, keine nativen Protein-codierenden Funktionen haben. Experimentelle Arbeiten zeigten, dass häufig Teile von intronischen *Alu*-Elementen in beiden Orientierungen, jedoch vorwiegend in *antisense*-Richtung als neue Exons rekrutiert werden können (**Abb. 2**, [8]). Interessanterweise stellen die Spleißvarianten mit dem neuen *Alu*-Exon gewöhnlich lediglich einen kleinen Prozentsatz der maturierten mRNAs dar. Dies hält negative Auswirkungen des zusätzlichen Exons auf Proteinstruktur und -funktion in einem erträglichen Rahmen. Sollte die zusätzliche Aminosäuresequenz jedoch im Genprodukt in dem einen oder anderen Zelltyp nützlich sein, könnte sich durch weitere Sequenzveränderungen das Verhältnis zugunsten der Spleißvariante mit dem neuen Exon verschieben. Es ist allerdings nicht zu erwarten, dass die neuen Exons in relativ kurzer Zeit zu einer Form evolieren, die zu einem unmittelbaren Selektionsvorteil führt. Dies wurde durch phylogenetische Analysen verschiedener Exonisierungen in Primaten gezeigt. Exonisierungen, die z. B. vor 40 Millionen Jahren erfolgten, sind heute lediglich in wenigen Linien nachweisbar und in anderen Linien durch Mutationen wieder verschwunden bzw. inaktiviert [9]. Anhand dieser Informationen über jüngere exonisierte *Alu*-Elemente kann man extrapolieren, dass zufällige Exonisierungen relativ häufig vorkommen, dass jedoch nur ein kleiner Teil davon über längere evolutionäre Zeiträume fortbesteht. Bei der Suche nach älteren Exonisierungsereignissen aus tiefen Verzweigungen der Säugetiere konnten wir bei MIR-Elementen (*mammalian-wide interspersed repeats*) Exonisierungen finden, die schon seit mehr als 100 Millionen Jahren in allen plazentalen Säugetieren überdauert haben. Dies weist auf einen hohen Funktionszwang und einen entsprechenden Selektionsdruck hin und bedeutet, dass die „neuen" Proteinsequenzen im Laufe der Zeit zu wichtigen Beiträgen in Funktion und Evolution der Zelle geführt haben [10]. In den meisten Fällen werden noch beide mRNA-Formen (mit und ohne Exonisierung) exprimiert. Es wurde allerdings

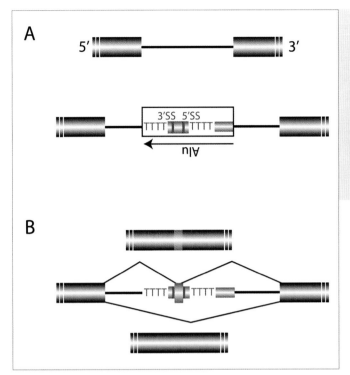

◀ **Abb. 2:** Exonisierung eines *Alu*-Elements. **A**, Teil eines ursprünglichen Gens (oben) sowie nach der Insertion eines *Alu*-Elements (rot, unten). Die Insertion erfolgte in diesem Fall in der *antisense*-Orientierung, wobei die A-reiche Region zwischen den beiden Monomeren sowie die A-reiche Region am 3'-Ende des dimeren *Alu*-Elements auf dem Primärtranskript als Oligo(U) vorliegen. Die Oligo(U)-Region proximal zur 3'-Spleißstelle (3'SS) dient als Oligopyrimidin-Folge, eines der für das Spleißen notwendigen Sequenzmotive. **B**, alternatives Spleißen mit einem Segment der ursprünglichen mRNA (unten) und dem partiellen *Alu*-Element (rot) als zusätzliches Exon (oben). Protein-codierende Exons sind durch breite Balken, 5'- oder 3'-untranslatierte Regionen (UTR) durch schmalere Balken, Introns durch Linien und Spleißmuster durch gewinkelte Linien dargestellt.

auch ein Beispiel beschrieben, in dem die ursprüngliche, kürzere mRNA mittlerweile nicht mehr exprimiert wird. Hierbei hatte die längere Proteinvariante möglicherweise keine zusätzliche Funktion, sondern die Funktion der ursprünglichen Variante deutlich verbessert. Alternativ wurde die Funktion der ursprünglichen Variante obsolet.

Das Grundrepertoire der Gene ist recht stabil

Wie schon erwähnt, besteht das Säugergenom aus lediglich fünf bis zehn Prozent funktionalen Modulen und 90 bis 95 Prozent interspergierenden Sequenzen. Diese nicht-codierenden, wahrscheinlich funktionslosen Sequenzen wurden im Laufe von Hunderten von Millionen Jahren akkumuliert und stammen zu einem bedeutenden Teil aus Retropositionsereignissen. Ohne Funktion und Selektion verändern sich diese Elemente durch das ständige Bombardement an Mutationen und sind nach spätestens 100 bis 200 Millionen Jahren nicht mehr als solche zu erkennen. In unseren phylogenetischen Analysen konnten wir feststellen, dass Teile von Retroposons nicht unbedingt sofort als neue Exons rekrutiert werden, sondern gelegentlich erst nach Millionen Jahren ihrer Existenz (**Abb. 3**). Es können natürlich auch vollkommen anonymisierte Sequenzen exonisieren, und zwar (1) teilweise im Verbund mit erkennbaren Retroposons und (2) teilweise ohne diese. Beispiele für den ersten Fall findet man häufig (**Abb. 3B**). Kurz nach der Entdeckung der Intron/Exon-Struktur von Genen hatte Walter Gilbert bereits über die evolutionsbiologische Bedeutung spekuliert [11]. Zum einen

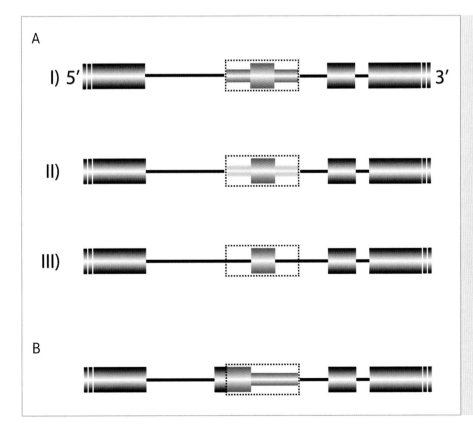

◀ **Abb. 3: A**, Integration eines Retroposons (rot, punktiert umrandet) in ein Intron eines Gens (I). Mit der Zeit verliert sich die Identität des Retroposons (II), bis die ständigen Mutationen die Sequenz etwa nach über 100 Millionen Jahren vollkommen unkenntlich gemacht haben (III). Zu jedem Zeitpunkt kann eine Exonisierung erfolgen (breiter roter Balken). Im ersten und zumeist im zweiten Fall ist die Herkunft des neuen Exons noch erkennbar, während im dritten Fall die Sequenz eventuell auch aus einer anonymen intronischen Sequenz stammen könnte. **B**, Fall, in dem eine Spleißstelle aus einer anonymen intronischen Sequenz kommt und die zweite in einem erkennbaren Retroposon liegt. Das alternative Exon besteht demnach aus intronischer Sequenz (grau) und dem Teil eines erkennbaren Retroposons (rot).

können neue Gene durch Kombinieren von Exons entstehen, zum anderen hat er vorausgesagt, dass aus intronischen Sequenzen neue Exons und damit Proteinsequenzen rekrutiert werden können, wobei es sich gezeigt hat, dass die zweite Möglichkeit recht häufig eintritt. Dies bedeutet, dass bei einem fast identischen Instrumentarium von Genen in Säugern, deren Unterschiede in Anatomie und Verhalten zum großen Teil auf Rekrutierung neuer bzw. alternativer Genmodule beruht. Neue oder Varianten von Regulationselementen wie z. B. Promotoren und Transkriptionsmodulatoren haben unterschiedliche zeitliche und räumliche Expressionsmuster von ansonsten homologen Genen zur Folge. Zusätzlich verändern neu rekrutierte Exons die Struktur und Funktion von Genprodukten. Dies sind vielleicht die ausschlaggebenden molekularen Mechanismen, die das unterschiedliche Erscheinungsbild einer Maus und eines Blauwals oder das verschiedene Verhalten eines Leoparden und einer Gazelle ausmachen.

Danksagung

Unsere Forschung wurde finanziert durch die Deutsche Forschungsgemeinschaft (Grant SCHM1469) sowie das Nationale Genomforschungsnetz (Grant NGFN 0313358A). ▪

Literatur

[1] Lander ES, Linton LM, Birren B et al. (2001) Initial sequencing and analysis of the human genome. Nature 409:860–921

[2] Leff SE, Rosenfeld MG, Evans RM (1986) Complex transcriptional units: diversity in gene expression by alternative RNA processing. Annu Rev Biochem 55:1091–1117

[3] Schmucker D, Clemens JC, Shu H et al. (2000) *Drosophila* Dscam is an axon guidance receptor exhibiting extraordinary molecular diversity. Cell 101:671–684

[4] Nei M (1969) Gene duplication and nucleotide substitution in evolution. Nature 221:40–42

[5] Brosius J, Gould SJ (1992) On „genomenclature": a comprehensive (and respectful) taxonomy for pseudogenes and other „junk DNA". Proc Natl Acad Sci USA 89:10706–10710

[6] Makalowski W, Mitchell GA, Labuda D (1994) Alu sequences in the coding regions of mRNA: a source of protein variability. Trends Genet 10:188–193

[7] Nekrutenko A, Li WH (2001) Transposable elements are found in a large number of human protein-coding genes. Trends Genet 17:619–621

[8] Lev-Maor G, Sorek R, Shomron N et al. (2003) The birth of an alternatively spliced exon: 3' splice-site selection in Alu exons. Science 300:1288–1291

[9] Krull M, Brosius J, Schmitz J (2005) Alu-SINE exonization: en route to protein-coding function. Mol Biol Evol 22:1702–1711

[10] Krull M, Petrusma M, Makalowski W et al. (2007) Functional persistence of exonized mammalian-wide interspersed repeat elements (MIRs). Genome Res 17:1139–1145

[11] Gilbert W (1978) Why genes in pieces? Nature 271:501

Korrespondenzadresse:
Prof. Dr. Jürgen Brosius
Institut für Experimentelle Pathologie – ZMBE
Universität Münster
D-48149 Münster
Tel.: 0251-8358511
Fax: 0251-8358512
RNA.world@uni-muenster.de

AUTOREN

Jürgen Schmitz
Jahrgang **1961**. **1981–1988** Biologiestudium, Universität Erlangen-Nürnberg; **1997** Promotion an der TU Berlin. **1998–2002** Postdoc am Deutschen Primatenzentrum, Göttingen. Seit **2003** Gruppenleiter im Institut für Experimentelle Pathologie am Universitätsklinikum, Münster.

Jürgen Brosius
Jahrgang **1948**. **1971–1974** Chemie- und Pharmaziestudium, Universität Frankfurt. **1976** Promotion am Max-Planck-Institut für Molekulare Genetik, Berlin-Dahlem. Danach Postdoc und Fakultätsmitglied an der University of California, Santa Cruz; Harvard University, Cambridge; Columbia University, New York. Seit **1994** Professor und Direktor des Instituts für Experimentelle Pathologie am Universitätsklinikum, Münster.

Ontogenese der Pflanzen

Mechanismen der transkriptionellen Regulation in der Blütenentwicklung

KERSTIN KAUFMANN[1], FRANZISKA TURCK[2]
[1]PLANT SCIENCES GROUP, WAGENINGEN UNIVERSITY AND RESEARCH CENTRE, WAGENINGEN, NIEDERLANDE
[2]ABTEILUNG ENTWICKLUNGSBIOLOGIE, MAX-PLANCK-INSTITUT FÜR PFLANZEN-ZÜCHTUNGSFORSCHUNG, KÖLN

Blütenentwicklung wird durch MADS-Box-Transkriptionsfaktoren gesteuert, deren direkte Zielgene nun durch neue Sequenziertechniken bestimmt werden können. Erste Ergebnisse bestätigen, dass diese Schlüsselfaktoren autoregulatorische Netzwerke bilden und viele Zielgene direkt regulieren.

Application of new sequencing technology has determined targets of MADS-box transcription factors regulating flower development. The results confirm that the key factors form auto-regulatory networks and regulate many target genes directly.

■ Genetische Variation, die zu Veränderungen der Blütenentwicklung führt, ist in der Blumenzüchtung lange genutzt worden, bevor uns die zugrunde liegenden genetischen Mechanismen bekannt waren. Durch intensive molekulargenetische Forschung an verschiedenen Modellpflanzen in den vergangenen 20 Jahren sind eine Reihe von Genen identifiziert worden, die als Schlüsselregulatoren eine wichtige Rolle in der Spezifizierung verschiedener Organtypen in der Blüte spielen [1]. Nach dem klassischen ABC-Modell bestimmen drei Klassen von Genen in kombinatorischer Weise die Spezifizierung aller vier Organtypen (**Abb. 1A**). So bestimmen Klasse-B-Gene zusammen mit Klasse-A-Genen die Identität der Kronblätter, aber zusammen mit Klasse-C-Genen Staubblätter. Der Ausfall einer bestimmten Genklasse, beispielsweise in Funktionsverlustmutanten, führt zu homöotischen Transformationen, das heißt zur Umbildung eines Organtyps in einen anderen. Zum Beispiel führt der Verlust der B-Funktion zur Umbildung von Staubblättern in Fruchtblätter und von Kronblättern in Kelchblätter.

Interessanterweise codieren fast alle Meristem- und Organidentitätsgene für Transkriptionsfaktoren, meistens für MADS-

Domänen-Proteine. Der molekulare Mechanismus, der dem Zusammenwirken von Transkriptionsfaktoren bei der Blütenbildung nach dem ABC-Modell zugrunde liegt, wurde durch Entdeckung einer neuen Genklasse erhellt: Gene der E-Klasse sind für die Entstehung aller Blütenorgane notwendig, denn ihr Verlust durch Genmutation führt zur homöotischen Umbildung der Blütenorgane in Laubblätter. Proteinbindungsstudien zeigten, dass Klasse-E-Proteine – ebenfalls zu den MADS-Domänen-Proteinen gehörend – eine Brückenfunktion einnehmen, mit der sie physische Interaktionen zwischen den verschiedenen Klassen von Organidentitäts-Faktoren des ABC-Modells ermöglichen [2]. Diese kombinatorischen Wechselwirkungen auf Proteinebene sind im Floral-Quartett-Modell zusammengefasst (**Abb. 1B**, [3]).

Neue experimentelle Ansätze durch Hochdurchsatz-Sequenzierungstechnologie

Genetische und molekularbiologische Methoden zeigten, dass eine kleine Zahl von Transkriptionsfaktoren als Schlüsselregulatoren komplexe Entwicklungsprozesse wie die Identitätsfestlegung von Organen dirigieren. Allerdings konnten diese Studien nicht klären, wie diese Schlüsselregulatoren hochspezifische Entwicklungsprozesse auf molekularer Ebene steuern. Da es sich um Transkriptionsfaktoren handelt, liegt die Frage auf der Hand, welche Zielgene durch sie in welcher Weise reguliert werden. DNA-Mikroarray-Technologien erlauben es, globale Veränderungen in Genausprägungsmustern zu bestimmen, können aber nicht ermitteln, ob diese Effekte direkt von bestimmten Transkriptionsfaktoren bewirkt werden oder durch zwischenge-

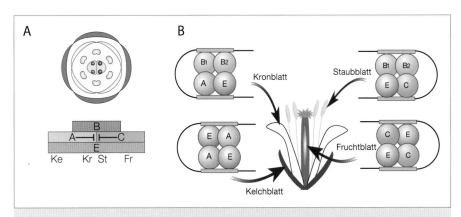

▲ **Abb. 1: A**, ABC(E)-Modell der Blütenentwicklung. Blütenmeristeme generieren in geordneter Folge Kelchblätter (Ke), Kronblätter (Kr), Staubblätter (St) und Fruchtblätter (Fr). **B**, Das Floral-Quartett-Modell postuliert, dass MADS-Domänen-Proteine in heterologen Komplexen zusammenwirken, um Blütenorganidentitäten zu bestimmen.

DOI: 10.1007/s12268-011-0023-5

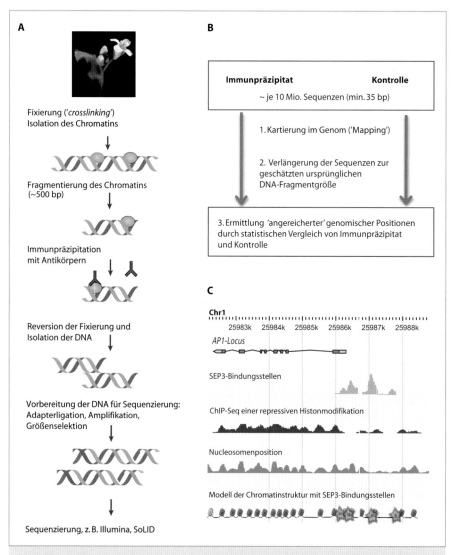

A

Fixierung ('crosslinking')
Isolation des Chromatins

Fragmentierung des Chromatins
(~500 bp)

Immunpräzipitation
mit Antikörpern

Reversion der Fixierung und
Isolation der DNA

Vorbereitung der DNA für Sequenzierung:
Adapterligation, Amplifikation,
Größenselektion

Sequenzierung, z.B. Illumina, SoLID

B

Immunpräzipitat	Kontrolle
~ je 10 Mio. Sequenzen (min. 35 bp)	

1. Kartierung im Genom ('Mapping')

2. Verlängerung der Sequenzen zur geschätzten ursprünglichen DNA-Fragmentgröße

3. Ermittlung 'angereicherter' genomischer Positionen durch statistischen Vergleich von Immunpräzipitat und Kontrolle

C

Chr1

25983k 25984k 25985k 25986k 25987k 25988k

AP1-Locus

SEP3-Bindungsstellen

ChIP-Seq einer repressiven Histonmodifikation

Nucleosomenposition

Modell der Chromatinstruktur mit SEP3-Bindungsstellen

▲ **Abb. 2: A,** Bei der ChIP-Methode werden Protein-DNA-Komplexe mithilfe spezifischer Antikörper angereichert. **B,** ChIP-SEQ erfordert die Sequenzierung von DNA aus Immunpräzipitat und Kontrollexperimenten. Um DNA-Bindestellen eines Proteins zu ermitteln, wird dann die Zahl der Sequenzen an jeder Stelle im Genom in Probe und Kontrolle verglichen [4]. **C,** Genom-Browser-Ausschnitt des *AP1*-Locus der Ackerschmalwand (*Arabidopsis thaliana*). Die codierende Sequenz ist grafisch mit Exons und Introns angezeigt (blaue Boxen und Linien). Bindestellen von SEP3 (grün) und repressive Histonmarkierungen (rot) wurden per ChIP-Seq bestimmt, Nukleosomen-Positionen (blau) sind nach einem Verteilungsmodell berechnet.

schaltete Transkriptionsfaktor-Kaskaden reguliert werden.

Bindestellen von Transkriptionsfaktoren im Genom können mittels Chromatin-Immunpräzipitation (ChIP) ermittelt werden (**Abb. 2A**). Hierbei werden Protein-DNA-Wechselwirkungen zunächst in noch intakten Geweben kovalent vernetzt. Dann wird das Chromatin isoliert, fragmentiert und Protein-DNA-Komplexe mittels spezifischer Antikörper angereichert. Nach dieser Immunpräzipitation kann die gesamte angereicherte DNA mittels Hochdurchsatz-Sequenziermethoden charakterisiert werden (**Abb. 2B**; ChIP-SEQ, [4]). ChIP-SEQ ermöglicht nicht nur die genomweite Bestimmung von Bindestellen von Transkriptionsfaktoren, sondern auch anderer DNA-assoziierter Proteine, z. B. von Histonen, RNA-Polymerasen und Chromatinmodifizierenden Proteinen, wenn spezifische Antikörper vorhanden sind.

Gennetzwerke der A- und E-Klasse

Mittels ChIP-SEQ konnten die ersten genomweiten Analysen von Bindestellen von MADS-Domänen-Proteinen erstellt werden [5, 6]. So zeigte sich, dass das E-Klasse-Protein SEPALLATA3 (SEP3) der Ackerschmalwand (*Arabidopsis thaliana*) mehrere Tausend Stellen im Genom bindet, die meisten davon in Promotoren oder Introns von putativen Zielgenen [6]. Die Analyse der Zielgene ergab, dass SEP3 potenziell die Expression vieler anderer Transkriptionsfaktoren regulieren kann. Dies hebt die Rolle komplexer regulatorischer Netzwerke in Entwicklungsprozessen hervor, die aus sich gegenseitig regulierenden Transkriptionsfaktoren bestehen [7]. So zeigten Expressionsdaten, dass auch andere MADS-Box-Gene, die florale Organidentitäten festlegen, von SEP3 reguliert werden [6]. Damit ist das E-Klasse-Protein SEP3 nicht nur in der Lage, Proteinkomplexe mit diesen Organidentitäts-Regulatoren zu bilden, sondern es kann auch deren Expression beeinflussen.

APETALA1 (AP1) ist ein MADS-Domänen-Protein, das eine wichtige Rolle in der Etablierung der Identität des Blütenmeristems und in der Ausbildung von Kelch- und Kronblättern (A-Klasse) spielt. Eine Doppelmutante mit dem nah verwandten Gen *CAULIFLOWER* (*CAL*) führt zur einer stark verzögerten Ausbildung von Blütenmeristemen. Seit der Antike wird genau diese Doppelmutante in der Gattung *Brassica* als Blumenkohl geschätzt.

AP1 wird schon im frühesten Stadium der Blütenanlage ausgeprägt, allerdings ist die Bestimmung der AP1-Bindungsstellen in diesem Stadium aufgrund der geringen Größe dieses Gewebes schwierig. Ein transgenes System ermöglicht es, diese Schwierigkeit trickreich zu umgehen, indem es die Bildung aller Blüten synchronisiert [8]. Die ChIP-SEQ-Analyse mit diesem Versuchsmaterial ergab, dass AP1 bereits in einem frühen Entwicklungsstadium eine große Zahl von Bindungsstellen im Genom hat [5]. Ungefähr elf Prozent der Gene mit AP1-Bindungsstellen in näherer Umgebung zeigten eine klare Änderung in der Ausprägung in diesem frühen Entwicklungsstadium. Interessanterweise werden die meisten frühen Zielgene durch AP1 abgeschaltet. Dies könnte darauf hinweisen, dass zur Reprogrammierung der Meristemidentität zunächst frühere Genexpressionsprogramme unterdrückt werden müssen, um danach neu Entwicklungsprogramme etablieren zu können.

In verschiedenen Studien direkter Zielgene von Transkriptionsfaktoren wurde gezeigt, dass nur ein relativ geringer Anteil der Gene mit Bindungsereignissen große Expressionsänderungen zum Zeitpunkt der Bindung des Faktors aufweist. Dies kann zum Teil auf technische Limitationen zurückzuführen sein. Davon abgesehen müssen nicht alle Bindungsereignisse eines Transkriptionsfaktors unmittelbar zu größeren Änderungen der Expression von Zielgenen führen. Beispielsweise können bestimmte Kofaktoren oder Interaktionspartner fehlen, außerdem erfodet die Regulation der Genexpression oft eine kombinatorische Kontrolle, das heißt die Bindung weiterer Transkriptionsfaktoren [5].

Das Zusammenspiel von Chromatin und MADS-Domänen-Proteinen

Transkriptionsfaktoren, transkriptionelle Ko-Regulatoren und Chromatin-assoziierte Proteine arbeiten während der gezielten Veränderung globaler Genexpressionsprogramme zusammen. Die genomweite Analyse von Histonmodifikationen ergab, dass viele Gene, die eine Schlüsselfunktion in der Blütenentwicklung einnehmen, eine Chromatinstruktur aufweisen, die ihre Ausprägung erschwert [9]. Es ist daher anzunehmen, dass bei diesen Schlüsselgenen einzelne Bindungsstellen für Transkriptionsfaktoren in der normalen Blütenentwicklung nur bedingt zugänglich sind (**Abb. 2C**, [10]). Einige Transkriptionsfaktoren mit Schlüsselrollen in der Bestimmung von floralen Meristem- und Organidentitäten interagieren mit Chromatinmodifizierenden Proteinen und können somit selbst die Chromatinstruktur ihrer Zielgene beeinflussen [7].

Grundtypen floraler Organe sind trotz der großen Variation bei allen Blütenpflanzen zu finden und auch die Funktion der MADS-Box-Genklassen ist zumindest teilweise konserviert. Aber wie divers ist das MADS-Box-Zielgenrepertoir? Der technische Fortschritt der letzten Jahre erlaubt die Sequenzierung vieler Pflanzengenome, und damit ist der Grundstein gelegt, diese Frage in naher Zukunft beantworten zu können.

Danksagung

Unsere Arbeiten werden durch die NWO (NWO-VIDI an KK), durch die DFG (FT) und durch die ERA-PG-Projekte BLOOMNET und PcG-code unterstützt. ∎

Literatur

[1] Causier B, Schwarz-Sommer Z, Davies B (2010) Floral organ identity: 20 years of ABCs. Semin Cell Dev Biol 21:73–79

[2] Honma T, Goto K (2001) Complexes of MADS-box proteins are sufficient to convert leaves into floral organs. Nature 409:525–529

[3] Theißen G, Saedler H (2001) Plant biology: Floral quartets. Nature 409:469–471

[4] Kaufmann K, Muino JM, Osteras M et al. (2010) Chromatin immunoprecipitation (ChIP) of plant transcription factors followed by sequencing (ChIP-SEQ) or hybridization to whole genome arrays (ChIP-CHIP). Nat Protoc 5:457–472

[5] Kaufmann K, Wellmer F, Muino JM et al. (2010) Orchestration of floral initiation by APETALA1. Science 328:85–89

[6] Kaufmann K, Muino JM, Jauregui R et al. (2009) Target genes of the MADS transcription factor SEPALLATA3: integration of developmental and hormonal pathways in the *Arabidopsis* flower. PLoS Biol 7:e1000090

[7] Kaufmann K, Pajoro A, Angenent GC (2010) Regulation of transcription in plants: mechanisms controlling developmental switches. Nat Rev Genet 11:830–842

[8] Wellmer F, Alves-Ferreira M, Dubois A et al. (2006) Genome-wide analysis of gene expression during early *Arabidopsis* flower development. PLoS Genet 2:e117

[9] Turck F, Roudier F, Farrona S et al. (2007) *Arabidopsis* TFL2/LHP1 specifically associates with genes marked by tri-methylation of histone H3 lysine 27. PLoS Genet 3:e86

[10] Adrian J, Farrona S, Reimer JJ et al. (2010) cis-Regulatory elements and chromatin state coordinately control temporal and spatial expression of FLOWERING LOCUS T in *Arabidopsis*. Plant Cell 22:1425–1440

Korrespondenzadresse:
Dr. Kerstin Kaufmann
Laboratory of Molecular Biology
Wageningen University and Research Centre
Droevendaalsesteeg 1
NL-6708PB Wageningen
Tel.: +31-(0)317-480502
kerstin.kaufmann@wur.nl

AUTORINNEN

Kerstin Kaufmann
Jahrgang 1977. 1996–2001 Biologiestudium an der TU Braunschweig, Universität Uppsala und der FSU Jena. 2005 Dissertation an der FSU Jena mit Forschungsaufenthalten am MPIZ Köln und der Pennsylvania State University, USA. 2005–2010 Postdoc im Cluster Plant Developmental Systems, Wageningen UR, Niederlande. Seit 2011 Arbeitsgruppenleiterin in der Plant Sciences Group (Cluster PDS), Wageningen UR, Niederlande.

Franziska Turck
Jahrgang 1967. 1987–1993 Biotechnologiestudium an der Universität Kaiserslautern und der Ecole Nationale Superieure de Biotechnologie in Strasbourg, Frankreich. 1994–1998 Dissertation an der Universität Basel, Schweiz. 1999–2005 Postdoc am Max-Planck-Institut für Pflanzenzüchtungsforschung (MPIZ) in Köln. Seit 2006 Leitung der Forschungsgruppe Chromatinstruktur und Transkriptionskontrolle in der Abteilung Entwicklungsbiologie der Pflanzen am MPIZ.

Transkriptionsfaktoren und Krebstherapie

Wenn Proteine ihren Partner wechseln

CHIARA CABRELE

FAKULTÄT FÜR CHEMIE UND BIOCHEMIE, ORGANISCHE CHEMIE I,
RUHR-UNIVERSITÄT BOCHUM

Proteine können die DNA-Transkription durch den Wechsel ihrer Dimerisierungspartner modulieren, z. B. fördert das bHLH-bHLH-Dimer bzw. hemmt das bHLH-Id-Dimer die Expression spezifischer Gene. Dieser Kontrollmechanismus spielt eine wichtige Rolle in der Embryogenese und im Tumorwachstum.

Proteins can modulate DNA transcription by changing their dimerization partners. For example, bHLH-bHLH and bHLH-Id dimers promote and inhibit the expression of specific genes, respectively. This mechanism of control plays a key role in embryogenesis and tumor growth.

■ Transkriptionsfaktoren sind Proteine, die für die Regulierung der DNA-Transkription verantwortlich sind. Normalerweise besitzen sie eine DNA-bindende Domäne, deren Struktur ein Klassifizierungskriterium sein kann; zwei Beispiele sind die Helix-Turn-Helix- und die Zinkfinger-Transkriptionsfaktoren. Andere Transkriptionsfaktoren bilden die DNA-bindende Stelle nur nach Homo-/Heterodimerisierung, wie die Leucin-Zipper- und die basischen Helix-Loop-Helix(bHLH)-Transkriptionsfaktoren [1]. Die Letzteren gehören zur großen Familie der HLH-Proteine und sind in sechs Klassen unterteilt. Alle enthalten das HLH-Motiv, das aus zwei durch eine Schleife miteinander verbundenen α-Helices besteht, und eine Arginin-/Lysin-reiche Sequenz am N-terminalen Ende des HLH-Motivs, die sogenannte basische(b)-Region, die für die Wechselwirkung mit der DNA erforderlich ist [1]. Zur Klasse I gehören die ubiquitär exprimierten E-Proteine (E12, E47, E2-2, HEB), die DNA-bindende Homo-/Heterodimere bilden. Die Proteine der Klasse II (u. a. MyoD und Myogenin) werden gewebeabhängig exprimiert und dimerisieren bevorzugt mit den E-Proteinen. HLH-Proteine der Klassen III, IV und VII besitzen eine Leucin-Zipper- (Klassen III und IV) bzw. eine PAS-Domäne (Klasse VII) am C-terminalen Ende des HLH-Motivs. Die Proteine der Klasse VI enthalten ein Prolin in ihrer DNA-bindenden Region.

Vermittelt über das HLH-Motiv bilden bHLH-Transkriptionsfaktoren DNA-bindende Dimere. Die Kristallstrukturen zeigen ein Bündel aus vier zueinander parallel orientierten Helices, die einen hydrophoben Kern einschließen [2]. Die zwei basischen Regionen erkennen eine bestimmte DNA-Sequenz (CANNTG, E-Box) und aktivieren somit die DNA-Transkription.

Die Id-Proteine: HLH-Transkriptionsfaktoren ohne DNA-bindende Domäne

Eine weitere Klasse der Familie der HLH-Proteine, die Klasse V, besteht aus HLH-Proteinen, die keine DNA-bindende Region besitzen. Zu dieser Klasse gehören die vier Proteine Id1–4, die bevorzugt mit den Transkriptionsfaktoren der Klasse I dimerisieren [3]. Diese Heterodimere können die DNA nicht binden, da dem Id-Protein die dafür nötige basische Region fehlt. Somit steht der Bindungspartner dem gewebespezifischen bHLH-Protein nicht zur Verfügung, und die Transkription unter anderem von Genen, die für die Zellzyklus-Blockade und die Zelldifferenzierung wichtig sind, wird verhindert (**Abb. 1**).

Mittels Immunpräzipitation ließen sich Wechselwirkungen der Id-Proteine mit weiteren bHLH- (MyoD und Myf-5) sowie Nicht-

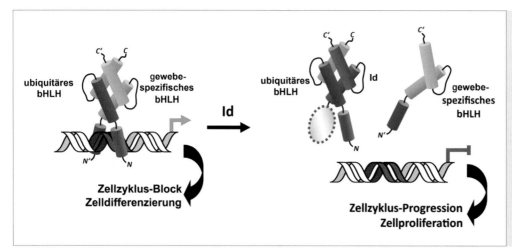

▲ **Abb. 1:** Ein ubiquitär vorkommender basischer Helix-Loop-Helix(bHLH)-Transkriptionsfaktor bildet ein DNA-bindendes Dimer mit einem gewebespezifischen bHLH-Transkriptionsfaktor. Dies führt zur Transkription von Genen, die den Zellzyklus blockieren und die Zelldifferenzierung induzieren. Wenn aber das Id-Protein (Inhibitor der DNA-Bindung) mit dem ubiquitären bHLH-Protein dimerisiert, ist die Transkription solcher Gene desaktiviert, was die Progression des Zellzyklus erlaubt und die Zellproliferation stimuliert.

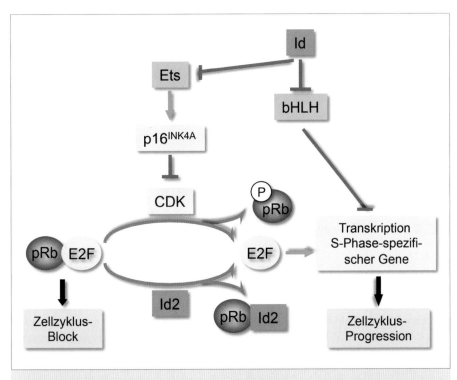

▲ **Abb. 2:** Wirkmechanismen der Inhibitoren der DNA-Bindung (Id-Proteine) bei der Regulation des Zellzyklus. Die Interaktion der Id-Proteine mit Ets-Transkriptionsfaktoren führt zur Desaktivierung von p16^{INK4A}, einem Inhibitor von Cyclin-abhängigen Kinasen (CDKs). Das Tumorsuppressor-Protein pRb wird somit durch CDK hyperphosphoryliert, was seine Dissoziation vom E2F-Protein verursacht. Der freigesetzte E2F-Transkriptionsfaktor aktiviert nun S-Phase-spezifische Gene, welche zur Progression des Zellzyklus führen. Die Transkription S-Phase-spezifischer Gene wird auch durch die Dimerisierung des Id-Proteins mit einem basischen Helix-Loop-Helix-Transkriptionsfaktor (Id-bHLH) oder mit pRb (Id2-pRb) aktiviert.

HLH-Proteinen identifizieren (u. a. Pax- und Ets-Proteine und das Tumorsuppressor-Protein pRb) [4].

Die Id-Proteine inhibieren die Zelldifferenzierung (Id für Inhibierung der Differenzierung, aber auch für Inhibierung der DNA-Bindung) und stimulieren die Zellproliferation. Der zugrunde liegende Mechanismus beruht auf der Aktivierung durch Id-bHLH-Heterodimerisierung von Genen, die zur Progression des Zellzyklus führen, sowie auf der Inaktivierung durch Id-Ets-Interaktionen von Inhibitoren der Cyclin-abhängigen Kinasen (CDK), die pRb in seiner hypophosphorylierten Form halten. Darüber hinaus kann das Id2-Protein mit pRb direkt interagieren. Das dadurch freigesetzte E2F-Protein aktiviert die Transkription einer Anzahl von Genen, die an der Progression des Zellzyklus beteiligt sind (**Abb. 2**).

Aufgrund ihrer entgegengesetzten Effekte auf Differenzierung und Proliferation, spielen die Id-Proteine eine wesentliche Rolle in der frühen Entwicklung [3]. Vorkommende Phänotypen in *Id*-Knock-out-Mäusen sind Defekte der Neurogenese, Organogenese und Angiogenese. Das *Id1/Id3*-Knock-out verursacht sogar embryonale Letalität.

Die Bedeutung der Id-Proteine in der Tumorforschung

Anders als in der pränatalen Entwicklung sind die Id-Proteine in der postnatalen Entwicklung und im Erwachsenenalter herunterreguliert (Ausnahme ist das Id2-Protein im Kleinhirn). Sie werden dennoch in einigen Tumorzellen stark exprimiert, wie z. B. beim Endometrium-, Brust- und Ovarialkarzinom, Neuroblastom und Melanom (**Tab. 1**, [4]). Das ist nicht sehr überraschend, wenn man an die positive Wirkung der Id-Proteine auf das Zellwachstum bzw. an ihre negative Wirkung auf die Zelldifferenzierung denkt. Die Bildung neuer Blutgefäße, um die Versorgung des Tumors mit Sauerstoff und Nährstoffen zu gewährleisten, sowie die Fähigkeit, Matrix-abbauende Proteasen herzustellen, um die Verbreitung des Tumors in angrenzendem Gewebe zu ermöglichen, sind zwei wichtige Eigenschaften der Tumorzellen. In der Tat sind die Id-Proteine an beiden Prozessen beteiligt, da sie die Angiogenese, das Wachstum und die Metastasierung von Tumorgewebe positiv beeinflussen (**Abb. 3**). Die Inhibierung der Id-Proteine könnte also nicht nur die Versorgung der Tumorzelle mit Blutgefäßen inhibieren, sondern auch die Tumorzelle selbst schädigen.

Die Bedeutung der Id-Proteine bei Gefäßerkrankungen

Gefäßerkrankungen und Krankheiten wie Restenose und Atherosklerose weisen einen Phänotyp mit stark proliferierenden und migrierenden glatten Muskelzellen auf [5]. Die Mechanismen der Krankheitsentwicklung sind wenig verstanden, aber die Beobachtung, dass die Proliferation und Differenzierung von glatten Muskelzellen nach Gefäßverletzung dereguliert sind, hat die Suche nach Modulatoren von diesen Ereignissen angeregt. Die E-Proteine induzieren die Expression von α-Aktin, einem Marker für die Differenzierung von glatten Muskelzellen [6]. Das Gegenteil geschieht, wenn sich Id-E-Dimere bilden und somit die E-Protein-vermittelte Aktivierung der DNA-Transkription blockiert wird. Darüber hinaus stimuliert die Überexpression der Id-Proteine die Proliferation der glatten Muskelzellen. Daher sollte die Inhibierung der Id-Proteine zur Normalisierung der Proliferation und Differenzierung der glatten Muskelzellen und somit zur Wiederherstellung eines gesunden Phänotyps nach Gefäßkrankheiten führen.

Die Bedeutung der Id-Proteine in der Resistenzentwicklung maligner Tumoren

Die Entwicklung von Resistenz gegen Chemotherapeutika kann mehrere Gründe haben, einige davon sind die Überexpression des anti-apoptotischen Proteins Bcl-2, die Akti-

Tab. 1: Deregulierung der Id-Proteine in verschiedenen Tumortypen.

Dereguliertes Id-Protein	Tumortyp
Id1, Id3	Glioblastom, Neuroblastom, Ovarialkarzinom
Id1-3	Bauchspeicheldrüsenkrebs
Id1-4	Seminom
Id1	Brustkrebs, Endometriumkarzinom, Zervixkarzinom, Melanom
Id2	Neuroblastom
Id1, Id2	Prostatakrebs

▶ **Abb. 3:** Rolle der Id-Proteine im Wachstum und in der Resistenzent-wicklung von Tumoren. Das Id1-Protein aktiviert den Raf-1/MAPK-Signal-weg bzw. desaktiviert den JNK-Signalweg, was zur Resistenzentwicklung gegen Taxol führt. Darüber hinaus stimuliert Id1 die Expression sowohl von Matrix-Metalloproteasen (MMP), die die Tumormetastasierung för-dern, als auch vom vaskulären endothelialen Wachstumsfaktor (VEGF), der die Tumorangiogenese fördert.

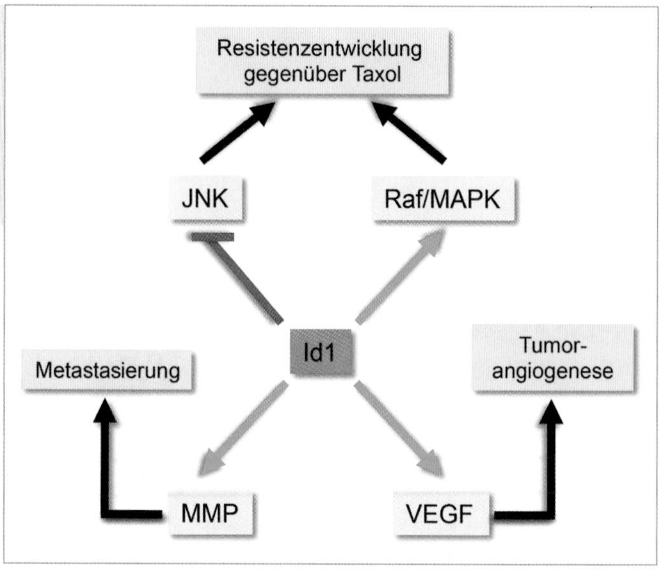

vierung des Raf-1/MAPK-Signalweges sowie die Inaktivierung des JNK-Signalweges. Basie-rend auf der Tatsache, dass Id1 das Raf-1/MAPK-Signal aktiviert bzw. das JNK-Sig-nal desaktiviert, könnte Id1 eine Rolle für die Resistenzentwicklung spielen (**Abb. 3**, [7]). So entwickelten Prostatakarzinomzellen Resistenz gegen Taxol durch ektopische Expression von Id1. Darüber hinaus gibt es Hinweise auf einen Zusammenhang zwischen Id1 und der Resistenz von Tumorzellen gegen Apoptose-induzierende Krebsmedikamente. Dies deutet darauf hin, dass Id1 als anti-apop-totischer Faktor das Überleben der Tumor-zelle fördert. Diese Ergebnisse legen eine Ver-knüpfung zwischen einer starken Expression der Id-Proteine und einer schlechten Progno-se einiger Krebsarten nahe.

Die Id-HLH-Dimerisierungsdomäne

Die vier Id-Proteine bestehen jeweils aus 155 (Id1), 134 (Id2), 119 (Id3) und 161 (Id4) Ami-nosäureresten, wobei die mittlere HLH-Domä-ne (41 Reste) von N- und C-terminalen Sequenzen flankiert ist. Im Gegensatz zum Id-HLH-Motiv, das hochkonserviert und des-sen Rolle als Dimerisierungsdomäne wohl bekannt ist, ist die Rolle der nicht konser-vierten N- und C-terminalen Bereiche noch nicht völlig geklärt. In deren Abwesenheit neigt die Id-HLH-Region stärker zur Selbst-assoziation (Bildung stabiler Tetramere), was eine mögliche Steuerungskontrolle dieser N- und C-terminalen Domänen auf die Selbst- bzw. Heteroassoziation nahelegt. Die Einfüh-rung von Mutationen auf den hydrophoben Oberflächen der amphipatischen Helices, ins-besondere der Helix-2, führt zu Konforma-tionsänderungen [8]. Darüber hinaus werden chemische Modifikationen des Proteinrück-grats an Helix-Schleife-Anschlussstellen über-

haupt nicht toleriert, was auf die wichtige Rolle dieser Region für die korrekte HLH-Faltung hinweist.

Aufgrund ihrer wesentlichen Rolle in Protein-Protein-Wechselwirkungen betrachtet man das Id-HLH-Motiv als vielversprechende Zieldomäne für syntheti-sche Inhibitoren der Id-Proteine. Die Ent-wicklung solcher Inhibitoren, die das Id-HLH-Motiv binden sollten, steht zwar noch am Anfang, in den letzten zwei Jahren gab es jedoch entscheidende Fortschritte. Ciarapica *et al.* [9] identifizierten 2009 aus einer Pha-gen-Display-Bibliothek eine mutierte HEB-

▶ **Abb. 4: A**, Strukturen der Id-Protein-Inhibito-ren 3C, 3a/b und Id1/3-PA7. In 3C und 3a/b sind die Peptidsequenzen C-terminal amidiert. **B**, Helixrad-Projektionen ausgewählter Sequen-zen aus 3C, 3a/b und Id1/3-PA7. **C**, Vergleich der ausgewählten Sequenzen aus den drei Id-Protein-Inhibitoren und Helixrad-Projektion der extrapolierten Konsensussequenz.

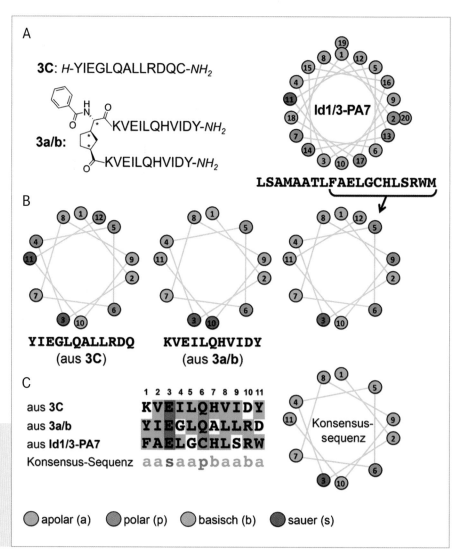

HLH-Domäne, 13I (Reste 593–633), die Affinität für Id2 zeigt: Die Expression einer durch die C-terminale Verlängerung mit dem HEB-Fragment 634–682 stabilisierten Variante von 13I in Neuroblastom-Zelllinien (LA-N-5 und SH-EP) induziert die Zelldifferenzierung und verhindert die Tumorentstehung. Diese Ergebnisse stärken die Hypothese, dass die Id-Proteine durch Bindung an ihre HLH-Domäne inhibiert werden können. Die mutierte HEB-HLH-Domäne, 13I, bleibt offenbar strukturell sehr ähnlich zur nativen; es stellt sich aber die Frage, ob das gesamte HLH-Motiv für die molekulare Erkennung erforderlich ist oder ob eine der zwei Helices genügen würde. Chen *et al.* [10] zeigten 2010, dass allein die Helix-2 der MyoD-HLH-Domäne das Id1-Protein bindet und inhibiert. Ausreichend ist sogar das C-terminale 12-mer der Helix-2 (3C), um die Apoptose von Tumorzellen (HT-29 and MCF-7) zu induzieren. Letztere Studie weist die überwiegende Rolle der Helix-2 bei der Interaktion zwischen HLH-Domänen auf, was mit unseren Daten aus strukturellen Untersuchungen der Id-HLH-Domäne übereinstimmt. In der Tat besitzt die Helix-2 höhere Helizität und stärkere Neigung zur Selbstassoziation als die Helix-1, was auf ihre ausgeprägtere Amphipatie zurückzuführen ist. Da es sich bei Wechselwirkungen zwischen HLH-Regionen um Helix-Helix-Interaktionen handelt, sollten Id-Inhibitoren auch die Fähigkeit haben, helikale Strukturelemente zu bilden. Aufgrund dessen haben wir einen Id-Protein-Inhibitor ausgehend von der Helix-2 der Id-HLH-Domäne hergestellt (3a/b). Dieser besteht aus ihrem N-terminalen 11-mer, das durch eine Dicarbonsäure dimerisiert ist, um die Avidität für das Zielprotein zu erhöhen (**Abb. 4**). Dieses Peptidkonstrukt bindet die Id1-HLH-Domäne und wirkt als Id-Protein-Inhibitor auf einen synthetischen Phänotyp von glatten Muskelzellen, welcher aus entdifferenzierten, hoch proliferierenden und migrierenden Zellen besteht und somit als zelluläres Modell für Atherosklerose benutzt wird [11]. In der Tat konnte 3a/b die Zelldifferenzierung neu stimulieren und sowohl die Proliferation als auch die Migration abschwächen. Diese zelluläre Antwort war mit einer deutlichen Reduzierung des Id1-Proteins infolge der Behandlung mit 3a/b verbunden.

Weiterhin berichteten Mern *et al.* [12] über die Isolierung eines Id1- und Id3-bindenden 20-mers (Id1/3-PA7) aus einer randomisierten kombinatorischen Expressionsbibliothek. Die Behandlung von Ovarialkarzinomzellen mit dem Fusionsprotein, bestehend aus Id1/3-

PA7 und einer C-terminalen Zell-penetrierenden Proteintransduktionsdomäne mit einem Hexahistidin-Tag, induzierte Apoptose.

Da die drei Id-Protein-Inhibitoren 13I, 3C und 3a/b mit den amphipatischen Helices der nativen HLH-Domänen verwandt sind, sind sie prinzipiell fähig, solche Sekundärstrukturelemente zu bilden. Im Gegenteil entstand Id1/3-PA7 aus einer kombinatorischen Expressionsbibliothek, dennoch entspricht seine Helixrad-Projektion auch einer amphipatischen Helix, die Ähnlichkeiten mit den Projektionen von 3C und 3a/b hat: Beispielsweise zeigt das C-terminale 12-mer von Id1/3-PA7 mit 3C sechs bzw. mit 3a/b sieben fast oder ganz konservierte Positionen (**Abb. 4**). Aus diesen drei Id-Protein-Liganden würde man folgende Konsensussequenz extrapolieren: aasaapbaaba (a = apolar; s = sauer; p = polar; b = basisch). Dieses 11-mer entspricht einer mit sieben hydrophoben und vier hydrophilen Resten perfekten amphipatischen Helix.

Zusammenfassung

Die Id-Proteine sind negative Modulatoren der DNA-Transkription von Genen, die für die Blockade des Zellzyklus und die Induktion der Zelldifferenzierung wichtig sind. Somit stimulieren sie das Zellwachstum und verhindern die Zellapoptose. Weiterhin unterstützen sie die Angiogenese und die Metastasierung von Tumorgewebe. Daher könnten Inhibitoren der Id-Proteine vielversprechende Krebsmedikamente werden, insbesondere bei der Resistenzentwicklung gegen apoptotische Wirkstoffe. Neuere Forschungsergebnisse zeigen, dass peptidartige Leitstrukturen bei der Entwicklung von Id-Protein-Inhibitoren maßgeblich beitragen können.

Danksagung

Die Autorin bedankt sich bei allen ehemaligen und gegenwärtigen Mitarbeitern für ihr Engagement, bei den Kooperationspartnern Prof. Dr. M. L. Gelmi und Dr. N. Ferri und bei der Deutschen Forschungsgemeinschaft (Emmy-Noether-Programm) für die finanzielle Unterstützung.

Literatur

[1] Massari ME, Murre C (2000) Helix-loop-helix proteins: regulators of transcription in eucaryotic organisms. Mol Cell Biol 20:429–440
[2] Ma PC, Rould MA, Weintraub H et al. (1994) Crystal structure of MyoD bHLH domain-DNA complex: perspectives on DNA recognition and implications for transcriptional activation. Cell 77:451–459
[3] Perk J, Iavarone A, Benezra R (2005) Id family of helix-loop-helix proteins in cancer. Nat Rev Cancer 5:603–614
[4] Norton JD (2002) ID helix-loop-helix proteins in cell growth, differentiation and tumorigenesis. J Cell Sci 113:3897–3905
[5] Hansson GK, Robertson AK, Söderberg-Nauclér C (2006) Inflammation and atherosclerosis. Annu Rev Pathol 1:297–329
[6] Kumar MS, Hendrix JA, Johnson AD et al. (2003) Smooth muscle alpha-actin gene requires two E-boxes for proper expression in vivo and is a target of class I basic helix-loop-helix proteins. Circ Res 92:840–847
[7] Zhang X, Ling MT, Wang X et al. (2006) Inactivation of Id-1 in prostate cancer cells: a potential therapeutic target in inducing chemosensitization to taxol through activation of JNK pathway. Int J Cancer 118:2072–2081
[8] Kiewitz SD, Cabrele C (2005) Synthesis and conformational properties of protein fragments based on the Id family of DNA-binding and cell-differentiation inhibitors. Biopolymers (Pept Sci) 80:762–774
[9] Ciarapica R, Annibali D, Raimondi L et al. (2009) Targeting Id protein interactions by an engineered HLH domain induces human neuroblastoma cell differentiation. Oncogene 28:1881–1891
[10] Chen CH, Kuo SC, Huang LJ et al. (2010) Affinity of synthetic peptide fragments of MyoD for Id1 protein and their biological effects in several cancer cells. J Peptide Sci 16:231–241
[11] Pellegrino S, Ferri N, Colombo N et al. (2009) Synthetic peptides containing a conserved sequence motif of the Id protein family modulate vascular smooth muscle cell phenotype. Bioorg Med Chem Lett 19:6298–6302
[12] Mern DS, Hasskarl J, Burwinkel B (2010) Inhibition of Id proteins by a peptide aptamer induces cell-cycle arrest and apoptosis in ovarian cancer cells. British J Cancer 103:1237–1244

Korrespondenzadresse:
Prof. Dr. Chiara Cabrele
Fakultät für Chemie und Biochemie – Organische Chemie I
Ruhr-Universität Bochum
Universitätsstraße 150
D-44801 Bochum
Tel.: 0234-32-27034
Fax: 0234-32-14783
chiara.cabrele@rub.de
www.ruhr-uni-bochum.de/oc1/cabrele/index.html

AUTORIN

Chiara Cabrele
Chemiestudium, Universität Padua, Italien. 1999 Promotion, ETH-Zürich. 2000–2003 Wissenschaftliche Mitarbeiterin am Max-Planck-Institut für Biochemie, München, sowie Universitätsklinikum Regensburg. 2003–2008 Gruppenleiterin an der Fakultät für Chemie und Pharmazie, Universität Regensburg. 2008 Habilitation. Seit 2008 Professorin an der Fakultät für Chemie und Biochemie, Ruhr-Universität Bochum.

Transkriptionskontrolle

Die CTD der RNA-Polymerase II – eine neue Ebene der Genregulation

MARTIN HEIDEMANN, CORINNA HINTERMAIR, ROLAND SCHÜLLER, KIRSTEN VOSS, DIRK EICK

ABTEILUNG MOLEKULARE EPIGENETIK, HELMHOLTZ-ZENTRUM MÜNCHEN

Die C-terminale Domäne (CTD) der RNA-Polymerase II (RNAPII) ermöglicht die Transkription von Chromatin, koordiniert viele RNA-Reifungsschritte und ist wichtig für das Lesen und Schreiben epigenetischer Information.

The carboxy-terminal domain (CTD) of RNA polymerase II (RNAPII) facilitates transcription of chromatin, coordinates diverse RNA maturation steps, and is important for reading and writing of epigenetic information.

■ Als die Sequenz des menschlichen Genoms vor zehn Jahren entschlüsselt wurde musste die Anzahl der codierenden Gene zum wiederholten Male nach unten korrigiert werden. Tatsächlich besitzt der Mensch mit nur 25.000 Genen letztlich nicht viel mehr Gene als eine Taufliege oder ein Wurm, und allemal weniger Gene als so manche Pflanze. Es stellt sich die Frage, ob es bei der Entwicklung komplexer Organismen tatsächlich auf die Anzahl der Gene ankommt. Die Antwort lautet nein, denn die Evolution ist augenscheinlich einen anderen Weg gegangen. Es kommt nicht allein auf die Anzahl der Gene an, sondern darauf wie vielfältig man sie verwendet. Bei dieser Vielfalt spielen die RNA-Polymerasen eine zentrale Rolle. Diese Enzyme überschreiben (transkribieren) DNA in RNA und sind in der Evolution sehr früh entstanden. Jede Zelle auf der Erde – vom Bakterium bis zur menschlichen Zelle – besitzt sie, wobei sich in Eukaryoten drei verschiedene Versionen dieses Enzyms entwickelt haben (RNAPI, RNAPII und RNAPIII), die unterschiedliche Aufgaben erfüllen.

Die Sonderstellung der RNAPII

Die RNAPII transkribiert alle codierenden Gene in mRNA, ist aber auch für die Entstehung kleiner regulatorischer RNAs verantwortlich. RNAPI und RNAPIII sind auf die Synthese von ribosomalen und tRNAs spezialisiert. Was ist nun das Besondere an RNAPII, und warum hat sie eine Sonderstellung? Drei wichtige Unterschiede sind hervorzuheben:

(1) RNAPII muss oft sehr große Gene transkribieren und ist gleichzeitig mit der Aufgabe konfrontiert, epigenetische Informationen, die in Form von Modifikationen in den N- und C-terminalen Regionen von Histonen im Chromatin abgelegt sind, zu lesen und zu interpretieren. (2) RNAPII steuert auch die Reifung der synthetisierten RNA und ist maßgeblich am Capping, Spleißen und an der 3'-Prozessierung der mRNA beteiligt. (3) Schließlich muss RNAPII auf eine Vielzahl verschiedener Signale reagieren, um das Expressionsprogramm einer Zelle schnell auf veränderte äußere Bedingungen anpassen zu können [1, 2]. Um all diese Aufgaben zu erfüllen, hat die Evolution RNAPII unter anderem mit einer hochrepetitiven Domäne am C-terminalen Ende der großen Untereinheit ausgestattet.

Die C-terminale Domäne (CTD) von RNAPII

Die Domäne baut sich aus einer Vielzahl von Heptapeptiden mit der Konsensussequenz

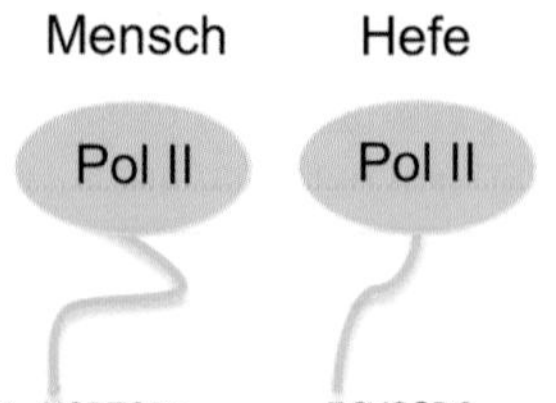

	Mensch Pol II	Hefe Pol II
1	YSPTSPA	FGVSSPG
	YEPRSPGG	FSPTSPT
	YTPQSPS	YSPTSPA
	YSPTSPS	YSPTSPS
5	YSPTSPN	YSPTSPS
	YSPTSPS	YSPTSPS
	YSPTSPS	YSPTSPS
	YSPTSPS	YSPTSPS
10	YSPTSPS	YSPMSPS
	YSPTSPS	YSPTSPS
	YSPTSPS	YSPTSPS
	YSPTSPS	YSPTSPS
	YSPTSPS	YSPTSPS
15	YSPTSPS	YSPTSPS
	YSPTSPS	YSPTSPS
	YSPTSPS	YSPTSPA
	YSPTSPS	YSPTSPS
	YSPTSPS	YSPTSPS
20	YSPTSPS	YSPTSPS
	YSPTSPS	YSPTSPS
	YSPTSPN	YSPTSPN
	YSPTSPN	YSPTSPS
	YTPTSPS	YSPTSPG
25	YSPTSPS	YSPGSPA
	YSPTSPN	YSPLQDEQLHNENENSR
	YTPTSPN	
	YSPTSPS	
	YSPTSPS	
30	YSPTSPS	
	YSPSSPR	
	YTPQSPT	
	YTPSSPS	
	YSPSSPS	
35	YSPTSPK	
	YTPTSPS	
	YSPSSPE	
	YTPTSPK	
	YSPTSPK	
40	YSPTSPK	
	YSPTSPT	
	YSPTTPK	
	YSPTSPT	
	YSPTSPV	
45	YTPTSPK	
	YSPTSPT	
	YSPTSPK	
	YSPTSPT	
	YSPTSPKGST	
50	YSPTSPG	
	YSPTSPT	
52	YSLTSPAISPDDSDEEN	

▶ **Abb. 1:** Die C-terminale Domäne (CTD) der RNAPII (Pol II) in Mensch und Hefe. Multizelluläre Organismen wie auch bestimmte Einzeller besitzen am C-Terminus der großen Untereinheit von RNAPII eine repetitive Aminosäuresequenz mit dem Konsensusmotiv YSPTSPS. Im distalen Bereich der menschlichen CTD variiert die Konsensussequenz. Die Länge der CTD sowie alle Abweichungen von der Konsensussequenz sind in Wirbeltieren nahezu vollständig konserviert.

DOI: 10.1007/s12268-011-0040-4

Tyr-Ser-Pro-Thr-Ser-Pro-Ser auf. Alle mehrzelligen Organismen sowie bestimmte Einzeller sind mit dieser Struktur ausgestattet. Evolutionär weit entfernte Einzeller, wie Trypanosomen, besitzen diese Struktur dagegen nicht. Abhängig vom Organismus ist die CTD unterschiedlich lang, Hefe (*Saccharomyces cerevisiae*) besitzt 26 Heptapeptide, der Mensch die doppelte Anzahl (**Abb. 1**). Die erhöhte Anzahl beim Menschen geht einher mit einer Diversifizierung der Heptapeptide im distalen Bereich der CTD. Häufig ist dort das Serin an Position 7 oder auch das Threonin an Position 4 durch eine andere Aminosäure ersetzt. Die eigentliche Variabilität der Heptapeptidsequenz wird aber vor allem durch posttranslationale Modifikationen erzeugt [3–5]. Massenspektrometrische Untersuchungen geben erste Hinweise, dass faktisch jedes Serin, Threonin und Tyrosin innerhalb der CTD durch Kinasen phosphoryliert werden kann. Allein in der menschlichen CTD kommen hierdurch insgesamt 326 potenzielle Phosphorylierungsstellen zusammen. Modifikationen in der CTD beschränken sich aber nicht nur auf Phosphorylierungen. Auch die Glykosylierung, Methylierung und Ubiquitinierung von Aminosäureresten in der CTD wurden beschrieben. Wenn man davon ausgeht, dass pro Zelle nur ca. 100.000 RNAPII-Moleküle vorhanden sind, stellt jede Polymerase in Bezug auf ihr CTD-Modifikationsmuster sicherlich ein Unikat dar. Warum wird die CTD aber so massiv modifiziert? Woher kommt die Information, wann und wie RNAPII an welchem Gen modifiziert wird, und was wird durch diese Modifikationen überhaupt reguliert?

Transkriptionszyklus

Die Transkription eines Gens lässt sich in verschiedene Phasen gliedern (**Abb. 2**, [1, 5]). Zuerst muss die unphosphorylierte RNAPII im Genom an die richtige Stelle in einen Prä-Initiationskomplex mithilfe von basalen Transkriptionsfaktoren und des Mediators rekrutiert werden. Während der Initiation wird die DNA aufgeschmolzen und erste Nukleotide werden in der Transkriptionsblase verknüpft. In der Initiationsphase werden Serin-5 und Serin-7 durch die Cyclin-abhängige Kinase 7 (Cdk7) phosphoryliert. Wie viele der 52 Heptapeptide in der menschlichen CTD in diesem Schritt tatsächlich modifiziert werden, ist aber immer noch unklar. Als gesichert kann man aber betrachten, dass die Serin-5-Phosphorylierung zur Bindung des

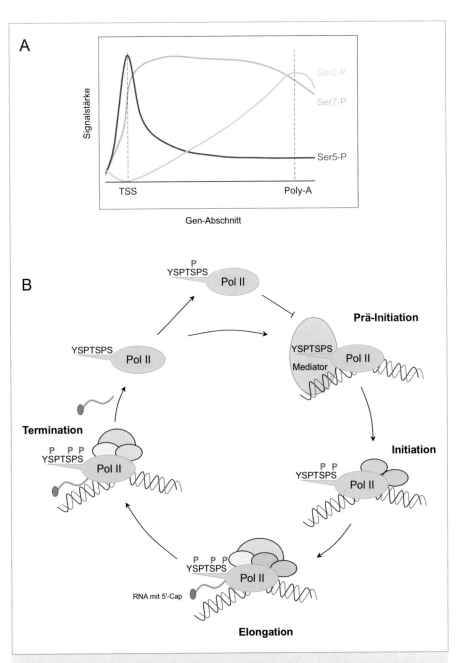

▲ **Abb. 2:** CTD-Phosphorylierung im Transkriptionszyklus. **A**, schematische Darstellung eines genomweiten Chromatin-Immunpräzipitations(ChIP)-Experiments für RNAPII-CTD-Modifikationen. Unter Verwendung von Antikörpern für spezifische CTD-Modifikationen (Anti-Ser2-P, Anti-Ser5-P und Anti-Ser7-P) werden Subformen der RNAPII zusammen mit der gebundenen zellulären DNA isoliert und bestimmten Genabschnitten zugeordnet. Viele Gene zeigen hierbei ein ähnliches Verteilungsmuster mit starken Ser5-P- und Ser7-P-Signalen für die Transkriptionsstartstelle (TSS). Ser2-P spielt vor allem während der Elongations- und Terminationsphase eine wichtige Rolle und nimmt besonders an der mRNA-Polyadenylierungsstelle (Poly-A) zu. **B**, Transkriptionszyklus der RNAPII (Pol II). Nur die nicht-phosphorylierte RNAPII formt mithilfe des Mediators und von Initiationsfaktoren den Prä-Initiationskomplex. Während der Initiations-, Elongations- und Terminationsphase werden sukzessiv unterschiedliche Phosphorylierungen (P) in die CTD eingeführt und mit der Termination wieder entfernt. Die Präsenz von Initiations-, Elongations- und Terminationsfaktoren im Transkriptionskomplex ist schematisch durch farbige Ellipsen dargestellt.

Capping-Enzymkomplexes an die CTD führt und dadurch erst das 5'-Capping der mRNA ermöglicht wird. Um kompetent für die Elongation zu werden, muss RNAPII aber noch weitere Kinasen binden, Cdk9 und Cdk12, die maßgeblich an der Phosphorylierung von Serin-2 beteiligt sind. Hierdurch werden unter anderem Elongationsfaktoren rekrutiert, die es der RNAPII ermöglichen die nukleosomale Struktur des Chromatins während der

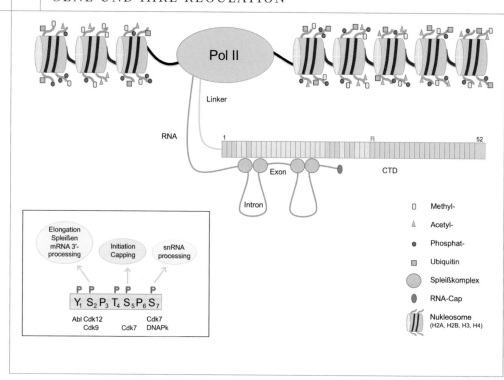

◀ **Abb. 3:** RNAPII-CTD steuert verschiedene Prozesse der Genexpression. Die Phosphorylierung der Aminosäuren Serin, Threonin und Tyrosin führt zu komplexen Phosphorylierungsmustern der CTD. Die phosphorylierte CTD bindet eine Vielzahl unterschiedlicher Enzyme, die mittel- und unmittelbar an der Modifikation des Chromatins durch Methylierung, Acetylierung, Phosphorylierung und Ubiquitinierung beteiligt sind. Hierdurch wird die Transkription von Chromatin-verpackter DNA ermöglicht, gleichzeitig steuern die Modifikationen aber auch das Reifen der mRNA sowie kleiner, nichtcodierender RNAs. Box: CTD-Konsensusmotiv. Wichtige CTD-Kinasen (Abl, Cdks, DNAPk) sind unterhalb der entsprechenden Aminosäure angegeben. Pfeile weisen auf bekannte, durch spezifische CTD-Phosphorylierung gesteuerte Prozesse hin.

Transkription zu überwinden. Bei vielen Genen nimmt der Phosphorylierungsgrad der CTD für Serin-2 in Richtung 3'-Ende des Gens stetig zu, sodass diese Modifikation wahrscheinlich unterschiedliche Prozesse koordiniert und auch bei der Termination sowie 3'-Prozessierung der mRNA wichtig ist. Der Phosphorylierungsgrad von Serin-7 scheint bei vielen Genen während des gesamten Transkriptionszyklus dagegen erhöht zu bleiben. Es muss hier betont werden, dass die Information über den Modifikationszustand der CTD in Abhängigkeit von der Position von RNAPII innerhalb eines Gens noch ungenügend erforscht ist. Unsere bisherigen Erkenntnisse kommen ausschließlich von Chromatin-Immunpräzipitations(ChIP)-Experimenten mit Antikörpern, die einzelne CTD-Modifikationen spezifisch erkennen. Über das tatsächliche Modifikationsmuster der CTD an einer bestimmten Position innerhalb eines Gens geben diese Experimente letztlich aber nur sehr bedingt Aufschluss. Aus den bisherigen experimentellen Untersuchungen bleibt festzuhalten, dass eine RNAPII ohne CTD offensichtlich Chromatin-verpackte DNA nicht transkribieren kann und dass Phosphorylierungen in der CTD den Prozess der Transkription und die Reifung der RNA steuern.

Crosstalk zwischen CTD und Chromatin: Wer instruiert wen?

Die CTD und die Histone im Chromatin sind während der Transkription in enger räumlicher Nähe. Ebenso wie die CTD werden auch die N- und C-terminalen Bereiche der Histone

stark modifiziert (**Abb. 3**). Die Modifikationen der Histone regulieren die Struktur des Chromatins und darüber letztlich auch die Aktivität der Gene. Beobachtete Gesetzmäßigkeiten für die Modifikation von Histonen korrelieren mit Genaktivität und haben dazu geführt, dass man auch gerne von einem Histon-Code spricht [6]. Dieser Code ist allerdings noch weit davon entfernt, entziffert zu sein. Die beobachtete Komplexität der Histon- und CTD-Modifikationen stehen sich in keiner Weise nach, und es gibt zunehmend Hinweise, dass sich Modifikationen in CTD und Histonen gegenseitig bedingen können. Bestimmte Modifikationen in der CTD rekrutieren Enzyme, die anschließend genlocus-spezifisch Histone modifizieren [7]. So wird z. B. durch die Phosphorylierung von Serin-5 durch Cdk7 nicht nur das Capping-Enzym an die Transkriptionsmaschinerie rekrutiert, sondern auch Histon-Methyltransferasen für die Methylierung von Lysin-4 im Histon H3. Ebenso führt die Phosphorylierung von Serin-2 zur Bindung einer anderen Methyltransferase, die Lysin-36 im Histon H3 methyliert. Umgekehrt kann aber z. B. die Ubiquitinierung von Histon H2B die Rekrutierung einer Kinase für die Phosphorylierung von Serin-2 blockieren [8]. Die Beispiele beschreiben sehr anschaulich, dass der Informationsfluss zwischen CTD und Chromatin in beide Richtungen erfolgt. Somit scheint die RNAPII-CTD die epigenetische Information des Chromatins nicht nur lesen, sondern auch schreiben zu können. Im übertragenen Sinne hat die CTD damit eine ähnliche Funktion wie der Tonkopf eines Tonbandgeräts und dient der Auf-

nahme, dem Abspielen und möglicherweise auch dem Löschen von Information.

Genetische Analyse der CTD

Wie lässt sich die molekulare Funktionsweise der CTD erforschen? In menschlichen Zellen lassen sich CTD-Mutanten mithilfe eines Knock-down-Knock-in-Systems elegant untersuchen. Hierbei wird eine rekombinante, gegen das Gift des Knollenblätterpilzes, α-Amanitin, resistente RNAPII verwendet, die nach Manipulation der CTD in Zellen exprimiert wird [9]. Während die endogene RNA-PII in Gegenwart von α-Amanitin inhibiert und abgebaut wird, wird ihre Funktion unmittelbar von der rekombinanten RNAPII mit der veränderten CTD übernommen. Zwei CTD-Mutanten sollen hier kurz angesprochen werden. Wird z. B. in jeder einzelnen Heptasequenz der CTD das Serin an Position 7 durch Alanin ersetzt, hat das nur wenig Auswirkung auf die Expression codierender Gene. Dagegen wird die 3'-Prozessierung von kleinen snRNAs (*small nuclear RNAs*) vollständig blockiert. Der Defekt wird verursacht, da RNAPII erst nach Phosphorylierung von Serin-7 in der Lage ist, den für die Prozessierung von snRNAs notwendigen Integratorkomplex an die Transkriptionsmaschinerie zu rekrutieren [10, 11]. Das zweite Beispiel betrifft ebenfalls die Synthese kleiner RNAs. Der Austausch einer einzelnen Aminosäure – Arginin-1810 zu Alanin – in der Heptasequenz 31 der CTD (**Abb. 1**) führt in Zellen zu einer Überproduktion von snoRNAs (*small nucleolar RNAs*). Diese RNAs sind häufig in Intronsequenzen codiert und werden nach dem

Spleißen durch weitere Prozessierung der Intron-RNA generiert. Funktionell werden snoRNAs für die Prozessierung ribosomaler RNA benötigt. In der Zelle wird Arginin-1810 durch das Enzym Carm1 methyliert. In Knockout-Zellen für Carm1 wird Arginin-1810 nicht mehr methyliert, und diese Zellen haben einen vergleichbaren Phänotyp, wie ihn die CTD-Mutante R1810A erzeugt [12]. In beiden Beispielen spielt die Modifikation von bestimmten Aminosäureresten in der CTD eine kritische Rolle für die richtige Prozessierung von RNA. Da die CTD essenziell für das Spleißen von mRNAs ist, könnte auch dieser Vorgang letztlich durch Modifikationen in der CTD gesteuert sein.

Ausblick

Die Erforschung der komplexen Interaktion von Chromatin-CTD-RNA stellt eine enorme Herausforderung dar. Unsere technischen Mittel sind augenblicklich dafür noch nicht ausreichend. Zuerst wird es aber darum gehen, die Modifikationsmuster auf Seiten des Chromatins und der CTD sowie die zellulären Faktoren, die diese Muster erkennen, zu identifizieren. Erste Hinweise für bestimmte Muster gibt es bereits. So scheint sich das Chromatin von Introns und Exons in bestimmten Modifikationen wie der Histon-H3-Lysin-36-Methylierung zu unterscheiden. Sollte sich diese Beobachtung bestätigen und auch auf weitere Modifikationen in Chromatin übertragbar sein, könnte damit eine wichtige Frage beantwortet werden. Wie kann z. B. das Gen für den neuronalen Oberflächenrezeptor DSCAM, für den es über 38.000 Spleißvarianten gibt, in einer Zelle so programmiert

werden, dass nur eine bestimmte oder nur wenige dieser Spleißvarianten exprimiert werden? Die Information hierfür wird möglicherweise im Chromatin gespeichert. Ob hierbei vor allem Histonmodifikationen oder die hier nicht näher diskutierten Histonvarianten eine tragende Rolle spielen, bleibt abzuwarten. Die spannende Frage aber wird sein, wie die CTD es bewerkstelligt, diese Information molekular auszulesen.

Danksagung

Das Projekt wird von der Deutschen Forschungsgemeinschaft im Rahmen des SFB/TR5 und Exzellenzcluster CIPSM (Center of Integrated Protein Science, München) gefördert.

Literatur

[1] Egloff S, Murphy S (2008) Cracking the RNA polymerase II CTD code. Trends Genet 24:280–288
[2] Munoz MJ, de la Mata M, Kornblihtt AR (2010) The carboxy terminal domain of RNA polymerase II and alternative splicing. Trends Biochem Sci 35:497–504
[3] Phatnani HP, Greenleaf AL (2006) Phosphorylation and functions of the RNA polymerase II CTD. Genes Dev 20:2922–2936
[4] Chapman RD, Heidemann M, Hintermair C et al. (2008) Molecular evolution of the RNA polymerase II CTD. Trends Genet 24:289–296
[5] Buratowski S (2009) Progression through the RNA polymerase II CTD cycle. Mol Cell 36:541–546
[6] Ruthenburg AJ, Li H, Patel DJ et al. (2007) Multivalent engagement of chromatin modifications by linked binding modules. Nat Rev Mol Cell Biol 8:983–994
[7] Laribee RN, Fuchs SM, Strahl BD (2007) H2B ubiquitylation in transcriptional control: a FACT-finding mission. Genes Dev 21:737–743
[8] Wyce A, Xiao T, Whelan KA et al. (2007) H2B ubiquitylation acts as a barrier to Ctk1 nucleosomal recruitment prior to removal by Ubp8 within a SAGA-related complex. Mol Cell 27:275–288
[9] Meininghaus M, Chapman RD, Horndasch M et al. (2000) Conditional expression of RNA polymerase II in mammalian cells. Deletion of the carboxyl-terminal domain of the large subunit affects early steps in transcription. J Biol Chem 275:24375–24382
[10] Chapman RD, Heidemann M, Albert TK et al. (2007) Transcribing RNA polymerase II is phosphorylated at CTD residue serine-7. Science 318:1780–1782
[11] Egloff S, O'Reilly D, Chapman RD et al. (2007) Serine-7 of the RNA polymerase II CTD is specifically required for snRNA gene expression. Science 318:1777–1779
[12] Sims III RJ, Rojas LA, Beck D et al. (2011) The C-terminal domain of RNA polymerase II is modified by site-specific methylation. Science 332:99–103

Korrespondenzadresse:
Prof. Dr. Dirk Eick
Abteilung für Molekulare Epigenetik
Helmholtz-Zentrum München
Marchioninistraße 25
D-81377 München
Tel.: 089-7099512
Fax: 089-7099500
eick@helmholtz-muenchen.de
www.helmholtz-muenchen.de/meg/index.html

AUTOREN

Kirsten Voß, Dirk Eick, Martin Heidemann, Corinna Hintermair und Roland Schüller (v. l. n. r.)

Die Autoren arbeiten gemeinsam in der Abteilung für Molekulare Epigenetik des Helmholtz-Zentrums München. Hauptziel ihrer Forschung ist die Aufklärung der molekularen Wirkungsweise der RNAPII-CTD und wie Fehlfunktionen der CTD zur Entstehung von Krankheiten beitragen.

Epigenetik

DNA-Methylierung und Evolution

EBERHARD SCHNEIDER, RUXANDRA FARCAS, THOMAS HAAF
INSTITUT FÜR HUMANGENETIK, UNIVERSITÄT WÜRZBURG

Epigenetische Unterschiede sind wahrscheinlich (mit-)verantwortlich für die oft enormen phänotypischen Unterschiede zwischen nahverwandten Spezies, die sich auf DNA-Sequenzebene nur wenig unterscheiden. Die Rolle der Epigenetik in der Evolution der Spezies wird bisher unterschätzt.

Epigenetic changes are likely to contribute to the enormous phenotypic differences between closely related species which differ only slightly at the DNA sequence level. So far the role of epigenetics for the evolution of species is largely underestimated.

Mechanismen und Funktionen der DNA-Methylierung

■ Die Epigenetik beschäftigt sich mit vererbbaren Informationen, die nicht durch die DNA-Sequenz selbst codiert werden, sondern durch reversible biochemische Modifikationen der DNA und/oder Chromatinstruktur. Die Methylierung von CpG-Dinukleotiden ist die wichtigste Modifikation der DNA selbst. Durch DNA-Methyltransferasen wird eine Methylgruppe an das Kohlenstoffatom 5 des Cytosinrings angehängt (**Abb. 1A**, siehe auch S. 520 in dieser Ausgabe). Die resultierende spiegelsymmetrische Modifikation beider DNA-Stränge kann bei der mitotischen Zellteilung an die Tochterzellen, in seltenen Fällen auch durch die Meiose, an die nächste Generation weitergegeben werden. Die DNA-Methylierung ist mit einer kondensierten, inaktiven Chromatinstruktur assoziiert [1]. Stark vereinfacht kann die DNA-Methylierung mit einer Passwort-Codierung des Genoms verglichen werden. In jeder Körperzelle sind dieselben Gene vorhanden, von denen aber nur etwa zehn Prozent aktiv sind. Ähnlich wie Computer-Datenbanken durch Passwörter nur für bestimmte Nutzer zugänglich sind, reguliert die DNA-Methylierung, welche Gene in welchem Zelltyp und in welchem Entwicklungsstadium benutzt werden.

Evolutionsbiologisch gesehen ist die DNA-Methylierung ein sehr alter Mechanismus, der schon in Prokaryoten dem Schutz vor fremder DNA und der Fehlerkorrektur bei der DNA-Synthese dient. In Eukaryoten wird die DNA-Methylierung ebenfalls als Schutzmechanismus benutzt, um Retrotransposons zu inaktivieren [2]; darüber hinaus aber auch, um Gene in Raum und Zeit zu regulieren. Die meisten CpGs findet man in CpG-Inseln, das sind 500 bis 2.000 Basenpaare lange *cis*-regulatorische Sequenzen in den meisten Säugergenen, und in repetitiven DNA-Elementen, z. B. ALU-Transposons bei Primaten. Im Gegensatz zu den hoch methylierten CpGs in Repeats, sind die meisten CpG-Inseln im Promotorbereich in somatischen Geweben hypomethyliert. Die Promotor-Methylierung bei Entwicklungs- oder Krankheitsprozessen ist in der Regel mit der Inaktivierung des Gens verknüpft. Eine andere wichtige Klasse von *cis*-regulatorischen Sequenzen sind die auf väterlichen und mütterlichen Chromosomen differenziell methylierten Regionen in geprägten Genen. Die genomische Prägung (Imprinting) ist eine elternspezifische epigenetische Modifikation, durch die eines der beiden elterlichen Allele inaktiviert wird [3].

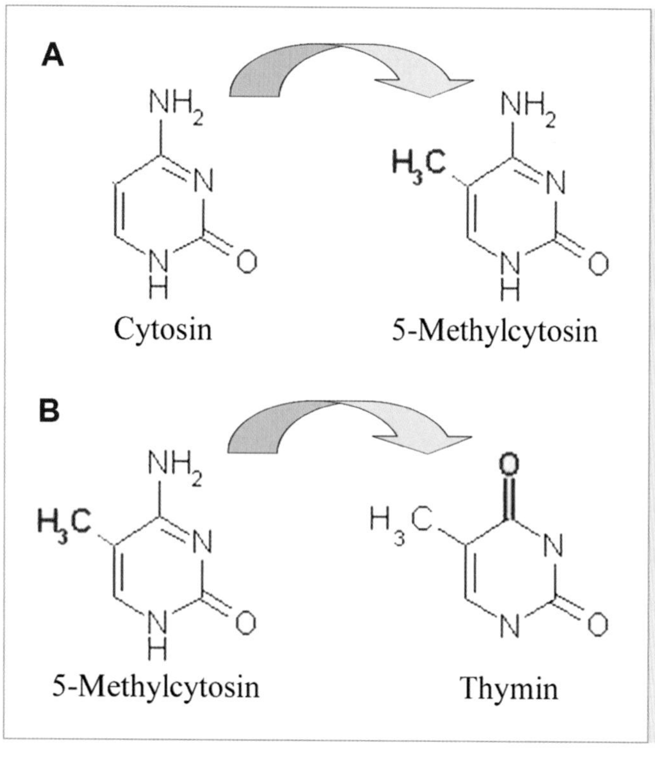

Genomreprogrammierung in Gametogenese und Embryogenese

In der Gametogenese werden die primordialen Keimzellen zunächst vollständig demethyliert, um einen äquivalenten epigenetischen Zustand in der männlichen und weiblichen Keimbahn herzustellen. Danach werden die dem Geschlecht der Keimbahn entsprechenden Methylierungsmuster neu etabliert. Diese genomische Prägung ist in der Säugerevolution wahrscheinlich entstanden, um unterschiedliche elterliche Interessen bezüglich der Entwicklung der Nachkommen durchzusetzen. Viele geprägte Gene sind in

◀ **Abb. 1:** Methylierung und Desaminierung von Cytosin. **A,** Methyltransferasen hängen an das Kohlenstoffatom 5 des Cytosinrings eine Methylgruppe an. **B,** Durch Hydrolyse wird 5-Methylcytosin zu Thymin desaminiert, das von der DNA-Reparatur nicht immer korrekt repariert wird. Deshalb stellen methylierte Cytosine Mutations-*hotspots* dar.

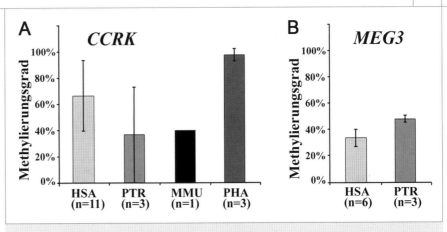

▲ **Abb. 2:** Methylierungsunterschiede von funktionell wichtigen *cis*-regulatorischen Sequenzen im Gehirn von Mensch und Primaten. **A**, Methylierungsgrad (Mittelwert und Standardabweichung) einer Region mit fünf CpGs im Promotor des *CCRK*-Gens im frontalen Cortex von elf Menschen (*Homo sapiens*, HSA), drei Schimpansen (*Pan troglotydes*, PTR), einem Rhesusaffen (*Macaca mulatta*, MMU) und drei Pavianen (*Papio hamadryas*, PHA). **B**, Methylierungsgrad von drei CpGs in der Imprinting-Kontrollregion von *MEG3* in sechs menschlichen (HSA) und drei Schimpansengehirnen (PTR).

der Plazenta und/oder im Fetus aktiv und regulieren die Ressourcenverteilung zwischen Mutter und Kind. In der Zygote und im frühen Embryo findet eine zweite Reprogrammierungswelle statt, welche fast alle in der Keimbahn gesetzten Methylierungsmuster wieder entfernt und durch neue, auf beiden elterlichen Allelen identische somatische Muster ersetzt [4]. Nur 100 bis 200 geprägte Gene von insgesamt etwa 25.000 Genen behalten ihre Keimbahnmuster und elternspezifische Aktivität während der gesamten Entwicklung bei.

Epigenetische Veränderungen in der Evolution

Über die evolutionäre Konservierung von DNA-Methylierungsmustern ist wenig bekannt. Bei einem genomweiten Vergleich der Methylierungsprofile in verschiedenen Geweben zwischen Mensch und Maus unterschieden sich nur fünf Prozent der analysierten Loci [5]. Ein Array-basierter Vergleich von 36 Genen zwischen Mensch und Schimpanse zeigte in zwölf Genen differenziell methylierte CpGs, wobei im Gehirn die Unterschiede größer waren als in anderen Organen [6]. Wir haben quantitative Methylierungsunterschiede im Promotor des *CCRK*(*cell-cycle related kinase*)-Gens im Cortex von Mensch, Schimpanse und anderen Altweltaffen gefunden (**Abb. 2A**), die möglicherweise für die Feinregulierung der wachstumsfördernden und antiapoptotischen Effekte von CCRK in der Evolution des Primatengehirns wichtig waren [7]. Die Imprinting-Kontrollregion des maternal exprimierten Gens 3 (*MEG3*), welches das embryonale Wachstum reduziert, zeigte ebenfalls quantitative Methylierungsunterschiede im Cortex von Mensch und Schimpanse (**Abb. 2B**).

Im Gegensatz zur DNA-Sequenz, die sich im Laufe der Evolution durch Mutation und Selektion nur relativ langsam verändert, sind epigenetische Modifikationen äußerst plastisch und können durch Umweltfaktoren beeinflusst werden. Besonders deutlich wird dies bei genetisch identischen Organismen, wie z. B. eineiigen Zwillingen, isogenen Mäusen oder klonierten Tieren, die sich in ihren genspezifischen Methylierungsmustern, Phänotyp und Krankheits-Suszeptibilität stark unterscheiden können. Man nimmt an, dass die spontane Epimutationsrate 100- bis 1.000-mal höher ist als die DNA-Sequenzmutationsrate. Inwieweit durch stochastische oder Umweltfaktoren induzierte Epimutationen an nachfolgende Generationen weitervererbt werden, ist unklar. In der Keimbahn und im frühen Embryo werden die allermeisten Methylierungsmuster ausgelöscht und neu programmiert [4], es gibt aber auch bei Säugetieren Hinweise auf transgenerationale epigenetische Vererbung.

In neo-darwinistischer Sichtweise wird durch epigenetische Variation die phänotypische Vielfalt bei gegebenem Genotyp enorm gesteigert. Diese erhöhte Variabilität ermöglicht eine flexiblere Reaktion auf sich verändernde Umwelteinflüsse und steigert damit die evolutionäre Fitness [8]. Dies entspricht auf organismischer Ebene Vorgängen bei der Krebsentstehung.

Interaktion von Epigenom und Umwelt

Bleibt ein umweltbedingter Auslöser über viele Generationen gleich, wird in jeder Generation die gleiche Ursache-Wirkungs-Kette in Gang gesetzt und könnte durch Selektionsprozesse zu einer treibenden Kraft der Evolution werden [9]. Tierexperimentelle Daten und epidemiologische Studien beim Menschen zeigen, dass durch die Situation *in utero*, z. B. die mütterliche Ernährung, Gene für hormonelle, neuronale und autokrine Regulation des Feten permanent epigenetisch modifiziert werden können (**Abb. 3A**). Das Konzept der fetalen Programmierung geht davon aus, dass viele Krankheiten des Erwachsenenalters einen fetalen Ursprung haben [10]. Beispielsweise sind die Kinder von übergewichtigen Müttern mit Gestationsdiabetes intrauterin einem Überangebot an Nährstoffen ausgesetzt. Stimmen im späteren Leben die Umweltbedingungen nicht mehr mit den Bedingungen in der Phase der fetalen Programmierung überein, dann steigt das Risiko für metabolische Krankheiten, wie z. B. Adipositas und Diabetes (**Abb. 3B**). So kann ein Phänotyp an die nächste Generation weitergegeben werden, ohne dass dies in der DNA-Sequenz fixiert ist. Die Erkenntnis, dass Evolution nicht nur ein Mutations-Selektions-Mechanismus ist, sondern dass Umweltfaktoren das Epigenom und damit den Phänotyp beeinflussen, erinnert fast ein wenig an Lamarck. Umweltbedingte epigenetische Veränderungen können möglicherweise direkt über die Keimbahn (transgenerationale Vererbung) oder indirekt (z. B. durch fetale Programmierung) an kommende Generationen weitergegeben werden.

Einfluss der DNA-Methylierung auf die Sequenzevolution

Neben reversiblen epigenetischen Effekten hat die DNA-Methylierung auch evolutionäre Konsequenzen für die DNA-Sequenz selbst. Cytosine sind anfällig für eine spontane oder durch Mutagene induzierte Desaminierung, bei der Cytosin in Uracil umgewandelt wird. Die falsche Base wird dann durch DNA-Reparaturmechanismen wieder ausgetauscht. Ist das Cytosin methyliert, entsteht durch die Desaminierung ein Thymin, ein Fehler, der von der DNA-Reparatur wesentlich häufiger toleriert wird (**Abb. 1B**). Das impliziert eine erhöhte DNA-Mutationsrate aufgrund der DNA-Methylierung.

Die CpG-Methylierung hält Retrotransposons in einem inaktiven Zustand und trägt so zur Genomstabilität bei [2]. Gibbons zeigen im Vergleich zu anderen Primaten eine erhöhte Rate von Chromosomenumbauten. Die evolutionären Bruchpunkte sind überwiegend mit ALU-Elementen assoziiert, die eine

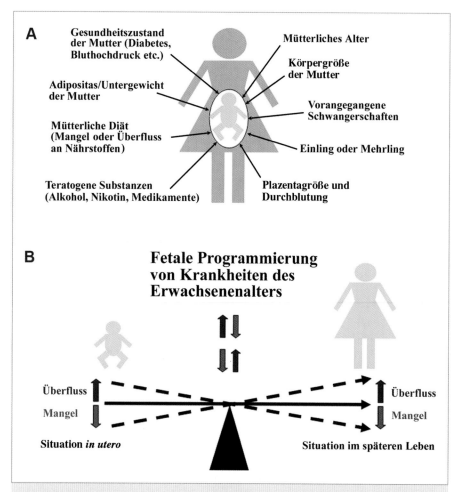

A

Gesundheitszustand der Mutter (Diabetes, Bluthochdruck etc.)

Adipositas/Untergewicht der Mutter

Mütterliche Diät (Mangel oder Überfluss an Nährstoffen)

Teratogene Substanzen (Alkohol, Nikotin, Medikamente)

Mütterliches Alter

Körpergröße der Mutter

Vorangegangene Schwangerschaften

Einling oder Mehrling

Plazentagröße und Durchblutung

B

Fetale Programmierung von Krankheiten des Erwachsenenalters

Überfluss

Mangel

Situation *in utero*

Überfluss

Mangel

Situation im späteren Leben

▲ **Abb. 3:** Fetale Programmierung des Epigenoms. **A**, Zahlreiche mütterliche Faktoren beeinflussen den Feten *in utero*. **B**, Das fetale Epigenom ist noch äußerst plastisch, und der Metabolismus kann an verschiedene Umweltbedingungen angepasst werden. Entsprechen die Bedingungen im späteren Leben nicht mehr der Situation *in utero*, dann ist der Metabolismus „fehlprogrammiert", und es besteht eine erhöhte Krankheits-Suszeptibilität.

Literatur

[1] Jaenisch R, Bird A (2003) Epigenetic regulation of gene expression: how the genome integrates intrinsic and environmental signals. Nat Genet 33:245–250

[2] Yoder JA, Walsh CP, Bestor TH (1997) Cytosine methylation and the ecology of intragenomic parasites. Trends Genet 13:335–340

[3] Bartolomei MS, Tilghman SM (1997) Genomic imprinting in mammals. Annu Rev Genet 31:493–525

[4] Haaf T (2006) Methylation dynamics in the early mammalian embryo: implications of genome reprogramming defects for development. Curr Top Microbiol Immunol 310:13–22

[5] Eckhardt F, Lewin J, Cortese R et al. (2006) DNA methylation profiling of human chromosomes 6, 20 and 22. Nat Genet 38:1378–1385

[6] Enard W, Fassbender A, Model F et al. (2004) Differences in DNA methylation patterns between humans and chimpanzees. Curr Biol 14:148–149

[7] Farcas R, Schneider E, Frauenknecht K et al. (2009) Differences in DNA methylation patterns and expression of the CCRK gene in human and nonhuman primate cortices. Mol Biol Evol 26:1379–1389

[8] Feinberg AP, Irizarry RA (2010) Stochastic epigenetic variation as a driving force of development, evolutionary adaptation, and disease. Proc Natl Acad Sci USA 107:1757–1764

[9] Turner BM (2009) Epigenetic responses to environmental change and their evolutionary implications. Philos Trans R Soc Lond B Biol Sci 364:3403–3418

[10] Gluckman PD, Hanson MA, Cooper C et al. (2008) Effect of in utero and early-life conditions on adult health and disease. New Engl J Med 359:61–73

[11] Carbone L, Harris RA, Vessere GM et al. (2009) Evolutionary breakpoints in the gibbon suggest association between cytosine methylation and karyotype evolution. PLoS Genet 5:e1000538

[12] Laland KN, Odling-Smee J, Myles S (2010) How culture shaped the human genome: bringing genetics and the human sciences together. Nat Rev Genet 11:137–148

Korrespondenzadresse:
Prof. Dr. Thomas Haaf
Institut für Humangenetik
Julius-Maximilians-Universität Würzburg
Biozentrum
Am Hubland
D-97074 Würzburg
Tel.: 0931-3188738
Fax: 0931-3184069
thomas.haaf@uni-wuerzburg.de

besonders hohe CpG-Dichte aufweisen. Im Vergleich zu den humanen Orthologen zeigen die ALUs in den Gibbon-Bruchpunktregionen eine deutlich erniedrigte CpG-Methylierung. Die epigenetische Genomarchitektur könnte eine treibende Kraft der Chromosomenevolution darstellen [11].

Ausblick

Die menschliche Kultur hat in den letzten 50.000 Jahren unser Genom möglicherweise stärker geformt als die Biologie. Hunderte von Genen zeigen Anpassungsprozesse, die mit menschlicher kultureller Aktivität zusammenhängen [12]. Die DNA-Methylierung ist ein Mechanismus, der sensibel für Umwelteinflüsse ist und sich auf die Evolution einer Art auswirken kann. Zukünftige Forschungen werden zeigen, inwieweit biologische und kulturelle Faktoren über epigenetische Veränderungen der Erbinformation spezifisch menschliche Eigenschaften beeinflussen und geformt haben. ■

AUTOREN

Eberhard Schneider
Jahrgang **1965**. **2001–2007** Studium der biologischen Anthropologie an der Universität Mainz. **2007–2010** Doktorarbeit im Institut für Humangenetik der Universitäten Mainz und Würzburg bei Prof. Dr. Haaf.

Ruxandra Farcas
Jahrgang **1980**. **1999–2004** Biotechnologiestudium an der Universität Klausenburg, Rumänien. **2006–2009** Doktorarbeit im Institut für Humangenetik der Universität Mainz bei Prof. Dr. Haaf.

Thomas Haaf
Jahrgang **1959**. **1978–1984** Medizinstudium an der Universität Würzburg. **1984–1989** wissenschaftlicher Mitarbeiter am Würzburger Institut für Humangenetik. **1985** Promotion; **1989** Habilitation im Fach Humangenetik. **1989–1995** Heisenberg-Stipendiat der DFG am Department of Genetics der Stanford University und der Yale University. **1995–2001** Arbeitsgruppenleiter am Berliner Max-Planck-Institut für Molekulare Genetik. **2001–2009** Leiter des Lehrstuhls für Humangenetik am Mainzer Universitätsklinikum. Seit **2009** Vorstand des Instituts für Humangenetik an der Universität Würzburg.

Histonmodifikation

Die Chemische Biologie beschreitet neue Wege in der Chromatinforschung

DIRK SCHWARZER
INTERFAKULTÄRES INSTITUT FÜR BIOCHEMIE, UNIVERSITÄT TÜBINGEN

Histones package DNA into chromatin and regulate genes through a multitude of histone modifications. A 'histone code' hypothesis has been put forth that ascribes different patterns of histone modifications specific biological functions. This article highlights recent chemical biological approaches to uncover the complex cross-talk between histone marks and chromatin activity.

DOI: 10.1007/s12268-012-0169-9
© Springer-Verlag 2012

Chromatin, Histone und Genregulation

■ Alle eukaryotischen Organismen müssen ihre DNA effizient verpacken, um sie in dem begrenzten Volumen ihrer Zellkerne unterzubringen. Die Verpackung der Genome erfolgt in Form von Chromatin, einem Komplex aus DNA und zugehörigen Verpackungsproteinen, den Histonen [1]. Die einfachste Struktureinheit des Chromatins ist das Nukleosom, bestehend aus je einem Paar der Histone H2A, H2B, H3 und H4, die ein Proteingerüst bilden, um das ca. 150 Basenpaare DNA gewickelt sind (**Abb. 1A**). Die reine Organisation der DNA in Nukleosomen reduziert den räumlichen Anspruch des Genoms bereits um das Siebenfache [1]. In der nächsthöheren Organisationsform wird die sogenannte 30-nm-Faser gebildet, deren exakte Struktur bis heute unbekannt ist. Maximale Kondensation wird in mitotischen Chromosomen erreicht, in denen die Genome um das 10.000-fache kondensiert werden [1]. Die Histone selbst lassen sich in globuläre Domänen, die das eigentliche Proteingerüst für die DNA bilden, und unstrukturierte N-terminale Histon-*tails* unterteilen. Zumindest auf der Ebene einzelner Nukleosomen scheinen die ca. 15 bis 37 Aminosäuren langen Histon-*tails* keine strukturelle Relevanz zu haben, ihre Aminosäuresequenz ist jedoch von der Hefe bis zum Menschen hochkonserviert, was auf eine zentrale biologische Funktion hindeutet [2, 3]. Diese ist eng mit der zweiten essenziellen Funktion des Chromatins verknüpft, der Regulation der Genaktivität an der benachbarten DNA. Diese Wechselwirkungen werden u. a. durch eine Vielzahl von posttranslationalen Modifikationen vermittelt, die man primär an den Histon-*tails* findet. Eine große strukturelle Diversität zeichnet diese Modifikationen aus. Bereits seit den 1960er-Jahren kennt man Acetylierungen und Methylierungen von Lysinresten sowie die Phosphorylierung von Serin- und Threoninresten (**Abb. 1B**, [2, 3]). Neuere Untersuchungen erlaubten die Identifikation von Methylierung und Desaminierung von Arginin, Ubiquitinierung von Lysin sowie weiteren Modifikationen.

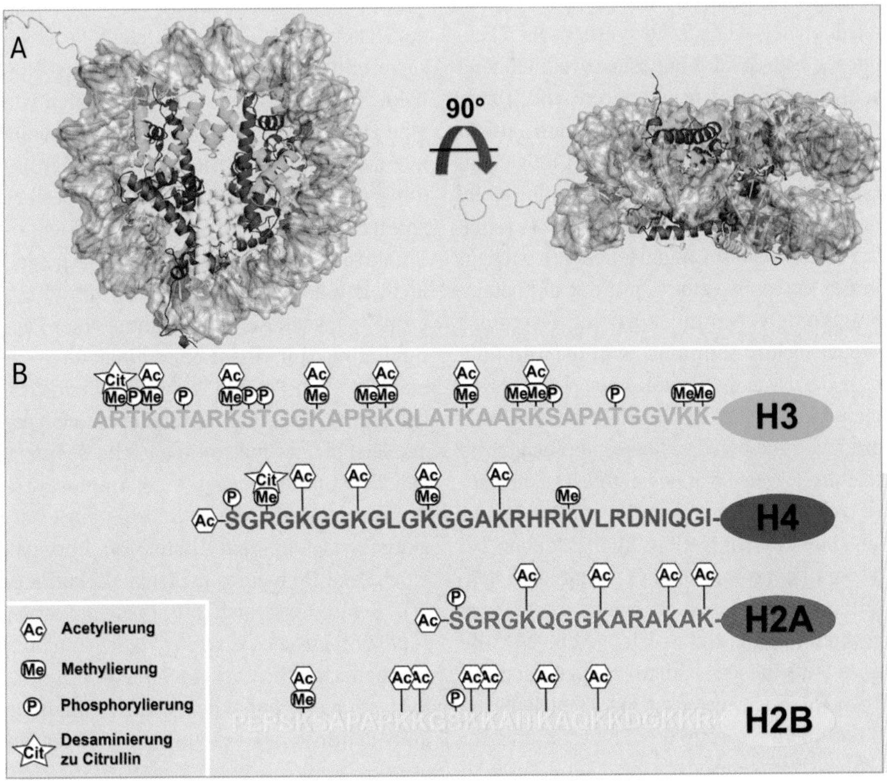

◀ **Abb. 1:** Das Nukleosom ist die strukturelle Basiseinheit des Chromatins. **A**, Struktur des Nukleosoms mit den Histonen H3 (grün), H4 (blau), H2A (rot), H2B (gelb) und der DNA (grau). Die Abbildung wurde basierend auf der PDB-Struktur 1AOI erstellt. **B**, Übersicht der bekannten Modifikationsstellen an den Histon-*tails*. Gelistet sind Acetylierungen, Methylierungen, Phosphorylierung von Serin- und Threoninresten und Arginin-Desaminierungen zu Citrullin.

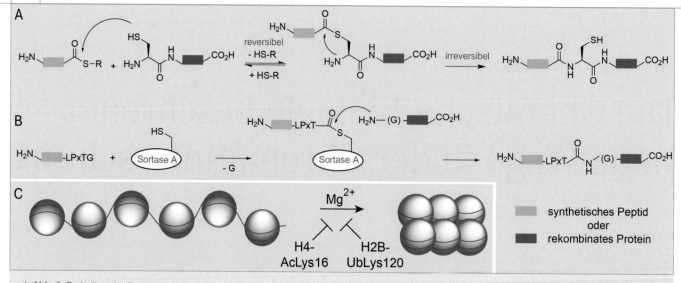

▲ **Abb. 2:** Techniken der Proteinsemisynthese und ihre Anwendungen in der Chromatinforschung. **A**, Reaktionsmechanismus der nativen chemischen Ligation (NCL). **B**, Reaktionsmechanismus der Sortase-vermittelten Ligation. Die natürliche Erkennungssequenz Leu-Pro-X-Thr-Gly ist im Einbuchstabencode (LPxTG) dargestellt. **C**, Reorganisation eines Arrays von zwölf Nukleosomen (sechs dargestellt) in die 30-nm-Faser. Die Bildung der 30-nm-Faser wird durch H4-AcLys-16 und H2B-UbLys-120 unterdrückt. Weitere Erklärungen im Text.

Die heute gängigste Theorie zum Zusammenspiel zwischen Histon-*tails*, posttranslationalen Modifikationen und Genaktivität ist die Histon-Code-Theorie [4]. Sie interpretiert die Histon-*tails* als eine Art Programmierplattform, die mit posttranslationalen Modifikationen beschrieben wird. Eine einzelne Modifikation oder ein Modifikationsmuster dient hierbei als Erkennungsstelle für ein spezifisches Regulatorprotein, das diese Markierung erkennt, an sie bindet und im Anschluss Prozessierungen der benachbarten DNA einleitet. Mithilfe der Histon-Code-Theorie lassen sich viele experimentelle Beobachtungen erklären, und man kennt bereits eine Vielzahl von Proteindomänen, die Histonmodifikationen binden. Allerdings stellt die schier astronomische Zahl an möglichen „Histon-Codons", die sich durch die freie Permutation der bekannten Histonmodifikationen ergeben, ein Problem dar, und man muss davon ausgehen, dass viele theoretisch mögliche Modifikationsmuster keine physiologische Bedeutung haben.

Der gezielte Einbau von Histonmodifikationen durch Proteinsemisynthese

Um zu klären, welche Modifikationen für die Rekrutierung eines Regulatorproteins notwendig sind, bedarf es homogen modifizierter Histone, die in Nukleosomen inkorporiert werden können. Dies stellt konventionelle biochemische Ansätze vor ein Problem, da die Enzyme, die diese Modifikationen *in vivo* in Histone einfügen, entweder nicht rekombinant hergestellt werden können oder *in vitro* weitestgehend unspezifisch sind [3]. Die Chemische Biologie bietet hier durch die soge-

nannte Proteinsemisynthese einen vielversprechenden Lösungsansatz [5]. Das Konzept der Proteinsemisynthese ist dabei sehr einfach: Das Protein, in das man eine Modifikation ortsspezifisch einfügen möchte, wird aus zwei Proteinfragmenten zusammengesetzt. Das größere Fragment wird mithilfe rekombinanter Techniken heterolog in Bakterien exprimiert. Das kleinere Fragment, das die gewünschte Modifikation enthält, wird mittels Festphasenpeptidsynthese hergestellt und im Anschluss mit dem rekombinanten Fragment verknüpft. Dabei werden die Vorteile beider Techniken kombiniert: Rekombinante Proteine können in beinahe jeder Größe hergestellt werden, im Gegensatz zu synthetischen Peptiden, die ab ca. 30 Aminosäuren zunehmend schwieriger zu synthetisieren sind. Dafür erlauben synthetische Peptide den Einbau von modifizierten Aminosäuren im Gegensatz zu rekombinanten Proteinen, die auf die proteinogenen Aminosäuren beschränkt sind. Der Schlüssel zur Proteinsemisynthese liegt in der Ligationstechnik, mit der die beiden Fragmente verknüpft werden. Diese muss chemoselektiv sein und somit die Verknüpfung der N- und C-Termini der beiden Fragmente ohne jegliche chemischen Schutzgruppen erlauben. Die heute gebräuchlichste chemoselektive Ligationsmethode ist die native chemische Ligation (NCL) [6]. Sie beruht auf einer zweistufigen Reaktionssequenz, bei der ein Peptid mit einem C-terminalen Peptidthioester an das N-terminale Cystein eines zweiten Peptids ligiert wird (**Abb. 2A**). Die erste Stufe dieser Ligation ist ein reversibler Thiol-Thioester-Austausch zwischen dem Peptid mit dem C-terminalen Thioester und der Cysteinseitenkette des zweiten Peptids. Durch

die resultierende räumliche Nähe der α-Aminogruppe kommt es in der zweiten Stufe zu einer irreversiblen S→N-Verschiebung, durch die eine Peptidbindung zwischen beiden Peptiden geknüpft wird. Da die S→N-Verschiebung nur an einem N-terminalen Cystein stattfinden kann, werden weitere Cysteine in den Peptiden toleriert. Somit ist die ausschließliche Verknüpfung der N- und C-Termini der Peptide gewährleistet. Für die Semisynthese von Histonen ist die NCL bestens geeignet, da Histon-*tails* mit einer Länge von 15 bis 37 Aminosäuren gut über Festphasenpeptidsynthese zugänglich sind.

Eine neue vielversprechende Methode, die auf Histon H3 anwendbar ist, stellt die Sortase-vermittelte Ligation dar. Sortase A ist eine bakterielle Transpeptidase, die ähnlich wie eine Thiolprotease eine Aminosäuresequenz in einem Peptid erkennt und diese unter Bildung eines Enzym-gebundenen Thioesters spaltet (**Abb. 2B**, [5]). Im Unterschied zu Thiolproteasen wird der Thioester jedoch nicht in einem zweiten Schritt hydrolytisch gespalten, sondern unter Bildung einer Peptidbindung mit einem N-terminalen Glycin eines zweiten Peptids verknüpft. Erst kürzlich wurde eine Sortase-Mutante mittels Phagen-Display evolviert, die anstelle des nativen Erkennungsmotivs eine Aminosäuresequenz erkennt, die sich direkt am Übergang zwischen dem Histon-*tail* und der globulären Domäne von Histon H3 befindet [7]. Somit lässt sich mit diesem Enzym semisynthetisches Histon H3 herstellen. Aus synthetischer Sicht ist die Sortase-vermittelte Ligation gegenüber der NCL vorteilhaft, da kein Peptidthioester synthetisiert werden muss.

Die Chemische Biologie in der Chromatinforschung

Zum gegenwärtigen Zeitpunkt sind chemisch-biologische Untersuchungsansätze in der Chromatinforschung schon über das *proof-of-concept*-Stadium hinaus entwickelt worden und konnten bereits wichtige Beiträge zur Klärung biologischer Beobachtungen leisten. Dies soll im Folgenden anhand ausgewählter Beispiele erläutert werden:

Eine zentrale Aussage der Histon-Code-Theorie ist die Existenz von Regulatorproteinen, die über bestimmte Modifikationen oder Modifikationsmuster der Histon-*tails* an das Chromatin rekrutiert werden [4]. Die Anwendung der Proteinsemisynthese zur Erstellung homogen modifizierter Histone, die in Nukleosomen eingebaut als Köder für diese Regulatoren dienen, ist äußerst vielversprechend. In zwei unabhängigen Studien wurden kürzlich methylierungsspezifische Bindeproteine von Histon H3 untersucht [8, 9]. Dazu wurden zunächst synthetische H3-*tails* mit methylierten Lysinen an bekannten Modifikationsstellen als Peptidthioester hergestellt. NCL-vermittelte Ligation mit der rekombinanten globulären Domäne lieferte semisynthetische H3-Histone mit den gewünschten Methylierungen. Im Anschluss wurden zusammen mit unmodifiziertem H2A, H2B und H4 Nukleosomen rekonstituiert, die über DNA-gebundene Biotin-Tags an Streptavidin-Agarose immobilisiert als Köder für Regulatorproteine dienten. Mit diesen Ködern gelang es, zahlreiche Chromatinfaktoren aus Zellkernextrakten zu isolieren und über moderne Massenspektrometrie zu identifizieren. Diese Untersuchungen repräsentieren einen wichtigen Schritt zur Aufklärung der Interaktionsprofile nuklearer Proteine mit Chromatin, was einen wichtigen Beitrag zur experimentellen Überprüfung der Histon-Code-Theorie darstellt.

Interessanterweise können Histonmodifikationen nicht nur Regulatorproteine rekrutieren, sondern auch die biophysikalischen Eigenschaften des Chromatins direkt modulieren. Wie eingangs erwähnt falten sich längere Anordnungen von Nukleosomen in die nächsthöhere Organisationsstufe, die 30-nm-Faser. Es ist bekannt, dass sich Arrays, bestehend aus zwölf Nukleosomen, *in vitro* in Gegenwart von Mg^{2+} von einer linearen Anordnung in eine kompakte Struktur umorganisieren, die die biophysikalischen Eigenschaften der 30-nm-Faser widerspiegeln (**Abb. 2C**, [10]). Für diese Reorganisation ist eine Region des H4-*tails*, welche die Reste 14 bis 23 umfasst, essenziell. Da diese Region eine Acetylierung an Lysin-16 aufweist, stellte sich die Frage, ob diese Modifikation die Bildung der 30-nm-Faser beeinflussen kann. Zur Klärung dieser Vermutung wurde mittels NCL an Lys-16 acetyliertes Histon H4 hergestellt und anschließend in ein nukleosomales Array inkorporiert. Tatsächlich unterdrückte die Acetylierung von H4-Lys-16 die Bildung der 30-nm-Faser, wodurch gezeigt wurde, dass eine einzige Histonmodifikation die Chromatinstruktur modulieren kann [10].

Unlängst konnte in einem weiteren chemisch-biologischen Ansatz gezeigt werden, dass auch eine andere Modifikation, die Ubiquitinierung von Lys-120 von Histon H2B, die Bildung der 30-nm-Faser unterdrücken kann [11]. Dazu wurde das Ubiquitin-Protein chemisch über eine Disulfidbrücke mit H2B verknüpft. Die daraus rekonstituierten Nukleosomen zeigten ebenfalls eine starke Beeinträchtigung in der Bildung der 30-nm-Faser. Interessanterweise stellte sich heraus, dass der Mechanismus, mit dem die Ubiquitinierung von H2B die Bildung der 30-nm-Faser beeinflusst, sich deutlich von demjenigen unterscheidet, der durch die Acetylierung von H4-Lys-16 vermittelt wird.

Diese ausgewählten Beispiele veranschaulichen, wie elegant sich Fragestellungen zu der Funktion des Chromatins über moderne Techniken der Chemischen Biologie entschlüsseln lassen. Die Chemische Biologie hat sich somit als ein wichtiges Werkzeug zur Untersuchung von Chromatin etabliert. Neben der hier beschriebenen Proteinsemisynthese hält sie weitere Techniken bereit, um Modifikationen in Histone zu inkorporieren [2, 3]. Das methodische Repertoire umfasst weiterhin synthetische Moleküle und Naturstoffe, die die Aktivität Histon-modifizierender Enzyme modulieren. Ein prominentes Beispiel, das als ein Meilenstein der Chemischen Biologie verstanden werden kann, stellt die Isolierung und Identifizierung der ersten Histondeacetylase mithilfe eines immobilisierten Histondeacetylase-Inhibitors dar [12]. Vor diesem Hintergrund erscheint es sehr wahrscheinlich, dass auch zukünftig wichtige Impulse für die Chromatinforschung und die Biologie im Allgemeinen von der Chemischen Biologie kommen werden.

Danksagung

Unsere Projekte werden von der DFG unterstützt. Alexander Dose und Jan Oliver Jost danke ich für die kritische Durchsicht des Manuskripts.

Literatur

[1] Turner BM (2001) Chromatin and Gene Regulation. Blackwell Science Ltd., Oxford
[2] Allis CD, Muir TW (2011) Spreading chromatin into chemical biology. Chembiochem 12:264–279
[3] Schwarzer D (2010) Chemical tools in chromatin research. J Pept Sci 16:530–537
[4] Strahl BD, Allis CD (2000) The language of covalent histone modifications. Nature 403:41–45
[5] Hackenberger CP, Schwarzer D (2008) Chemoselective ligation and modification strategies for peptides and proteins. Angew Chem Int Ed Engl 47:10030–10074
[6] Dawson PE, Muir TW, Clark-Lewis I et al. (1994) Synthesis of proteins by native chemical ligation. Science 266:776–779
[7] Piotukh K, Geltinger B, Heinrich N et al. (2011) Directed evolution of sortase A mutants with altered substrate selectivity profiles. J Am Chem Soc 133:17536–17539
[8] Nikolov M, Stützer A, Mosch K et al. (2011) Chromatin affinity purification and quantitative mass spectrometry defining the interactome of histone modification patterns. Mol Cell Proteomics 10:M110.005371
[9] Bartke T, Vermeulen M, Xhemalce B et al. (2011) Nucleosome-interacting proteins regulated by DNA and histone methylation. Cell 143:470–484
[10] Shogren-Knaak M, Ishii H, Sun JM et al. (2006) Histone H4-K16 acetylation controls chromatin structure and protein interactions. Science 311:844–847
[11] Fierz B, Chatterjee C, McGinty RK et al. (2011) Histone H2B ubiquitylation disrupts local and higher-order chromatin compaction. Nat Chem Biol 7:113–119
[12] Taunton J, Hassig CA, Schreiber SL (1996) A mammalian histone deacetylase related to the yeast transcriptional regulator Rpd3p. Science 272:408–411

Korrespondenzadresse:
Prof. Dr. Dirk Schwarzer
Interfakultäres Institut für Biochemie
Eberhard Karls Universität Tübingen
Hoppe-Seyler-Straße 4
D-72076 Tübingen
Tel.: 07071-29-73344
Fax: 07071-29-4815
dirk.schwarzer@uni-tuebingen.de

AUTOR

Dirk Schwarzer
Jahrgang **1972**. **1993–2002** Chemiestudium und Promotion an der Universität Marburg. **2003–2006** Postdoc an der Johns Hopkins University, Baltimore, MD, USA. **2006–2007** Postdoc an der Universität Dortmund. **2007–2011** Leiter einer Emmy-Noether-Gruppe am Leibniz-Institut für Molekulare Pharmakologie (FMP) in Berlin. Seit **2011** Professor für Biochemie am Interfakultären Institut für Biochemie, Universität Tübingen.

Epigenetik

Epigenom-Karten erstellen und nutzen

CHRISTOPH BOCK[1-3], THOMAS LENGAUER[3]

[1]CEMM FORSCHUNGSZENTRUM FÜR MOLEKULARE MEDIZIN DER ÖSTERREICHISCHEN AKADEMIE DER WISSENSCHAFTEN, WIEN

[2]KLINISCHES INSTITUT FÜR LABORMEDIZIN, MEDIZINISCHE UNIVERSITÄT WIEN

[3]MAX-PLANCK-INSTITUT FÜR INFORMATIK, SAARBRÜCKEN

The epigenome comprises multiple biochemical marks, which are linked to the genome but not encoded in the DNA sequence. Epigenome maps help identify important mechanisms of gene regulation and facilitate the search for disease-associated alterations in the human genome.

DOI: 10.1007/s12268-012-0152-5
© Springer-Verlag 2012

■ Epigenetische Mechanismen spielen eine bedeutende Rolle für die Genregulation, besonders in komplexen Organismen mit ihren hoch spezialisierten Zell- und Gewebetypen. Während alle Zellen des menschlichen Körpers im Wesentlichen dieselbe Genomsequenz enthalten, unterscheiden sich verschiedene Zelltypen substanziell in ihren Epigenomen. Diese epigenetischen Unterschiede spiegeln sich auch in gewebespezifischer Genaktivität wider. Die epigenetische Markierung definiert nämlich einzelne Regionen des Genoms als aktiv (Gene können abgelesen werden), stillgelegt (Gene können nicht abgelesen werden) oder aktivierbar (Gene können erst nach Aktivierung der Region abgelesen werden). Auf molekularer Ebene erfolgt die epigenetische Genregulation über gezielte biochemische Veränderungen der DNA (z. B. Cytosin-Methylierung) oder des Proteingeflechts, das die DNA umgibt (z. B. Lysin-Methylierung von Histonprotein H3). Diese Veränderungen werden durch spezielle Proteinkomplexe gesetzt, ausgelesen und modifiziert, z. B. während der Entwicklung des Embryos, aber auch als Resultat von Umwelteinflüssen oder Krankheitsprozessen.

Epigenetische Informationen bleiben während der Zellteilung erhalten (oder werden direkt im Anschluss rekonstruiert), wodurch sich Zellen gegen potenziell schädliche Einflüsse immunisieren. Entsprechend konnte gezeigt werden, dass eine Destabilisierung des Epigenoms zur Entwicklung von Tumoren führt [1] und dass bei der künstlichen Reprogrammierung eine Zelle hin zu induzierten pluripotenten Stammzellen (iPSCs) eine signifikante epigenetische Barriere überwunden werden muss [2]. Die Kartierung der Epigenome in allen Zelltypen des menschlichen Körpers stellt daher einen Meilenstein für unser Verständnis von zellulärer Identität und Genregulation dar. Insbesondere helfen Epigenom-Karten bei der Identifizierung von krankheitsspezifischen epigenetischen Veränderungen, wie sie z. B. in Krebs die Regel sind und auch bei vielen anderen Krankheiten nachgewiesen sind oder vermutet werden. Weitere Anwendungsfelder von Epigenom-Karten sind die genregulatorische Interpretation von krankheitsassoziierten DNA-Defekten und die Analyse von Umwelteinflüssen, die bisweilen deutliche Spuren im Epigenom hinterlassen.

Erstellung von Epigenom-Karten

Revolutionäre Fortschritte in der DNA-Sequenzierungstechnologie ermöglichen es Wissenschaftlern, epigenetische Markierungen umfassend und mit vertretbaren Kosten zu kartieren. Unter dem Dach des International Human Epigenome Consortium (IHEC) koordinieren sich verschiedene Großprojekte. Das Ziel ist es, Epigenom-Karten für mindestens 1.000 biologisch und medizinisch relevante Zelltypen und Zellzustände zu erstellen. Dabei setzen die einzelnen Projekte innerhalb von IHEC unterschiedliche Schwerpunkte. Während beispielsweise die US-amerikanischen Reference Epigenome Mapping Centers (REMCs) die Erstellung von Referenz-Epigenomen für möglichst viele gesunde Zelltypen des menschlichen Körpers anstreben,

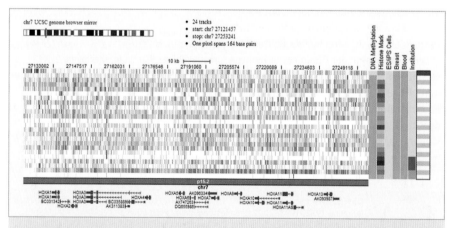

▲ **Abb. 1:** Ausschnitt aus einer Epigenom-Karte für embryonale Stammzellen (H1-Zelllinie). Der Washington University Epigenome Browser (http://epigenomegateway.wustl.edu) ermöglicht die gleichzeitige Visualisierung von DNA-Methylierung und Histon-Modifikationen. Aufgrund des Datenvolumens ist eine sinnvolle Visualisierung allerdings nur für kleine genomische Regionen möglich, z. B. für den hier gezeigten *HOXA*-Gencluster.

konzentriert sich das EU-geförderte BLUE-PRINT-Projekt auf die umfassende Kartierung von Zellen des Blut- und Immunsystems sowie dessen Erkrankungen.

Die Definition eines Referenz-Epigenoms wurde durch das IHEC standardisiert und erfordert die genomweite Kartierung der folgenden Formen epigenetischer Markierung: der DNA-Methylierung, einer Reihe von Histon-Modifikationen (Proteine des Chromatins, die an die genomische DNA binden) und der mit ihnen korrelierten Chromatin-Kompaktheit (DNase-Hypersensitivität) sowie von Protein-codierenden und nicht-codierenden RNAs. Die verwendeten experimentellen Methoden unterscheiden sich zwischen den einzelnen Markierungstypen, auch wenn alle Ansätze letztendlich auf der Hochdurchsatz-Sequenzierung kurzer DNA-Fragmente basieren. Bioinformatische Methoden spielen eine wichtige Rolle für die Datenprozessierung, Assemblierung und Qualitätskontrolle von Epigenom-Karten. Die wichtigsten experimentellen und analytischen Methoden zur Kartierung von epigenetischen Markierungen sind im Folgenden kurz beschrieben:

- DNA-Methylierung wird durch chemische Konvertierung von allen unmethylierten Cytosinen nach Uracil detektiert (Bisulfit-Sequenzierung). Die methylierungsspezifisch induzierten Mutationen können durch Alignment und Vergleich mit einem Referenzgenom identifiziert werden, sodass der DNA-Methylierungsgrad sich letztlich durch das Zählen von methylierten und unmethylierten Cytosinen ergibt.
- Histon-Modifikationen werden durch spezifische Antikörper erkannt. Die an die Histone gebundene DNA wird angereichert und sequenziert (ChIP-seq, *chromatin immunoprecipitation sequencing*). Durch Alignment mit einem Referenzgenom und einer optionalen statistischen Glättung entsteht ein Häufigkeitsprofil der jeweiligen Histon-Modifikation im Genom.
- RNA-Expressionsprofile basieren auf der Sequenzierung von cDNA (rückübersetzte RNA; RNA-seq), wahlweise in Kombination mit der experimentellen Selektion eines bestimmten RNA-Subtyps (z. B. mikro-RNA, RNA des Zellkerns oder polyadenylierte RNA). Das Alignment von RNA-basierten Sequenzierungsdaten erfordert spezielle Algorithmen, die das Spleißen von RNA berücksichtigen.

In **Abbildung 1** ist ein typisches Referenz-Epigenom dargestellt, wie es im Rahmen des REMC-Projektes für eine embryonale Stamm-zelllinie erstellt wurde. Obwohl in der Abbildung nur ein Zelltyp und eine Handvoll Gene dargestellt sind, ist die Darstellung bereits sehr komplex und nicht ohne Weiteres verständlich. Die Schwierigkeit einer rein visuellen Interpretation von Epigenom-Daten erhöht sich noch durch das Vorhandensein von kombinatorischen Effekten und Redundanzen zwischen verschiedenen epigenetischen Markierungen. Daher sind bioinformatische Anstrengungen vonnöten, um aus der Vielzahl epigenetischer Markierungen eine konsistente und informative Epigenom-Karte zu assemblieren. Weit verbreitet ist die Verwendung von Segmentierungsalgorithmen, die das Genom in Regionen mit ähnlichen epigenetischen Markierungen zerlegen und diesen jeweils eine genomische Funktion zuweisen (z. B. als Promotor oder Enhancer). Eine derartige Kartierung des menschlichen Genoms wurde erfolgreich zur Interpretation von krankheitsassoziierten Mutationen in der DNA-Sequenz verwendet [3].

Nutzung von Epigenom-Karten

Eine Reihe von Anwendungsstudien hat die praktische Relevanz von Epigenom-Karten eindrucksvoll demonstriert. So wurde auf Basis von charakteristischen Mustern von Histon-Modifikationen eine nicht-codierende RNA identifiziert, die eine wesentliche Rolle in der Tumorsuppression durch p53 spielt [4]. Und eine detaillierte Epigenom-Kartierung der Adipozyten-Differenzierung in Mensch und Maus eröffnet neue Einblicke in die evolutionäre Konservierung regulatorischer Mechanismen [5]. Ein weiteres Beispiel ist die Charakterisierung von humanen Stammzellen mithilfe einer bioinformatischen Scorecard, die auf Basis von Epigenom-Karten den medizinischen Nutzen pluripotenter Zelllinien vorhersagt und damit einen komplexen und aufwendigen Tierversuch ersetzen kann [6].

Eine Gemeinsamkeit dieser exemplarischen Anwendungen von Epigenom-Karten ist ihre bioinformatische Komplexität. Dementsprechend stellt die geringe Verfügbarkeit von bioinformatischer Expertise an vielen molekularbiologischen Instituten ein wesentliches Hemmnis für die breitere Nutzung von Epigenom-Karten dar. Das IHEC und seine assoziierten Projekte und Forschungsgruppen unternehmen substanzielle Anstrengungen, um die technischen Barrieren für die Nutzung epigenomischer Daten zu verringern. Eine zentrale Rolle spielt dabei die Entwicklung webbasierter Analysetools, mit denen sich die oft sehr rechen- und datenintensiven Analysen auf einem zentralen Großrechner bündeln lassen. Im Wesentlichen lassen sich drei Ansätze unterscheiden: die regionenspezifische Visualisierung, die genomweite Datenexploration und die statistische Validierung bestimmter Hypothesen. Im Folgenden sind einige nützliche Webserver für diese drei Anwendungen beschrieben. Darüber hinaus enthält **Tabelle 1** eine umfangreiche Liste von hilfreichen Tools für die Analyse epigenetischer Daten sowie weitere Informationen zu den beschriebenen Projekten.

Die Visualisierung von Epigenom-Karten wird durch die beiden weit verbreiteten Genom-Browser (Ensembl und UCSC) bereits gut unterstützt. Ensembl stellt im Rahmen seines *Regulatory Build* des Humangenoms standardmäßig einige relevante Datensätze zur DNA-Methylierung und der Lokalisation von Histon-Modifikationen zur Verfügung. Das europäische BLUEPRINT-Projekt wird alle generierten Epigenom-Karten via Ensembl verfügbar machen. Der UCSC Genome Browser ist dagegen besonders eng mit dem ENCODE-Projekt verzahnt. Außerdem wurde basierend auf den Konzepten des UCSC Genome Browser der Human Epigenome Browser der Washington University entwickelt, dessen Fokus auf der Darstellung von REMC-generierten Epigenom-Karten des Humangenoms liegt (**Abb. 1**). Alle drei beschriebenen Genom-Browser ermöglichen eine einfache Integration von benutzerspezifischen Epigenom-Karten und unterscheiden sich generell mehr im *Look and Feel* und ihrer regionalen Verbreitung als in den bereitgestellten Funktionen. So hängt die Wahl des Browsers in erster Linie von den unterstützten Datensätzen und dem persönlichen Geschmack ab.

Die wesentliche Limitation von Genom-Browsern ist die Beschränkung der Visualisierung auf einzelne genomische Regionen, wodurch eine globale Interpretation von Epigenom-Karten sehr erschwert wird. Mangels webbasierter Tools für die genomweite Datenanalyse werden komplexe Analysen meist durch ausgebildete Bioinformatiker vorgenommen, die projektspezifische Analyse-Skripte in einer geeigneten Programmiersprache entwickeln (z. B. in R oder Python). Allerdings wird diese Lücke zunehmend von einer neuen Generation webbasierter Tools geschlossen, die komplizierte Analysen über das Internet ermöglichen. Ein Beispiel ist EpiExplorer, ein interaktiver Webserver zur genomweiten Datenexploration, der am Max-Planck-Institut für Informatik in Saarbrücken

Tab. 1: Webbasierte Ressourcen zur Erstellung und Nutzung von Epigenom-Karten.

Epigenom-Kartierungsprojekte	**IHEC**: International Human Epigenome Consortium	www.ihec-epigenomes.org
	BLUEPRINT: eine „High Impact Initiative" der EU-Kommission	www.blueprint-epigenome.eu
	REMCs: Reference Epigenome Mapping Centers, NIH Roadmap Epigenomics Mapping Consortium	www.roadmapepigenomics.org
Epigenomische Datenprozessierung	**Cistrome**: Prozessierung und Analyse von ChIP-seq-Daten	http://cistrome.org
	Galaxy: Prozessierung und Analyse von RNA-seq und anderen genomischen Datentypen	http://main.g2.bx.psu.edu
	BiQ Analyzer HT: Prozessierung und Analyse von DNA-Methylierungsdaten	http://biqanalyzer.computational-epigenetics.org
Visualisierung	**Ensembl**: der meistgenutzte europäische Genom-Browser	www.ensembl.org
	UCSC Genome Browser: der meistgenutzte amerikanische Genom-Browser	http://genome.ucsc.edu (allgemein) www.epigenomebrowser.org (REMC)
	Human Epigenome Browser: ein Genom-Browser für Epigenom-Karten	http://epigenomegateway.wustl.edu
Hypothesengenerierung	**EpiExplorer**: interaktive Exploration und globale Analyse von Epigenom-Karten	http://epiexplorer.computational-epigenetics.org
	GREAT: Identifikation von angereicherten Genfunktionen in Listen genomischer Regionen	http://great.stanford.edu
	EpiGRAPH: Identifikation von angereicherten Genomeigen-schaften in Listen genomischer Regionen	http://epigraph.mpi-inf.mpg.de
Statistische Validierung	**Genomic HyperBrowser**: statistische Validierung von Hypothesen über das Zusammenspiel epigenomischer Attribute	http://hyperbrowser.uio.no

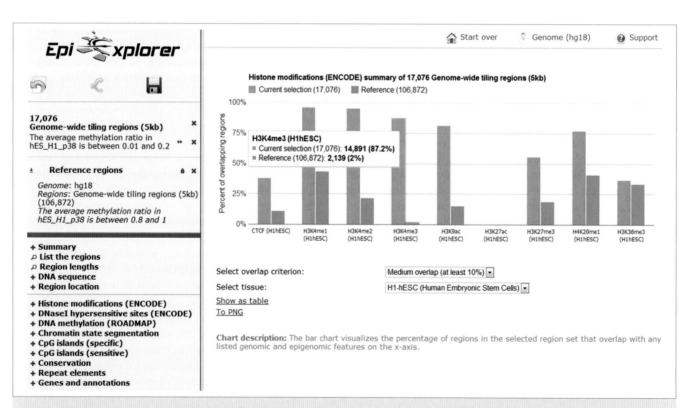

▲ **Abb. 2:** Assoziation von unmethylierten genomischen Regionen mit aktivem Chromatin in embryonalen Stammzellen (H1-Zelllinie). Dargestellt ist der prozentuale Anteil von unmethylierten Regionen (87,2 %, oranger Balken) und methylierten Regionen (2 %, grauer Balken), die mit der aktivierenden Histon-Modifikation H3K4me3 assoziiert sind. EpiExplorer (http://epiexplorer.mpi-inf.mpg.de) vereinfacht die globale Analyse von Epigenom-Karten, indem es eine Live-Suche und intuitive Exploration großer Datensätze über das Internet ermöglicht. Wie hier gezeigt, genügen wenige Mausklicks, um eine genomweite und biologisch relevante Assoziation zwischen DNA-Methylierung und Chromatinstruktur zu detektieren.

entwickelt wurde. Im Gegensatz zu herkömmlichen Genom-Browsern operiert EpiExplorer auf genomweiten Listen von epigenetischen Markierungen, die dynamisch gefiltert und miteinander in Beziehung gesetzt werden. Durch die Verwendung effizienter bioinformatischer Methoden ist es möglich, relevante epigenetische Assoziationen interaktiv und ohne Wartezeiten zu erkunden, um daraus biologische Hypothesen abzuleiten (**Abb. 2**).

Zur Validierung spezifischer Hypothesen über das Zusammenspiel epigenetischer Mechanismen bietet sich der von einem norwegischen Team entwickelte Genomic HyperBrowser an. Basierend auf dem Galaxy Framework ermöglicht dieser Webserver detaillierte Berechnungen und statistische Tests auf der Basis von Epigenom-Karten. Ein Vorteil bei der Verwendung des Genomic HyperBrowser und anderer Galaxy-basierter Systeme ist die große Flexibilität in der Planung und Durchführung von Analyse-Workflows. Im Umkehrschluss bedeutet diese Flexibilität jedoch auch, dass sich Galaxy-basierte Softwarepakete eher für die Validierung bereits formulierter Hypothesen eignet als für die explorative Analyse und Hypothesengenerierung.

Durch Kombination der hier beschriebenen Konzepte und Webserver steht dem biologischen Anwender mittlerweile eine umfangreiche Toolbox zur Analyse von Epigenom-Karten zur Verfügung. Zum Beispiel eignet sich EpiExplorer besonders als erster Einstieg in einen neuen Datensatz. Darauf aufbauend bietet sich die Verwendung eines Genom-Browsers an, um die mit EpiExplorer identifizierten Regionen im Detail zu visualisieren. Konkrete Hypothesen zur epigenetischen Regulation bestimmter Gene lassen sich im Genomic HyperBrowser einer statistischen Prüfung unterziehen, bevor konkrete Validierungsexperimente initiiert werden.

Ausblick

Infolge des konzertierten Einsatzes von Wissenschaftlern und Forschungsförderern aus mehr als 20 Ländern wird das IHEC aller Wahrscheinlichkeit nach sein Ziel erreichen und in den kommenden Jahren Epigenom-Karten für mindestens 1.000 biologisch und medizinisch relevante Zelltypen und Zellzustände veröffentlichen. Dieser Datensatz wird eine wertvolle Ressource für die biomedizinische Forschung darstellen. Einerseits dient er als Referenz für die Durchführung krankheitszentrierter Forschung [7], hier wären insbesondere Epigenom-weiten Assoziationsstudien (EWAS) zu nennen, sowie die Entwicklung epigenetischer Biomarker für die klinische Diagnostik [8]. Andererseits ergeben sich neue Möglichkeiten für die gezielte Planung mechanistischer und genspezifischer Studien, die bei Weitem noch nicht den Informationsreichtum genomischer Datensätze ausschöpfen. Ein wesentlicher Schlüssel zur breiten und produktiven Verwendung von Epigenom-Karten liegt in der Entwicklung von Methoden und Analysesoftware, die keine besonderen bioinformatischen Vorkenntnisse vom Nutzer verlangen.

Literatur

[1] Baylin SB, Jones PA (2011) A decade of exploring the cancer epigenome – biological and translational implications. Nat Rev Cancer 11:726–734
[2] Pasque V, Jullien J, Miyamoto K et al. (2011) Epigenetic factors influencing resistance to nuclear reprogramming. Trends Genet 27:516–525
[3] Ernst J, Kheradpour P, Mikkelsen TS et al. (2011) Mapping and analysis of chromatin state dynamics in nine human cell types. Nature 473:43–49
[4] Huarte M, Guttman M, Feldser D et al. (2010) A large intergenic noncoding RNA induced by p53 mediates global gene repression in the p53 response. Cell 142:409–419
[5] Mikkelsen TS, Xu Z, Zhang X et al. (2010) Comparative epigenomic analysis of murine and human adipogenesis. Cell 143:156–169
[6] Bock C, Kiskinis E, Verstappen G et al. (2011) Reference maps of human ES and iPS cell variation enable high-throughput characterization of pluripotent cell lines. Cell 144:439–452
[7] Rakyan VK, Down TA, Balding DJ et al. (2011) Epigenome-wide association studies for common human diseases. Nat Rev Genet 12:529–541
[8] Bock C (2009) Epigenetic biomarker development. Epigenomics 1:99–110

Korrespondenzadresse:
Prof. Dr. Dr. Thomas Lengauer
Max-Planck-Institut für Informatik
Campus E1 4
D-66123 Saarbrücken
Tel.: 0681-9325-3000
Fax: 0681-9325-3099
lengauer@mpi-inf.mpg.de
www.mpi-inf.mpg.de

AUTOREN

Christoph Bock
Jahrgang 1979. 1999–2004 Studium der Informatik und Betriebswirtschaftslehre in Mannheim, Heidelberg und Swansea, UK. 2004–2008 Promotion in Bioinformatik am MPI für Informatik in Saarbrücken. 2008–2011 Postdoc am Broad Institute in Cambridge, MA, USA. Seit 2012 Arbeitsgruppenleiter am CeMM Forschungszentrum für Molekulare Medizin in Wien, Österreich.

Thomas Lengauer
Jahrgang 1952. 1976 Dr. rer. nat. Mathematik, FU Berlin. 1979 Ph. D. Informatik, Stanford University, CA, USA. 1984 Habilitation in Informatik, Universität des Saarlandes. 1984–1992 Professur für Informatik, Universität Paderborn. 1992–2001 Direktor am Institut für Algorithmen und Wissenschaftliches Rechnen, GMD – Forschungszentrum Informationstechnik, Sankt Augustin. Seit 2001 Direktor am Max-Planck-Institut für Informatik, Saarbrücken.

Genmodifikation

Gezielte Manipulation des Genoms mit Zinkfingernukleasen

MELANIE MEYER, BENEDIKT WEFERS, OSKAR ORTIZ, WOLFGANG WURST,
RALF KÜHN
INSTITUT FÜR ENTWICKLUNGSGENETIK, HELMHOLTZ-ZENTRUM MÜNCHEN

In vielen Säugetierarten gab es bis jetzt keine effektiven Werkzeuge für eine gezielte Genmodifikation. Die Entwicklung der Zinkfingernuklease-Technologie ermöglicht nun auch in diesen Organismen eine schnelle und einfache Genommanipulation.

Most mammalian species lack useful tools for targeted gene modification. With the discovery of the zinc-finger nuclease technology it is now possible to achieve rapid and easy genome manipulations in mammals.

■ Die Herstellung von Tieren oder Pflanzen mit gezielten Genmodifikationen ist ein potentes Werkzeug, um die Funktion von Genen zu untersuchen, Krankheitsmechanismen zu entschlüsseln und Organismen von biotechnologischem Nutzen zu erzeugen. Während frühe Mutagenesetechniken wie die chemisch induzierte ENU(*ethyl nitroso urea*)-Mutagenese nur zufällige Mutationen erzeugen, zielen neuere Methoden auf eine spezifische, vorab planbare Manipulation des Genoms ab. Die Transgenese umfasst die Expression von Fremd-DNA oder die Veränderung des Expressionsmusters und/oder der Expressionsstärke der endogenen Gene durch gezielte Einbringung von DNA-Modifikationen. Die erste Technik der gezielten Genveränderung, das Gen-Targeting in embryonalen Stammzellen (ES-Zellen), die in den 1980er-Jahren entwickelt wurde, beruht auf dem natürlichen DNA-Reparaturmechanismus der homologen Rekombination (HR), der die zweite Kopie des Chromosoms als Reparaturvorlage benutzt. Die HR ist robust, jedoch im Allgemeinen, mit einer Frequenz von 10^{-6} bis 10^{-9} modifizierten Zellen, wenig effizient [1]. Bisher hat diese niedrige Frequenz der HR in Säugerzellen und die daraus resultierende Notwendigkeit von Selektionsverfahren die Anwendung dieser Technik auf ES-Zellen beschränkt. Außerdem wurden ES-Zellen, die pluripotent sind und bleiben, bis jetzt nur in Maus, Ratte und Mensch charakterisiert. Durch die Verwendung der I-SceI-Meganuklease aus Hefe konnte gezeigt werden, dass die Erzeugung eines Doppelstrangbruchs (DSB) innerhalb des Genoms die HR am Ziellocus in einer hohen Frequenz ermöglicht, indem die natürlichen DNA-Reparaturmechanismen stark aktiviert werden. Die beobachtete Frequenz liegt hier bei 10^{-2} bis 10^{-4} modifizierten Zellen [2]. Kürzlich wurde jedoch eine neue Technik zur Erzeugung von DSB, basierend auf der Verwendung von sequenzspezifischen Zinkfingernukleasen (ZFN), entwickelt und für die Herstellung von Organismen mit Genmodifikationen benutzt.

Mechanismus der Zinkfingernukleasen

Um für die Genommanipulation von Nutzen zu sein, muss eine Endonuklease spezielle Anforderungen erfüllen. Sie muss einzigartige Zielsequenzen spezifisch erkennen und an jeden beliebigen Locus angepasst werden können. Die ZFN erfüllen diese Bedingungen, da sie aus zwei funktionellen Domänen aufgebaut werden: einer DNA-bindenden, modularen Zinkfinger(ZF)-Domäne und der DNA-schneidenden Nukleasedomäne des *Fok*I-Restriktionsenzyms (**Abb. 1A**). Die ZF-Domäne leitet somit die unspezifisch wirkende Nukleasedomäne an eine spezifisch ausgewählte DNA-Zielsequenz. Da die Nuklease nur als Dimer enzymatisch aktiv ist, ist die Entstehung eines DSB abhängig von der Dimerisierung der ZFN. Diese erfolgt durch die Bindung von zwei heterodimeren ZFN an benachbarte Zielsequenzen, getrennt durch eine sechs Basenpaare lange Spacerregion (**Abb. 1A**). Die in der Literatur beschriebenen ZFN besitzen drei oder vier ZF-Domänen; da ein Zinkfinger drei Nukleotide der DNA-Sequenz erkennt, binden solche ZFN-Einheiten an neun bis zwölf Basen lange Zielsequenzen. Es gibt zurzeit zwei Technikplattformen, um benutzerdefinierte Zinkfinger mit hoher Spezifität zu erzeugen: die Plattform der Firma Sangamo Bioscience [3], und die frei verfügbare *oligomerized pool engineering*(OPEN)-Plattform, die von den akademischen Labors des Zinkfinger-Konsortiums bereitgestellt wird [4]. Die Reparatur eines DSB, der durch ein ZFN-Paar induziert wurde, kann durch einen von zwei möglichen, natürlich vorkommenden Mechanismen wieder repariert werden: entweder durch *non-homologous end joining* (NHEJ) oder HR (**Abb. 1B**). In Abwesenheit einer DNA-Vorlage ist das NHEJ der bevorzugte Weg. Es führt zu Nukleotidinsertionen und/oder Deletionen, durch die das ursprüngliche Leseraster des Zielgens zerstört wird, was in vielen Fällen zur Expression von verkürzten und/oder nicht funktionsfähigen Proteinen führt. Die Reparatur des DSB durch die HR unter Verwendung einer DNA-Vorlage resultiert dagegen entweder in einer perfekten Reparatur oder, falls es sich um eine modifizierte Vorlage handelt, in einem Knock-in, also einem Einfügen zusätzlicher genetischer Information.

Zinkfingernukleasen-vermittelte Genmodifikation

Der einfachste Weg der gezielten Genommanipulation ist die Erzeugung von Knock-out-Allelen. Mit diesen kann man am schnellsten dauerhaft die phänotypischen Eigenschaften einer Zelle verändern und damit die Genfunktion bestimmen. Die ZFN liefern durch das NHEJ eine effiziente Methode, um einen gezielten Knock-out in Säugerzellen zu erzeugen. Diese Methode macht sich Fehler zunutze, die während der DNA-Reparatur eingebracht werden. Dieser Ansatz wurde bereits in verschiedenen Spezies (Zebrafisch [5], Rat-

DOI: 10.1007/s12268-011-0086-3

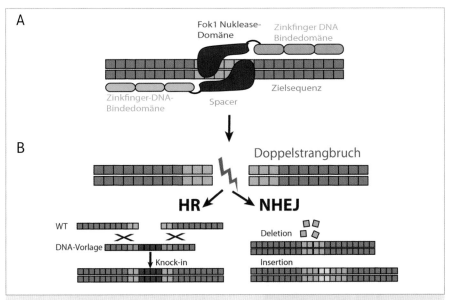

A

Fok1 Nuklease-Domäne

Zinkfinger DNA Bindedomäne

Zinkfinger-DNA-Bindedomäne

Spacer

Zielsequenz

B

Doppelstrangbruch

HR ↙ ↘ NHEJ

WT

DNA-Vorlage

Knock-in

Deletion

Insertion

▲ **Abb. 1:** Wirkmechanismus der Zinkfingernukleasen (ZFN). **A,** modularer Aufbau und spezifische Bindung der ZFN zur Dimerisierung und anschließenden Aktivierung der Fok1-Endonukleasen. **B,** *non-homologous end joining* (NHEJ) und homologe Rekombination (HR), zwei Mechanismen der natürlichen Reparatur eines DNA-Doppelstrangbruchs (DSB), führen zu Nukleotidinsertionen, -deletionen oder zum Knock-in exogener DNA.

te [6] und Maus [7]) und im zellulären Kontext (CHO[*chinese hamster ovary*]- [8], ES- und iPS[induzierte pluripotente Stamm]-Zellen [7, 9]) angewandt, um nutzerspezifische Gene in einem einzigen Schritt und ohne Selektionsverfahren auszuschalten.

ZFN wurden z. B. benutzt, um das Dihydrofolat-Reduktase(*Dhfr*)-Gen in CHO-Zellen zu modifizieren [8]. In dieser Studie wurde der Knock-out des *Dhfr*-Gens mit einer Frequenz von über einem Prozent ohne den Einsatz eines Selektionsmarkers erzielt. Sequenzanalysen zeigten, dass durch die ZFN Insertionen und Deletionen im Bereich von +2 bis −302 Basenpaaren hervorgerufen wurden.

Bis zu 32 Prozent der Zebrafischembryonen, denen ZFN spezifisch für das Gen *gol-den* injiziert wurden, enthalten in den Augen unpigmentierte Zellen, was einen Verlust des golden-Proteins widerspiegelt. Diese Mutationen wurden außerdem an einen signifikanten Anteil (über sieben Prozent) der Nachkommen weitervererbt [5].

Die erste erfolgreiche Demonstration von ZFN in Rattenzygoten bestand in der Mutation eines GFP-Transgens [6]. Die Frequenz des erfolgreichen Knock-outs lag hier bei 20 Prozent der transferierten Zygoten und resultierte in einer gezielten Mutation in den Tieren. Die Mutationen wurden in einer hohen Frequenz über die Keimbahn an die Nachkommen weitergegeben.

In einem ähnlichen Experiment in Mauszygoten konnten wir eine vergleichbare Frequenz (22 Prozent) mit ZFN erzielen, die spe-

zifisch für den Rosa26-Locus entwickelt wurden, erzielen [7]. Diese ersten Meilensteine in der Säugetier-Transgenese wurden durch die pronukleare oder zytoplasmatische Injektion von ZFN-mRNA in Zygoten erreicht.

Somit führt die Mikroinjektion von ZFN in Zygoten zum gezielten, schnellen, permanenten und vererbbaren Knock-out von Genen. Die Anwendung der ZFN zur gezielten Herstellung von Knock-outs in Organismen, bei denen keine ES-Zellen oder andere Klonierungstechniken verfügbar sind, ist somit eine wichtige Entwicklung um fundamentale biologische Fragen beantworten und Tiermodelle von ökonomischem Interesse etablieren zu können. Außerdem könnte diese Methode in zukünftigen therapeutischen Anwendungen genutzt werden, um den gezielten Knock-out von dominant mutierten Allelen zu erreichen.

Gene Targeting mit Zinkfingernukleasen in Zygoten

Gene Targeting beruht auf der Rekombination zwischen einem endogenen Ziellocus und einem exogen eingebrachten Gene Targeting-Vektor, welcher als homologes DNA-Fragment der HR als Reparaturmatrize dienen soll. Das ZFN-vermittelte Gene Targeting ermöglicht es somit, exogene DNA-Sequenzen zielgerichtet und schnell an die vorherbestimmten Stellen im Genom zu positionieren (Knockin). ZFN wurden bereits benutzt, um Knockins in Säugerzellen [3, 7–10], *Drosophila melanogaster* [11] und vielen weiteren Spezies zu erzeugen.

So wurden z. B. mit der ZFN-Technologie in humanen Zellen gezielte Integrationen an einem spezifischen Locus mit einer Frequenz von fünf bis 15 Prozent ohne Selektionsverfahren erzielt [10]. Da humane Erkrankungen schon länger das Ziel gentherapeutischer

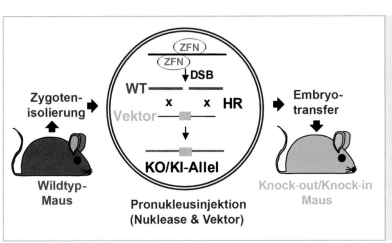

Zygoten-isolierung

Wildtyp-Maus

ZFN
ZFN
WT ↓DSB
Vektor x x HR
↓
KO/KI-Allel

Pronukleusinjektion (Nuklease & Vektor)

Embryo-transfer

Knock-out/Knock-in Maus

◀ **Abb. 2:** Schema der Pronukleusinjektion. Zygoten werden aus Wildtyp(WT)-Mäusen isoliert, anschließend werden Gen-Targeting-Vektor und Zinkfingernukleasen(ZFN)-mRNA in den männlichen Vorkern injiziert. Die Zygoten werden dann in scheinschwangere Mäuse transferiert und deren Nachkommen auf Knock-in- und Knock-out-Ereignisse untersucht. DSB: Doppelstrangbruch; HR: homologe Rekombination; KO/KI: Knock-in/Knock-out.

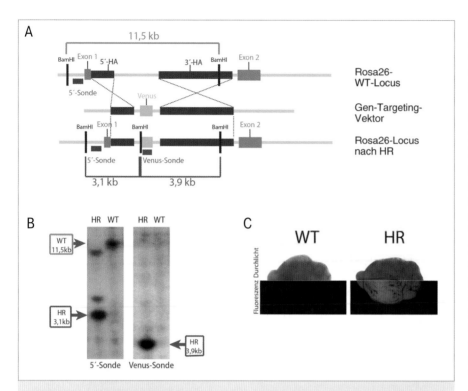

▲ **Abb. 3:** Homologe Rekombination (HR) im *Rosa26*-Locus. **A**, Struktur des *Rosa26*-Locus vor und nach der HR sowie des Targeting-Vektors mit den Homologiearmen (HA) und der Reporterkassette. **B**, Southern Blots einer positiv rekombinierten DNA (HR) und einer Wildtyp-DNA (WT), verdaut mit *Bam*HI, hybridisiert mit der 5'- und der Venus-Sonde. **C**, Durchlicht- und Fluoreszenzaufnahme vom Gehirn einer Wildtyp-Maus und einer Knock-in-Maus nach der HR. Nach der erfolgreichen HR konnten wir die GFP-Fluoreszenz des Gehirns und damit die Funktionsfähigkeit des *Venus*-Gens zeigen.

Anwendungen sind, wurde an einem Beispiel die Nutzbarkeit der ZFN-vermittelten Genkorrektur demonstriert [3]. Es wurden gezielte Veränderungen in mehr als 18 Prozent der HEK-293-Zellen ohne vorherige Selektion erzielt.

Die Verwendung von Zygoten stellte den nächsten logischen Schritt bei der Modifikation der Keimbahn bei Säugetieren dar. Während die Vorkerninjektion von DNA routinemäßig eingesetzt wird, um transgene Mäuse, Ratten und andere Säugetiere durch zufällige, genomische Integration des Transgens herzustellen, war das Gen-Targeting in Zygoten aufgrund der niedrigen Frequenz der spontanen HR bisher nicht etabliert. Da die Maus das am besten etablierte Modellsystem der Säuger ist, haben wir untersucht, ob ein gezielter Knock-in direkt durch die ZFN-unterstützte HR in Zygoten nach der Ko-Injektion von ZFN-mRNAs und einem Gene Targeting-Vektor in den männlichen Pronukleus erreicht werden kann (**Abb. 2,** [7]).

Dazu nutzten wir einen Targeting-Vektor, der ein 1,1 Kilobasen großes *Venus*-Reportergen in den *Rosa26*-Locus einführt (**Abb. 3A**).

Die Southern-Blot-Analyse der daraus resultierenden Mäuse zeigte die Anwesenheit eines rekombinierten Allels; es wurde durch die 3,1 Kb-*BAM*HI-Bande (nachgewiesen mit einer 3'-Hybridisierungssonde) und durch die 3,9 Kb-*BAM*HI-Bande (nachgewiesen mit einer *Venus*-Sonde) gezeigt (**Abb. 3B**). Die Venus-Reporterkassette wurde aus der genomischen DNA mittels PCR amplifiziert und durch Sequenzanalysen als intakt bestätigt. Wir konnten keine Mutationen in der analysierten Region beobachten, was zeigt, dass die ZFN-vermittelte HR mit einer hohen Genauigkeit erfolgt. Zudem wurde die Integrität der Venus-Reporterkassette durch den Nachweis der GFP-Fluoreszenz bestätigt (**Abb. 3C**). Verglichen mit einer früheren Arbeit über HR in Mauszygoten, die eine Rate der spontanen Rekombination von unter 0,1 Prozent beschreibt [12], zeigten unsere Ergebnisse, dass das Gene Targeting im Pronukleus von Zygoten in einer höheren Frequenz (1,7 bis 4,5 Prozent) erreicht werden kann, wenn es von ZFN unterstützt wird. Die ZFN-Expression, die Erzeugung eines DSB und die HR erfolgen in wenigen Stunden, bevor die DNA-Replikation und

die Fusion der beiden Vorkerne beendet sind. Außerdem beeinträchtigt die ZFN-Expression und die daraus resultierende Genmodifikation nicht die Vitalität und Fertilität der Knock-in-Mäuse.

Schlussfolgerung

Die Möglichkeit, routinemäßig Gene in Zelllinien und Tieren gezielt zu verändern, ist seit Langem das Ziel vieler Wissenschaftler auf der Suche nach einem besseren Verständnis der komplexen Funktion der verschiedenen Gene. Die Anwendung dieses Wissens kann genutzt werden, um neue Medikamente zu entwickeln, eine verbesserte Produktivität von Nutztieren oder -pflanzen zu erreichen und humane Erkrankungen durch eine mögliche Gentherapie zu behandeln oder sogar zu heilen. In ihrer Gesamtheit zeigen die aufgeführten Arbeiten, dass die ZFN-Technologie es ermöglicht, dieses Ziel zu erreichen, indem in effizienter Weise präzise genetische Veränderungen in das Genom von z. B. humanen Stammzellen, Pflanzen und Säugetieren integriert werden können.

Bei der Anwendung in Zygoten bieten die ZFN eine attraktive und schnelle Alternative zur Genmanipulation in Maus-ES-Zellen und zum Kerntransfer. Darüber hinaus ermöglicht die ZFN-Technologie aber auch erstmals die Erzeugung von gezielten Mutanten in Säugern, wie dem Kaninchen [13], bei denen ES-Zellen nicht etabliert sind und bisher keine gezielten Mutagenesemethoden zur Verfügung standen. ∎

Literatur

[1] Capecchi, MR (1989) The new mouse genetics: altering the genome by gene targeting. Trends Genet 5:70–76
[2] Cohen-Tannoudji M, Robine S, Choulika A et al. (1998) I-SceI-induced gene replacement at a natural locus in embryonic stem cells. Mol Cell Biol 18:1444–1448
[3] Urnov FD, Miller JC, Lee YL et al. (2005) Highly efficient endogenous human gene correction using designed zinc-finger nucleases. Nature 435:646–651
[4] Maeder ML, Thibodeau-Beganny S, Osiak A et al. (2008) Rapid 'open-source' engineering of customized zinc-finger nucleases for highly efficient gene modification. Mol Cell 31:294–301
[5] Doyon Y, McCammon JM, Miller JC et al. (2008) Heritable targeted gene disruption in zebrafish using designed zinc-finger nucleases. Nat Biotechnol 26:702–708
[6] Geurts AM, Cost GJ, Freyvert Y et al. (2009) Knockout rats via embryo microinjection of zink-finger nucleases. Science 325:433
[7] Meyer M, Hrabé De Angelis M, Wurst W et al. (2010) Gene targeting by homologous recombination in mouse zygotes mediated by zinc-finger nucleases. Proc Natl Acad Sci USA 107:15022–15026
[8] Santiago Y, Chan E, Liu PQ et al. (2008) Targeted gene knockout in mammalian cells by using engineered zinc-finger nucleases. Proc Natl Acad Sci USA 105:5809
[9] Hockemeyer D, Soldner F, Beard C et al. (2009) Efficient targeting of expressed and silent genes in human ESCs and iPSCs using zinc-finger nucleases. Nat Biotechnol 27:851–857

[10] Moehle EA, Rock JM, Lee YL et al. (2007) Targeted gene addition into a specified location in the human genome using designed zinc finger nucleases. Proc Natl Acad Sci USA 104:3055

[11] Beumer KJ, Trautman JK, Bozas A et al. (2008) Efficient gene targeting in *Drosophila* by direct embryo injection with zinc-finger nucleases. Proc Natl Acad Sci USA 105:19821–19826

[12] Brinster RL, Braun RE, Lo D et al. (1989) Targeted correction of a major histocompatibility class II E alpha gene by DNA microinjected into mouse eggs. Proc Natl Acad Sci USA 86:7087

[13] Flisikowska T, Thorey IS, Offner S et al. (2011) Efficient immunoglobulin gene disruption and targeted replacement in rabbit using zinc finger nucleases. PloS One 6:e21045

Korrespondenzadresse:
Melanie Meyer
Institut für Entwicklungsgenetik
Helmholtz-Zentrum München
Ingolstädter Landstraße 1
D-85764 München-Neuherberg
Tel.: 089-3187-2273
Fax: 089-3187-3099
melanie.meyer@helmholtz-muenchen.de

AUTOREN

Ralf Kühn, Benedikt Wefers, Melanie Meyer, Oskar Ortiz und Wolfgang Wurst (v. l. n. r)

Die Autoren arbeiten im Institut für Entwicklungsgenetik des Helmholtz-Zentrums München. Hauptziel ihrer Forschung ist die Erstellung und Untersuchung genetischer Mausmodelle für neurodegenerative und psychiatrische Erkrankungen. Dazu zählt auch die Entwicklung und Erprobung neuer Technologien zur vereinfachten Erzeugung genetischer Modelle.

Vektorologie

Adeno-assoziierte Viren für effizientes Gene Targeting in humanen Zellen

STEFAN MOCKENHAUPT, DIRK GRIMM
DEPARTMENT FÜR INFEKTIOLOGIE/VIROLOGIE, UNIVERSITÄT HEIDELBERG

Adeno-assoziierte virale (AAV) Gene Targeting-Vektoren integrieren mit einer hohen Frequenz sequenzspezifisch in das Genom menschlicher Zellen. Sie sind daher für viele Fragestellungen zukunftsweisende molekulare Werkzeuge für präzise Gen- und Genommodifikationen.

Adeno-associated viral (AAV) gene targeting vectors are capable of site-specifically integrating into the human genome at high frequencies. Hence, these vectors are promising molecular tools for precise gene and genome modifications in a wide range of applications.

■ Die experimentelle genetische Veränderung von Zellen und Organismen hat fundamental zum heutigen Stand der biologischen Forschung, der biotechnologischen Industrie sowie der Medizin beigetragen. Grundsätzlich kann man diese Modifikationen in zwei Klassen einteilen: (1) nicht-integrative Methoden, beruhend auf dem Einbringen exogener DNA, welche dann als sogenanntes Episom außerhalb des Genoms verbleibt, und (2) integrative Modifikationen, welche auf der Integration der transferierten DNA in das Genom der Zielzellen basieren. Bei der letzten Vari-

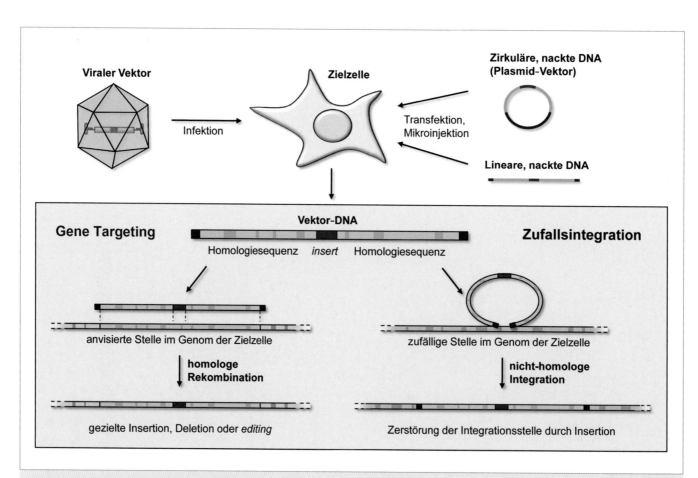

▲ **Abb. 1:** Genmodifikation in humanen Zielzellen. Exogenes genetisches Material kann als nackte DNA oder verpackt in virale Vektoren in humane Zellen eingebracht werden. Im Zellkern hat diese DNA die Möglichkeit, auf zwei Arten in das Genom der Zielzelle zu integrieren: (1) Gene Targeting: durch Aneinanderlagern mit identischen Sequenzen im Genom und anschließende homologe Rekombination; (2) Zufallsintegration: durch zufällige Integration in nicht verwandte Sequenzen. Homologe Integration lässt das gezielte Hinzufügen, Löschen oder Editieren von Sequenzen zu, während die Zufallsintegration nur ungezieltes Hinzufügen unter Zerstörung der Integrationsstelle erlaubt.

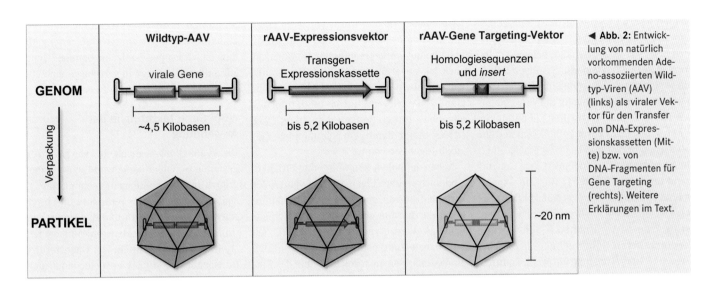

◄ **Abb. 2**: Entwicklung von natürlich vorkommenden Adeno-assoziierten Wildtyp-Viren (AAV) (links) als viraler Vektor für den Transfer von DNA-Expressionskassetten (Mitte) bzw. von DNA-Fragmenten für Gene Targeting (rechts). Weitere Erklärungen im Text.

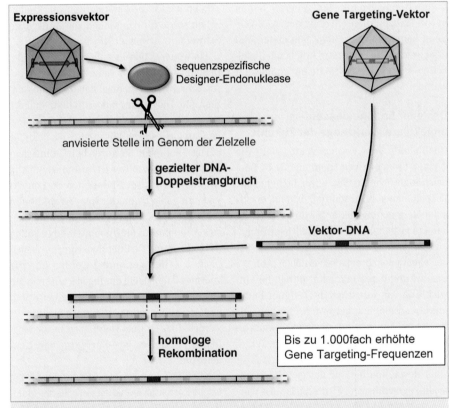

▲ **Abb. 3**: Einsatz von Designer-Endonukleasen zur Induktion gezielter DNA-Doppelstrangbrüche und damit der Stimulation der Frequenz der homologen Rekombination und Vektorintegration.

gezielte Genmodifikationen war die Durchführung in menschlichen Zellen ursprünglich durch die geringe Frequenz erschwert, mit der homologe Rekombination stattfindet. Bei den klassischen Transfektions- oder Mikroinjektions-basierten Methoden bedeutet dies eine homologe Integration in maximal 0,1 Prozent – normalerweise jedoch eher 0,01 bis 0,001 Prozent – der behandelten Zellen. Außerdem kommen auf ein gezieltes Rekombinationsereignis über 1.000 zufällige Integrationen, was die Identifikation solcher Zellen weiter erschwert, die ausschließlich die gewünschte Modifikation tragen [1]. Auch wenn dies für Anwendungen ausreicht, in denen Zellen über Selektionsmarker angereichert werden können, sind solche geringen Effizienzen und Spezifitäten gerade für gentherapeutische Ansätze nicht ideal. Virale Vektoren und insbesondere Adeno-assoziierte virale (AAV) Vektoren können hier Abhilfe schaffen.

Virale Vektoren und rekombinante AAVs

Viren haben im Laufe der Evolution möglichst effiziente Wege entwickelt, ihr genetisches Material in Wirtszellen einzubringen. Diesen optimierten Gentransfer kann man sich in Form von viralen Vektoren zunutze machen, indem man das genetische Material der Viren weitgehend mit einem Transgen (das heißt einer gewünschten fremden Sequenz) nach Wahl austauscht (**Abb. 2**). Die so „entkernten" Viren transferieren die neue DNA oder RNA weiterhin effizient in die Zielzellen, führen aber ansonsten keine viralen Prozesse aus und rufen demnach keine Krankheiten hervor. Während viele verschiedene Viren bereits erfolgreich zu viralen

ante wird wiederum zwischen zwei Ereignissen unterschieden: Die exogene DNA kann entweder durch eine zufällige Integration an einer beliebigen Region im Genom eingefügt werden oder über homologe Rekombination gezielt in bestimmte Stellen des Genoms integrieren (**Abb. 1**); den zweiten Fall bezeichnet man als Gene Targeting. Aufgrund seines hochpräzisen Mechanismus hat Gene Targeting vielerlei Vorteile gegenüber der Zufallsintegration. So bietet es vor allem die Mög-

lichkeit, bestimmte chromosomale Sequenzen gezielt zu modifizieren, vom Einbau neuer therapeutischer DNA-Fragmente bis hin zur Zerstörung krankheitsassoziierter Gene. Außerdem besteht im Vergleich zu ungezielter Integration ein geringeres Risiko ungewollter Mutationen und daraus resultierender Onkogenese [1]. Diese erhöhte Sicherheit ist insbesondere für gentherapeutische Anwendungen von großer Relevanz. Trotz der vielfältigen Applikationsmöglichkeiten für

Vektoren für unterschiedliche Anwendungen umfunktioniert wurden, werden im Folgenden insbesondere AAV näher beleuchtet. Im Vergleich zu allen anderen Systemen haben diese eine bemerkenswerte Kombination sehr nützlicher Eigenschaften für die Verwendung als virale Vektoren. So rufen sie bereits in ihrer natürlichen Form keine Krankheit im Menschen hervor und besitzen eine geringe Immunogenität [2]. Zudem ist ihre Genomstruktur wenig komplex, was die experimentelle Manipulation vereinfacht. Heutzutage ist außerdem ein breites Spektrum verschiedener AAV-Varianten – Serotypen – bekannt. Deren Hüllproteine besitzen einzigartige Oberflächenstrukturen, wodurch sie sich in der Wahl ihrer Zielzellen – ihrem Tropismus – unterscheiden [3]. Da ein gegebenes Vektorgenom leicht in die Hülle eines beliebigen AAV-Serotyps verpackt werden kann, gibt es kaum Zelltypen, die einem Einbringen von AAV-Vektor-DNA nicht zugänglich wären. Generell werden AAVs, in denen das eigene genetische Material durch Fremd-DNA ersetzt wurde, als rekombinante AAV (rAAV) bezeichnet.

Gene Targeting mit rAAVs

Im Jahr 1998 fand die Arbeitsgruppe um David Russell in Seattle heraus, dass rAAV mit einer absoluten Frequenz von bis zu einem Prozent an einer anvisierten Stelle im Genom integrieren, sofern sie mit entsprechenden Homologiesequenzen ausgestattet sind [1]. Dies lag deutlich über den bis dahin mit allen anderen Vektorsystemen beobachteten Frequenzen. Die Gruppe berichtete weiterhin, dass bei einem gezielten Rekombinationsereignis nur zehn Zufallsintegrationen stattfinden; auch dies war weit besser als mit den anderen Systemen. Ein dritter wichtiger Befund in diesen anfänglichen Studien von Gene Targeting mit rAAV in Zellkultur war, dass der Erfolg dieser Strategie grundsätzlich weder vom Zelltyp noch von der Zielsequenz abhängt.

Der Grund für die außergewöhnlich effiziente homologe Integration von rAAV sowie der genaue Mechanismus sind momentan noch weitestgehend unbekannt. Das Genom von klassischen rAAVs besteht aus einzelsträngiger DNA (ssDNA), und vieles spricht für eine wichtige Rolle dieser ssDNA-Natur für das Gene Targeting [1]. Einer Theorie nach liegt dies an einem Rekombinationsmechanismus, bei dem sich die ssDNA mit den homologen Sequenzen im Genom paart und als Rekombinationsvorlage wirkt. Die Exklu-

sivität dieser Theorie wurde jedoch in einer neuen Studie angezweifelt, in der vergleichbar hohe homologe Rekombinationsfrequenzen auch mit neuartigen rAAV-Vektoren gezeigt wurden, die in der Zielzelle als doppelsträngige DNA vorliegen [4]. Die Aufklärung des genauen Integrationsmechanismus von rAAVs bleibt damit ein spannendes Ziel zukünftiger Forschung.

Neben der hohen Gene Targeting-Effizienz sind auch weitere Eigenschaften von rAAVs vorteilhaft für die gezielte Genmodifikation. Dank der bereits erwähnten unterschiedlichen AAV-Serotypen ist es möglich, verschiedenste Zelltypen aus diversen Spezies zu modifizieren, auch solche, in die das Einbringen von exogener DNA über Transfektion oder andere virale Vektoren schwierig ist. Dadurch sowie dank der generell hohen *in vivo*-Transduktionseffizienz von rAAV-Vektoren konnte im Jahr 2006 zum ersten Mal erfolgreich Gene Targeting in lebenden vielzelligen Organismen (Mäusen) umgesetzt werden [5].

Designer-Endonukleasen – molekulare Werkzeuge der Zukunft

Unabhängig vom viralen Vektor stellt die geringe Frequenz von spontanen DNA-Doppelstrangbrüchen (DSB), ohne die homologe Rekombination nicht stattfinden kann, in sich einen Begrenzungsfaktor für Gene Targeting dar. Ein gezielter DSB kann jedoch die homologe Rekombinationsrate an der anvisierten Stelle im Genom dramatisch erhöhen (**Abb. 3**). Dies ist im letzten Jahrzehnt durch die Entwicklung von künstlichen Designer-Endonukleasen möglich geworden. Dank dieser Nukleasen konnten mit diversen Vektorsystemen bisher nie da gewesene Gene Targeting-Effizienzen verzeichnet werden, was zu einer Revolution im Feld der gezielten Genmodifikation führte [6, 7]. Beispielsweise wurden in menschlichen embryonalen Stammzellen mit lentiviralen Vektoren Frequenzen von bis zu sechs Prozent erreicht [7]. Auch die homologe Integration von rAAVs konnte noch einmal weiter verbessert werden [8]. In einer zukunftsweisenden *in vivo*-Studie wurden rAAV-Gene Targeting-Vektoren zudem in Kombination mit Designer-Endonukleasen in einem Hämophilie-B-Mausmodell verwendet [9]. Die Korrektur der Mutation im Faktor-IX-Gen, welche Hämophilie B hervorruft, fand so effizient statt, dass kein signifikanter Unterschied zwischen behandelten Mäusen und gesunden Kontrollmäusen mehr festgestellt werden konnte. Damit erweist sich die

Kombination aus rAAV-Vektoren und Designer-Endonukleasen als eine potenziell äußerst wirksame Lösung, um optimale Gene Targeting-Effizienzen in verschiedenen Zelltypen *in vitro* sowie *in vivo* zu erzielen.

rAAV-Gene Targeting in der Anwendung

Die Applikationsmöglichkeiten von rAAV zur gezielten Genmodifikation sind schier unbegrenzt. In der Grundlagenforschung umfassen sie die genetische Veränderung schwer transfizierbarer Zellen und das Herstellen transgener Tiere, die als Krankheitsmodell studiert werden können. Die Generierung transgener Tiere findet auch eine biotechnologische Anwendung in der Landwirtschaft: Rekombinante AAVs wurden hier schon erfolgreich für die Veränderung von Rinderzellen sowie für das Klonen von transgenen Schweinen verwendet [10].

Ein weiteres bereits angesprochenes Feld, in dem rAAV-basierte Gene Targeting-Vektoren sehr großes Potenzial haben, ist die Gentherapie. Durch ihre hohe Effizienz und die fehlenden Nebenwirkungen sind rAAVs nahezu ideal sowohl für *ex vivo*- als auch für *in vivo*-Therapien. So wurde in präklinischen Studien die gezielte *ex vivo*-Inaktivierung dominant-negativer Mutationen im Kontext verschiedener genetischer Krankheiten erreicht [1, 11]. Embryonale Stammzellen sowie induzierte pluripotente Stammzellen (iPS), die durch Dedifferenzierung aus somatischen Zellen gewonnen werden und die enormes Potenzial in der regenerativen Medizin haben, konnten gleichermaßen durch rAAV-Gene Targeting erfolgreich modifiziert werden. Dies eröffnet vielversprechende Möglichkeiten der *ex vivo*-Korrektur von Gendefekten.

Kürzlich wurden sogar erste Erfolge für die *in vivo*-Korrektur krankheitsassoziierter Mutationen mithilfe von rAAV in Mausmodellen für erbliche Tyrosinämie Typ I und Hämophilie B verzeichnet [9, 12]. Letztlich könnte dies dazu führen, dass Gendefekte zukünftig direkt im menschlichen Körper verbessert werden.

Fazit

Die Entwicklung von rAAVs als potente und leicht zu handhabende Gene Targeting-Vektoren vollzieht gerade den Schritt vom Stadium der Kinderschuhe hin zu einem breit gefächerten Einsatz in zahlreichen biologischen und medizinischen Bereichen. Insbesondere die Kombination mit neuen AAV-

Serotypen und Designer-Endonukleasen wird in der Zukunft sicherlich noch unzählige vielversprechende Anwendungen in der Grundlagenforschung, der Biotechnologie sowie der klinischen Gentherapie finden. ▪

Literatur

[1] Hendrie PC, Russell DW (2005) Gene targeting with viral vectors. Mol Ther 12:9–17

[2] Grieger JC, Samulski RJ (2005) Adeno-associated virus as a gene therapy vector: vector development, production and clinical applications. Adv Biochem Eng Biotechnol 99:119–145

[3] Grimm D, Lee JS, Wang L et al. (2008) In vitro and in vivo gene therapy vector evolution via multispecies interbreeding and retargeting of adeno-associated viruses. J Virol 82:5887–5911

[4] Hirsch ML, Green L, Porteus MH et al. (2010) Self-complementary AAV mediates gene targeting and enhances endonuclease delivery for double-strand break repair. Gene Ther 17:1175–1180

[5] Miller DG, Wang PR, Petek LM et al. (2006) Gene targeting in vivo by adeno-associated virus vectors. Nat Biotechnol 24:1022–1026

[6] Stoddard BL (2011) Homing endonucleases: from microbial genetic invaders to reagents for targeted DNA modification. Structure 19:7–15

[7] Urnov FD, Rebar EJ, Holmes MC et al. (2010) Genome editing with engineered zinc finger nucleases. Nat Rev Genet 11:636–646

[8] Porteus MH, Cathomen T, Weitzman MD et al. (2003) Efficient gene targeting mediated by adeno-associated virus and DNA double-strand breaks. Mol Cell Biol 23:3558–3565

[9] Holmes MC, Li H, Haurigot V et al. (2011) In vivo delivery of zinc-finger nucleases mediates genome editing to correct genetic disease. Mol Ther 19:S19–S20

[10] Laible G, Alonso-González L (2009) Gene targeting from laboratory to livestock: current status and emerging concepts. Biotechnol J 4:1278–1292

[11] Petek LM, Fleckman P, Miller DG (2010) Efficient KRT14 targeting and functional characterization of transplanted human keratinocytes for the treatment of epidermolysis bullosa simplex. Mol Ther 18:1624–1632

[12] Paulk NK, Wursthorn K, Wang Z et al. (2010) Adeno-associated virus gene repair corrects a mouse model of hereditary tyrosinemia in vivo. Hepatology 51:1200–1208

Korrespondenzadresse:
Dr. Dirk Grimm
Universität Heidelberg
Exzellenzcluster CellNetworks
Department für Infektiologie/Virologie
BIOQUANT, BQ0030, Raum 502a
Im Neuenheimer Feld 267
D-69120 Heidelberg
Tel.: 06221-54-51339
Fax: 06221-54-51481
dirk.grimm@bioquant.uni-heidelberg.de

AUTOREN

Stefan Mockenhaupt
Jahrgang **1983**. **2002–2004** Biologiestudium an der Universität Freiburg. **2005–2008** Biotechnologiestudium an der École supérieure de biotechnologie de Strasbourg, Frankreich. Seit **2008** Doktorand in Heidelberg.

Dirk Grimm
Jahrgang **1969**. **1988–1995** Biologiestudium an den Universitäten Kaiserslautern und Heidelberg. **1995–1998** Promotion am Deutschen Krebsforschungszentrum (DKFZ) Heidelberg. **1998–2001** Postdoc am DKFZ. **2001–2007** Postdoc und Research Associate (ab **2006**) an der Stanford University, CA, USA. Seit **2007** Juniorgruppenleiter an der Universität Heidelberg.

RNA und ihre Bedeutung

Teil 2: RNA – vielseitige Moleküle zur Regulation der Proteinsynthese

Kleine RNA-Moleküle haben sich in den letzten Jahren zu einem Schwerpunkt der Forschung entwickelt. In diesem Teil werden verschiedene Facetten davon aufgezeigt. Die ersten drei Artikel zeigen auf, wie komplex RNA-Moleküle nachträglich verändert werden können und welche überraschenden Fähigkeiten Enzyme dazu entwickelt haben. Der Bogen reicht von ausgedehntem RNA-Editing in pflanzlichen Mitochondrien (A. Zehrmann & M. Takenaka) über CCA-addierende ungewöhnliche RNA-Polymerasen (H. Betat & M. Mörl) bis zu einer DNA-Methyltransferase, deren überraschendes Hauptsubstrat eine tRNA ist (S. Müller *et al.*). Regulatorische RNAs werden inzwischen in allen Organismen gefunden. R. Rieder gibt einen Überblick über die Identifizierung und funktionelle Charakterisierung bakterieller sRNAs. J. Vogel erweitert dieses Thema zur Beschreibung globaler RNA-Regulons in Bakterien. Anschließend beschreiben B. Fürstig *et al.* NMR-Untersuchungen zum Mechanismus von RNA-Regulationsphänomenen. Passend dazu zeigen M. Wieland & J. S. Hartig die Vielseitigkeit der RNA anhand der Nutzung der Hammerhead-Ribozym Grundstruktur zum Design spezifischer Liganden-abhängiger Regulatoren der Translation auf. Dieser Teil wird mit einer Diskussion der Evolution eukaryotischer miRNAs abgeschlossen (S. Laubinger).

RNA-Reifung

Die Rolle der PPR-Proteine beim RNA-Editing in Pflanzenmitochondrien

ANJA ZEHRMANN, MIZUKI TAKENAKA
INSTITUT FÜR MOLEKULARE BOTANIK, UNIVERSITÄT ULM

In den Mitochondrien höherer Pflanzen werden posttranskriptionell einzelne Cytidine zu Uridinen modifiziert. Die bisher bekannten Faktoren zur Erkennung der Editingstellen gehören zur Familie der PPR(*pentatricopeptide repeat*)-Proteine.

Individual cytidines are posttranscriptionally altered to uridines in mitochondria of higher plants. Factors so far identified to be involved in the recognition of editing sites belong to the PPR (pentatricopeptide repeat) protein family.

■ Transkripte (mRNAs) in den Mitochondrien von Pflanzen durchlaufen während der Reifung verschiedene Prozessierungsschritte. Neben dem Spleißen von Introns aus der RNA und der Prozessierung der 5'- und 3'-Enden verändert das RNA-Editing einzelne Cytidine zu Uridinen (**Abb. 1A**, [1]). Dabei ist essenziell, dass die zu editierenden Cytidine – in höheren Pflanzen insgesamt 400 bis 500 Nukleotide – sehr genau von den restlichen Cytidinen unterschieden werden, die nicht verändert werden sollen. In *in vitro*- und in

organello-Systemen konnten zunächst die Regionen in der RNA rund um die Editingstellen ermittelt werden, die an dieser spezifischen Erkennung beteiligt sind. Ein Bereich von 20 bis 40 Nukleotiden 5' und lediglich ein bis drei Nukleotiden 3' des editierten Cytidins scheint für die eindeutige Identifizierung auszureichen [2]. Wie und von wem diese genaue Erkennung der RNA-Editingstellen bewerkstelligt wird, war 20 Jahre unklar. In den letzten Jahren entdeckten wir schließlich durch zwei parallele Ansätze kerncodierte Proteine, die für die Erkennung einzelner Editingstellen notwendig sind. Die genetische Analyse ökotypspezifischer Unterschiede im RNA-Editing einzelner Cytidine und die Identifizierung von unvollständigen bzw. fehlenden RNA-Editingereignissen durch chemisch erzeugte Mutationen im Kerngenom der Modellpflanze *Arabidopsis thaliana* führten beide zu Genen für verwandte Proteine [3–6].

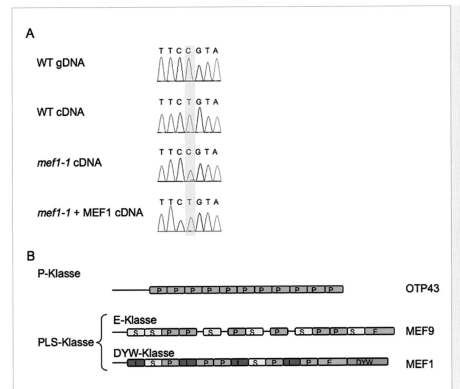

◄ **Abb. 1: A**, RNA-Editing in Pflanzenmitochondrien verändert in der mRNA posttranskriptionell einzelne der genomisch codierten Cytidine zu Uridinen. In der Mutante *mef1-1* sind einzelne Editingereignisse inhibiert. Durch die Komplementation mit MEF1 wird die Editingeffizienz wiederhergestellt. Exemplarisch sind Ausschnitte aus der Sequenzierung von genomischer DNA (gDNA) und cDNA des Gens *nad7* im Bereich der Editingstelle *nad7*-963 in Wildtyp-Pflanzen (WT) und *mef1-1* dargestellt. **B**, Klassifizierung der PPR-Proteine in schematischer Darstellung. PPR-Proteine der P-Klasse, wie z. B. OTP43, setzen sich im Wesentlichen aus Motiven von 35 Aminosäuren zusammen. MEF9 und MEF1 gehören zur PLS-Klasse, in der sich Motive mit 35 (P), 36 (L) oder 31 (S) Aminosäuren mehr oder weniger regelmäßig abwechseln. Zusätzlich können diese Proteine die C-terminalen Domänen E und DYW enthalten.

DOI: 10.1007/s12268-011-0098-z

Im ersten Ansatz haben wir die RNA-Editingeffizienz von 379 Stellen in drei Ökotypen von *Arabidopsis* verglichen und fanden sieben Editingstellen, deren Editingrate in einer Pflanzenlinie deutlich abwich, das heißt weniger effizient editiert wurde [7]. Der zweite Ansatz wurde möglich durch die Entwicklung eines zeit- und kostengünstigen Hochdurchsatz-Screenings, mit dem viele Hundert durch Ethylmethansulfonat (EMS) mutagenisierte Pflanzen parallel an mehreren Hundert Editingstellen untersucht werden können. Hierzu wurde die SNaPshot-Methode auf die Unterscheidung zwischen C/U oder G/A in cDNA-Molekülen adaptiert und die Kosten durch die Verringerung der eingesetzten Chemikalienmengen und die Erhöhung der untersuchten Stellen pro Ansatz minimiert [8].

Die derzeit identifizierten etwa 20 mitochondrialen Editingfaktoren (MEFs) gehören zur Familie der PPR-Proteine (*pentatricopeptide repeat*; **Abb. 1B**). Typisch und namensgebend für diese Proteine ist eine Grundstruktur, in der ein Motiv von 31 bis 36 Aminosäuren in Variationen fünf- bis 20-mal wiederholt vorliegt. Die ca. 450 PPR-Proteine in jeder Blütenpflanze lassen sich in zwei große Gruppen einteilen: Die 300 Proteine der P-Klasse enthalten ausschließlich Motive von 35 Aminosäuren, während sich die 150 Proteine der PLS-Klasse aus Motiven mit 35 (P), 36 (L) oder 31 (S) Aminosäuren und den zusätzlichen C-terminalen Domänen E (*extended*) und DYW (nach den charakteristischen Aminosäuren Asp-Tyr-Trp) zusammensetzen [9].

Die meisten PPR-Proteine besitzen an ihrem N-Terminus ein Transitpeptid für den Import in Mitochondrien und/oder Chloroplasten [10]. Neben der von uns beobachteten Beteiligung am mitochondrialen RNA-Editing sind PPR-Proteine in diverse posttranskriptionelle Prozesse in Organellen involviert. So wurden in Plastiden zusätzlich zu RNA-Editingfaktoren des PLS-Typs auch einige PPR-Proteine meist aus der P-Klasse beschrieben, die für das spezifische Spleißen einzelner Introns, für die Prozessierung multicistronischer Prä-mRNAs, für die Stabilisierung von Prä-tRNAs und die Translation bestimmter Gene in Plastiden notwendig sind [9]. Für mehrere dieser Proteine wurde eine direkte Bindung an die betroffene RNA belegt [11].

Die Faktoren für das spezifische mitochondriale RNA-Editing sind ausnahmslos PLS-Proteine der E-Klasse, nur teilweise verlängert durch eine DYW-Domäne. Diese DYW-Domäne enthält ein für bekannte Cytidin-

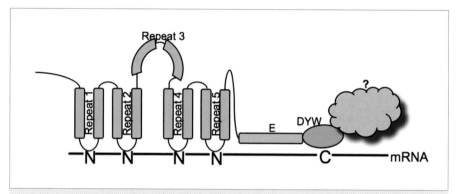

▲ **Abb. 2:** Schematische Darstellung, wie ein PPR-Protein der DYW-Unterklasse bestimmte Nukleotide (N) in der mRNA am zu editierenden Cytidin (C) binden könnte. Weitere Proteine wie beispielsweise das eigentliche Enzym (?) sind noch unbekannt.

deaminasen typisches Motiv [12], aber bis jetzt konnte keine solche katalytische Aktivität nachgewiesen werden. Auch sind die beschriebenen MEFs der E-Klasse ohne DYW-Domäne, wie z. B. MEF9, voll funktionsfähig. In einigen MEFs mit DYW-Motiv kann diese Domäne sogar deletiert werden, ohne das Editing der betroffenen Stellen zu beeinträchtigen [13]. Diese experimentellen Beobachtungen machen es wahrscheinlich, dass die mitochondrialen Editingfaktoren mit den beeinflussten Transkripten – vermutlich an den in den mRNAs identifizierten *cis*-Elementen – interagieren und über die C-terminalen Domänen andere Proteine rekrutieren, die die Desaminierung des spezifischen Cytidins zum Uridin durchführen.

Obwohl viele RNA-Editingfaktoren für die Veränderung mehrerer Cytidine essenziell sind, finden sich in den Regionen 5′ dieser Editingstellen häufig keine Sequenzähnlichkeiten. Da jedoch bis heute noch keines der PPR-Proteine kristallisiert werden konnte, gibt es für die Struktur und damit auch potenzielle RNA-Bindestellen nur Vorhersagen basierend auf den Konformationen der schon länger bekannten und deshalb besser untersuchten TPR-Proteine (*tetratricopeptide repeat*). Jedes einzelne PPR-Motiv bildet demzufolge vermutlich zwei α-Helices aus. Der Kontakt zwischen dem Transkript und den PPR-Motiven erfolgt wahrscheinlich über den Bereich zwischen den beiden Helices (**Abb. 2**, [14]). Dabei wechselwirkt aller Voraussicht nach nur eine Aminosäure eines Repeats mit einem Nukleotid der mRNA, und das PPR-Protein kann durch die Interaktion verschiedener, spezifischer Repeats an verschiedene *cis*-Elemente binden.

Verblüffend an der Identifizierung dieser MEFs als Proteine, die für spezifische RNA-

Editingereignisse notwendig sind, ist insbesondere der Aufwand, so viele Protein-codierende Gene im Zellkern allein für diesen Prozess bereitzustellen. Minimalistisch-funktional betrachtet ist RNA-Editing als solches eigentlich nicht notwendig. Eigentlich könnten im Genom der Mitochondrien ebenso wie in Bakterien und auch im Zellkern der Pflanzen direkt die korrekten Nukleotide codiert werden. Warum Pflanzen in den Mitochondrien an definierten Stellen der DNA lieber Cytidine statt Uridine einbauen, bleibt ungelöst – insbesondere bei Spezies wie *Selaginella* und *Isoetes*, bei denen nicht nur mehr als 1.000 Cytidine in den RNAs zu Uridinen verändert werden, sondern auch umgekehrt mehrere Hundert Uridine zu Cytidinen aminiert werden [15]. Welche funktionalen oder evolutionären Vorteile das RNA-Editing in Plastiden oder Mitochondrien hat, bleibt auch nach der Identifizierung der MEFs als Spezifitätsfaktoren eine offene Frage.

Danksagung

Unsere Forschung wird durch die Deutsche Forschungsgemeinschaft finanziell unterstützt.   ■

Literatur

[1] Binder S, Brennicke A (2003) Gene expression in plant mitochondria: transcriptional and post-transcriptional control. Philos Trans R. Soc Lond B Biol Sci 358:181–189
[2] Takenaka M, Verbitskiy D, van der Merwe JA et al. (2008) The process of RNA editing in plant mitochondria. Mitochondrion 8:35–46
[3] Zehrmann A, van der Merwe JA, Verbitskiy D et al. (2009) A DYW domain containing pentatricopeptide repeat protein is required for RNA editing at multiple sites in mitochondria of *Arabidopsis thaliana*. Plant Cell 21:558–567
[4] Verbitskiy D, Zehrmann A, van der Merwe JA et al. (2010) The PPR protein encoded by the lovastatin insensitive 1 gene is involved in RNA editing at three sites in mitochondria of *Arabidopsis thaliana*. Plant J 61:446–455
[5] Takenaka M (2009) MEF9, an E subclass pentatricopeptide repeat protein, is required for an RNA editing event in the nad7 transcript in mitochondria of *Arabidopsis*. Plant Physiol 152:939–947

[6] Verbitskiy D, Härtel B, Zehrmann A et al. (2011) The DYW-E-PPR protein MEF14 is required for RNA editing at site matR-1895 in mitochondria of *Arabidopsis thaliana*. FEBS Lett 585:700–704

[7] Zehrmann A, van der Merwe JA, Verbitskiy D et al. (2008) Seven large variations in the extent of RNA editing in plant mitochondria between three ecotypes of *Arabidopsis thaliana*. Mitochondrion 8:319–327

[8] Takenaka M, Brennicke A (2009) Multiplex single-base extension typing to identify nuclear genes required for RNA editing in plant organelles. Nucleic Acids Res 37:e13

[9] Schmitz-Linneweber C, Small I (2008) Pentatricopeptide repeat proteins: a socket set for organelle gene expression. Trends Plant Sci 13:663–670

[10] Lurin C, Andrés C, Aubourg S et al. (2004) Genome-wide analysis of *Arabidopsis* pentatricopeptide repeat proteins reveals their essential role in organelle biogenesis. Plant Cell 16:2089–2103

[11] Prikryl J, Rojas M, Schuster G et al. (2010) Mechanism of RNA stabilization and translational activation by a pentatricopeptide repeat protein. Proc Natl Acad Sci USA 108:415–420

[12] Salone V, Rüdinger M, Polsakiewicz M et al. (2007) A hypothesis on the identification of the editing enzyme in plant organelles. FEBS Lett 581:4132–4138

[13] Okuda K, Chateigner-Boutin A-L, Nakamura T et al. (2009) Pentatricopeptide repeat proteins with the DYW motif have distinct molecular functions in RNA editing and RNA cleavage in *Arabidopsis* chloroplasts. Plant Cell 21:146–156

[14] Small ID, Peeters N (2000) The PPR motif – A TPR-related motif prevalent in plant organellar proteins. Trends Biochem Sci 25:6–47

[15] Hecht J, Grewe F, Knoop V (2011) Extreme RNA editing in coding islands and abundant microsatellites in repeat sequences of *Selaginella moellendorffii* mitochondria: the root of frequent plant mtDNA recombination in early tracheophytes. Genome Biol Evol 3:344–358

Korrespondenzadresse:
PD Dr. Mizuki Takenaka
Molekulare Botanik
Universität Ulm
Albert-Einstein-Allee 11
D-89081 Ulm
Tel.: 0731-502-2624
Fax: 0731-502-2626
Mizuki.Takenaka@uni-ulm.de

AUTOREN

Anja Zehrmann
2000–2006 Biologiestudium an der Universität Ulm. 2006–2009 Promotion am Institut für Molekulare Botanik, Universität Ulm; seit 2009 Postdoc ebenda.

Mizuki Takenaka
1993–1996 BSc im Department of Agricultural Chemistry, Kyoto University, Japan. 1996–1998 MSc an der Graduate School of Agriculture, Kyoto University. 1998–2001 Promotion an der Graduate School of Agriculture, Kyoto University. 2001–2005 JSPS Research Fellow am Institut für Molekulare Botanik, Universität Ulm; dort seit 2007 Arbeitsgruppenleiter. 2011 Habilitation. Seit 2011 Heisenberg-Stipendiat.

CCA-addierende Enzyme

Hochspezifische RNA-Polymerasen mit ungewöhnlichen Eigenschaften

HEIKE BETAT, MARIO MÖRL
INSTITUT FÜR BIOCHEMIE, UNIVERSITÄT LEIPZIG

CCA-addierende Enzyme sind Polymerasen mit besonderen Eigenschaften, die sie von anderen RNA-synthetisierenden Enzymen unterscheiden. Ihr ungewöhnlicher Reaktionsmechanismus und ihre essenzielle Rolle bei der Synthese funktioneller tRNAs machen sie zu einem faszinierenden Forschungsobjekt.

CCA-adding enzymes are polymerases with unique features that discriminate them from other RNA synthesizing enzymes. Due to an unusual reaction mechanism and their essential role in the synthesis of functional tRNA molecules, these enzymes are a highly fascinating research topic.

tRNAs und ihre Rolle in der Proteinbiosynthese

■ Ohne die kleinen tRNA-Moleküle wäre Leben in der bekannten Form nicht möglich. tRNAs gehören zu den ältesten Biomolekülen und sind als Adapter dafür verantwortlich, dass der genetische Code in die für das jeweilige Protein spezifische Reihenfolge von Aminosäuren übersetzt wird. Die Bedeutung der Proteinbiosynthese für die Zelle wird durch folgende Zahlen deutlich: Eine *Saccharomyces cerevisiae*-Zelle enthält etwa 3×10^6 tRNAs, was ca. zehn bis 15 Prozent der gesamten zellulären RNA ausmacht [1].

Ihre charakteristische kleeblattartige Sekundärstruktur erhalten tRNA-Moleküle durch zueinander komplementäre Bereiche (**Abb. 1**). Diese Sekundärstruktur faltet sich in eine stabile, L-förmige Tertiärstruktur [2], die Voraussetzung dafür ist, dass die tRNA ihre Adapterfunktion in der Translation erfüllen kann. Dabei trägt das eine Ende der tRNA das Anticodon, während an das andere Ende die entsprechende Aminosäure angeheftet wird.

Alle tRNAs tragen am 3'-Ende die invariable Sequenz CCA

Jede funktionsfähige tRNA trägt an ihrem 3'-Ende die einzelsträngige Sequenz CCA, an die zum Anticodon passende Aminosäure geheftet wird. Überraschenderweise ist diese Sequenz in vielen Organismen nicht codiert, sondern muss posttranskriptional angefügt werden. Das CCA-Ende hat mehrere wichtige Funktionen. In Eukaryoten stellt es ein Kontrollsignal für den Transport reifer, das heißt funktionsfähiger tRNAs aus dem Zellkern dar. Für die Translation selbst spielt das CCA-Ende in zweierlei Hinsicht eine entscheidende Rolle: Zum einen erfolgt die Beladung der tRNA mit ihrer entsprechenden Aminosäure am terminalen Adenosin des CCA-Endes. Zum anderen ist das CCA-Ende nicht nur für die korrekte Positionierung der tRNA am Ribosom verantwortlich, sondern sogar direkt an der Proteinbiosynthese beteiligt [3].

Das CCA-addierende Enzym – eine faszinierende RNA-Polymerase

Für die Synthese dieser nicht codierten CCA-Enden sind spezifische RNA-Polymerasen verantwortlich, die als CCA-addierende Enzyme bezeichnet werden. Diese Enzyme gehören zu den wohl interessantesten Polymerasen, da sie im Gegensatz zu anderen Polymerasen eine Reihe von schier unlösbaren Problemen bewältigen müssen:

- CCA-addierende Enzyme verwenden keine Nukleinsäure als Matrize. Trotzdem synthetisieren sie mit hoher Genauigkeit die Sequenz C-C-A. Bei diesem Vorgang müssen sie also zunächst zwei C-Reste einbauen und danach fehlerfrei auf die Addition eines einzigen A-Restes umschalten.
- Die Enzyme zeigen eine hohe Spezifität für ATP und CTP, während sie GTP und UTP nicht als Substrate akzeptieren.

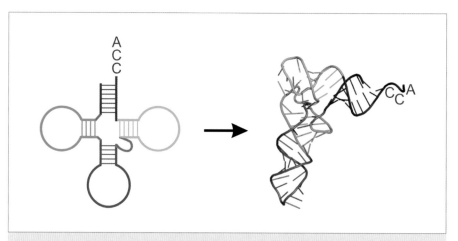

▲ **Abb. 1:** Sekundär- (links) und Tertiärstruktur einer tRNA. Komplementäre Bereiche falten die tRNA in eine Kleeblattstruktur. Die tRNA gliedert sich in: Akzeptorstamm mit CCA-Ende (rot), D-Arm (grün; meist mit Dihydrouridin), Anticodon-Arm (blau), sowie TΨC-Arm (cyan, mit Pseudouridin Ψ). Weitere Wechselwirkungen falten die tRNA in eine L-förmige Tertiärstruktur, modifiziert nach [2].

DOI: 10.1007/s12268-011-0080-9

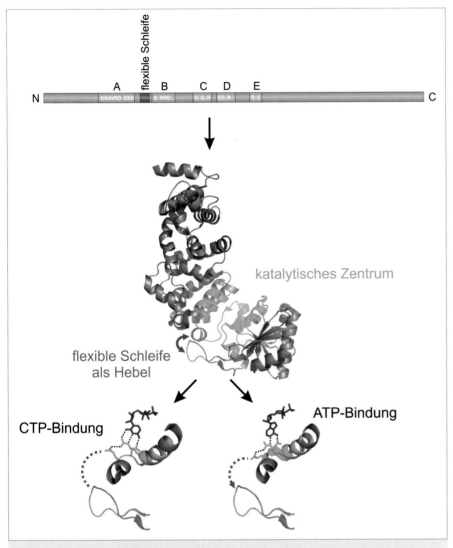

▲ **Abb. 2:** Struktur eines CCA-addierenden Enzyms. Oben: In der N-terminalen Hälfte befinden sich konservierte Motive (oben, grün), die das katalytische Zentrum bilden (Mitte). Eine flexible Schleife (blau) dient dabei als Hebel, um in der Nukleotidbindungstasche (unten) die Aminosäure-Matrize auszurichten. Dies führt zum Spezifitätswechsel von CTP zu ATP. Die Tertiärstruktur stammt vom CCA-addierenden Enzym aus *Thermotoga maritima* [10].

matrize stellte Forscher lange Zeit vor ein Rätsel. Die Ko-Kristallstruktur des CCA-addierenden Enzyms aus *Bacillus stearothermophilus* zeigte jedoch, dass diese Enzyme nicht gänzlich matrizenunabhängig arbeiten. Sie besitzen in einem Motiv des aktiven Zentrums einen Satz hochkonservierter Aminosäuren, die Wasserstoffbrücken zum einzubauenden Nukleotid ausbilden (**Abb. 2**, [6]). Dies entspricht somit einer Protein-basierten Matrize, die anhand von Watson-Crickähnlichen Interaktionen spezifisch CTP und ATP erkennt, UTP und GTP dagegen nicht. Ausrichtung und Orientierung dieser Aminosäuren definieren dabei Größe und Spezifität der Bindungstasche, wodurch ein Wechsel von der CTP- zur ATP-Bindung erfolgt. Diese Konfigurationsänderung setzt allerdings eine gewisse Flexibilität des Enzyms voraus. Tatsächlich enthalten CCA-addierende Enzyme eine hochflexible Region, die für das Umschalten vom CTP- zum ATP-Einbau verantwortlich ist [7]. Kristallstrukturen und Computersimulationen deuten darauf hin, dass diese Region eine Art Schleife ausbildet, die wie ein Hebel wirkt. Dieser interagiert mit der Nukleotid-Bindungstasche und positioniert die Aminosäure-Matrize nach dem Einbau von zwei C-Resten derart, dass Platz für das größere ATP geschaffen wird (**Abb. 2**). Anders als bei herkömmlichen Polymerasen bleibt die wachsende Nukleinsäure (die tRNA) während der Katalyse fest am Enzym verankert. Dies ist vermutlich eine der Ursachen, warum CCA-addierende Enzyme nur drei Nukleotide einbauen und nach Anheftung des terminalen A-Restes die fertige tRNA mit CCA-Ende entlassen: Die Bindungstasche wird schlichtweg zu klein und ist nicht mehr für weitere Nukleotide zugänglich.

- Die Polymerisation muss nach dem Einbau von exakt drei Nukleotiden beendet werden.
- CCA-addierende Enzyme müssen auch tRNAs mit partiellen (geschädigten) CCA-Enden erkennen und die fehlenden Nukleotide ergänzen. Somit sind sie nicht nur für die *de novo*-Synthese, sondern auch für die Reparatur der CCA-Enden verantwortlich.

Aufgrund dieser spezifischen Eigenschaften, die die CCA-addierenden Enzyme von konventionellen DNA- und RNA-Polymerasen unterscheiden, bezeichnete der Strukturbiologe Paul Sigler (1934–2000) diese Enzyme als *„the smartest enzymes I know, kilodalton for kilodalton"* [4].

Eine hochspezifische RNA-Synthese ohne Nukleinsäurematrize

In der Evolution haben sich zwei Arten von CCA-addierenden Enzymen entwickelt. Während man in Archaeen ausschließlich Enzyme der Klasse I findet, kommen Enzyme der Klasse II in Bakterien und Eukaryoten vor [5]. Mittlerweile wurden mehrere Kristallstrukturen dieser Enzyme gelöst. Man hat damit erste Einblicke in ihre Struktur sowie das katalytische Zentrum gewonnen und nachgewiesen, wie die einzubauenden Nukleotide erkannt und gebunden werden [6]. Im Folgenden wollen wir uns auf die Beschreibung von Klasse-II-Enzymen beschränken.

Die Grundlage für die enorm hohe Genauigkeit der CCA-Addition ohne Nukleinsäure-

Arbeitsteilung: CCA-Addition durch zwei kollaborierende Enzyme

Ausnahmen bestätigen die Regel, so auch bei CCA-addierenden Enzymen. So wurde in einigen Bakterien entdeckt, dass die Synthese des CCA-Tripletts auf zwei eng miteinander verwandte Enzyme aufgeteilt ist, die sich in ihren Aktivitäten jeweils ergänzen [8]. Dabei katalysiert ein CC-addierendes Enzym den Einbau zweier C-Reste an das 3'-Ende der tRNA, während ein A-addierendes Enzym das terminale A anheftet.

Da CC- und A-addierende Enzyme alle Motive besitzen, die im katalytischen Zentrum von CCA-addierenden Enzymen vorhanden sind, war es lange Zeit ein Rätsel, warum diese

Polymerasen nur Teilaktivitäten zeigen. Mittlerweile weiß man aber, dass CC-addierenden Enzymen das oben erwähnte Hebel-Element fehlt, welches das Umschalten der Bindungstasche ermöglicht. Sobald man jedoch den CC-addierenden Enzymen den fehlenden Hebel einsetzt, sind die resultierenden Enzyme wieder in der Lage, die komplette CCA-Addition durchzuführen [7]. Die Ursache für die eingeschränkte Aktivität der A-addierenden Enzyme hingegen ist noch nicht im Detail verstanden, hier ist noch intensive Forschungsarbeit vonnöten.

Was haben Poly(A)-Schwanz und CCA-Ende gemeinsam?

Im Prinzip wenig. Poly(A)-Schwänze findet man an mRNA-Molekülen, wobei sie in Eukaryoten zur Stabilisierung der mRNA beitragen, während sie in Prokaryoten eine gegensätzliche Bedeutung haben und RNA-Moleküle für den Abbau markieren. Die Bedeutung des CCA-Endes an 3'-Enden von tRNAs wurde bereits oben diskutiert. Poly(A)-Schwänzen und CCA-Enden ist jedoch gemeinsam, dass sie durch evolutionär sehr nah verwandte Polymerasen synthetisiert werden. Dabei besitzen bakterielle Poly(A)-Polymerasen (PAPs) in ihrem katalytischen Zentrum die gleichen hochkonservierten Motive wie CCA-addierende Enzyme. Aufgrund der hohen Sequenzähnlichkeit wurde daher spekuliert, dass sich CCA-addierende Enzyme und Poly(A)-Polymerasen während der Evolution ineinander umgewandelt haben [5]. Durch kombinatorische Austausche ist es bei diesen beiden Enzymarten tatsächlich gelungen, aktive Chimären im Labor herzustellen [9]. Dabei synthetisierte das N-terminale katalytische Zentrum der Poly(A)-Polymerase in Kombination mit dem C-Terminus des CCA-addierenden Enzyms keine Poly(A)-Schwänze mehr, sondern den Einbau von CCA-Enden an tRNAs. Dieses Ergebnis zeigt, dass PAP und CCA-addierendes Enzym so eng miteinander verwandt sind, dass sich das katalytische Zentrum der Poly(A)-Polymerase zur CCA-Addition umprogrammieren lässt. Aus derartigen Experimenten wurde deutlich, dass diese Enzyme aus Modulen aufgebaut sind, die austauschbar sind und zu chimären Enzymen mit neuen Aktivitäten führen können [9].

Fazit

CCA-addierende Enzyme und Poly(A)-Polymerasen sind sowohl aufgrund ihrer besonderen Spezifität wie auch durch ihre evolutionäre Vergangenheit äußerst interessante Forschungsobjekte, durch die wir viel über die Evolution spezifischer Polymerase-Aktivitäten lernen können. Viele dieser Eigenschaften lassen sich auch in anderen Proteinen finden, sodass die CCA-addierenden Enzyme ein ideales Lehrbeispiel für die Evolution von Polymerasen, aber auch anderen Enzymen, darstellen.

Danksagung

Wir danken der DFG sowie der Fritz-Thyssen-Stiftung für die Finanzierung unserer Forschung.

Literatur

[1] Waldron C, Lacroute F (1975) Effect of growth rate on the amounts of ribosomal and transfer ribonucleic acids in yeast. J Bacteriol 122:855–865
[2] Shi H, Moore PB (2000) The crystal structure of yeast phenylalanine tRNA at 1.93 A resolution: a classic structure revisited. RNA 6:1091–1105
[3] Weinger JS, Parnell KM, Dorner S et al. (2004) Substrate-assisted catalysis of peptide bond formation by the ribosome. Nature Struct Mol Biol 11:1101–1106
[4] Weiner AM (2004) tRNA maturation: RNA polymerization without a nucleic acid template. Curr Biol 14:R883–R885
[5] Yue D, Maizels N, Weiner AM (1996) CCA-adding enzymes and poly(A) polymerases are all members of the same nucleotidyltransferase superfamily: characterization of the CCA-adding enzyme from the archaeal hyperthermophile *Sulfolobus shibatae*. RNA 2:895–908
[6] Li F, Xiong Y, Wang J et al. (2002) Crystal structures of the *Bacillus stearothermophilus* CCA-adding enzyme and its complexes with ATP or CTP. Cell 111:815–824
[7] Neuenfeldt A, Just A, Betat H et al. (2008) Evolution of tRNA nucleotidyltransferases: A small deletion generated CC-adding enzymes. Proc Natl Acad Sci USA 105:7953–7958
[8] Tomita K, Weiner AM (2001) Collaboration between CC- and A-adding enzymes to build and repair the 3'-terminal CCA of tRNA in *Aquifex aeolicus*. Science 294:1334–1336
[9] Betat H, Rammelt C, Martin G et al. (2004) Exchange of regions between bacterial poly(A) polymerase and CCA adding enzyme generates altered specificities. Mol Cell 15:389–398
[10] Toh Y, Takeshita D, Numata T et al. (2009) Mechanism for the definition of elongation and termination by the class II CCA-adding enzyme. EMBO J 28:3353–3365

Korrespondenzadresse:
Dr. Heike Betat
Prof. Dr. Mario Mörl
Institut für Biochemie
Universität Leipzig
Brüderstraße 34
D- 04103 Leipzig
Tel.: 0341-9736-905 (H. Betat)
bzw. -911 (M. Mörl)
Fax: 0341-97-36909
hbetat@uni-leipzig.de
moerl@uni-leipzig.de

AUTOREN

Heike Betat
Jahrgang 1970. Biochemiestudium an der Universität Leipzig. 2000 Promotion. 2000–2005 Postdoc am MPI für Evolutionäre Anthropologie, Leipzig. Seit 2005 Wissenschaftliche Mitarbeiterin in der Gruppe von Prof. Dr. Mörl am Institut für Biochemie an der Universität Leipzig.

Mario Mörl
Jahrgang 1960. Biologiestudium an der LMU München. 1992 Promotion. 1993–1999 Wissenschaftlicher Assistent bei Svante Pääbo, Universität München. 1999–2004 Gruppenleiter am MPI für Evolutionäre Anthropologie, Leipzig. 2001 Habilitation in Genetik. 2002 Habilitation in Biochemie. Seit 2004 Professor für Biochemie und Molekularbiologie an der Universität Leipzig.

Epigenetik

Struktur, Funktion und Evolution von Dnmt2

SARA MÜLLER[1], ALBERT JELTSCH[2], WOLFGANG NELLEN[1]
[1]ABTEILUNG GENETIK, UNIVERSITÄT KASSEL
[2]ABTEILUNG BIOCHEMIE, JACOBS UNIVERSITY, BREMEN

Die Funktion der am weitesten verbreiteten eukaryotischen DNA-Methyltransferase Dnmt2 erschien lange Zeit rätselhaft. Neue Ergebnisse weisen darauf hin, dass Dnmt2 möglicherweise dualspezifisch aktiv ist und neben DNA auch tRNA methylieren kann.

This article focuses on the evolutionary conserved and most widely distributed DNA methyltransferase in eukaryotes – Dnmt2. Recent findings give rise to the assumption that Dnmt2 may harbour dual specificity and acts on DNA and tRNA.

Die modifizierte Base 5-Methylcytosin (5mC)

■ In höheren Eukaryoten wie Wirbeltieren und Pflanzen ist die DNA-Methylierung von Cytosinen die mit Abstand am häufigsten vorkommende kovalente DNA-Modifikation (**Abb. 1A**). m5C kommt ebenfalls in einigen Pilzen, Invertebraten und Protisten vor.

Das Ausmaß der Cytosin-Methylierung variiert sehr stark zwischen einzelnen Spezies. So kommt in Säugetieren 5mC überwiegend in symmetrischen CpG-Nukleotidabfolgen vor. Dabei sind 60 bis 90 Prozent aller CpGs methyliert, dies entspricht ca. drei bis acht Prozent aller Cytosine [1]. Beispiele für Organismen mit geringer DNA-Methylierung (< 0,1 bis ein Prozent) sind *Dictyostelium* und *Drosophila*. Im Gegensatz zu Säugetieren finden sich hier die 5-Methylcytosine auch in asymmetrischen (nicht CpG-)Nukleotidabfolgen [2, 3].

In Eukaryoten spielt Methylierung von DNA bei epigenetischer Genregulation eine Rolle, wobei mit einer Promotormethylierung meist Genrepression einhergeht. DNA-Methylierung ist außerdem an Zelldifferenzierung, Imprinting und X-Chromosom-Inaktivierung sowie der Kontrolle von Transposons beteiligt [1].

Die Methylierungsreaktion

Die Übertragung einer Methylgruppe auf das Kohlenstoffatom an der Position 5 von Cytosinen erfolgt in der Zelle enzymatisch durch 5mC-Methyltransferasen (5mC-MTasen). Als Methylgruppendonor dient der Kofaktor S-Adenosylmethionin (SAM) (**Abb. 1A**).

◄ **Abb. 1: A**, Schema zur Methylierung von Cytosin. Die Methyltransferase überträgt die Methylgruppe (rot) vom Kofaktor S-Adenosylmethionin (SAM) auf das Ringkohlenstoffatom C5. SAH: S-Adenosylhomocystein. **B**, Schematische Darstellung der Domänenanordnung der vier DNA-Methyltransferase-Familien Dnmt1, Dnmt2 und Dnmt3a/b sowie Dnmt3L. NLS: Kern-Lokalisationssignal (*nuclear localization signal*).

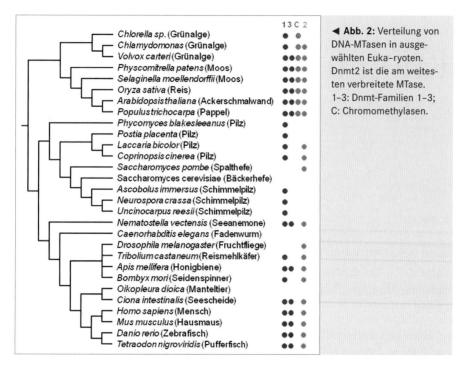

▶ **Abb. 2:** Verteilung von DNA-MTasen in ausgewählten Eukaryoten. Dnmt2 ist die am weitesten verbreitete MTase. 1–3: Dnmt-Familien 1–3; C: Chromomethylasen.

Kennzeichnend für alle bakteriellen und eukaryotischen 5mC-Methyltransferasen sind zehn Motive, die an der Methylierungsreaktion beteiligt und von denen sechs hochkonserviert sind (**Abb. 1B** und **3A**). Die Methylierungsreaktion ist durch das Auftreten eines kovalenten Intermediats zwischen Enzym und Nukleinsäure gekennzeichnet. Dieses wird zwischen einer cysteinischen Thiolgruppe des Enzyms und dem Pyrimidinring ausgebildet. Das reaktive Cystein befindet sich im Motiv IV des katalytischen Zentrums und ist Teil eines konservierten PC-Dipeptids. Substitutionen des katalytisch aktiven Cytosins führen zum Verlust der Methyltransferase-Aktivität. Motiv I und X bilden die Bindetasche für den Kofaktor SAM. Nach der Addition der Methylgruppe an das C5 wird der Enzym-DNA-Komplex aufgelöst und der Kofaktor S-Adenosylhomocystein (SAH) freigesetzt.

Eine weitere mechanistische Gemeinsamkeit der 5mC-Methyltransferasen ist das *base flipping*, denn für die Reaktion muss das Enzym den Pyrimidinring von beiden Seiten angreifen können. Deshalb lösen MTasen die Wasserstoffbrücken zwischen G und C und klappen das Cytosin aus der Doppelhelix heraus [1].

Die DNA-Methyltransferasen Dnmt1 und Dnmt3

In Tieren ist eine Vielzahl von DNA-Methyltransferasen (Dnmts) identifiziert worden, von denen sich die meisten in vier Familien einteilen lassen: Dnmt1, Dnmt2, Dnmt3a und b

und Dnmt3L (**Abb. 1B**). In Pflanzen gibt es zusätzlich die Chromomethylasen (CpNpG-Spezifität) und in Pilzen die Dim2-Familie (Methylierung von Cytosinen in asymmetrischer Umgebung) [3].

Interessanterweise ähnelt die MTase-Domäne der Dnmt1 eher den bakteriellen MTasen der Restriktions-Modifikationssysteme als den C-terminalen Domänen von Dnmt2 und 3. Der N-terminale Teil der katalytischen Domäne von Dnmt3a und b zeigen hingegen hohe Verwandtschaft mit MTasen aus Phagen, die *Bacillus*-Spezies befallen [4].

Die Dnmt1- und Dnmt3-Familien sind durch eine N-terminale Verlängerung gekennzeichnet, die regulatorische Domänen unter anderem zur Substraterkennung, Chromatinbindung, Lokalisation an die Replikationsgabel und Import in den Zellkern enthält. Dnmt1 hat eine große Präferenz für hemimethylierte CpG-Substrate und ist daher in der Zelle hauptsächlich an der Erhaltung von Methylierungsmustern nach der Replikation beteiligt. Knock-out-Mäuse, denen Dnmt1 fehlt, sind nicht lebensfähig.

Dnmt1 kommt in fast allen Organismen vor, in denen 5mC-Methylierung gefunden wurde. Zusätzlich codieren die meisten Organismen mit Dnmt1 für mindestens ein Dnmt3-Homolog (**Abb. 2**). Rekombinant exprimierte Dnmt3a und b methylieren unmethylierte und hemimethylierte DNA gleichermaßen. Hieraus wurde abgeleitet, dass sie eine Rolle bei der *de novo*-Methylierung spielen. Im Gegensatz zu Dnmt1 zei-

gen die Dnmt3-Homologe keine so stark ausgeprägte CpG-Spezifität.

Dnmt3L hat aufgrund von Mutationen in der konservierten MTase-Domäne keine DNA-Methylierungsaktivität, stimuliert jedoch die Aktivität von Dnmt3a/b, mit denen es Heterodimere und -tetramere bildet [5].

Dnmt2 – ein bifunktionelles Enzym?

Die Dnmt2-Familie nimmt unter den eukaryotischen MTasen eine Sonderrolle ein, sie zeigt die höchste evolutionäre Konservierung (**Abb. 3A**), gibt aber bezüglich ihrer biologischen Funktion nach wie vor Rätsel auf. Zunächst wurde vermutet, dass Dnmt2 enzymatisch nicht aktiv sei, da *in vitro*-Experimente kaum detektierbare Methylierungsaktivität zeigten [6]. Als mögliche Erklärung hierfür diente der fehlende N-terminale Teil, der bei Dnmt1 und Dnmt3 unter anderem auch für das Targeting der MTasen an die Nukleinsäure verantwortlich ist (**Abb. 1B**). Auch Knock-out-Experimente in verschiedenen Organismen zeigten meist nur sehr milde Phänotypen [2, 7].

Dnmt2 kommt in allen Organismen vor, die Dnmt1 und Dnmt3 besitzen. Zusätzlich gibt es einige Organismen, die als DNA-Methyltransferase ausschließlich ein Dnmt2-Homolog beinhalten („*Dnmt2-only organisms*"). Beispiele hierfür sind *Drosophila*, *Entamoeba* und *Dictyostelium*, die lange als Organismen galten, denen DNA-Methylierung vollständig fehlt. In allen drei konnte mittlerweile jedoch ein geringer Anteil an m5C nachgewiesen werden, der durch Dnmt2 vermittelt wird [7]. DNA-Methylierung wurde vor allem in Retroelementen gefunden [2, 8] und mit deren Aktivität und Chromatinorganisation in Verbindung gebracht. Die DNA-Methylierungsaktivität von Dnmt2 *in vivo* und *in vitro* ist jedoch viel geringer als die der anderen DNA-Methyltransferasen [9]. Soweit bisher bekannt ist, tritt bei *Caenorhabditis elegans* und *Saccharomyces cerevisiae* keine DNA-Methylierung auf und beiden Organismen fehlen DNA-MTasen [10]. Beim Vergleich der Aminosäuresequenzen von verschiedenen Dnmt2-Homologen fällt eine hohe Konservierung von 35 bis 50 Prozent auf (**Abb. 3A**).

Mit der Aufklärung der Kristallstruktur humaner Dnmt2 zeigt sich eine hohe strukturelle Ähnlichkeit zur bakteriellen Methyltransferase M.HhaI (**Abb. 3B**, [6]). Die Struktur kann in drei Bereiche unterteilt werden: die große Domäne, die das aktive Zentrum sowie die SAM-Bindetasche beinhaltet, die

A

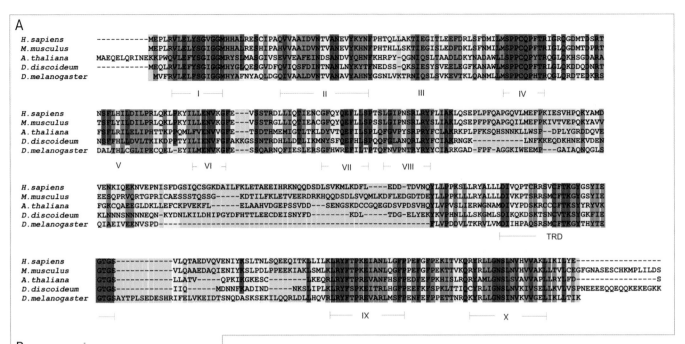

B

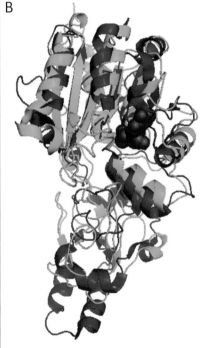

▲ **Abb. 3: A,** Alignment von Proteinsequenzen der Dnmt2-Familie verschiedener Organismen. Die zehn MTase-Motive und die Zielerkennungsdomäne (TRD) sind gekennzeichnet. Rot: identische Aminosäuren (AS); blau: ähnliche AS; gelb: nicht konservierte AS; grün: Insertionen/Deletionen. **B,** Überlagerung der Kristallstrukturen der bakteriellen M.Hhal (grün) und der humanen hDnmt2 (blau). Rot: Kofaktor S-Adenosylhomocystein (SAH).

kleine Domäne und die variable *hinge*-Region. Üblicherweise beinhalten m5C-MTasen eine TRD (*target recognition domain*) zwischen den konservierten Motiven VIII und IX. Die TRDs sind, abgesehen von einem konservierten TL-Dipeptid, sehr variabel und bestimmen die Substratspezifität der Enzyme [6].

Im Bereich der TRD ist in Dnmt2-Homologen ein CFT-Motiv (CFTXXYXXY) zu finden, das in keiner der anderen DNA-MTasen vorkommt. Das zweite Tyrosin aus dem Motiv liegt im Vergleich mit der M.HhaI-Struktur in dem Bereich, in dem das Enzym den *nontarget*-Strang doppelsträngiger DNA binden müsste und führt so möglicherweise zu einer sterischen Hinderung. Im M.HhaI liegt dort ein Glycin, das durch keinen anderen Aminosäurerest ersetzt werden kann [6]. Das CFT-Motiv könnte deshalb erklären, warum oft keine oder eine nur sehr geringe Methylierungsaktivität auf dsDNA mit Dnmt2 gefunden wurde.

Eine überraschende Entdeckung war die Methylierungsaktivität humaner Dnmt2 auf tRNA^{Asp} an Position C38 [10]. Diese Aktivität überstieg die bisher berichtete DNA-Methylierungsaktivität um mehrere Größenordnungen. Dnmt2 zeigt jedoch keine Homologie zu anderen m5C-RNA-MTasen und eine Mutagenesestudie zeigte, dass das Enzym den Mechanismus der DNA-Methylierung zur Methylierung der tRNA^{Asp} benutzt und nicht den RNA-Methylierungsmechanismus, an dem andere Aminosäuremotive beteiligt sind [11]. Auch bei Dnmt2-Homologen aus anderen Organismen (z. B. *Dictyostelium*) konnte eine tRNA^{Asp}-Methylierungsaktivität nachgewiesen werden. Mittlerweile sind in *Drosophila* und *Dictyostelium* weitere tRNA-Substrate identifiziert worden (unveröffentlichte Daten).

Es wird vermutet, dass eine Koevolution zwischen dem Anticodonloop der tRNA^{Asp} und Dnmt2 stattgefunden hat [10], denn dieser ist in Organismen mit Dnmt2 ebenfalls hochkonserviert, hingegen zeigen Organismen ohne Dnmt2 eine größere Variabilität. Zwei Spezies des Bakteriums *Geobacter* beinhalten ein Dnmt2-Homolog und zeigen ebenfalls eine starke Konservierung des Anticodonloops der tRNA^{Asp} [12].

Obwohl die Beteiligung der Dnmt2 an der epigenetischen Regulation von Retroelementen inzwischen unumstritten ist, werden die biochemischen Mechanismen nach wie vor kontrovers diskutiert. Ebenso bleibt die Frage offen, ob es sich bei Dnmt2 um eine Ableitung bakterieller DNA-MTasen handelt, die ihr (Haupt-)Substrat von DNA zu RNA verändert hat. ◾

Literatur

[1] Jeltsch A (2002) Beyond Watson and Crick: DNA methylation and molecular enzymology of DNA methyltransferases. Chembiochem 3:274–293

[2] Kuhlmann M, Borisova BE, Kaller M et al. (2005) Silencing of retrotransposons in *Dictyostelium* by DNA methylation and RNAi. Nucleic Acids Res 33:6405–6417

[3] Jeltsch A (2010) Molecular biology. Phylogeny of methylomes. Science 328:837–838

[4] Bestor TH (2000) The DNA methyltransferases of mammals. Hum Mol Genet 9:2395–2402

[5] Jia D, Jurkowska RZ, Zhang X et al. (2007) Structure of Dnmt3a bound to Dnmt3L suggests a model for de novo DNA methylation. Nature 449:248–251

[6] Dong A, Yoder JA, Zhang X et al. (2001) Structure of human DNMT2, an enigmatic DNA methyltransferase homolog that displays denaturant-resistant binding to DNA. Nucleic Acids Res 29:439–448

[7] Schaefer M, Lyko F (2009) Solving the Dnmt2 enigma. Chromosoma 119:35–40

[8] Phalke S, Nickel O, Walluscheck D et al. (2009) Retrotransposon silencing and telomere integrity in somatic

cells of *Drosophila* depends on the cytosine-5 methyltransferase DNMT2. Nat Genet 41:696–702
[9] Hermann A, Schmitt S, Jeltsch A (2003) The human Dnmt2 has residual DNA-(cytosine-C5) methyltransferase activity. J Biol Chem 278:31717–31721
[10] Goll MG, Kirpekar F, Maggert KA et al. (2006) Methylation of tRNAAsp by the DNA methyltransferase homolog Dnmt2. Science 311:395–398
[11] Jurkowski TP, Meusburger M, Phalke S et al. (2008) Human DNMT2 methylates tRNA(Asp) molecules using a DNA methyltransferase-like catalytic mechanism. RNA 14:1663–1670
[12] Goll MG, Bestor TH (2005) Eukaryotic cytosine methyltransferases. Annu Rev Biochem 74:481–514

Korrespondenzadresse:
Prof. Dr. Wolfgang Nellen
Abteilung Genetik
Universität Kassel
Heinrich-Plett-Straße 40
D-34132 Kassel
Tel.: 0561-8044805
Fax: 0561-804-4800
nellen@uni-kassel.de
www.biologie.uni-kassel.de/genetics

AUTOREN

Sara Müller
Jahrgang **1983**. **2002–2003** Studium der Biotechnologie, RWTH Aachen. **2003–2008** Studium der Fächer Biologie und Chemie, Lehramt, Universität Kassel. Seit **2008** Doktorandin in der Abteilung Genetik, Universität Kassel.

Albert Jeltsch
Jahrgang **1966**. **1986–1991** Studium der Biochemie, Universität Hannover. **1994** Promotion am Institut für Biophysikalische Chemie der Medizinischen Hochschule Hannover. **1999** Habilitation für die Fächer Biochemie und Biophysikalische Chemie am Fachbereich Biologie der Universität Gießen. **1998–2003** Wissenschaftlicher Assistent am Institut für Biochemie, Universität Gießen. Seit **2003** Professor für Biochemie an der Jacobs University Bremen.

Wolfgang Nellen
Jahrgang **1949**. **1970–1975** Studium der Biologie, Universität Düsseldorf; **1980** Promotion. **1980–1982** Postdoc an der Universität Marburg. **1982–1986** Postdoc an der University of California, San Diego. **1986–1993** Leiter einer unabhängigen Arbeitsgruppe am Max-Planck-Institut für Biochemie, Martinsried. **1989** Habilitation an der LMU München für das Fach Zoologie. Seit **1995** Professor für Genetik an der Universität Kassel.

sRNAs

Kleine RNAs, soweit das Auge reicht

RENATE RIEDER
MAX-PLANCK-INSTITUT FÜR INFEKTIONSBIOLOGIE, BERLIN

Die Rolle kleiner nicht-codierender RNAs (sRNAs) als bedeutende Regulatoren der Genexpression wird immer aufmerksamer betrachtet. Unser besonderes Interesse gilt der Identifizierung und funktionellen Charakterisierung solcher RNAs in pathogenen Bakterien.

Small non-coding RNAs (sRNAs) have received increasing attention as potent regulators of gene expression in virtually all organisms. We are particularly interested in the discovery and molecular characterization of such sRNAs in bacterial pathogens.

■ In den letzten Jahren wurden immer mehr kleine nicht-codierende RNAs (sRNAs) in Prokaryoten entdeckt. Waren vor zehn Jahren erst eine Handvoll der kleinen funktionellen RNA-Moleküle bekannt, ist ihre Zahl heute auf mehrere Hundert angestiegen, und laufend werden weitere sRNAs identifiziert. Früher spielte oft der Zufall eine beträchtliche Rolle bei der Entdeckung von sRNAs, heute dagegen erlaubt der technische Fortschritt die systematische Suche nach solchen RNA-Molekülen.

Die ersten regulatorischen RNAs, die weder rRNA, tRNA noch mRNA waren, fand man schon vor 40 Jahren im Gram-negativen Modellbakterium *Escherichia coli* [1]. Seit Kurzem kennt man solche sRNAs auch in den unterschiedlichsten bakteriellen Pathogenen wie *Listeria monocytogenes, Pseudomonas aeruginosa, Salmonella typhimurium, Staphylococcus aureus* oder *Vibrio cholerae*, um nur einige zu nennen [2]. Auch in Archaeen sind zusätzlich zu den bereits bekannten snoRNAs (*small nucleolar*-RNAs) weitere Klassen von kleinen RNAs gefunden und untersucht worden (z. B. [3]).

Bakterielle sRNAs sind typischerweise 50 bis 250 Nukleotide lang und zumeist als eigenständige Gene in den intergenischen Regionen der chromosomalen DNA lokalisiert [4]. Ihre Expression ist stark reguliert und wird oft durch spezifische Stresssignale induziert. Das Gros der bisher charakterisierten sRNAs modifiziert die Genexpression durch direkte Basenpaarung mit einer mRNA, welche an einer anderen Stelle im Genom codiert

wird. Die Bindung der sRNA führt in weiterer Folge meist zu einer Destabilisierung der mRNA bzw. zur Inhibierung der Translation und somit zu einer Reprimierung des Ziel-

gens – aber auch die Aktivierung von Genen durch sRNAs ist bekannt.

In **Abbildung 1** sind Beispiele für solche *trans*-codierten sRNAs aus *Salmonella typhimurium* gezeigt. *Salmonella* hat sich in den letzten Jahren zu einem neuen Modellorganismus für die Erforschung RNA-basierter Regulationsmechanismen entwickelt, einerseits wegen der nahen Verwandtschaft zu *E. coli* und andererseits wegen der virulenzspezifischen Aspekte dieses wichtigen Pathogens [5].

Die systematische Suche nach sRNAs

Die ständig steigende Zahl an identifizierten kleinen RNAs korreliert mit dem rasanten Anstieg an sequenzierten Genomen von Mikroorganismen. Die systematische Suche nach sRNAs begann im Jahr 2001 mit vor-

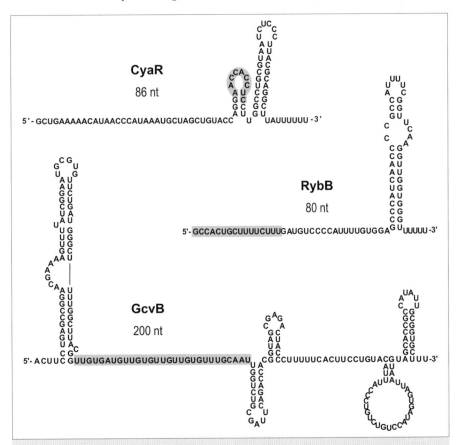

▲ **Abb. 1:** Beispiele für *trans*-codierte sRNAs in *Salmonella*. Die dargestellten sRNAs regulieren durch Ausbildung von Basenpaaren mit den entsprechenden Ziel-mRNAs die Expression von äußeren Membranproteinen. Für grün unterlegte Nukleotide konnte eine Interaktion mit der mRNA gezeigt werden.

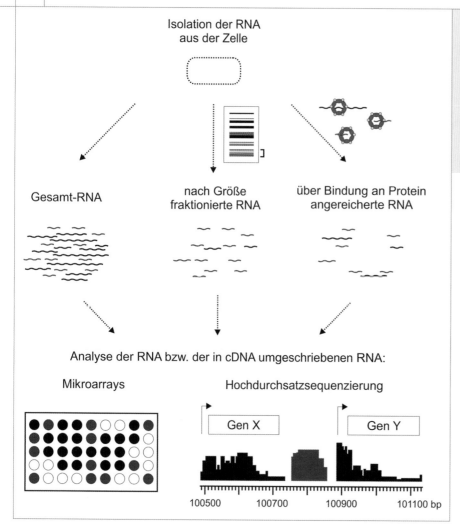

Isolation der RNA
aus der Zelle

Gesamt-RNA

nach Größe
fraktionierte RNA

über Bindung an Protein
angereicherte RNA

Analyse der RNA bzw. der in cDNA umgeschriebenen RNA:

Mikroarrays

Hochdurchsatzsequenzierung

Gen X

Gen Y

100500   100700   100900   101100 bp

◀ **Abb. 2:** Experimentelle Methoden zur globalen Suche von sRNAs. Die Gesamt-RNA der Zelle, ein nach Größe fraktionierter Teil des Transkriptoms oder auch über RNA-bindende Proteine angereicherte RNA wird isoliert. Anschließend wird die RNA bzw. die in cDNA umgeschriebene RNA mittels Hybridisierung an Mikroarrays oder durch Sequenzierung analysiert. sRNAs und entsprechende Detektionssignale sind in Rot gezeigt, andere RNA-Moleküle in Schwarz.

Funktionelle Analyse von sRNAs

Nicht nur für die Identifizierung, sondern auch für die Charakterisierung von sRNAs steht ein großes Repertoire an bioinformatischen und experimentellen Methoden zur Verfügung [2, 6]. Da die meisten der charakterisierten sRNAs die Genexpression über direkte Basenpaarung mit der Ziel-mRNA regulieren, empfiehlt es sich, eine globale Suche nach Zielmolekülen durchzuführen, denn diese können Hinweise über die Funktion der kleinen RNAs liefern. In Zusammenarbeit mit Jay Hinton und seiner Gruppe in Norwich konnten wir zahlreiche Kandidaten für regulierte Ziel-mRNAs in *Salmonella* über kurzzeitig induzierte Überexpression der kleinen RNA und anschließender Transkriptomanalyse mittels Mikroarrays identifizieren [9].

In einem weiteren Schritt sollte nun für die einzelnen sRNA-mRNA-Paare die posttranskriptionale Regulation nachgewiesen werden, wobei auch hier unterschiedlichste *in vivo*- und *in vitro*-Methoden zur Verfügung stehen [2]. Eine in unserem Labor entwickelte Methode [10] basiert auf der Ko-Expression zweier Plasmide in einer Zelle und anschließender Fluoreszenzmessung (**Abb. 3A**). Das eine Plasmid dient zur Überexpression der kleinen RNA, das andere enthält z. B. die 5'-UTR der Ziel-mRNA – jene Region, die häufig von sRNAs gebunden wird – als translationale Fusion zu *gfp* (Gen für das grün fluoreszierende Protein). Die Messung der Fluoreszenz des Reporterproteins GFP ermöglicht dann die Untersuchung des regulativen Potenzials eines sRNA-mRNA-Paares *in vivo*: Führt die Bindung der sRNA an die 5'-UTR der Ziel-mRNA zu einer Reprimierung der Expression, so zeigen diese Zellen eine geringere Fluoreszenz als Zellen, welche eine Kontroll-RNA anstatt den regulierenden sRNAs exprimieren (**Abb. 3A**, unten).

Für die Regulation der Genexpression mittels sRNAs spielen auch andere Faktoren, wie Proteinbindungspartner, eine wichtige Rolle. Viele sRNAs binden an Hfq, aber es ist anzunehmen, dass auch noch andere Proteine wichtige Funktionen erfüllen. Um tiefer gehende Erkenntnisse über die Regulationsweise von sRNAs zu erlangen, haben wir eine

rangig bioinformatischen Methoden [6], das heißt unmittelbar nachdem die Genome von *E. coli* und einigen nah verwandten Bakterien wie z. B. *Salmonella* entschlüsselt worden waren. Für die *in silico*-Vorhersage von sRNAs suchte man nach konservierten Bereichen in den intergenischen Regionen, wobei zum Teil auch Transkriptionssignale wie Promotoren oder Terminatoren in die Suche einbezogen wurden. Basierend auf unterschiedlichen bioinformatischen Methoden wurden bis heute zahlreiche sRNAs in verschiedenen Organismen korrekt vorhergesagt [6].

Heute spielen jedoch auch experimentelle Methoden zur globalen Identifikation von sRNAs eine bedeutende Rolle [2]. Die Detektionsverfahren basieren dabei entweder auf Mikroarrays oder auf Sequenzierung (**Abb. 2**). In einem ersten Schritt wird die RNA aus der Zelle gewonnen. Hierbei kann man die Gesamt-RNA isolieren und somit das gesamte Transkriptom analysieren. Will man den Anteil an sRNAs erhöhen, wird die Gesamt-RNA zuvor über Gelelektrophorese der Größe nach aufgetrennt und nur die Fraktion mit kleinen RNAs wird weiter untersucht; sRNAs können auch gemeinsam mit ihren Ziel-mRNAs angereichert werden, indem vor der Detektion eine Ko-Immunopräzipitation mit

einem sRNA/mRNA-bindenden Protein durchgeführt wird. Die Analyse der RNA bzw. der in cDNA umgeschriebenen RNA-Moleküle erfolgt dann entweder über Hybridisierung auf Mikroarrays oder durch Sequenzierung.

Unser Labor hat basierend auf der Hochdurchsatzsequenzierung eine spezielle Methodik entwickelt, die zusätzlich zur Analyse des gesamten Transkriptoms auch die Unterscheidung von primären Transkripten und prozessierten Molekülen erlaubt. So wurde in Zusammenarbeit mit Gruppen aus Leipzig und Bordeaux eine unerwartet große Anzahl neuer kleiner sRNAs in dem pathogenen Bakterium *Helicobacter pylori* entdeckt [7].

Auch Ko-Immunopräzipitationsexperimente mit Hfq, einem Proteinbindungspartner von sRNAs, wurden in unserem Labor durchgeführt. Das RNA-Chaperon Hfq wird in der Zelle sowohl für die Stabilität als auch für die Funktionalität vieler sRNAs benötigt. Orthologe dieses Proteins wurden in der Hälfte aller bis dato sequenzierten Bakterien gefunden. Unsere Analyse der über Hfq angereicherten sRNAs in *Salmonella* [8] in Kombination mit vorausgehenden Studien in *E. coli* lassen vermuten, dass etwa die Hälfte der kleinen RNAs in diesen Gram-negativen Bakterien an Hfq binden.

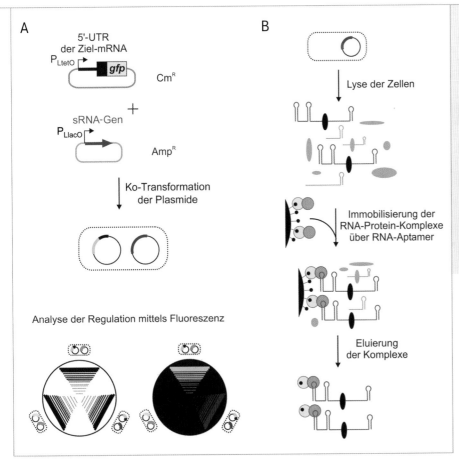

◄ **Abb. 3:** Funktionelle Analyse von sRNAs. **A**, Validierung der Regulation einer Ziel-mRNA mithilfe eines GFP-Reportersystems. Die Bakterien werden mit zwei Plasmiden transformiert. Die Fluoreszenz des Reporterproteins GFP kann nun direkt von auf Agarplatten gewachsenen Kolonien detektiert und mit Zellen, die eine Kontroll-RNA (Plasmid mit grauem Insert) exprimieren, verglichen werden. **B**, Aufreinigung von *in vivo* ausgebildeten RNA-Protein-Komplexen mittels Affinitätschromatografie. Die sRNA (rot) wird gemeinsam mit einer Aptamersequenz (blau) von einem Plasmid exprimiert. Amp^R: Ampicillin-Resistenz; Cm^R: Chloramphenicol-Resistenz; pLtetO: Anhydrotetracyclin-induzierbarer Promotor; pLlacO: IPTG(Isopropyl-β-D-thiogalaktopyranosid)-induzierbarer Promotor. Weitere Erläuterungen im Text.

Literatur

[1] Gottesman S (2004) The small RNA regulators of *Escherichia coli*: roles and mechanisms. Annu Rev Microbiol 58:303–328
[2] Sharma CM, Vogel J (2009) Experimental approaches for the discovery and characterization of regulatory small RNA. Curr Opin Microbiol 12:536–546
[3] Jager D, Sharma CM, Thomsen J et al. (2009) Deep sequencing analysis of the *Methanosarcina mazei* Go1 transcriptome in response to nitrogen availability. Proc Natl Acad Sci USA 106:21878–21882
[4] Waters LS, Storz G (2009) Regulatory RNAs in bacteria. Cell 136: 615–628
[5] Vogel J (2009) A rough guide to the noncoding RNA world of *Salmonella*. Mol Microbiol 71:1–11
[6] Backofen R, Hess WR (2010) Computational prediction of sRNAs and their targets in bacteria. RNA Biol 7
[7] Sharma CM, Hoffmann S, Darfeuille F (2010) The primary transcription of the major human pathogen *Helicobacter pylori*. Nature (im Druck)
[8] Sittka A, Lucchini S, Papenfort K et al. (2008) Deep sequencing analysis of small noncoding RNA and mRNA targets of the global post-transcriptional regulator, Hfq. PLoS Genet 4:e1000163
[9] Papenfort K, Said N, Welsink T et al. (2009) Specific and pleiotropic patterns of mRNA regulation by ArcZ, a conserved, Hfq-dependent small RNA. Mol Microbiol 74:139–158
[10] Urban JH, Vogel J (2007) Translational control and target recognition by *Escherichia coli* small RNAs *in vivo*. Nucleic Acids Res 35:1018–1037
[11] Said N, Rieder R, Hurwitz R et al. (2009) *In vivo* expression and purification of aptamer-tagged small RNA regulators. Nucleic Acids Res 37:e133
[12] Bouvier M, Sharma CM, Mika F et al. (2008) Small RNA binding to 5′ mRNA coding region inhibits translational initiation. Mol Cell 32:827–837
[13] Pfeiffer V, Papenfort K, Lucchini S et al. (2009) Coding sequence targeting by MicC RNA reveals bacterial mRNA silencing downstream of translational initiation. Nat Struct Mol Biol 16:840–846

Korrespondenzadresse:
Dr. Renate Rieder
Max-Planck-Institut für Infektionsbiologie
Charitéplatz 1
D-10117 Berlin
Tel.: 030-28460-232
rieder@mpiib-berlin.mpg.de

Strategie entwickelt [11], welche die Isolierung und Charakterisierung *in vivo* ausgebildeter RNA-Protein-Komplexe erlaubt (**Abb. 3B**): Eine RNA-Aptamersequenz wird an die sRNA fusioniert und mittels eines Plasmids wird die modifizierte sRNA in den Bakterienzellen exprimiert. Ein Lysat dieser Zellen wird auf eine Säule aufgetragen, wobei die RNA-Protein-Komplexe über das Aptamer an die Säulenmatrix binden. Nach dem Waschen der Säule werden die Komplexe eluiert, und durch Phenolextraktion mit anschließender Fällung werden die RNA-bindenden Proteine gewonnen, welche dann z. B. über Massenspektrometrie analysiert werden können.

Umfassende Untersuchungen einzelner sRNAs haben gezeigt, dass deren Regulationsmechanismen sehr komplex sind [4]. In der Klasse der *trans*-codierten sRNAs gibt es Vertreter, welche die Expression von mehreren unterschiedlichen mRNAs regulieren, und auch die Interaktionsstelle zwischen mRNA und sRNA kann sehr unterschiedlich sein. Bis vor Kurzem wurde angenommen, dass solche sRNAs hauptsächlich an die 5'-UTR der mRNA binden und so die Genexpression ändern. In unserem Labor wurden kürzlich zwei sRNAs beschrieben, die im Gegensatz dazu durch Bindung an die codierende Sequenz die mRNA posttranskriptional regulieren [12, 13].

Fazit

Zusammenfassend kann man sagen, dass die Forschung an kleinen nicht-codierenden RNAs ein weites Feld eröffnet hat, in dem es noch viele Meilensteine zu entdecken gibt. Die Herausforderung in der Zukunft liegt allerdings nicht nur in der Identifizierung von solchen RNAs, sondern auch in der Charakterisierung ihrer Funktion, denn die Zahl jener, deren Regulationsmechanismus man kennt, ist im Vergleich immer noch sehr gering.

Danksagung

Mein Dank gilt Prof. Dr. Vogel, den Mitarbeitern der Arbeitsgruppe und den Kollaborationspartnern, deren Ergebnisse in diesem Artikel zusammengefasst präsentiert wurden. ∎

AUTORIN

Renate Rieder
Jahrgang **1979**. Chemiestudium an der Universität Innsbruck; dort **2008** Promotion am Institut für Organische Chemie bei Prof. Dr. Micura. Seit **2008** Postdoc (seit **2009** mit Erwin-Schrödinger-Stipenium des FWF) in der Arbeitsgruppe von Prof. Dr. Vogel am MPI für Infektionsbiologie, Berlin. Demnächst Umzug der Arbeitsgruppe an das Institut für Molekulare Infektionsbiologie der Universität Würzburg.

RNA-Biologie

Von ein wenig *antisense* zu globalen RNA-Regulons

JÖRG VOGEL
INSTITUT FÜR MOLEKULARE INFEKTIONSBIOLOGIE, UNIVERSITÄT WÜRZBURG

VAAM-Forschungspreis 2010

Kleine RNAs sind spektakuläre Neuankömmlinge im Feld der Genregulation. *Salmonella* besitzt an die 100 kleine regulatorische RNAs, und kann damit unter Stressbedingungen über „ein bisschen *antisense*" globale RNA-Regulons kontrollieren.

Small RNAs have been spectacular new arrivals in the field of gene regulation in the last decade. *Salmonella* encodes close to 100 small RNAs and uses them under specific stresses to control global RNA regulons with stunningly short antisense pairing.

■ *Antisense*-Regulation durch nicht-codierende RNA ist schon seit den 1980er-Jahren bekannt, doch galt diese Form der Genregulation bis vor zehn Jahren eher als Ausnahme. Es wurde vermutet, dass hauptsächlich Transkriptionsfaktoren die Genexpression regulieren. Doch seit 2001 wurden immer mehr kleine RNAs entdeckt, die gezielt mRNAs binden und ursprüngliche Transkriptionsmuster umprogrammieren können. Die bestuntersuchten Klassen sind die mikro-RNAs (miRNAs) in Eukaryoten und die Hfq-abhängigen sRNAs (*small RNAs*) in Gram-negativen Bakterien. Mikro-RNAs sind etwa 22 Nukleotide lang und entstehen aus längeren Vorläufern. Reife miRNAs paaren mit der 3'-UTR (nicht-translatierte Region) eukaryotischer mRNAs, um deren Translation zu unterbinden oder Abbau zu stimulieren. Hfq-abhängige sRNAs sind hingegen meist als 50 bis 250 Nukleotide lange Primärtranskripte aktiv. Im Gegensatz zu miRNAs binden sie, vermittelt durch das RNA-Chaperon Hfq, im 5'-Bereich von mRNAs und können diese sowohl inhibieren als auch aktivieren.

Normalisiert auf die Zahl der Protein-codierenden Gene (20.000 in Eukaryoten; 4.500 in Bakterien) sind beide Klassen ähnlich häufig: Eukaryoten besitzen 100 bis 1.000 miRNAs, *Escherichia coli* oder *Salmonella* an die 100 sRNAs. Gemeinsam ist auch die Kontrolle von mehreren mRNAs durch ein und dieselbe miRNA oder sRNA. Bei den miRNAs erfolgt dies über *seed pairing*: Lediglich sechs bis sieben hochkonservierte Nukleotide im 5'-Bereich der miRNA erkennen die mRNAs. Entsprechende kurze Bindestellen finden sich, oft in mehreren Kopien, in Hunderten von zellulären mRNAs.

Dagegen beginnen wir erst jetzt zu verstehen, wie die sehr viel längeren bakteriellen sRNAs spezifisch mRNAs erkennen. Man ging zunächst davon aus, dass eine sRNA nur eine mRNA bindet, und zwar an der Ribosomenbindestelle (RBS). Dieses Prinzip entsprang der Entdeckung der prototypischen MicF-sRNA von *E. coli* im Jahr 1984. Damals wurde vorhergesagt, dass MicF mit dem Großteil seiner rund 100 Nukleotide durch imperfekte Basenpaarung die RBS der in *trans* codierten *ompF*-mRNA regelrecht maskiert und so die Translationsinitiation verhindert. Da Ribosomen-freie, sozusagen „nackte" mRNAs schnell von bakteriellen Nukleasen gespalten werden, wird die Synthese des OmpF-Porins irreversibel verhindert. Dieser elegante Mechanismus fand sich später auch bei anderen sRNAs, doch es blieb die Frage nach der Spezifität [1]. Denn die RBS (Shine-Dalgarno-Sequenz und Startcodon) ist wie kaum ein anderer Bereich bakterieller mRNAs konserviert; wie also kann eine sRNA echte Ziel-mRNA von Tausenden anderen unterscheiden?

Unsere Untersuchungen in Salmonellen, bedeutende Krankheitserreger des Menschen, haben hier neue Erkenntnisse gebracht [1–7]. Viele der *Salmonella*-sRNAs wie GcvB, MicC oder RybB sind weit über den eng verwandten Laborstamm *E. coli* K12 hinaus in anderen Erregern wie etwa *Yersinia* konserviert [8]. GcvB ist in schnell wachsenden Bakterien, also bei gutem Nahrungsangebot, aktiv und inhibiert dann die Synthese vieler ABC-Transporter von Peptiden und Aminosäuren (**Abb. 1**). Bei der erfolgreichen Suche nach Homologen der etwa 200 Nukleotide langen *Salmonella*-GcvB-sRNA in anderen Bakterien fiel uns eine stark konservierte 30 Nukleotide lange Kette aus Guanosinen und Uridinen auf, die wir Region 1 (R1) nennen. Biochemische Strukturanalysen zeigten, dass R1 einzelsträngig in der ansonsten stark gefalteten GcvB-RNA vorliegt, sich somit für Kontakte mit mRNAs anbot. Mittels Struktur- und bioinformatischen Analysen entdeckten wir auch die GcvB-Bindestellen in den mRNAs der regulierten ABC-Transporter. Dies sind kurze, an Cytosinen und Adenosinen reiche Abschnitte in der 5'-UTR, die normalerweise die Translation verstärken. GcvB hat sich also eine Archillesferse ausgesucht, um eine ganze Gruppe funktional verwandter mRNAs zu regulieren. Und anders als bei MicF-*ompF* bindet GcvB meist außerhalb der RBS und kann weit davon entfernt mit der Ribosomenbindung interferieren. Insgesamt zeigte sich mit GcvB erstmalig, dass sRNAs ähnlich Transkriptionsfaktoren mittels einer konservierten Domäne als globaler Regulator der Genexpression wirken können [7].

Ähnlich konservierte Domänen haben wir in MicC und RybB entdeckt, allerdings wie bei den miRNAs direkt am 5'-Ende [1, 5]. Von *E. coli* wussten wir, dass MicC (100 Nukleotide) die Translation eines zweiten Porins, OmpC, inhibiert, und wie bei MicF-*ompF* erkannte MicC die *ompC*-RBS. Das wichtigste *Salmonella*-Porin aber ist das mit OmpC eng verwandte OmpD. MicC reguliert auch OmpD,

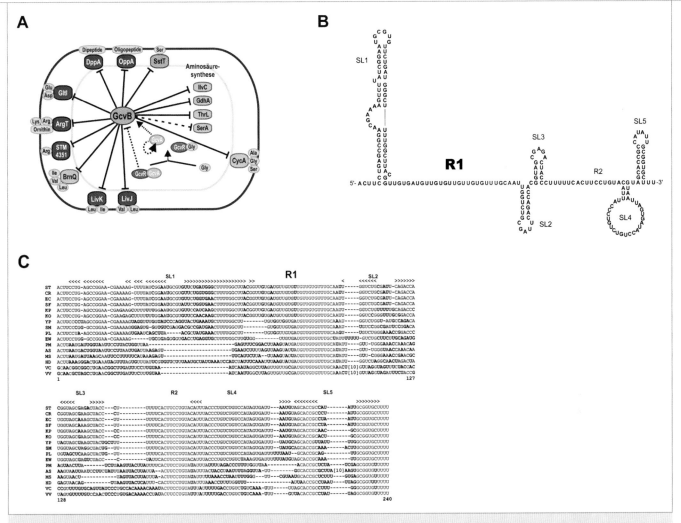

▲ **Abb. 1: A**, Die GcvB-sRNA ist als globaler posttranskriptionaler Regulator von Aminosäure-Transportern und Biosyntheseproteinen schematisch in einer bakteriellen Zelle dargestellt. **B**, RNA-Struktur von GcvB. R1 und R2 sind zwei stark konservierte, einzelsträngige Abschnitte der RNA. SL1–5: Stemloop(Stammschleifen)-Strukturen. **C**, Die starke Konservierung der RNA-Domänen R1 und R2 ist im Sequenzvergleich von Homologen der GcvB-RNA gut erkennbar. Invariable Nukleotide sind in Rot dargestellt; blaue Nukleotide deuten Konservierung in den meisten der verglichenen GcvB-Moleküle an.

doch fanden wir in dessen 5'-UTR keine MicC-Bindestelle. Mittels Reportergenfusionen konnten wir die regulatorische Region auf einen kurzen Abschnitt in der codierenden Region (CDS) eingrenzen. Gerade einmal zehn Nukleotide um Codon 25 reichen MicC zur Erkennung der *ompD*-mRNA. So tief in der CDS können sRNAs allerdings keine elongierenden Ribosomen stoppen, deren starke Helikase-Aktivität mühelos Paarungen mit einer Schmelztemperatur von 70 °C entwindet, also auch keine Probleme mit der kurzen MicC-*ompD*-Duplex haben dürfte. MicC muss in der CDS also einen grundlegend anderen Mechanismus nutzen. Tatsächlich konnten wir zeigen, dass MicC die wichtige RNase E rekrutiert, um mit deren Hilfe die *ompD*-mRNA zu spalten [5].

In RybB spiegelt sich die Vielfalt dieser neuen Mechanismen am besten wider (**Abb. 2**). RybB wird vom alternativen Sigmafaktor σ^E aktiviert, sobald eine Überproduktion von äußeren Membranproteinen die periplasma-

tische Faltungskapazität zu erschöpfen droht oder die Zellhülle beschädigt wird. σ^E kann über RybB umgehend die Synthese aller abundanten Porine herunterregulieren [3]. Die systematische Kartierung von RybB-Bindestellen in den mRNAs vieler Porine hat gezeigt, dass dabei kaum die RBS erkannt wird; fast immer bindet RybB in der codierenden Region oder weit vor der RBS in der 5'-UTR. Bei RybB lässt sich gut erkennen, wie die Selektivität der Regulation gesichert wird: RybB erkennt jeweils den Bereich der mRNA, der am besten passt, also nicht zwangsläufig die RBS. Obwohl RybB 80 Nukleotide lang ist, dienen immer nur die ersten Nukleotide am 5'-Ende von RybB – also wieder eine hochkonservierte Domäne – der mRNA-Erkennung. Das Bindungsmuster von RybB ist also dem *seed pairing* der miRNAs verblüffend ähnlich.

Physiologisch gesehen ist RybB eine der faszinierendsten heute bekannten sRNAs. Durch RybB wird der Aktivator σ^E auch zum Repressor und kann damit ein schnelles

Abschalten der Membranproteinsynthese sowie eine aktive Qualitätskontrolle von Periplasma und Zellhülle erreichen (**Abb. 3**). RybB könnte es *Salmonella* und anderen Pathogenen auch ermöglichen, die äußere Membran rasch neu zu bestücken, sobald ein Umgebungswechsel im oder außerhalb des Wirtes dies erfordert [1, 3]. GcvB und RybB sind exzellente Beispiele dafür, wie sRNAs ganze Regulons steuern, nachdem die mRNAs bereits synthetisiert sind. Bisher kennen wir gerade einmal für ein Fünftel der sRNAs in *Salmonella* und *E. coli* die physiologische Funktion, und selbst dann noch nicht alle regulierten mRNAs [8]. Weitere Überraschungen aus der Welt der sRNAs sind also vorprogrammiert.

Neue Technologien wie etwa die Hochdurchsatz-Sequenzierung (*deep sequencing, RNA-seq*) helfen uns enorm bei der Suche nach neuen sRNAs und regulierten mRNAs. Mit *deep sequencing* konnten wir zeigen, dass über 20 Prozent aller *Salmonella*-mRNAs an

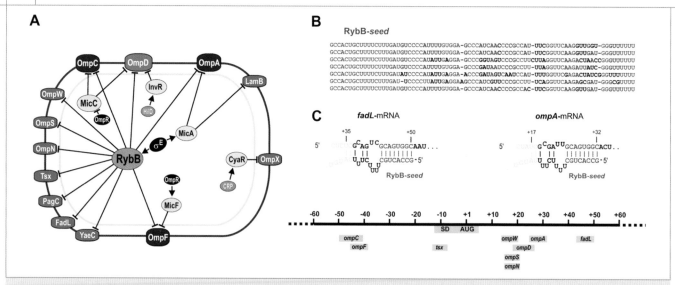

A

B

RybB-*seed*

C

▲ **Abb. 2: A,** Zentrale Stellung der RybB-sRNA in der posttranskriptionalen Kontrolle von äußeren Membranproteinen. **B,** Der Vergleich von RybB-Homologen verschiedener Bakterien zeigt, dass auch die sRNA eine stark konservierte RNA-Domäne, als RybB-*seed* bezeichnet, besitzt. Diese ist als Abfolge invariabler Nukleotide (rot) am 5'-Ende der sRNA erkennbar. Ebenfalls hochkonservierte Nukleotide sind in Blau gesetzt. **C,** Der RybB-*seed* erkennt mit sehr kurzen Basenpaarungen die mRNAs vieler Porine. Die Position dieser Paarungen relativ zum mRNA-Startcodon (AUG) ist durch graue Kästchen angegeben. Interessanterweise werden die meisten mRNAs außerhalb der RBS (gelbes Kästchen) erkannt. SD: Shine-Dalgarno-Sequenz.

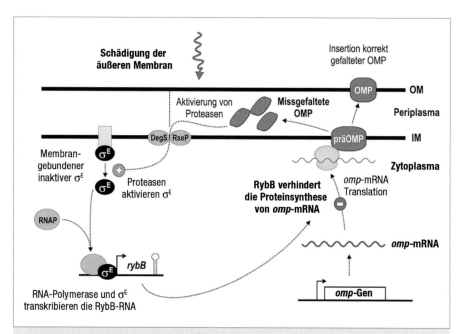

▲ **Abb. 3:** In der σ^E-kontrollierten Stressantwort ist RybB ein wichtiger Faktor, der die schnelle Abschaltung der Synthese von Porinen vermittelt. Anreicherung von missgefalteten Proteinen im Periplasma zwischen der äußeren (OM, *outer membrane*) und inneren Membran (IM) induziert den Stressfaktor σ^E, der viele Gene für die Reparatur und verbesserte Faltung von äußeren Membranproteinen (OMP) aktiviert. Gleichzeitig aber schaltet σ^E auch die Transkription des *rybB*-Gens an, und die RybB-sRNA unterdrückt dann unmittelbar die Synthese neuer Porine und OMP, bis das Gleichgewicht der Zellhülle wieder hergestellt ist. Dann wird σ^E wieder abgeschaltet, und auch die intrinsisch instabile RybB-sRNA verliert schnell wieder ihre Aktivität, sodass das System in den Normalzustand zurückkehren kann.

Hfq binden und damit prinzipiell von sRNAs reguliert werden könnten [10]. Dies entsprach unserer früheren Beobachtung, dass sich ohne Hfq die Expression von mindestens einem Fünftel aller *Salmonella*-Gene ändert [11]. Viele dieser Hfq-regulierten Gene codieren für Virulenzfaktoren, und entsprechend ist *Salmonella* ohne Hfq avirulent. Anders als der harmlose Verwandte *E. coli* K12 bietet sich

Salmonella vorzüglich dafür an, die Rolle von sRNAs in der bakteriellen Virulenz und neue Behandlungsstrategien von Infektionen zu erforschen.

Wir haben inzwischen *deep sequencing* so weiterentwickelt, dass wir sehr genau alle Transkriptionsstartpunkte in einem beliebigen Organismus kartieren können. Mit unserer *differential RNA sequencing*(dRNA-seq)-

Methode haben wir überraschend viele sRNAs im Magenpathogen *Helicobacter pylori* entdeckt, einem Organismus ohne Hfq [12]. Diese Arbeit bietet einen exzellenten Ansatzpunkt, um sRNA-Netzwerke ohne Hfq zu verstehen und vielleicht sogar andere sRNA-Chaperone aufzuspüren.

Bisher verstehen wir allerdings wenig darüber, wie Hfq eigentlich die Regulation vermittelt und wo genau im Bakterium dies stattfindet. Gibt es wie in Eukaryoten Kompartimente, in denen sRNAs und mRNAs zueinanderfinden? Deshalb muss das sich gerade entwickelnde Feld „Bakterielle Zellbiologie" auch die intrazelluläre Lokalisation von RNA-Molekülen einbeziehen; wir entwickeln dafür gerade neue Methoden [9]. Mit unserem gewachsenen Verständnis, wie sRNAs gezielt mRNAs erkennen, können wir nun auch damit beginnen, neue Funktionen in Bakterien zu programmieren und damit der Synthetischen Biologie neue Möglichkeiten eröffnen. Insgesamt ist aus „ein bisschen *antisense*" ein neues und rasant wachsendes Forschungsfeld zu globaler Genregulation entstanden, in dem die wichtigsten Aufgaben noch vor uns stehen.

Danksagung

Den VAAM-Forschungspreis 2010 hätte ich kaum ohne die fortlaufende Unterstützung vieler Freunde und Kollegen über die Jahre erhalten. Hier möchte ich besonders danken: Thomas Börner und Fritz Melchers (Berlin), Wolfgang Hess (Freiburg), Gerhart Wagner (Uppsala), Shoshy Altuvia (Jerusalem), Reinhard Lührmann (Göttingen); meinen Laborlokomotiven Kai Papenfort und Cynthia Sharma; Franz Narberhaus (Bochum), Ruth Schmitz-Streit (Kiel) und Gabi Klug (Gießen) für die wunderbare Zusammenarbeit im DFG SPP 1258 *Sensory and Regulatory RNA in Prokaryotes* und Eingewöhnungshilfe bei meiner Rückkehr nach Deutschland. ▨

Literatur

[1] Bouvier M, Sharma CM, Mika F et al. (2008) Small RNA binding to 5′ mRNA coding region inhibits translational initiation. Mol Cell 32:827–837

[2] Papenfort K, Pfeiffer V, Lucchini A et al. (2008) Systematic deletion of *Salmonella* small RNA genes identifies CyaR, a conserved CRP-dependent riboregulator of OmpX synthesis. Mol Microbiol 68:890–906

[3] Papenfort K, Pfeiffer V, Mika F et al. (2006) Sigma(E)-dependent small RNAs of *Salmonella* respond to membrane stress by accelerating global omp mRNA decay. Mol Microbiol 62:1674–1688

[4] Papenfort K, Said N, Welsink T et al. (2009) Specific and pleiotropic patterns of mRNA regulation by ArcZ, a conserved, Hfq-dependent small RNA. Mol Microbiol 74:139–158

[5] Pfeiffer V, Papenfort K, Lucchini S et al. (2009) Coding sequence targeting by MicC RNA reveals bacterial mRNA silencing downstream of translational initiation. Nat Struct Mol Biol 16:840–846

[6] Pfeiffer V, Sittka A, Tomer R et al. (2007) A small noncoding RNA of the invasion gene island (SPI-1) represses outer membrane protein synthesis from the *Salmonella* core genome. Mol Microbiol 66:1174–1191

[7] Sharma CM, Darfeuille F, Plantinga TH et al. (2007) A small RNA regulates multiple ABC transporter mRNAs by targeting C/A-rich elements inside and upstream of ribosome-binding sites. Genes Dev 21:2804–2817

[8] Papenfort K, Vogel J (2010) Regulatory RNA in bacterial pathogens. Cell Host Microbe 8:116–127

[9] Said N, Rieder R, Hurwitz J et al. (2009) In vivo expression and purification of aptamer-tagged small RNA regulators. Nucleic Acids Res 37:133

[10] Sittka A, Lucchini S, Papenfort K et al. (2008) Deep sequencing analysis of small noncoding RNA and mRNA targets of the global post-transcriptional regulator, Hfq. PLoS Genet 4:e1000163

[11] Sittka A, Pfeiffer V, Tedin K et al. (2007) The RNA chaperone Hfq is essential for the virulence of *Salmonella typhimurium*. Mol Microbiol 63:193–217

[12] Sharma CM, Hoffmann S, Darfeuille F et al. (2010) The primary transcriptome of the major human pathogen *Helicobacter pylori*. Nature 464:250–255

Korrespondenzadresse:
Prof. Dr. Jörg Vogel
Institut für Molekulare Infektionsbiologie
Universität Würzburg
Josef-Schneider-Straße 2/D 15
D-97080 Würzburg
Tel.: 0931-3182576
Fax: 0931-3182578
joerg.vogel@uni-wuerzburg.de
www.infektionsforschung.uni-wuerzburg.de/research/vogel

AUTOR

Jörg Vogel

1991–1999 Diplom/Promotion in Biochemie, HU Berlin. **1994** Erasmus-Student, Imperial College London, UK. **2000–2001** Postdoc, Uppsala Universität, Schweden. **2002–2003** EMBO Fellow, Hebräische Universität Jerusalem, Israel. **2004–2009** Nachwuchsgruppe, MPI für Infektionsbiologie, Berlin. Seit **2009** Professor und Leiter des Instituts für Molekulare Infektionsbiologie, Universität Würzburg.

RNA-Struktur und -funktion

NMR-Spektroskopie zum Verständnis RNA-basierter Regulation

BORIS FÜRTIG, JANINA BUCK, JÖRG RINNENTHAL, ANNA WACKER,
HARALD SCHWALBE
ZENTRUM FÜR BIOMOLEKULARE MAGNETISCHE RESONANZ (BMRZ),
UNIVERSITÄT FRANKFURT A. M.

NMR-spektroskopische Untersuchungen an regulatorischen RNAs geben Aufschluss über den mechanistischen Zusammenhang von Faltungswegen, dreidimensionaler Struktur, Dynamik und Funktion in Genregulationsprozessen.

NMR spectroscopic measurements reveal how folding, structure, molecular dynamics, and function in regulatory RNAs are interconnected.

Riboregulation in Bakterien

■ Bakterien bevölkern vielfältige Lebensräume und müssen sich in ihrem Lebenszyklus den unterschiedlichsten Umweltbedingungen schnell anpassen [1]. Dazu müssen Bakterien den Zeitpunkt und das Ausmaß der Expression verschiedenster Gene regulieren. Seit kürzerer Zeit wissen wir, dass auch solche RNAs, die nicht für Proteine codieren, viele solcher regulatorischen Funktionen übernehmen. Unter diesen nicht-codierenden RNAs (ncRNAs) lassen sich generell zwei Gruppen unterscheiden: zum einen RNAs, die in *trans* die Regulation anderer Gene durch intermolekulare Basenpaarung bewirken (*trans-acting regulatory RNAs*), und zum anderen RNAs, die durch intramolekulare Basenpaarung in *cis* die Expression nahe gelegener Gene regulieren (*cis-acting regulatory RNAs*). Riboswitch-RNAs stellen ein bedeutendes Beispiel für *cis*-regulierende RNAs dar; man findet sie in den 5'- bzw. 3'-untranslatierten Bereichen von mRNAs und unterscheidet dabei sozusagen zwei Vorzeichen der Regulation: Die Proteinexpression kann unterdrückt oder induziert werden, die regulatorischen Elemente werden dementsprechend als *off*- oder *on*-Switch benannt [2].

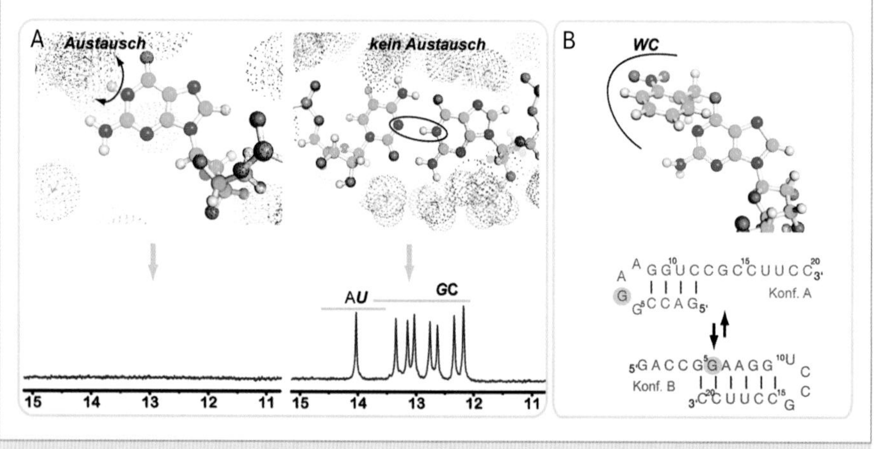

Regulatorische RNAs weisen spezifische dreidimensionale Strukturen auf, beim Regulationsvorgang ändern sich sowohl die Sekundär- als auch die Tertiärkonformation. Bei *trans*-regulierenden RNAs ist die Ausbildung eines doppelsträngigen RNA-Komplexes essenzielle Voraussetzung, um z. B. die Bindung des Ribosoms an die Shine-Dalgarno-Sequenz zu unterdrücken, während es bei *cis*-regulierenden RNAs zu einer Umfaltung zwischen zwei oder mehreren alternativen Konformationen kommen kann. Bei der Regulation der Transkription durch RNAs ergibt sich der spannende Effekt, dass die Zahl der zugänglichen RNA-Konformationen von der Länge der mRNA abhängt, die sich während der Synthese durch die RNA-Polymerase oder während des mRNA-Abbaus ändert. Die konformationelle Umfaltung ist also mit der Synthese verknüpft, die Verteilung von stabilen bzw. kinetisch zugänglichen Konformationen ändert sich kontinuierlich für noch nicht vollständige mRNA-Ketten im Verlauf ihrer Synthese.

Aus diesem Grund ist die Untersuchung der RNA-Umfaltung mittels zeitaufgelöster NMR-Spektroskopie im Fokus unserer Arbeiten. Das Ziel unserer Forschung ist es, diese Reaktionen im atomaren Detail zu beschreiben und daraus Mechanismen der Genregulation zu verstehen.

NMR-Spektroskopie von RNAs in Real-Time

Im Verlauf einer regulatorischen RNA-Umfaltung werden bestehende Basenpaarungen geöffnet und neue ausgebildet, und dies kann mit NMR-Spektroskopie sichtbar gemacht werden. Schon aus frühen NMR-Studien ist bekannt, dass der spektrale Bereich von

▲ **Abb. 1:** Zeitaufgelöste NMR-Spektroskopie an Modellsystemen. **A,** Es sind zwei unterschiedliche Konformationen von Nukleobasen gezeigt: Links kann es zu einem Austausch des Iminoprotons kommen, sodass kein NMR-Signal detektierbar ist; rechts befindet sich die Nukleobase in einem stabilen Basenpaar, der Austausch mit dem Lösungsmittel ist unterbunden und ein Signal ist im NMR-Spektrum sichtbar. **B,** Auslösemethode mittels photochemischer Schutzgruppe. Die sterisch anspruchsvolle Photoschutzgruppe (PG) wird an der WC-Seite eines Guanin- oder Uracil-Nukleotids eingeführt und in die Sequenz einer bistabilen RNA eingebaut (grau hinterlegt); dadurch wird exklusiv nur eine Konformation aus dem Gleichgewicht stabilisiert (hier Konf. A).

DOI: 10.1007/s12268-011-0026-2

10 ppm bis 15 ppm in NMR-Spektren mit den Resonanzen der Iminowasserstoffatome (Iminoprotonen) wichtige Informationen hinsichtlich der Basenpaarung von RNA und DNA beinhaltet. Die Signale der Iminoprotonen sind nur zu beobachten, wenn der chemische Austausch mit den Protonen des Lösungsmittels Wasser stark vermindert ist, weil sie in eine Wasserstoffbrücke eines Basenpaares eingebunden sind (**Abb. 1**). Daher ist es theoretisch möglich, durch Abzählen dieser Resonanzen die Zahl der stabil ausgebildeten Basenpaare in einer RNA zu bestimmen. Diese Signale können durch NMR-Korrelationsexperimente den jeweiligen Atomen und Nukleotidpositionen in der RNA zugeordnet werden. Aufgrund der Eigenschaften der Moleküle und technischer Limitationen ist dies bis zu einer Größe von derzeit ungefähr 100 Nukleotiden möglich [3].

Dynamische Prozesse von RNAs finden über einen großen Bereich verschiedener Zeitskalen statt.

Während die Faltung der RNAs ausgehend von entfalteten Zuständen im Mikro- bis Millisekunden-Bereich abläuft, ist die Umfaltung stabiler RNA-Konformationen sehr langsam und verläuft in einem weiten Zeitfenster von mehreren Millisekunden bis einigen Minuten. Daher kann die Methode der Real-Time-NMR-Spektroskopie zur Untersuchung solcher Prozesse angewendet werden. Hierbei werden nach dem Auslösen einer Reaktion hintereinander Spektren in definiertem Zeitabstand aufgenommen und anschließend bezüglich der beobachteten kinetischen Reaktion ausgewertet.

Auslösung der RNA-Umfaltung

Das Auslösen der zu untersuchenden RNA-Faltungsreaktion hat experimentelle Herausforderungen: (1) Die Methode muss die Reaktion aus einem gut definierbaren Zustand heraus initiieren, (2) sie muss die Reaktion mit hoher Effizienz (Ausbeute) auslösen, (3) die Geschwindigkeit des Auslösens muss um Größenordnungen schneller sein als die zu beobachtende Reaktion und (4) die Initiierung der Reaktion muss mit der Aufnahme der Spektren synchronisiert werden.

NMR-Laser-Kopplung und -Mischapparaturen

Wir konnten eine neue Methode für die Untersuchung struktur- und zeitaufgelöster RNA-Faltung einführen, die auf der photolytischen Freisetzung voreingestellter Faltungskonformationen in einem thermodynamischen

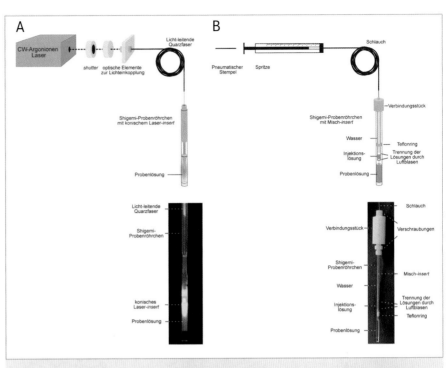

▲ **Abb. 2:** Vergleich der Laser-Kopplungsapparatur (**A**) und NMR-Mischapparatur (**B**) in schematischer Darstellung (oben) und beide NMR-Einsätze als Fotos (unten).

Ungleichgewichtszustand und dem anschließenden Verfolgen des Umfaltungsprozesses mittels Real-Time-NMR-Spektroskopie beruht. Die Photolyse ist hierbei schnell mit einer Halbwertszeit ($t_{1/2}$) von unter einer Sekunde bei Reaktionsgeschwindigkeiten der Umfaltungsreaktion im Bereich von $t_{1/2}$ = 20 Sekunden bis $t_{1/2}$ = 60 Minuten. Die Kopplung der Reaktionsinitiierung mit der Aufnahme der Spektren erfolgt mittels eines durch das NMR-Spektrometer gesteuerten Laseraufbaus (**Abb. 2A**). Das zur Photolyse benötigte UV-Licht wird für kurze Zeit über eine Glasfaser und eine bleistiftartige Quarzspitze in das NMR-Probenröhrchen geleitet. Die Methode wurde zuerst an RNA-Modellsystemen eingeführt [4, 5] und schließlich auf einer regulatorischen RNA, der Aptamerdomäne einer Guanin-abhängigen Riboswitch-RNA angewendet [6].

Das Auslösen einer biomolekularen Reaktion kann auch durch die Anwendung einer NMR-Mischapparatur erfolgen (**Abb. 2B**). Es handelt sich hierbei um eine speziell entwickelte *rapid-injection*-Apparatur, die es erlaubt, eine definierte Menge eines der Reaktanden in eine vorgelegte NMR-Probe des zweiten Reaktanden zu injizieren [7].

Untersuchung der RNA-Umfaltung an RNA-Modellsystemen

Als Modellsysteme haben wir in Zusammenarbeit mit der Arbeitsgruppe Pitsch (EFP Lau-

sanne) zunächst bistabile RNAs [8] untersucht. Es handelt sich hierbei um RNA-Moleküle, deren Primärsequenz (Abfolge der Nukleotidbausteine) zwei unterschiedliche Haarnadelstrukturen einnehmen kann, die von vergleichbarer Stabilität sind und daher in einem Gleichgewicht vorliegen. Auf der NMR-Zeitskala ist die Umwandlung der alternativen Konformationen langsam. Um eine der beiden Konformationen selektiv zu destabilisieren, haben wir ausgewählte Guanosin- oder Uridinnukleotide, die nur in einer der beiden möglichen Konformationen Basenpaare bilden, durch (S)-[(Nitrophenyl)ethyl]guanosin oder (R)-[(Nitrophenyl)ethyl]uridin ersetzt. Wie zu erwarten, bricht die sterisch anspruchsvolle Nitrophenylethyl(NPE)-Gruppe Watson-Crick-Basenpaare auf und destabilisiert dadurch die assoziierte Sekundärkonformation. Es kann also nur noch eine der beiden Konformationen beobachtet werden. Durch die nachfolgende Photolyse wird jedoch die ursprüngliche RNA mit allen Basenpaarungsmöglichkeiten wiederhergestellt, und der Umfaltungsprozess ist initiiert.

Die Analyse dieser Umfaltungsprozesse liefert eine Vielzahl an kinetischen und thermodynamischen Daten, die nun im strukturellen Kontext analysiert werden können. Außerdem können unterschiedliche Bedingungen, die Einfluss auf Dynamik und Struktur nehmen, z. B. Temperatur, Salzkonzentrationen und verschiedene niedermolekula-

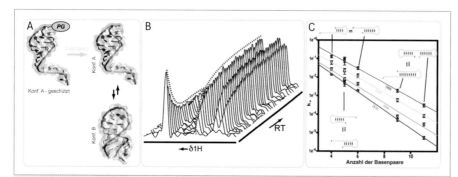

▲ **Abb. 3:** NMR-spektroskopische Analyse und daraus gewonnene Daten. **A**, 3D-Modelle einer bistabilen RNA. Die Einführung der Photoschutzgruppe (PG) stabilisiert eine der beiden möglichen Konformationen relativ zur zweiten, ein kurzer Laserbelichtungspuls von einer Sekunde setzt die unmodifizierte Sequenz frei, und das System kann in das Gleichgewicht relaxieren. **B**, NMR-Spektren zu dem in A beschriebenen Vorgang. **C**, Die Ergebnisse der Untersuchungen an drei unterschiedlichen Modellsystemen liefern eine Beschreibung der Umfaltungsrate (k>) in Abhängigkeit von Strukturparametern (Anzahl der Basenpaare) und Reaktionsbedingungen (hier Temperatur).

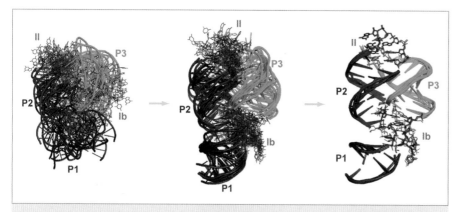

▲ **Abb. 4:** Faltungstrajektorie der Riboswitch-Aptamerdomäne, berechnet aus den beobachteten kinetischen NMR-Daten. Links: der ungeordnete Zustand der Domäne bei Abwesenheit des Liganden. Mitte: ein Faltungszwischenschritt, der eine vorgeformte Struktur aufweist und den Liganden eingefangen hat. Rechts: der finale Zustand; es ist erkenntlich, dass sich im Wesentlichen die relative Orientierung der Helices (P1, P2 und P3) während des Faltungsprozesses ändert. II: Loop-Loop; Ib: Ligandbindungstasche.

re Liganden, getestet werden. Aus den gesammelten Daten an den Modellsystemen (**Abb. 3**) konnten wir generelle Faltungsregeln für RNAs ableiten [9].

Untersuchung der Ligand-induzierten Faltung von Riboswitch-RNA-Aptameren

Riboswitch-RNAs sind regulatorische RNA-Strukturelemente in 5'- und 3'-nicht-translatierten Bereichen von mRNAs, die spezifisch niedermolekulare Metabolite mit hoher Affinität binden und dadurch die Genexpression regulieren. Sie können vermutlich ohne initiale Beteiligung von Regulatorproteinen die Transkription oder Translation der eigenen mRNA regulieren. Durch Bindung des Liganden kommt es bei Riboswitch-RNAs zu einer Konformationsänderung. Infolgedessen kann z. B. die ribosomale Bindungsstelle entweder im Inneren des RNA-Moleküls verborgen oder dem Ribosom präsentiert werden, wodurch die Translation reguliert wird. Weiterhin kann die Konformationsänderung bewirken, dass eine Haarnadelstruktur *downstream* der Ligandbindungsstelle ausgebildet wird, wodurch die Transkription abgebrochen wird.

Die Ligand-induzierte Kinetik des Faltungsprozesses der Aptamerdomäne der Guanin-vermittelten Riboswitch-RNA [10] des *xpt-pbuX*-Operons aus *Bacillus subtilis* haben wir in Zusammenarbeit mit der Gruppe Wöhnert (Universität Frankfurt) mittels Real-Time-NMR untersucht. Die Beobachtung des zeitlichen Verlaufs der RNA-Faltung konnte dabei durch die Licht-induzierte Aktivierung des photogeschützten Liganden Hypoxanthin und die anschließende Detektion mittels zeitaufgelöster NMR-spektroskopischer Methoden erreicht werden.

Das Einbeziehen dieser NMR-spektroskopisch ermittelten kinetischen Daten in Simulationen der Molekularen Dynamik (MD) ermöglichte einen Einblick in die im Ligand-Bindungsprozess involvierten RNA-Strukturensembles. Die Ergebnisse dieser MD-Simulation schlagen einen dreistufigen Prozess für den Ligand-Bindungsprozess der RNA vor (**Abb. 4**). Ausgehend von einem Strukturensemble, das mit einer breiten konformationellen Verteilung beschrieben werden kann, beginnt die Faltung mit einem schnellen, schwach affinen Bindungsprozess. Die folgende spezifische Bindung des Liganden in der Bindungstasche führt dann weiter zu einer lokalen Stabilisierung der Dreiwegekreuzung. Diese Schritte werden gefolgt von einem langsameren Prozess, der die Repositionierung der Nukleotide der Helices P2 und P3 und der Schlaufenregionen L2 und L3 beinhaltet und zu einer Fixierung der interhelikalen Wechselwirkungen führt. So erreicht die Aptamerdomäne dann den finalen, kompakten und rigiden Ligand-gebundenen Zustand.

Basenpaarstabilität von RNA-Thermometern

Genau wie Riboswitch-RNAs regulieren RNA-Thermometer die Expression von Genen durch die Ausbildung alternativer RNA-Strukturen im 5'-Bereich von mRNAs. Im Gegensatz zu Riboswitch-RNAs detektieren sie die Veränderungen der Temperatur in der Zelle und nicht die Konzentration von niedermolekularen Liganden.

RNA-Thermometer regulieren die Genexpression auf der Ebene der Translation. So wird bei tiefen Temperaturen die Shine-Dalgarno-Sequenz und zum Teil das Startcodon durch eine der alternativen RNA-Strukturen maskiert. In der Folge ist das Binden des Ribosoms unmöglich und die Translation kann nicht initiiert werden. Steigt die Temperatur an, ermöglicht ein Aufschmelzen der RNA-Struktur die Anlagerung des Ribosoms und die Proteinbiosynthese erfolgt.

Im Rahmen unserer Arbeit in Kooperation mit der Arbeitsgruppe Narberhaus (Universität Bochum) beobachteten wir mithilfe NMR-spektroskopischer Untersuchungen die temperaturabhängige Stabilität des fourU-RNA-Thermometers aus *Salmonella* [11] und die Kooperativität des Um- bzw. Entfaltungsübergangs [12]. Das fourU-RNA-Thermometer reguliert die Expression des Hitzeschockproteins AgsA in *Salmonella* bei erhöhten Temperaturen. Die zugrunde liegende RNA-

Struktur besteht – daher der Name – aus vier aufeinanderfolgenden Uridin-Nukleotiden, welche bei niederer Temperatur Basenpaarungen mit der SD-Sequenz (5'-$A^{26}G^{27}G^{28}A^{29}G^{30}$-3') ausbilden.

Aus den Ergebnissen der Messungen konnte abgeleitet werden, dass die Wildtyp-RNA besonders durch das der Helix aus den vier Uridinen und der Shine-Dalgarno-Sequenz vorgeschaltete Basenpaar G14-C25 stabilisiert wird. Ebenfalls wurde erkannt, dass im Wildtyp der RNA das nachgelagerte *mismatch*-Basenpaar (A8-G31) für die geringe Kooperativität des Entfaltungsübergangs verantwortlich ist, wenn man diese mit jener einer Mutante vergleicht, die an gleicher Nukleotidposition über ein kanonisches Basenpaar verfügt. Die wichtigste Erkenntnis ist aber, dass die Entfaltung des RNA-Thermometer-Elementes bei jener Temperatur erfolgt, bei welcher alle Basenpaarungen die gleiche thermodynamische Stabilität aufweisen.

Ausblick

Die vorgestellten Arbeiten zeigen die große Bedeutung der NMR-Spektroskopie zur Bestimmung von Stabilität und konformationeller Dynamik von RNAs. Mittels zeitaufgelöster NMR-Spektroskopie können die Faltungsdynamiken von RNA mit Millisekunden- bis Sekundenzeitauflösung für einzelne Nukleotide aufgeklärt werden. In Kombination mit *restrained*-MD-Rechnungen können damit Strukturen von Faltungsintermediaten bestimmt werden. Aufgrund der wichtigen Rolle, die RNAs in der Regulation der Genexpression spielen, ist eine solche Beschreibung von großem Interesse für die Strukturbiologie.

Danksagung

Die vorgestellten Arbeiten wurden durch die DFG (SPP 1258: „Sensory and Regulatory RNAs in Prokaryotes", SFB 579: „RNA-Ligand-Wechselwirkungen" sowie im Großgeräteprogramm) gefördert. Das Zentrum für Biomolekulare Magnetische Resonanz (BMRZ) wird vom Bundesland Hessen gefördert. ∎

Literatur

[1] Papenfort K, Vogel J (2010) Regulatory RNA in bacterial pathogens. Cell Host Microbe 8:116–127

[2] Henkin TM (2008) Riboswitch RNAs: using RNA to sense cellular metabolism. Genes Dev 22:3383–3390

[3] Fürtig B, Richter C, Wöhnert J et al. (2003) NMR spectroscopy of RNA. Chembiochem 4:936–962

[4] Wenter P, Fürtig B, Hainard A et al. (2005) Kinetics of photoinduced RNA refolding by real-time NMR spectroscopy. Angew Chem Int Ed Engl 44:2600–2603

[5] Fürtig B, Richter C, Schell P et al. (2008) NMR-spectroscopic characterization of phosphodiester bond cleavage catalyzed by the minimal hammerhead ribozyme. RNA Biol 5:41–48

[6] Buck J, Fürtig B, Noeske J et al. (2007) Time-resolved NMR methods resolving ligand-induced RNA folding at atomic resolution. Proc Natl Acad Sci USA 104:15699–15704

[7] Mok KH, Nagashima T, Day IJ et al. (2003) Rapid sample-mixing technique for transient NMR and photo-CIDNP spectroscopy: applications to real-time protein folding. J Am Chem Soc 125:12484–12492

[8] Hobartner C, Micura R (2003) Bistable secondary structures of small RNAs and their structural probing by comparative imino proton NMR spectroscopy. J Mol Biol 325:421–431

[9] Fürtig B, Wenter P, Reymond L et al. (2007) Conformational dynamics of bistable RNAs studied by time-resolved NMR spectroscopy. J Am Chem Soc 129:16222–16229

[10] Noeske J, Richter C, Grundl MA et al. (2005) An intermolecular base triple as the basis of ligand specificity and affinity in the guanine- and adenine-sensing riboswitch RNAs. Proc Natl Acad Sci 102:1372–1377

[11] Waldminghaus T, Heidrich N, Brantl S et al. (2007) FourU: a novel type of RNA thermometer in *Salmonella*. Mol Microbiol 65:413–424

[12] Rinnenthal J, Klinkert B, Narberhaus F et al. (2010) Direct observation of the temperature-induced melting process of the *Salmonella* fourU RNA thermometer at base-pair resolution. Nucleic Acids Res 38:3834–3847

Korrespondenzadresse:
Prof. Dr. Harald Schwalbe
Institut für Organische Chemie und Chemische Biologie
Johann Wolfgang Goethe-Universität
Max-von-Laue-Straße 7
D-60438 Frankfurt a. M.
Tel.: 069-7982-9737
Fax: 069-7982-9515
schwalbe@nmr.uni-frankfurt.de

AUTOREN

Boris Fürtig
1998–2003 Studium der Biochemie an der Universität Frankfurt a. M. **2007** Promotion in Biochemie bei Prof. Dr. Schwalbe über RNA-Faltung, seit **2007** Postdoc bei Prof. Dr. Schroeder an den Max Perutz Laboratorien in Wien, Österreich.

Jörg Rinnenthal
2000–2005 Studium der Biochemie an der Universität Frankfurt a. M., **2010** Promotion in Biochemie bei Prof. Dr. Schwalbe mit dem Thema Struktur-, Dynamik- und Stabilitätsuntersuchungen an RNA.

Janina Buck
1999–2005 Studium der Chemie an der Universität Frankfurt a. M., **2010** Promotion in Chemie bei Prof. Dr. Schwalbe über Struktur und Dynamik Ligand-abhängiger regulatorischer RNA-Motive.

Anna Wacker
2002–2007 Studium der Biochemie an der Universität Frankfurt a. M., seit **2007** Promotion in Biochemie bei Prof. Dr. Schwalbe über Riboswitch-Struktur.

Harald Schwalbe
1985–1990 Studium der Chemie an der Universität Frankfurt a. M., **1993** Promotion in Chemie bei Prof. Dr. Griesiger am Institut für Organische Chemie der Universität Frankfurt a. M., **1993–1995** Postdoc bei Prof. Dr. Dobson am Oxford Centre for Molecular Sciences, **1995–1999** Habilitation an der Universität Frankfurt a. M., **1999–2002** Professor for Biological Chemistry am Massachusetts Institute of Technology in Boston, MA, USA, **2001** Associate Professor ebenda. Seit **2002** Professor am Institut für Organische Chemie und Chemische Biologie an der Universität Frankfurt a. M..

RNA-Schalter

Genregulatoren aus dem Baukasten – das Hammerhead-Ribozym

MARKUS WIELAND, JÖRG S. HARTIG
FACHBEREICH CHEMIE UND KONSTANZ RESEARCH SCHOOL CHEMICAL BIOLOGY,
UNIVERSITÄT KONSTANZ

Durch Verknüpfung von Aptamerdomänen mit dem Hammerhead-Ribozym kann man eine Liganden-abhängige Kontrolle über eine autokatalytische RNA-Spaltung erreichen. Solche allosterischen Ribozyme können vielseitig als artifizielle Genschalter eingesetzt werden.

Ligand-dependent in *cis*-cleavage of RNA can be achieved by attaching aptamers to the hammerhead ribozyme scaffold. Such allosteric ribozymes are versatile building blocks for rationally designed artificial riboswitches.

■ Die Entwicklung von neuen Schaltern zur Regulation der Genexpression ist ein wichtiges Teilgebiet der Synthetischen Biologie und Biotechnologie. Besonders bei der Herstellung von komplexen, regulatorischen Gen-Netzwerken benötigt man eine Vielzahl von unterschiedlichen Schaltern. Im Idealfall wäre dabei der Auslöser eines einzelnen Schalters im Voraus beliebig wählbar. Des Weiteren sollte solch ein Schaltelement mit anderen frei kombinierbar sein. Immer noch werden hauptsächlich Protein-basierte Genschalter benutzt, obwohl gerade RNA-basierte Schalter einige interessante Vorteile aufweisen.

Natürliche RNA-Schalter

Erst 2002 wurden die ersten natürlichen Genschalter in bakterieller mRNA entdeckt, deren Wirkungsweise ausschließlich auf der Wechselwirkung zwischen Liganden und RNA beruhen und die damit völlig unabhängig von regulatorischen Proteinen arbeiten [1]. Bis heute wurde eine Vielzahl solcher Riboschalter (*riboswitches*) identifiziert, die jedoch fast alle einen vergleichbaren Aufbau aufweisen: Sie bestehen gewöhnlich aus einer Aptamerdomäne, die für die Bindung eines spezifischen Liganden verantwortlich ist, und einer Expressionsplattform, welche die Genexpression beeinflusst. Die Bindung des Liganden führt zu einer Änderung der Aptamer-Sekundärstruktur, was wiederum die Faltung der Expressionsplattform beeinflusst. In Bakterien hat dies zur Folge, dass je nach Art des RNA-Schalters die Ausbildung eines Transkriptions-Terminators oder die Initiation der Translation selbst beeinflusst wird [1]. Charakteristisch für *riboswitches* ist ein hoher Grad an Modularität, da verschiedene Aptamerdomänen mit unterschiedlichen Expressionsplattformen verknüpft sein können.

Künstliche RNA-Schalter

Dieser einfache, aber äußerst effektive Aufbau diente als Grundlage für die Herstellung von künstlichen RNA-Schaltern. Synthetisch hergestellte Aptamere wurden nahe der Ribosomen-Bindestelle (RBS) eines Reportergens eingefügt und dadurch die Kontrolle über die Translationsinitiation in Bakterien erhalten [2, 3]. Dabei dient als Expressionsplattform meist eine kurze RNA-Sequenz, die Liganden-abhängig die RBS und somit die Translation blockiert.

Dieses verhältnismäßig einfache System wurde von uns dahingehend weiterentwickelt, dass ein Hammerhead-Ribozym (HHR) als Expressionsplattform verwendet werden konnte. Die katalysierte RNA-Selbstspaltung kann durch eine Verknüpfung mit einem Aptamer Liganden-abhängig gestaltet werden, wodurch ein sogenanntes allosterisches Ribozym oder auch kurz Aptazym entsteht. Das HHR selbst besteht aus einem konservierten katalytischen Zentrum, welches von den drei variablen Helices I, II und III flankiert wird (**Abb. 1**). Außerdem stabilisieren tertiäre Wechselwirkungen zwischen den Helices I und II die katalytisch aktive Faltung des HHR und ermöglichen erst dadurch die RNA-Spaltung bei intrazellulären Magnesium-

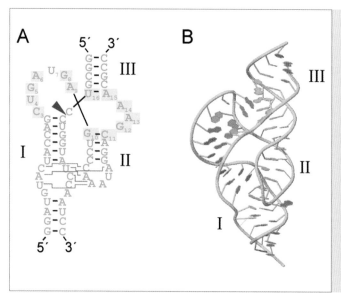

◀ **Abb. 1:** In *trans*-spaltendes Hammerhead-Ribozym (HHR) aus *Schistosoma mansonii*. **A**, Sequenz und Sekundärstruktur. Die Spaltstelle ist mit einem roten Pfeil gekennzeichnet; grau hinterlegte Nukleotide sind essenziell. Tertiäre Wechselwirkungen zwischen Helix I und II sind als graue Linien dargestellt. **B**, Kristallstruktur der HHR-Sequenz (PDB-Datei: *2goz*).

Konzentrationen [4]. Die Verknüpfung eines Aptamers mit dem Ribozym ermöglicht darüber hinaus eine Liganden-abhängige Kontrolle der Spaltungsreaktion.

Im Wesentlichen werden zwei Prinzipien zur Konstruktion von Ribozym-basierten Schaltern ausgenutzt: (1) Essenzielle Segmente werden durch die Ribozym-Aktivität von der RNA abgetrennt, (2) Die Dissoziation der Spaltungsprodukte führt zu einer veränderten RNA-Sekundärstruktur.

Alle bisherigen HHR-basierten Genschalter lassen sich auf einen dieser beiden vereinfachten Mechanismen zurückführen. Bei der Entwicklung von neuen RNA-Schaltern könnte es deshalb hilfreich sein, diese als Ausgangspunkt zu benutzen.

Kontrolle der Translation von Boten-RNAs

Die ersten HHR-basierten RNA-Schalter wurden für eukaryotische Systeme entwickelt. Dabei wurde ein Aptazym in die untranslatierten Regionen (UTRs) einer mRNA eingefügt. Durch Selbstspaltung wurde dann entweder die essenzielle 5'-Cap-Struktur oder der 3'-Poly(A)-Schwanz abgetrennt. Die dadurch stark verminderte mRNA-Stabilität führte schlussendlich zu einer verringerten Genexpression. Der Vorteil dieses Systems besteht darin, dass verschiedene Aptazyme gleichzeitig in eine UTR eingeführt werden können. So konnten auf einfachste Weise eine Reihe von logischen Gattern (Boole'sche Gatter) konstruiert werden, die mehrere Eingaben (Liganden) zu einem entsprechenden Ergebnis (Genexpression) prozessierten [5].

Um ein ähnliches System zur Kontrolle der Genexpression in Bakterien zu entwickeln, musste ein neuer Mechanismus entwickelt werden, da die mRNA-Stabilität in Bakterien nicht in gleicher Weise über Nukleasen reguliert wird. Wir erreichten dies durch eine Regulation der Sekundärstruktur der RBS und damit der Translationsinitiation [6]. Dazu wurde die RBS in eine verlängerte Helix I des HHR eingebaut und dadurch die Ribosomenbindung an die mRNA verhindert. Nur durch Selbstspaltung des Ribozyms wurde die RBS wieder freigesetzt und erst daraufhin die Translation des Reportergens ermöglicht (**Abb. 2**). Somit ahmt das artifizielle System natürlich vorkommende, auf einer Regulation der Zugänglichkeit der RBS beruhende *riboswitches* nach. Nach einer Optimierung der Verknüpfungssequenz zwischen dem von uns verwendeten Theophyllin-Aptamer und dem Ribozym wurden Sequenzen erhalten, die

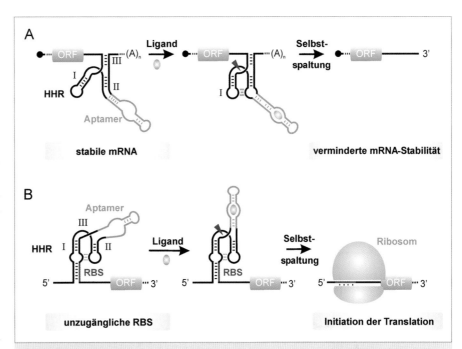

▲ **Abb. 2:** Vergleich der Translationskontrolle durch ein Aptazym in eukaryotischen und bakteriellen Zellen. **A**, In eukaryotischen Zellen wird die Translation indirekt über die mRNA-Stabilität reguliert. **B**, In Bakterien kann direkt die Translationsinitiation kontrolliert werden, indem die Ribosomen-Bindestelle (RBS) in die Helix I des Ribozyms eingebaut wird. Roter Pfeil: Spaltstelle; HHR: Hammerhead-Ribozym; ORF: *open reading frame*. Weitere Erläuterungen siehe Text.

eine Steigerung der Expression um einen Faktor 100 bei Zugabe des Liganden Theophyllin ins Medium zeigen [7].

Ein Vorteil der beschriebenen RNA-Schalter besteht in einem hohen Grad an Modularität, das heißt es können einzelne Domänen ausgetauscht werden, um neue Funktionen zu erhalten. Das Prinzip des zugrunde liegenden RNA-Schalters wird dabei nicht verändert, sondern dient lediglich als Plattform für verschiedene Aptamerdomänen (**Abb. 3**). So konnte in dem hier beschriebenen Genschalter das Theophyllin-Aptamer durch eine andere Aptamerdomäne (für Thiaminpyrophosphat, TPP, aus dem natürlich vorkommenden TPP-*riboswitch*) ersetzt werden. Nach erneuter Sequenz-Optimierung identifizierten wir zahlreiche Schaltervarianten, welche die Genexpression entweder induzieren oder hemmen [8].

Kontrolle von Transfer-RNAs

Die universale und Protein-unabhängige Funktionsweise dieser RNA-Schalter sollte den Einsatz nicht auf die Kontrolle von mRNAs beschränken, sondern sich auch zur Regulation weiterer RNA-Klassen in Bakterien einsetzen lassen. Zu diesem Zweck verknüpften wir in einem ersten Beispiel ein Liganden-gesteuertes Ribozym mit einer tRNA [9]. Dazu wurde eine tRNA auf eine Weise mit

dem Ribozym verknüpft, dass die typische Kleeblattfaltung der tRNA und somit die weitere Prozessierung und Aminoacylierung verhindert wird. Sobald das Ribozym sich aber von der tRNA abspaltet, kann die ursprüngliche Kleeblattfaltung und somit die tRNA-Funktion hergestellt werden. Interessanterweise konnte das im mRNA-Kontext etablierte Theophyllin-abhängige Aptazym für dieses Konstrukt übernommen werden. Dies zeigt, dass sich solche funktionalen RNA-Domänen modular wie in einem Baukasten nicht nur miteinander kombinieren lassen, sondern dass sie auch in anderen Kontexten eingesetzt werden können.

Ribozyme zur Kontrolle von RNA-Interferenz

Noch beeindruckender ist allerdings, dass man das gleiche Theophyllin-abhängige Aptazym auch in eukaryotischen Systemen einsetzen kann. Ähnlich den beschriebenen mRNA- und tRNA-basierten RNA-Schaltern, konnte das HHR in eukaryotischen Zellen benutzt werden, um die Aktivität von mikro-RNAs (miRNAs) zu regulieren. Dazu wurden wiederum Sequenzabschnitte der pri-miRNA (Primärtranskript) in die Helix I des Theophyllin-abhängigen Aptazyms eingebaut und somit die ursprüngliche Faltung zerstört. Das entstandene HHR-pri-miRNA-Konstrukt konn-

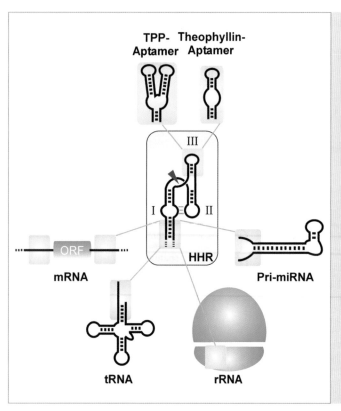

◀ Abb. 3: Das Hammerhead-Ribozym (HHR) kann vielseitig als Plattform für die Regulation von funktionalen RNAs verwendet werden. So können verschiedene Aptamere die Regulation durch unterschiedliche Liganden ermöglichen. Auf der anderen Seite können verschiedene RNA-Klassen wie z. B. mRNA, tRNA, rRNA und miRNA durch den Einbau von Ribozymen kontrolliert werden. TPP: Thiaminpyrophosphat; ORF: *open reading frame.*

[5] Win MN, Smolke CD (2008) Higher-order cellular information processing with synthetic RNA devices. Science 322:456–460
[6] Wieland M, Hartig JS (2008) Improved aptazyme design and *in vivo* screening enable riboswitching in bacteria. Angew Chem Int Ed Engl 47:2604–2607
[7] Wieland M, Gfell M, Hartig JS (2009) An expanded hammerhead ribozyme scaffold for the regulation of bacterial gene expression. RNA 15:968
[8] Wieland M, Benz A, Klauser B et al. (2009) Artificial ribozyme switches containing natural riboswitch aptamer domains. Angew Chem Int Ed Engl 48:2715–2718
[9] Berschneider B, Wieland M, Rubini M et al. (2009) Small-molecule-dependent regulation of transfer RNA in bacteria. Angew Chem Int Ed Engl 48:7564–7567
[10] Kumar D, An CI, Yokobayashi Y (2009) Conditional RNA interference mediated by allosteric ribozyme. J Am Chem Soc 131:13906–13907
[11] Wieland M, Berschneider B, Erlacher MD et al. (2010) Aptazyme-mediated regulation of 16S ribosomal RNA. (im Druck)
[12] Rackham O, Chin JW (2005) A network of orthogonal ribosome x mRNA pairs. Nat Chem Biol 1:159–166

Korrespondenzadresse:
Prof. Dr. Jörg S. Hartig
Universität Konstanz
Fachbereich Chemie
Universitätstraße 10
D-78457 Konstanz
Tel.: 07531-88-4575
joerg.hartig@uni-konstanz.de

te nicht mehr von der RNase Drosha erkannt und prozessiert werden, sodass die RNA-Interferenz gehemmt bleibt. Nur durch die Liganden-kontrollierte Spaltung und die darauffolgende Dissoziation der Spaltprodukte konnte die eigentliche Faltung und damit die Wirksamkeit der Knock-down-Aktivität der miRNA wiederhergestellt werden [10].

Ribozym-basierte Kontrolle der kleinen ribosomalen Untereinheit

Durch Verwendung von selbstspaltenden Ribozymen lässt sich sogar die Aktivität des Ribosoms in *E. coli* regulieren. Um dies zu erreichen, haben wir ein Liganden-abhängiges Aptazym an geeigneter Position in die 16S-rRNA eingefügt [11]. Dabei beeinträchtigte das Einfügen des Ribozyms in Helix 6 der 16S-rRNA die Aktivität des Ribosoms nicht. Erst die Ribozym-vermittelte Spaltung führte zur Deaktivierung der Translation. Auch in

diesem Fall konnte eine Sequenz verwendet werden, die zuvor schon in einem anderen Kontext – nämlich der Kontrolle der mRNA-Translation mittels TPP [8] – bereits Anwendung fand. Besonders im Zusammenhang mit orthogonalisierten mRNA-Ribosomen-Paaren (welche hier verwendet wurden, [12]) könnten sich schaltbare Ribosomen als nützlich bei der Herstellung von komplexen Gen-Netzwerken erweisen.

Literatur

[1] Tucker BJ, Breaker RR (2005) Riboswitches as versatile gene control elements. Curr Opin Struct Biol 15:342–348
[2] Desai SK, Gallivan JP (2004) Genetic screens and selections for small molecules based on a synthetic riboswitch that activates protein translation. J Am Chem Soc 126:13247–13254
[3] Suess B, Hanson S, Berens C et al. (2003) Conditional gene expression by controlling translation with tetracycline-binding aptamers. Nucleic Acids Res 31:1853–1858
[4] Khvorova A, Lescoute A, Westhof E et al. (2003) Sequence elements outside the hammerhead ribozyme catalytic core enable intracellular activity. Nat Struct Biol 10:708–712

AUTOREN

Markus Wieland
Jahrgang 1981. 2001–2006 Life Science-Studium an der Universität Konstanz. 2007–2010 Promotion an der Universität Konstanz. Seit Februar 2010 Postdoc an der ETH Zürich.

Jörg Hartig
Jahrgang 1974. 1994–2003 Chemiestudium und Promotion in Bonn. 2003–2005 Postdoc an der Stanford University, CA, USA. Seit 2006 Lichtenberg-Professor (gefördert von der VolkswagenStiftung) für Biopolymer-Chemie am Fachbereich Chemie der Universität Konstanz.

RNA-Biologie

Auch einmal klein angefangen: Evolution von mikro-RNAs

SASCHA LAUBINGER

ZENTRUM FÜR MOLEKULARBIOLOGIE DER PFLANZEN, UNIVERSITÄT TÜBINGEN

Kleine RNAs, wie z. B. mikro-RNAs und siRNAs, regulieren wichtige Prozesse in eukaryotischen Organismen. Inzwischen weiß man viel über die Biogenese und Wirkmechanismen dieser kleinen RNAs. Aber wie und wann entstanden sie?

Small RNAs such as miRNAs and siRNAs are essential regulators in higher eukaryotes. Much is known about biogenesis and function of small RNAs. Here, we want discuss how and when small RNAs came on stage.

■ Kaum eine andere Entdeckung hat die Biologie so verändert wie die der kleinen RNAs (sRNA, *small RNAs*). Durch Zufall entdeckten Craig Mello und Andrew Fire, dass eine Zugabe von exogener doppelsträngiger RNA zu einer Eliminierung der endogenen mRNA gleicher Sequenz führte. Die zugrunde liegenden Mechanismen dieser sogenannten RNA-Interferenz (RNAi) waren unklar, bis die Gruppe von David Baulcombe ein ähnliches Phänomen in Pflanzen untersuchte und feststellte, dass kleine, etwa 25 Nukleotide lange RNAs gebildet werden. Später entdeckten dann die Gruppen von Victor Ambros, David Bartel und Thomas Tuschl, dass kleine RNAs auch in großen Mengen von tierischen Organismen selbst gebildet werden – die mikro-RNAs waren entdeckt. Mehr als zehn Jahre nach der Entdeckung von RNAi werden noch immer neuartige sRNAs entdeckt, Funktionsmechanismen von sRNAs bestimmt und spezifische Aufgaben einzelner sRNAs aufgeklärt. Der Begriff RNAi dient dabei als Oberbegriff für die verschiedenen Arten von sRNAs und deren Funktionen.

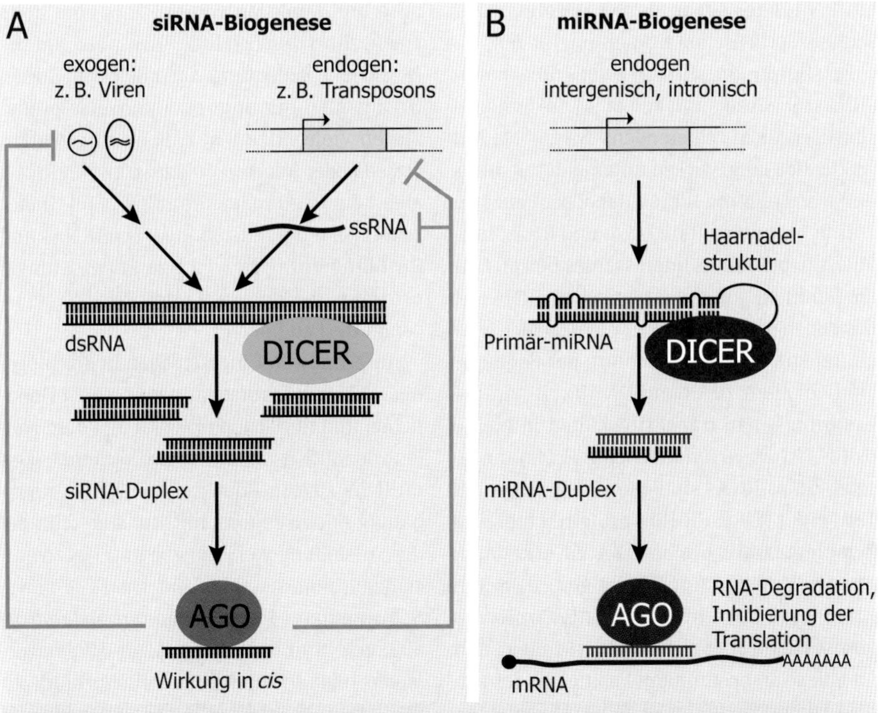

sRNAs können basierend auf deren Biogenese und Funktion in drei Kategorien eingeteilt werden: *short interfering* RNAs (siRNAs), mikro-RNAs (miRNAs) und *Piwi-interacting* RNAs (piRNAs) [1].

- siRNAs sind in der Regel 24 Nukleotide lang und agieren oft in *cis*. Das bedeutet, dass siRNAs in der Regel die gleichen RNA-Transkripte regulieren, aus denen sie ursprünglich entstanden sind. Daher führt die Expression einer exogenen doppelsträngigen RNA, die in kleine RNAs prozessiert wird, zu einer Eliminierung der Sequenzgleichen mRNA.
- miRNAs sind in der Regel 21 Nukleotide lang und wirken in *trans*. Sie werden aus intergenischen, eigenständigen Transkripten oder Introns Protein-codierender Gene gebildet und regulieren auf posttranskriptioneller Ebene die Expression vieler Zielgene.
- piRNAs, die 24 bis 30 Nukleotide lang sind, werden vor allem in Keimbahnzellen exprimiert. Dort regulieren sie die Aktivität von transposablen Elementen. Die Biogenese von piRNAs und die mit piRNA assoziierten Proteine unterscheiden sich grundsätzlich von miRNAs und siRNA, weswegen piRNAs im Folgenden ausgespart werden.

▲ Abb. 1: Schematische Darstellung der siRNA- und miRNA-Biogenese. **A,** siRNAs können aus endogenen und exogenen RNA-Quellen gebildet werden, wobei einige Organismen ssRNA in dsRNA umwandeln. Das dsRNA-Primärtranskript wird von Dicer in ca. 24 Nukleotide lange siRNA prozessiert, die zusammen mit AGO in *cis* wirken können. Dabei kann sowohl die gleiche RNA degradiert werden, als auch der epigenetische Status der codierenden DNA beeinflusst werden. **B,** Primär-miRNAs werden endogen codiert und bilden eine Haarnadelstruktur aus. Diese Strukturen werden von einem Dicer-Protein erkannt, und eine spezifische miRNA wird freigesetzt. Diese miRNA wirkt zusammen mit AGO in *trans* auf andere mRNAs, deren Translation sie blockieren oder deren Degradation sie fördern.

Wie werden kleine RNAs gemacht? – Die Biogenese von miRNAs und siRNAs

In die Biogenese von miRNAs und siRNAs sind zwei Schlüsselproteine involviert: Dicer und Argonaute (AGO, [1, 2]). Dabei prozessiert das Dicer-Protein längere doppelsträngige Primär-RNAs in kleine RNAs von 20 bis 24 Nukleotiden Länge. Der Ursprung der Primär-RNAs kann zwischen miRNAs und siRNAs sehr unterschiedlich sein. So können z. B. RNAs viralen Ursprungs oder transkribierte Transposons und Pseudogene in siRNA umgewandelt werden (**Abb. 1**). Einzelsträngige RNAs werden bei diesem Prozess zunächst von RNA-abhängigen RNA-Polymerasen in doppelsträngige Primär-RNAs umgewandelt. Hingegen liegen Primär-miRNAs stets als einzelsträngige Moleküle vor, die jedoch aufgrund intramolekularer Basenpaarung doppelsträngige Haarnadelstrukturen ausbilden (**Abb. 1**). Das Primär-miRNA-Molekül weist dabei neben gepaarten Abschnitten auch ungepaarte Basen auf, die zu spezifischen Strukturen führen und wichtig für das präzise Ausschneiden von nur einer miRNA sind (**Abb. 1**).

Fertige siRNAs und miRNAs wirken nicht alleine, vielmehr assoziieren diese RNAs mit dem Effektorprotein AGO. Der sRNA-AGO-Komplex bindet sequenzspezifisch komplementäre RNA- oder DNA-Moleküle. Im Falle von miRNAs führt diese Bindung zur posttranskriptionellen Regulation der entsprechenden Ziel-mRNA, die entweder nicht translatiert oder an der miRNA-Bindesequenz geschnitten wird. siRNAs, die mit einem AGO-Protein assoziiert sind, können ebenfalls gegen RNA gerichtet sein und diese degradieren oder den epigenetischen Status der DNA erhalten bzw. verändern (**Abb. 1**, [1, 3]).

Oft findet sich nicht nur ein einziges Dicer- oder AGO-Protein in einem Organismus. Unterschiedliche Dicer-Proteine können z. B. verschiedene Klassen von sRNAs wie miRNAs oder siRNAs produzieren, und unterschiedliche AGO-Proteine können mit unterschiedlichen Klassen von sRNAs assoziiert sein. Zum Beispiel sind in der Modellpflanze *Arabidopsis thaliana* vier Arten von Dicer-Proteinen für die Produktion von sRNAs verantwortlich, die anschließend mit einem der zehn verschiedenen AGO-Proteine zusammen wirken [3].

Ursprünge von sRNAs – eine eukaryotische Erfindung?

Dicer- und AGO-Proteine zeigen charakteristische Proteindomänen. Das Dicer-Protein aus höheren Eukaryoten weist Helikase-, PAZ- (Piwi-Argonaute-Zwille) und RNaseIII-ähnliche Domänen auf. Ein Protein mit ähnlicher Domänenkomposition findet man in Prokaryoten nicht. Jedoch sind einzelne Proteindomänen bereits in Prokaryoten vorhanden und übernehmen dabei wichtige Funktionen [2]. Zum Beispiel ist ein bakterielles Protein mit einer RNAseIII-Domäne essenziell bei der Prozessierung von ribosomaler RNA (rRNA). Hingegen weist die Helikase-Domäne von Dicer Ähnlichkeiten zu einer Helikase aus Archaeen auf. Daher lässt sich vermuten, dass das Dicer-Protein eine Erfindung der Eukaryoten ist und durch Fusion verschiedener Proteindomänen bakteriellen und archaealen Ursprungs entstanden ist.

AGO-Proteine wurden jedoch auch in vielen Prokaryoten identifiziert; ihre genaue Funktion in diesen Organismen ist weitgehend unbekannt. Jedoch wurde gezeigt, dass prokaryotische AGO-Proteine Nukleaseaktivität besitzen, was zusammen mit weiteren Indizien zu der Spekulation führte, dass AGO-Proteine bei der Abwehr von Fremd-DNA (z. B. Phagen) eine Rolle spielen. Es ist jedoch völlig unklar, ob prokaryotische AGO-Proteine ein RNA- oder sogar ein DNA-Molekül zur sequenzspezifischen Erkennung nutzen.

Existieren in Prokaryoten überhaupt sRNAs? Die Antwort lautet ja [4]. In der Regel sind diese nicht-codierenden RNAs 50 bis 250 Nukleotide lang, wirken unter anderem in *cis* und *trans* und regulieren dabei sequenzspezifisch komplementäre DNA- und RNA-Moleküle. Ein besonders interessantes Beispiel für die Funktion von prokaryotischen sRNAs ist das sogenannte CRISPR-System. Dabei wird ein repetitiver DNA-Abschnitt, der Sequenzähnlichkeiten zu Fremd-DNA (z. B. viralen Ursprungs) hat, transkribiert und in kleine psiRNAs (*procaryotic silencing RNAs*) umgesetzt [5]. psiRNAs sind dann in der Lage, als Teil eines CRISPR-Riboproteinkomplexes komplementäre Fremd-DNA zu erkennen. Neuere Untersuchungen zeigen, dass ein CRISPR-Riboproteinkomplex aus *Pyrococcus furiosus* RNA, aber nicht DNA, erkennen kann und diese an bestimmten Positionen der psiRNA-komplementären Sequenz schneidet [5]. Die Ähnlichkeiten zum eukaryotischen RNAi-System sind augenscheinlich, jedoch hat keines der beteiligten prokaryotischen Proteine Ähnlichkeiten mit den Dicer- und AGO-Proteinen der Eukaryoten.

Zusammenfassend kann festgehalten werden, dass das uns bekannte RNAi-System wohl eine Erfindung der Eukaryoten ist. In Prokaryoten hat sich allerdings ein analoges System zur Abwehr von Phagen und Plasmid-DNA entwickelt.

Das RNAi-System in Eukaryoten und die Entstehung von miRNAs

Das eukaryotische RNAi-System mit Dicer- und AGO-Proteinen scheint sich in einem frühen eukaryotischen Vorläufer entwickelt zu haben und hat sich in den verschiedenen Gruppen der Eukaryoten diversifiziert. Interessanterweise besitzen aber nicht alle eukaryotischen Organismen sRNA. Das bekannteste Beispiel dafür ist wohl die Bäckerhefe *Saccharomyces cerevisiae*, in deren Genom weder Dicer- noch AGO-Proteine codiert sind. Andere nahe verwandte Knospungshefen wie *Saccharomyces castellii* hingegen besitzen Dicer- und AGO-Proteine (bzw. ähnliche Proteine) und produzieren sRNAs [6]. Diese Beobachtung zeigt, dass das eukaryotische RNAi-System im Laufe der Entwicklung einiger Organismen verloren gegangen ist und dass es für das Überleben nicht essenziell ist. Hingegen ist das RNAi-Sytem in höheren Eukaryoten lebensnotwendig: Der Ausfall eines Dicer- oder AGO-Proteins, das bei der Biogenese und Funktion von miRNAs eine Rolle spielt, führt zur Letalität. Dies weist auf die essenzielle Bedeutung von miRNAs in diesen Organismen hin. Interessanterweise produzieren viele Pilze wie z. B. *Saccharomyces castellii* oder *Neurospora crassa* zwar siRNAs, aber kein Pilz produziert miRNAs [6]. Daher scheint erst die Entstehung von miRNAs und ihre Einbettung in wichtige Entwicklungsprozesse die Bedeutung des RNAi-Systems zementiert zu haben.

Aufgrund von Unterschieden in der Biogenese, dem Wirkmechanismus von pflanzlichen und tierischen miRNAs und dem Fehlen von miRNAs in Pilzen wird vermutet, dass miRNAs sich in Pflanzen und Tieren unabhängig entwickelten. miRNAs sind früh bei der Entstehung von Pflanzen und Tieren entstanden, denn sowohl in einfachen Tieren wie Schwämmen (*Amphimedon queenslandica*) als auch in unizellulären Algen (*Chlamydomonas reinhardtii*) wurden miRNAs entdeckt [3, 7]. Wie aber sind miRNAs in Pflanzen und Tieren entstanden?

Evolution neuer miRNAs: aus Transposons, aus Zufall und durch Duplikation

Die einfachste und vielleicht trivialste Möglichkeit ist durch Duplikation bereits vorhandener miRNA-Gene. Die duplizierten Gene

A miRNA-Evolution aus Transposon

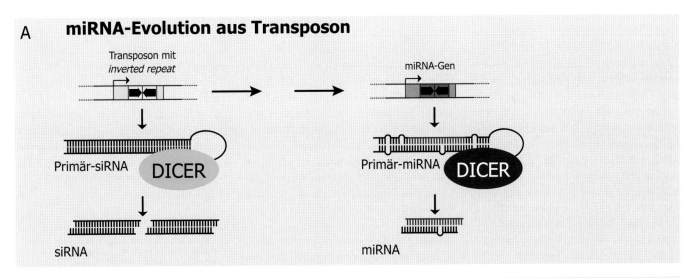

B miRNA-Evolution durch Zufall

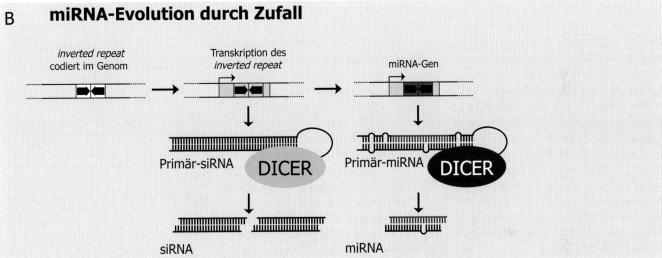

C miRNA-Evolution durch invertierte Genduplikation

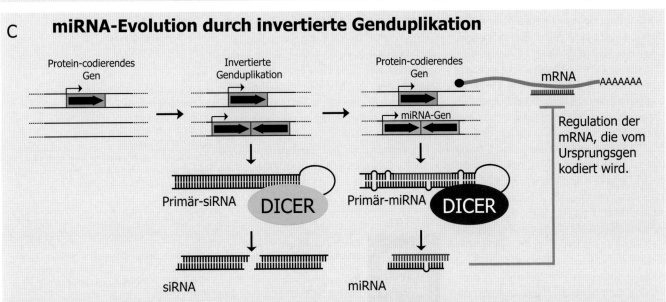

▲ **Abb. 2:** Theorien zur Evolution von miRNA. **A,** Transposon-Theorie: Transposons, die siRNAs produzieren, werden im Laufe der Evolution in miRNAs umgewandelt. **B,** Zufallstheorie: *Inverted repeats*, die häufig im Genom vorkommen, werden dabei zunächst auf niedrigem Niveau transkribiert. Bei perfekten *inverted repeats* kommt es dabei zunächst zur Produktion von siRNA. Durch Anhäufung von Polymorphismen entwickelt sich eine miRNA-Struktur. **C,** Invertierte-Genduplikationstheorie: Durch eine invertierte Genduplikation entsteht ein *inverted repeat*, das zunächst siRNAs und im Laufe der Evolution miRNAs produziert. Die so entstandene miRNA ist in der Lage, die Ursprungs-mRNA zu regulieren.

können anschließend Polymorphismen anhäufen, die damit zu einem veränderten Ziel-mRNA-Repertoire führen. In der Tat liegen 37 Prozent der humanen miRNAs und 50 Prozent der miRNAs aus *Drosophila melanogaster* in Clustern vor, was sich auf Tandem-Duplikationsereignisse zurückführen lässt. Damit scheint ein großer Teil der existierenden miRNAs durch Duplikation von einigen Ursprungs-miRNAs entstanden zu sein [2]. Dieses Szenario setzt jedoch voraus, dass bereits miRNA-Gene existieren, was am Beginn der Evolution des miRNA-Apparats jedoch nicht der Fall war. Wie also könnte ein miRNA-Gen quasi aus dem Nichts entstehen? Darüber gibt es im Wesentlichen drei verschiedene Theorien: die Transposon-, die Zufalls- und die Invertierte-Genduplikationstheorie.

Die Idee, dass miRNA-Gene aus Transposons hervorgegangen sein können, basiert auf der Beobachtung, dass einige existierende miRNA-Gene Sequenzähnlichkeiten mit bekannten Transposons aufweisen. Zudem konnte gezeigt werden, dass einige pflanzliche Transposon-Gene, die noch eindeutig als Transposon zu erkennen sind, sowohl siRNAs als auch miRNAs produzieren. Da Transposons oft Haarnadel-ähnliche Strukturen ausbilden (*inverted repeats*), kann man vermuten, dass transkribierte Transposons im Laufe der Evolution durch positive Selektion zu funktionalen miRNA-Genen umgewandelt wurden (**Abb. 2**).

Jedoch können nicht nur Transposons Haarnadelstrukturen (oder *inverted repeats*) ausbilden; es gibt viele Abschnitte im Genom, die (wenn sie transkribiert würden) solche Strukturen aufweisen würden. An diesem Punkt setzt die Zufallstheorie ein, die von der zufälligen Transkription solcher Bereiche im Genom ausgeht. Die dabei entstehenden Primär-RNAs werden von Dicer erkannt und erst zu siRNAs und im Laufe der weiteren Evolution zu miRNAs prozessiert (**Abb. 2**). Sollte diese Theorie zutreffen, würde man zwei zusätzliche Vermutungen anstellen: Die Wahrscheinlichkeit, dass eine solche neue, zufällig entstandene miRNA direkt ein oder mehrere Ziel-mRNAs reguliert, ist gering. Sollte aber die neu entstandene miRNA das Potenzial besitzen, eine essenzielle Ziel-mRNA zu regulieren, könnte das fatale Folgen nach sich ziehen. Eine Möglichkeit, dieses Risiko zu minimieren, wäre die Expressionsstärke der miRNA am Anfang möglichst niedrig zu halten. Im weiteren Verlauf der Evolution und bei positiver Wirkung der neuen miRNA kann dann deren Expression gesteigert werden. In der Tat wurde beobachtet, dass evolutionär junge miRNAs oft wenige oder sogar gar keine potenziellen Ziel-RNAs regulieren können und im Vergleich zu den evolutionär alten miRNAs weniger abundant sind. Zusammen mit der Tatsache, dass oft große Teile der Genome höherer Eukaryoten auf sehr geringem Level transkribiert werden, kann das Zufallsszenario mit anschließender Selektion die Evolution von vielen miRNAs erklären (**Abb. 2**).

Eine dritte Theorie basiert auf der Beobachtung bei *Arabidopsis thaliana*, dass evolutionär junge miRNA-Gene große Sequenzähnlichkeit mit den Zielgenen haben, die sie regulieren [2, 8]. Genauere Analysen zeigten, dass diese miRNA-Gene aus einer invertierten Duplikation eines Protein-codierenden Gens hervorgegangen sind. Werden solche duplizierten Einheiten transkribiert, bilden der vorwärtsgerichtete und der invertierte Genabschnitt die beiden Arme der Haarnadelstruktur aus. Zu Beginn bildet sich dann ein RNA-Duplex ohne jegliche ungepaarte Base, der eher dem Primärtranskript einer siRNA ähnelt (**Abb. 2**). Tatsächlich werden einige junge miRNAs von einem Dicer-Enzym umgesetzt, das primär nicht in die Produktion von miRNAs involviert ist. Im Laufe der Evolution häufen sich Polymorphismen an, die zu mehreren ungepaarten Basen führen. Dadurch entsteht ein charakteristisches miRNA-Primärtranskript, welches dann von dem für miRNAs zuständigen Dicer prozessiert wird. So entstandene miRNA-Gene haben im Gegensatz zu den durch Zufall entstandenen miRNAs von Beginn an ein Zielgen, aus dem sie auch ursprünglich hervorgegangen sind (**Abb. 2**).

Die Transposon- und die Zufallstheorie kann die Evolution von einigen miRNAs in Tieren und Pflanzen erklären, hingegen scheint die Invertierte-Genduplikationstheorie vor allem die Entstehung vieler pflanzlicher miRNAs zu erklären. Neuere Untersuchungen zeigen, dass auch andere Struktur-RNAs von der miRNA-Biogenese-Maschinerie erkannt und zu sRNAs umgesetzt werden. Dabei handelt es sich um Transfer-RNAs (tRNAs) und *small nucleolar*-RNAs (snoRNA) [9, 10]. Dadurch erweitert sich das Repertoire an möglichen Genen in Pflanzen und Tieren, aus denen sich funktionale miRNA-Gene entwickeln können. ∎

Literatur

[1] Carthew RW, Sontheimer EJ (2009) Origins and Mechanisms of miRNAs and siRNAs. Cell 136:642–655
[2] Shabalina SA, Koonin EV (2008) Origins and evolution of eukaryotic RNA interference. Trends Ecol Evol 23:578–587
[3] Voinnet O (2009) Origin, biogenesis, and activity of plant microRNAs. Cell 136:669–687
[4] Waters LS, Storz G (2009) Regulatory RNAs in bacteria. Cell 136: 615–628
[5] van der Oost J, Brouns SJ (2009) RNAi: prokaryotes get in on the act. Cell 139:863–865
[6] Drinnenberg IA, Weinberg DE, Xie KT et al. (2009) RNAi in budding yeast. Science 326:544–550
[7] Grimson A, Srivastava M, Fahey B et al. (2008) Early origins and evolution of microRNAs and Piwi-interacting RNAs in animals. Nature 455:1193–1197
[8] Allen E, Xie Z, Gustafson AM et al. (2004) Evolution of microRNA genes by inverted duplication of target gene sequences in *Arabidopsis thaliana*. Nat Genet 36:1282–1290
[9] Cole C, Sobala A, Lu C et al. (2009) Filtering of deep sequencing data reveals the existence of abundant Dicer-dependent small RNAs derived from tRNAs. RNA 15:2147–2160
[10] Ender C, Krek A, Friedlander MR et al. (2008) A human snoRNA with microRNA-like functions. Mol Cell 32:519–528

Korrespondenzadresse:
Dr. Sascha Laubinger
Zentrum für Molekularbiologie der Pflanzen (ZMBP)
Universität Tübingen
Auf der Morgenstelle 1
D-72076 Tübingen
Tel.: 07071-29-73222
Fax: 07071-29-3287
Sascha.Laubinger@zmbp.uni-tuebingen.de
www.zmbp.uni-tuebingen.de/plant-physiology/research-groups/laubinger.html

AUTOR

Sascha Laubinger
Jahrgang **1977**. Studium der Biologie und **2006** Promotion bei Prof. Dr. Höcker an der Heinrich-Heine-Universität Düsseldorf. 2006–2009 Postdoc am Max-Planck-Institut für Entwicklungsbiologie bei Prof. Dr. Weigel. Seit 2009 Forschungsgruppenleiter am Zentrum für Molekularbiologie der Pflanzen (ZMBP), Universität Tübingen.

Proteine und ihre Struktur

Teil 3: Proteine – von der Synthese und der dreidimensionalen Struktur über den Abbau zum Proteindesign und dem Proteom

Die Beschreibungen von Proteinen mit ihrer Vielseitigkeit in Struktur und Funktion bilden naturgemäß das Hauptthema dieses Buches. Entsprechend umfangreich und vielfältig ist dieser sowie der nächste Teil. Am Anfang schildern J. Griesenbeck *et al.* den komplexen Prozess der Bildung der Ribosomen. Wie diese Proteinmaschinen die Waage halten zwischen Geschwindigkeit und Genauigkeit der Proteinsynthese wird dann von F. Wintermeyer & M. V. Rodnina beschrieben. Dabei integrieren sie vielfältige kinetische Daten mit dem neuen Wissen über die Strukturen der beteiligten Nukleoprotein-Komplexe. Die Rolle der mit dem Ribosom assoziierten Chaperone über die Faltung der naszierenden Proteine hinaus wird von J. Juretschke & E. Deuerling diskutiert. Anschließend müssen die neu synthetisierten Proteine ihren Wirkungsort finden. Der Weg der Proteine in die peroxisomale
 Matrix erhält dabei erst in letzter Zeit deutlichere Konturen (A. Hensel *et al.*). Die nächsten vier Artikel beschäftigen sich mit neuen und weiterentwickelten Methoden zur Analyse von Proteinkomplexen sowohl *in vitro* als auch *in vivo*, bei denen häufig Fluoreszenz zur Detektion eingesetzt wird (M. Schindler & C. Banning, S. Schaks *et al.*, T.-O. Peulen & C. A. M. Seidel, T. Straube *et al.*). Dabei spielt die Struktur des umgebenden Wassers eine große Rolle, die jetzt durch neue spektroskopische Techniken genauer untersucht werden kann (M. Havenith). Die Proteolyse hat ganz unterschiedliche Bedeutungen im zellulären Geschehen. Sie kann Zellen vor den Folgen von oxidativem Stress schützen (E. Krüger *et al.*), aber auch in die Signalverarbeitung der Zellen eingreifen (A. Chalaris & S. Rose-John). Die nächsten fünf Artikel beschäftigen sich mit dem Proteindesign. Nach der Beschreibung der *in silico* Erstellung eines neuen katalytischen Zentrums auf einem bestehenden Proteingrundgerüst (C. Malisi *et al.*) wird in zwei Artikeln der Einsatz nichtkanonischer Aminosäuren in Proteinstrukturen beschrieben (C. F. W. Becker, M. Hösl & N. Budisa). Eine Alternative zu solchen gerichteten Ansätzen der Proteinveränderung ist die Selektion geeigneter Mutanten aus einer großen Zahl von Enzymvarianten in einer *in vitro*-Evolution. Hier ist die Fragestellung nicht so sehr, ob eine geeignete Enzymvariante generiert werden kann, sondern wie man sie am besten selektieren und identifizieren kann (H. Kolmar, T. Seitz & B. Sterner). Zum Schluss des Teils wenden wir uns Methoden der quantitativen Analyse des Proteoms (M. Kirchner & M. Selbach, W. Schütz *et al.*) und ihrer Nutzung zur Identifizierung möglicher Biomarker in der Klinik (D. A. Megger *et al.*) zu.

Ribonukleoprotein-Komplexe (RNPs)

Ribosomen-Biogenese: Hierarchie oder koordiniertes Miteinander?

JOACHIM GRIESENBECK, GERNOT LÄNGST, PHILIPP MILKEREIT, ATTILA NÉMETH, HERBERT TSCHOCHNER

BIOCHEMIE-ZENTRUM, UNIVERSITÄT REGENSBURG

Die Synthese von Ribosomen ist ein aufwendiger Prozess, an dem viele Protein- und Ribonukleoproteinkomplexe beteiligt sind. Inwieweit die Aktivitäten der einzelnen zellulären Maschinerien ineinandergreifen, ob und wie sie koordiniert werden, ist Gegenstand jüngster Untersuchungen.

Synthesis of ribosomes requires many protein- and ribonucleoprotein complexes. Whether and how these machineries communicate is subject of recent investigations.

■ Ribosomen sind die zellulären Fabriken zur Herstellung von Proteinen und bestimmen damit die Funktion und die Struktur aller Zellen. Eukaryotische Ribosomen, von denen bis zu 200.000 in schnell wachsenden Hefezellen vorkommen, bestehen aus vier ribosomalen RNAs und mehr als 75 ribosomalen Proteinen. Die Synthese der Strukturkomponenten und ihr Zusammenbau ist ein hoch komplexer Vorgang und erfordert einen Großteil der zellulären Energie, weshalb die Entstehung von Ribosomen auch genau reguliert wird. Fehlerhafte Einzelschritte im Verlauf

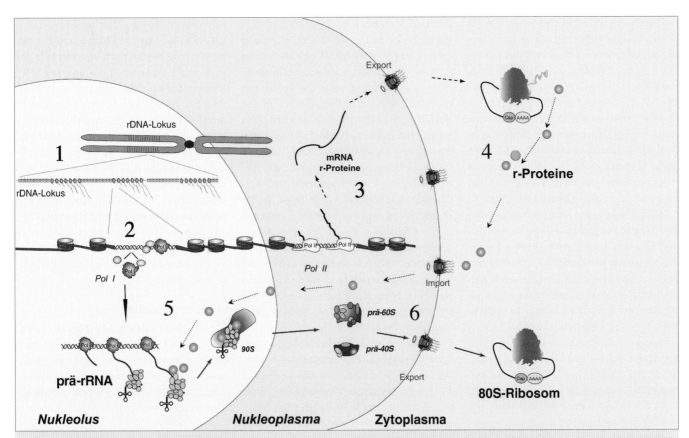

▲ **Abb. 1:** Überblick über die Ribosomen-Biogenese. (1) In wachsenden Zellen wird etwa die Hälfte der repetitiv angeordneten mehr als 150 rRNA-Gene transkribiert, während die andere Hälfte in Nukleosomen verpackt ist. (2) Die RNA-Polymerase-I-Transkriptionsmaschinerie (Pol I) synthetisiert die 35S(45S)-prä-rRNA. (3) Die RNA-Polymerase-II-Transkriptionsmaschinerie (Pol II) synthetisiert die mRNA für die ribosomalen Proteine (r-Proteine). (4) Nach dem Export in das Zytoplasma werden die mRNAs in die ribosomalen Proteine translatiert. (5) Nach ihrem Import in den Zellkern assembliert der größte Teil der r-Proteine mit der entstehenden rRNA. Für die Assemblierung und rRNA-Prozessierung sind mehr als 150 Ribosomen-Biogenesefaktoren notwendig (hellgrün und türkis) sowie mehr als 100 snoRNAs. (6) Der größte Teil der Biogenese und der Export der beiden prä-ribosomalen Untereinheiten erfolgt getrennt voneinander zum Zytoplasma, wo sie zusammen mit mRNA ein translatierendes Ribosom bilden können. Weitere Erklärungen im Text.

DOI: 10.1007/s12268-011-0121-4

der Ribosomenproduktion haben meist fatale Konsequenzen für die Zellen, die nur mit funktionierenden Ribosomen lebensfähig sind. Untersuchungen zu Mechanismen und Regulation der Ribosomen-Biogenese sind deshalb hochaktuell. Wegen der Komplexität der dafür erforderlichen Einzelprozesse und insbesondere der Notwendigkeit ihrer Koordination ist deren Erforschung eine der Herausforderungen der modernen Biowissenschaften geworden.

Das Netzwerk zur Entstehung von Ribosomen

Die Aktivitäten vieler zellulärer Maschinerien sind zur Entstehung von Ribosomen notwendig (**Abb. 1**, [1]). Das zentrale Enzym zur Synthese der rRNA ist die RNA-Polymerase I (Pol I), die das Vorläufer-Transkript zu drei reifen rRNAs der großen und kleinen ribosomalen Untereinheit synthetisiert. Um ausreichend rRNA produzieren zu können, gibt es bei den Eukaryoten eine große Anzahl von rRNA-Genen. Bei der Bäckerhefe kommen weit mehr als 100 rRNA-Genkopien vor, die sich aneinander aufgereiht alle auf dem Chromosom XII befinden. Davon wird aber nur ein Teil transkribiert (**Abb. 1**, Punkt 1). In einer wachsenden Hefekultur produziert die Pol I über 60 Prozent der gesamten RNA. Diese Effizienz erreicht sie nicht nur durch die hohe rDNA-Kopienzahl, sondern offensichtlich auch über spezialisierte Transkriptionsfaktoren (**Abb. 1**, Punkt 2), die dichte Beladung der rDNA mit elongierenden Pol-I-Molekülen und über eine spezifische Chromatinstruktur.

Interessanterweise bleibt in wachsenden Zellkulturen ein großer Teil (ca. 50 Prozent) der rRNA-Gene inaktiv, das heißt diese Kopien befinden sich in einem Nukleosomen-verpackten, geschlossenen Chromatinzustand, der nicht von der Pol I transkribiert wird [2]. Während der Replikation werden die neu synthetisierten Tochterstränge in Nukleosomen verpackt [3]. Nach Abschluss der S-Phase gelangt ein Teil der geschlossenen Gene wieder in den offenen transkribierten Chromatinzustand, und es stellt sich bei exponentiell wachsenden Hefen dasselbe Verhältnis von offenen zu geschlossenen (Nukleosomen-verpackten) Genen ein. Auf der Suche nach dem Mechanismus, wie sich offene und geschlossene Genkopien etablieren und wie das Verhältnis der beiden zugrunde liegenden Chromatinzustände reguliert wird, stellte sich heraus, dass durch die gegensätzlichen Effekte zweier grundlegender biologischer Prozesse − Transkription und Replikation − die dafür

notwendige Chromatinstruktur etabliert wird. Während in der S-Phase alle Genkopien in Nukleosomen verpackt werden, entfernt im Zuge der Transkription die Pol-I-Maschinerie weitgehend die Nukleosomen von den rRNA-Genen [4]. Dieses dynamische Verhältnis der beiden Chromatinstrukturen, das sich aus den Aktivitäten der Replikations- und Pol-I-Maschinerie ergibt, stellt sich in jedem Zellzyklus neu ein [4]. Die Weitervererbung der beiden Chromatinzustände durch epigenetische Mechanismen, wie sie bei höheren Eukaryoten vorgeschlagen wurde, scheint bei der Weitergabe des rDNA-Lokus bei der Hefe nicht zuzutreffen.

Parallel zur Pol-I-abhängigen rRNA-Synthese findet die Produktion der 5S-rRNA durch die RNA-Polymerase III (in **Abb. 1** nicht gezeigt) sowie die Expression der ribosomalen Proteine statt. Dazu synthetisiert die RNA-Polymerase II mehr als 75 verschiedene mRNAs (**Abb. 1**, Punkt 3), die nach ihrem Export in das Zytoplasma in die entsprechenden ribosomalen Proteine (r-Proteine) translatiert werden (**Abb. 1**, Punkt 4). In einer wachsenden Hefezelle codieren bis zu 50 Prozent der neu hergestellten mRNAs für ribosomale Proteine, was wiederum auf die enorme Ribosomenproduktivität hinweist. Die meisten neu synthetisierten r-Proteine gelangen in den Nukleolus, wo sie an die sich bildende rRNA assoziieren (**Abb. 1**, Punkt 5). Die Assemblierung der Ribosomen, die Bildung ihrer korrekten dreidimensionalen Struktur, die Prozessierung des Primärtranskripts über verschiedene Intermediate zu den reifen modifizierten rRNAs, der Export der Prä-Ribosomen aus dem Zellkern sowie die finalen Reifungsschritte im Zytoplasma sind komplizierte, ineinandergreifende Vorgänge. Dafür sind zusätzlich zu den rRNAs und den r-Proteinen über 150 verschiedene Biogenesefaktoren und bis an die 70 unterschiedliche snoRNAs (*small nucleolar RNA*) erforderlich.

Wie stark verschiedene an der Ribosomen-Synthese beteiligte Prozesse ineinandergreifen, zeigt die Regulation der rRNA-Synthese durch den TOR(*target of rapamycin*)-Signaltransduktionsweg [5]. In wachsenden Zellen wird die Produktion von Ribosomen sehr schnell eingestellt, wenn sich die Wachstumsbedingungen verschlechtern. Nährstoffabhängige Regulation des Zellwachstums bei Eukaryoten wird über den TOR-Signalweg vermittelt, der auch viele Prozesse, die für die Ribosomen-Biogenese notwendig sind, reguliert [6]. Dies alles scheint auf ein hierarchisches Prinzip hinzuweisen, in dem TOR

gleichzeitig viele Ziele/Zielstrukturen beeinflusst, um ein koordiniertes Abschalten der Ribosomen-Biogenese zu bewirken. Untersuchungen bei der Hefe haben jetzt aber ergeben, dass die Reduzierung des ribosomalen Proteinpools durch die TOR-Inaktivierung völlig ausreicht, um das schnelle Abschalten der Ribosomen-Neusynthese zu erreichen [7]. Demzufolge liest zu Beginn der TOR-Inaktivierung Pol I immer noch rRNA-Gene ab, während die Neusynthese von ribosomalen Proteinen stark reduziert ist. Die Pol-I-Maschinerie scheint erst verzögert inhibiert zu werden [8]. Da die Depletion einzelner ribosomaler Proteine zu starken rRNA-Prozessierungsdefekten führt [9, 10], kann das Ausbleiben von neu synthetisierter, reifer rRNA mit dem Fehlen von ribosomalen Proteinen erklärt werden. Daher ist es wahrscheinlich, dass zumindest zu Beginn der TOR-Inaktivierung keine Ko-Regulation in der Synthese von rRNA und r-Proteinen vorliegt, sondern dass überschüssige, fehlerhaft prozessierte rRNA rasch abgebaut wird.

Nachdem auch in Eukaryoten (wie in Prokaryoten) die Assemblierung von r-Proteinen nicht streng hierarchisch, sondern zum Teil auch unabhängig voneinander erfolgt [11], können sich bei einer allgemeinen Reduzierung des r-Protein-Pools viele verschiedene unvollständig assemblierte Prä-Ribosomen bilden, die dann alle wieder abgebaut werden. Dies bietet eine plausible Erklärung für den so schnellen und drastischen Einbruch bei der Ribosomen-Neusynthese nach TOR-Inaktivierung. Im Gegensatz dazu würde eine streng hierarchisch organisierte Assemblierung ribosomaler Proteine bei einem allgemein limitierten r-Protein-Pool lediglich eine Verlangsamung der Ribosomen-Neusynthese bedeuten.

Zusammenfassung

Nach diesem Modell reguliert der Modus der Ribosomen-Assemblierung und nicht (nur) die Pol-I-Maschinerie die Menge an ribosomaler RNA, und es zeigt, wie zwei unterschiedliche Prozesse der Ribosomen-Biogenese ineinandergreifen.

Danksagung

Die Autoren bedanken sich bei der DFG für die Unterstützung im Rahmen der Forschergruppe FOR 1068 und dem SFB 960 sowie bei BayGene und EraSysBio+.

Literatur

[1] Henras AK, Soudet J, Gerus M et al. (2008) The post-transcriptional steps of eukaryotic ribosome biogenesis. Cell Mol Life Sci 65:2334–2359

[2] Conconi A, Widmer RM, Koller T et al. (1989) Two different chromatin structures coexist in ribosomal RNA genes throughout the cell cycle. Cell 57:753–761

[3] Lucchini R, Sogo JM (1995) Replication of transcriptionally active chromatin. Nature 374:276–280

[4] Wittner M, Hamperl S, Stockl U et al. (2011) Establishment and maintenance of alternative chromatin states at a multicopy gene locus. Cell 145:543–554

[5] Wullschleger S, Loewith R, Hall MN (2006) TOR signalling in growth and metabolism. Cell 124:471–484

[6] Mayer C, Grummt I (2006) Ribosome biogenesis and cell growth: mTOR coordinates transcription by all three classes of nuclear RNA polymerases. Oncogene 25:6384–6391

[7] Reiter A, Steinbauer R, Philippi A et al. (2011) Reduction in ribosomal protein synthesis is sufficient to explain major effects on ribosome production after short-term TOR inactivation in *Saccharomyces cerevisiae*. Mol Cell Biol 31:803–817

[8] Philippi A, Steinbauer R, Reiter A et al. (2010) TOR-dependent reduction in the expression level of Rrn3p lowers the activity of the yeast RNA Pol I machinery, but does not account for the strong inhibition of rRNA production. Nucleic Acids Res 38:5315–5326

[9] Poll G, Braun T, Jakovljevic J et al. (2009) rRNA maturation in yeast cells depleted of large ribosomal subunit proteins. PLoS One 4:e8249

[10] Ferreira-Cerca S, Poll G, Gleizes PE et al. (2005) Roles of eukaryotic ribosomal proteins in maturation and transport of pre-18S rRNA and ribosome function. Mol Cell 20:263–275

[11] Ferreira-Cerca S, Poll G, Kuhn H et al. (2007) Analysis of the in vivo assembly pathway of eukaryotic 40S ribosomal proteins. Mol Cell 28:446–457

Korrespondenzadresse:

Prof. Dr. Herbert Tschochner
Biochemie-Zentrum Regensburg
Institut für Biochemie, Genetik und Mikrobiologie
Universität Regensburg
Universitätsstraße 31
D-93053 Regensburg
Tel.: 0941-943-2472
h.tschochner@mac.com

AUTOREN

Joachim Griesenbeck, Gernot Längst, Philipp Milkereit, Attila Németh, Herbert Tschochner (v. l. n. r)

Insgesamt fünf Arbeitsgruppen arbeiten am Biochemie-Zentrum der Universität Regensburg an unterschiedlichen Aspekten der Ribosomen-Biogenese im „koordinierten Miteinander" und bezeichnen sich deshalb auch gerne augenzwinkernd als *„House of the Ribosome"*. Zwei Gruppen, die von **Prof. Dr. Gernot Längst** und **Dr. Attila Németh** geleitet werden, arbeiten am Chromatin des rDNA-Lokus bzw. an der nukleolären Architektur bei Säugern. Drei Teams untersuchen die Synthese von Ribosomen anhand des eukaryotischen Modellorganismus der Bäckerhefe. Ihre Schwerpunkte sind das rDNA-Chromatin, die Synthese der rRNA und die Assemblierung der Ribosomen. Sie werden gemeinsam von drei Gruppenleitern geleitet, die ihre ursprüngliche Expertise in verschiedenen Gebieten des Nukleinsäure-Metabolismus haben: **PD Dr. Joachim Griesenbeck** mit dem Schwerpunkt Struktur und Funktion von Chromatin, **Dr. Philipp Milkereit** mit dem Schwerpunkt posttranskriptionelle Reifung von Ribosomen und **Prof. Dr. Herbert Tschochner** mit dem Schwerpunkt Transkriptionskontrolle.

Translation

Genauigkeit und Geschwindigkeit der Proteinsynthese

WOLFGANG WINTERMEYER, MARINA V. RODNINA
MAX-PLANCK-INSTITUT FÜR BIOPHYSIKALISCHE CHEMIE, GÖTTINGEN

Genauigkeit und Geschwindigkeit der Proteinsynthese sind fundamentale Parameter für die Biologie von Zellen. Zur Optimierung benutzen Ribosomen komplexe Mechanismen der Substratselektion, vor allem *induced fit* und kinetische Partitionierung.

Accuracy and speed of protein synthesis are fundamental parameters for the biology of cells. For optimization, ribosomes use complex mechanisms of substrate selection, in particular induced fit and kinetic partitioning.

Mechanismus der Proteinsynthese

■ Die schnelle und genaue Auswahl des korrekten Substrats ist für Enzyme mit einem einzigen Substrat in der Regel kein Problem, da hinreichend viele spezifische Wechselwirkungen zwischen Enzym und Substrat ausgebildet werden können. Dagegen müssen Polymerasen in jeder Runde der Elongation aus verschiedenen, chemisch und strukturell ähnlichen Substraten das jeweils richtige auswählen. Obwohl dabei eine einzige Wasserstoffbrücke mehr oder weniger über korrekt und nicht-korrekt entscheiden kann, müssen Genauigkeiten von 10^4 bis 10^8 oder

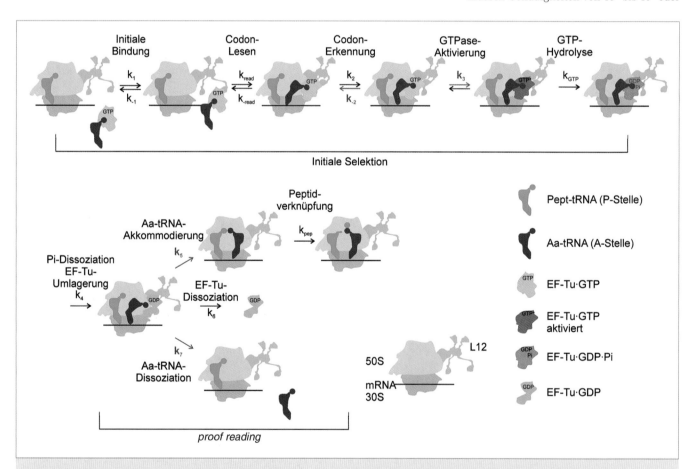

▲ **Abb. 1:** Kinetischer Mechanismus der Bindung von Aa-tRNA und Peptidverknüpfung. Die Reaktionsgeschwindigkeitskonstanten k_1 bis k_7 und k_{-1} bis k_{-7} wurden durch schnelle kinetische Messungen (*stopped-flow* bzw. *quench-flow*) unter *pseudo-first-order*-Bedingungen bestimmt. Die chemischen Schritte (GTP-Hydrolyse, Peptidverknüpfung) sind intrinsisch schnell, jedoch kinetisch von der jeweils vorhergehenden Umlagerung (GTPase-Aktivierung, k_3, bzw. Akkommodierung, k_5) bestimmt. Die für die Substratselektion in der initialen Selektion (k_{-2}, k_3) und im *proofreading* (k_5, k_7) wichtigen Schritte sind rot markiert. Die 30S- und 50S-Untereinheiten des Ribosoms sind dunkel- bzw. hellgrau dargestellt.

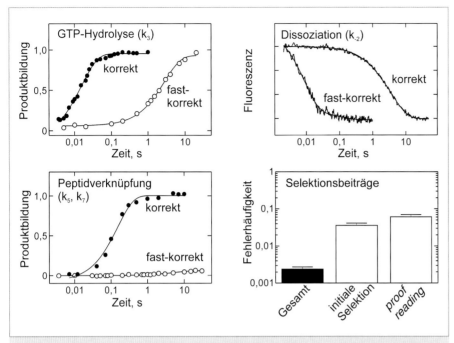

▲ Abb. 2: Beiträge zur Substratselektion. Kinetische Messungen mit EF-Tu·GTP·Phe-tRNA und Ribosomen mit den Codons UUU (korrekt) oder CUC (fast-korrekt) in der A-Stelle (HiFi-Puffer bei 20 °C) [4]. GTP-Hydrolyse und Peptidbildung wurden mit radioaktiv markierten Substraten gemessen, die Dissoziation mit fluoreszenzmarkierter tRNA. Der Gesamtfehler ist das Produkt der Fehlerhäufigkeiten aus initialer Selektion und *proofreading*. Die aus den kinetischen Konstanten berechneten Fehlerhäufigkeiten [4] stimmen mit den direkt gemessenen gut überein.

höher erreicht werden. Die Lösung ist ein komplexer Bindungsmechanismus mit *induced fit*-Komponenten und – etwa bei DNA-Polymerasen – die Einführung von Korrekturschritten. Das gilt auch für Ribosomen, die Protein-Polymerasen der Zelle.

Ribosomen wählen ihre Substrate, die in Form von aktivierten Aminosäuren als Aminoacyl-tRNAs (Aa-tRNAs) vorliegen, entsprechend der Komplementarität der Anticodon-Sequenz zum Codon-Triplett auf der mRNA aus. Aa-tRNAs binden an das Ribosom in Form sehr stabiler Komplexe mit einem Elongationsfaktor (EF-Tu in Bakterien) und GTP (Ternärkomplex). In Abhängigkeit von der Passung des Anticodons der tRNA im Ternärkomplex an das Codon, das gerade übersetzt werden muss, erfolgen die weiteren Schritte. Bei Erkennung eines vollständig komplementären Codons, also der Ausbildung von drei Basenpaaren zwischen Anticodon und Codon, wird die Hydrolyse von GTP durch EF-Tu aktiviert. Dies führt dazu, dass die Aa-tRNA aus dem Komplex mit EF-Tu freigesetzt wird und in das aktive Zentrum des Ribosoms binden kann, wo es zur Peptidverknüpfung kommt (**Abb. 1**). Dieser – auf den ersten Blick recht aufwendig wirkende – Mechanismus der Substratbindung ermöglicht dem Ribosom die hinreichend genaue Unterscheidung zwischen korrekten (*cognate*), inkorrekten (*non-cognate*) und fast-korrekten (*near-cognate*, zwei statt drei Basenpaare zwischen Anticodon und Codon) Ternärkomplexen bei gleichzeitig hoher Geschwindigkeit. Die beobachteten Fehlerhäufigkeiten des Aminosäureeinbaus in der Proteinsynthese liegen bei 1:1.000 bis 1:10.000, je nach Codon und Codon-Kontext, die Geschwindigkeit bei zehn bis 20 pro Sekunde pro Ribosom. Im Folgenden werden die Mechanismen beschrieben, mit denen dies erreicht wird.

Kinetische Selektion: die Rolle der Vorwärtsreaktionen

Die Genauigkeit der Aa-tRNA-Selektion am Ribosom wird in zwei Phasen kontrolliert (**Abb. 1**, [1]): während der Bindung bzw. Dissoziation der Ternärkomplexe vor der GTP-Hydrolyse (initiale Selektion) und bei der Akkommodierung bzw. Dissoziation der Aa-tRNAs nach der GTP-Hydrolyse (*proofreading*). Eine weitere Korrekturmöglichkeit, die allerdings erst nach einem Fehleinbau greift und zum Verlust des bereits synthetisierten Peptids führt, ist die Hydrolyse inkorrekt gebildeter Peptidyl-tRNAs am Ribosom durch Terminationsfaktoren [2]. Die beobachtete Häufigkeit des Einbaus falscher Aminosäu-

ren hängt einmal von der Effizienz dieser Selektions- bzw. Korrekturmechanismen, zum anderen von der Häufigkeit der jeweils korrekten Aa-tRNAs relativ zu den fast-korrekten Konkurrenten.

Die kinetische Analyse hat vier Elementarreaktionen identifiziert, deren Geschwindigkeitskonstanten für korrekte und fast-korrekte Ternärkomplexe bzw. Aa-tRNAs verschieden sind, während die anderen Teilschritte sich kaum unterscheiden (**Abb. 2**, [3, 4]). Die ersten Schritte, initiale Bindung und Codon-Erkennung, sind unabhängig vom Codon, da die Reaktionsgeschwindigkeitskonstanten für korrekte und fast-korrekte Paarung gleich sind (k_1, k_{-1}, k_2). Dagegen gibt es große Unterschiede in k_{-2}, das heißt der fast-korrekte Ternärkomplex dissoziiert einige 100-mal schneller als der korrekte. Die folgenden Schritte der GTPase-Aktivierung (k_3) und GTP-Hydrolyse sind im Komplex mit korrekter Anticodon-Codon-Paarung mehr als 500-mal schneller als mit fast-korrekter, und die Akkommodierung (k_5) der korrekten Aa-tRNA ist deutlich schneller als die der fast-korrekten, die dafür wesentlich schneller dissoziiert (k_7). Andererseits ist die GTP-Hydrolyse vergleichbar schnell für verschiedene korrekte Anticodon-Codon-Paarungen [5]; Ähnliches gilt für die Peptidverknüpfung [6]. Diese gleichförmige Reaktivität wird erreicht durch den Ausgleich der unterschiedlich starken Einflüsse des jeweiligen Aa-Rests durch evolutive Anpassung der tRNAs in Sequenz und Struktur [5]. Dies scheint auch für die (viel langsamere) GTP-Hydrolyse bzw. Dissoziation bei fast-korrekter Paarung zu gelten [4].

Der Hauptdiskriminierungsfaktor ist demnach die kinetische Partitionierung zwischen GTPase-Aktivierung (k_3) und Dissoziation des Ternärkomplexes (k_{-2}) bzw. zwischen Akkommodierung (k_5) und Dissoziation (k_7) der Aa-tRNA. Der etwa 1.000-fache Unterschied der Werte für k_{-2} zeigt, dass der Unterschied der thermodynamischen Stabilitäten der korrekten und fast-korrekten Codon-Erkennungskomplexe, $\Delta\Delta G°$, prinzipiell in etwa ausreichend wäre, die beobachteten Genauigkeiten zu erklären. Es ist jedoch wichtig, sich klarzumachen, dass dieses $\Delta\Delta G°$ nicht unmittelbar für die Selektion wirksam wird, weil das System das Gleichgewicht nicht erreicht und auch nicht erreichen soll, da das viel zu langsam wäre. Der Grund ist, dass im Fall des korrekten Codon-Erkennungskomplexes die Folgereaktionen GTPase-Aktivierung und GTP-Hydrolyse so schnell erfolgen,

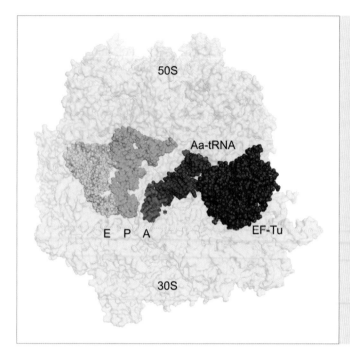

◄ **Abb. 3:** Anordnung des Ternärkomplexes am Ribosom nach Codon-Erkennung und GTPase-Aktivierung. Kristallstruktur (PDB: 2XQD, 2XQE) [7] des Komplexes mit Ribosomen aus *Thermus thermophilus*; grün: P-Stellen-tRNA, gelb: E-Stellen-tRNA. Die Verbiegung des Anticodon-Arms der Aa-tRNA ist mit einem Stern markiert.

dass der Bindungsschritt nicht equilibrieren kann ($k_3 > k_{-2}$). Die kinetische Partitionierung führt demnach dazu, dass der korrekte Komplex mit sehr hoher Präferenz (1.000-fach) in die GTP-Hydrolyse geht, während der fast-korrekte Komplex ($k_3 \ll k_{-2}$) vorzugsweise (200-fach) dissoziiert.

Als Konsequenz aus der raschen GTP-Hydrolyse und der Nicht-Erreichung des Gleichgewichts ist die Michaelis-Konstante (K_M) für die Bildung des korrekten Codon-Erkennungskomplexes viel größer (Größenordnung µM) als die im Gleichgewicht gemessene Bindungskonstante (Größenordnung 0,01 µM). Die – auf den ersten Blick vielleicht kontra-intuitive – Folge ist, dass die K_M-Werte für korrekte und fast-korrekte Codon-Erkennungskomplexe kaum verschieden sind, obwohl die Affinitäten sich um einen Faktor 400 unterscheiden, sodass die Selektion zwischen korrektem und fast-korrektem Substrat nicht, wie sonst bei den meisten Enzymen, auf den Unterschieden in den Werten für k_{cat}/K_M beruht, sondern dass praktisch nur die Unterschiede in den k_{cat}-Werten zum Tragen kommen.

Strukturelle Basis der Selektion

Die initiale Bindung des Ternärkomplexes an das Ribosom ist unabhängig vom Codon und vor allem vermittelt durch Kontakte zwischen EF-Tu und dem ribosomalen Protein L7/12, von dem das *Escherichia coli*-Ribosom vier Kopien aufweist. Das anschließende Codon-Lesen wird ermöglicht durch strukturelle Fluktuationen der tRNA, insbesondere eine Verbiegung des Anticodon-Stamms, wodurch das Anticodon das Codon im Decodierzentrum der 30S-Untereinheit erreichen kann, während der Rest des tRNA-Moleküls an EF-Tu auf der 50S-Untereinheit gebunden bleibt (**Abb. 3**, [7]). Die Ausbildung eines korrekten, vollständig gepaarten Anticodon-Codon-Komplexes führt zu einer Umlagerung im Decodierzentrum, bei der A-1492, A-1493 und G-530 der 16S-rRNA ihre Position verändern und Wechselwirkungen mit dem Anticodon-Codon-Duplex ausbilden [8]. In der ersten und zweiten Codon-Position erkennt das Ribosom korrekte Basenpaare aufgrund ihrer Watson-Crick-Geometrie, unabhängig von der Sequenz, während in der dritten Position auch *wobble*-Basenpaare „erlaubt" sind. Die Umlagerung im Decodierzentrum wird begleitet von einer globalen Umlagerung der Kopfdomäne der 30S-Untereinheit und weiteren Umlagerungen des Ribosoms, die letzendlich zur Stimulierung der GTPase-Aktivität von EF-Tu und zur GTP-Hydrolyse führen. Das Ribosom wirkt demnach wie ein Verstärker, der ein relativ schwaches Eingangssignal – die freie Energie der Anticodon-Paarung – in ein wesentlich größeres Signal (GTP-Hydrolyse) umwandelt. Dieses wirkt auf die Konformation von EF-Tu, die den Zugang des Substrats zum aktiven Zentrum kontrolliert.

Das Decodierzentrum auf der kleinen Untereinheit des Ribosoms ist fast 80 Angström entfernt von der GTP-Bindungstasche von EF-Tu auf der großen Untereinheit, wo die GTP-Hydrolyse stattfindet. Eine wichtige Frage ist demnach, wie die Erkennung eines korrekten Codons sowohl die GTPase-Aktivierung als auch die Akkommodierung beschleunigen kann. GTP wird hydrolysiert durch den Angriff eines Wassermoleküls auf das γ-Phosphat. Den Übergangszustand am Ribosom stabilisiert His-84, das im ungebundenen EF-Tu weg vom hydrolytischen Wasser orientiert und am Zugang zum aktiven Zentrum gehindert ist. Bei der GTPase-Aktivierung bewegt sich His-84 zum γ-Phosphat hin. Diese Bewegung muss durch Codon-Erkennung ausgelöst werden. Offenbar spielt dabei die schon erwähnte Verzerrung der Aa-tRNA eine wichtige Rolle, da die GTPase-Aktivierung nicht zustande kommt, wenn das tRNA-Molekül nicht intakt ist, und beeinträchtigt wird durch Mutationen, welche die Struktur der tRNA an der Stelle der Verzerrung beeinflussen [9]. Die Kristallstruktur zeigt, dass die relative Orientierung von Aa-tRNA und EF-Tu durch die Verzerrung der tRNA beeinflusst wird [7]. Dies führt zu einer Stabilisierung der katalytisch wirksamen Orientierung von His-84 durch eine Wechselwirkung mit der Sarcin-Ricin-Schleife der 23S-rRNA, die ursächlich für die GTPase-Aktivierung ist.

Die Uniformität der Erkennung von Fehlpaarungen im Anticodon-Codon-Duplex deutet auf einen globalen Mechanismus hin, bei dem alle Konformationsveränderungen, die durch die Erkennung eines korrekten Codons induziert werden (Umlagerung der 30S-Kopfdomäne, Verzerrung der tRNA und Umlagerungen in EF-Tu), essenziell für die genaue Positionierung des aktiven Zentrums von EF-Tu an der Sarcin-Ricin-Schleife sind. In den Fällen, wo ein fast-korrektes Codon erkannt wird, sind offenbar nicht alle diese Elemente ausgebildet, sodass es trotz des Vorliegens einer verzerrten tRNA-Struktur [10] nicht zur vollen GTPase-Aktivierung kommt.

Im Vergleich zur GTP-Hydrolyse ist die strukturelle Basis der codonspezifischen Beschleunigung der Peptidverknüpfung weniger gut verstanden. Kinetisch wird die Reaktion limitiert durch die Akkommodierung der Aa-tRNA im Peptidyltransferase-Zentrum [6]. Moleculardynamische Berechnungen deuten auf eine schrittweise Akkommodierung hin, bei der sich die tRNA durch einen Korridor konservierter rRNA-Basen bewegt [11]. Die korrekte Ausrichtung des Anticodons im Decodierungszentrum führt zu schneller Akkommodierung. Offenbar sind die Anticodons inkorrekter tRNAs nicht optimal ausgerichtet, sodass auch die Ausrichtung des Akzeptor-Arms und seine Bewegung durch den Akkommodierungskorridor beeinträchtigt sein könnte. Neben diesen möglichen Beeinträchtigungen an der Eingangspforte könnte eine falsche Ausrichtung des Anticodon-Arms auch die sonstigen Wechselwirkungen zwischen tRNA-Molekül und Ribosom [12] stören und damit die Akkommodierung der fast-korrekten Aa-tRNA behindern und ihre Dissoziation fördern.

Das Ribosom als Ribozym

Das Ribosom beschleunigt die Peptidverknüpfung um einen Faktor von 10^7 bis 10^8, ist also – wie Ribozyme generell – ein weniger effizienter Katalysator als viele Proteinenzyme, die Beschleunigungen um bis zu 10^{23}-fach erreichen. Die intrinsische Geschwindigkeit der Peptidverknüpfung ist kinetisch durch die deutlich langsamere Akkommodierung der Aa-tRNA limitiert. Dies ist vermutlich auch der Grund dafür, dass die RNA-basierte, entropische Katalyse in der Evolution vom präbiotischen Ribozym zum modernen Ribosom beibehalten werden konnte. Dagegen musste die Genauigkeit mit zunehmender Größe und funktioneller Komplexität der Produkte des Translationsapparats erhöht werden. Der wesentliche Schritt war die Kopplung der Substratbindung an die Hydrolyse von GTP durch das Hinzutreten einer GTPase, die Aa-tRNA nur zur Peptidverknüpfung zulässt, wenn die Qualität der Anticodon-Codon-Passung geprüft ist – sogar doppelt, nämlich in der initialen Selektion

und im *proofreading*. Eine wesentliche Rolle spielt dabei das Ribosom selbst, das die korrekte Anticodon-Codon-Paarung erkennt und die dadurch induzierten komplexen Strukturveränderungen zur Aktivierung der GTPase von EF-Tu umsetzt – ein Beispiel für ein System, das durch Ko-Evolution optimiert wurde. ∎

Literatur

[1] Rodnina MV, Wintermeyer W (2001) Fidelity of aminoacyl-tRNA selection on the ribosome: kinetic and structural mechanisms. Annu Rev Biochem 70:415–435
[2] Zaher HS, Green R (2009) Quality control by the ribosome following peptide bond formation. Nature 457:161–166
[3] Pape T, Wintermeyer W, Rodnina M (1999) Induced fit in initial selection and proofreading of aminoacyl-tRNA on the ribosome. EMBO J 18:3800–3807
[4] Gromadski KB, Daviter T, Rodnina MV (2006) A uniform response to mismatches in codon-anticodon complexes ensures ribosomal fidelity. Mol Cell 21:369–377
[5] Ledoux S, Uhlenbeck OC (2008) Different aa-tRNAs are selected uniformly on the ribosome. Mol Cell 31:114–123
[6] Wohlgemuth I, Pohl C, Rodnina MV (2010) Optimization of speed and accuracy of decoding in translation. EMBO J 29:3701–3709
[7] Voorhees RM, Schmeing TM, Kelley AC et al. (2010) The mechanism for activation of GTP hydrolysis on the ribosome. Science 330:835–838
[8] Schmeing TM, Ramakrishnan V (2009) What recent ribosome structures have revealed about the mechanism of translation. Nature 461:1234–1242
[9] Zaher HS, Green R (2009) Fidelity at the molecular level: lessons from protein synthesis. Cell 136:746–762
[10] Mittelstaet J, Konevega AL, Rodnina MV (2011) Distortion of tRNA upon near-cognate codon recognition on the ribosome. J Biol Chem 286:8158–8164
[11] Sanbonmatsu KY, Joseph S, Tung CS (2005) Simulating movement of tRNA into the ribosome during decoding. Proc Natl Acad Sci USA 102:15854–15859
[12] Jenner L, Demeshkina N, Yusupova G et al. (2010) Structural rearrangements of the ribosome at the tRNA proofreading step. Nat Struct Mol Biol 17:1072–1078

Korrespondenzadresse:
Prof. Dr. Marina V. Rodnina
Abteilung für physikalische Biochemie
Max-Planck-Institut für biophysikalische Chemie
Am Fassberg 11
D-37077 Göttingen
Tel.: 0551-201-2900
Fax: 0551-201-2905
rodnina@mpibpc.mpg.de

AUTOREN

Marina V. Rodnina
Biologiestudium in Kiew, Ukraine. **1989** Promotion. **1990–1992** Humboldt-Stipendium. **1998** Habilitation; **1998–2000** Professur. **2000–2008** Lehrstuhl Physikalische Biochemie, Universität Witten/Herdecke. Seit **2008** Direktorin am Max-Planck-Institut für biophysikalische Chemie, Göttingen.

Wolfgang Wintermeyer
Chemiestudium in München. **1972** Promotion. **1979** Habilitation. **1982–1987** Heisenberg-Stipendium der DFG. **1987–2009** Lehrstuhl Molekularbiologie, Universität Witten/Herdecke. Seit **2009** Max-Planck-Fellow am Max-Planck-Institut für biophysikalische Chemie, Göttingen.

Zelluläre Proteostase

Ribosom-assoziierte Chaperone kontrollieren die Proteinbiosynthese

JEANNETTE JURETSCHKE, ELKE DEUERLING
LEHRSTUHL FÜR MOLEKULARE MIKROBIOLOGIE, UNIVERSITÄT KONSTANZ

Ribosome-associated chaperones display versatile cellular functions. They contact nascent polypeptides to support *de novo* folding processes. Moreover, they modulate ribosome biogenesis and translation activity and thereby regulate the influx of new proteins into the cellular proteome.

DOI: 10.1007/s12268-012-0156-1
© Springer-Verlag 2012

■ Die Übersetzung der genetischen Information in Proteine wird in allen Zellen von hoch komplexen molekularen Maschinen, den Ribosomen, bewerkstelligt. In den Ribosomen werden, basierend auf den mRNAs, lineare Ketten aus Aminosäuren synthetisiert. Diese Polymere müssen sich anschließend in die korrekten dreidimensionalen Raumstrukturen falten, um ihre biologischen Funktionen ausüben zu können. Der Prozess der Biosyn-these und Faltung von Proteinen ist jedoch fehleranfällig und wird in allen Zellen maßgeblich von molekularen Chaperonen unter-stützt.

Die Faltung von Proteinen kann bereits ko-translational beginnen, sobald die naszie-rende Polypeptidkette den ribosomalen Tunnel verlässt und noch bevor die gesamte Sequenzinformation vorhanden ist. Die fina-le Struktur wird allerdings erst nach der Dis-soziation vom Ribosom ausgebildet, wenn die gesamte Aminosäuresequenz zur Verfügung steht. Während und nach der Synthese expo-nieren die noch unvollständig gefalteten Pro-teine hydrophobe Seitenketten ihrer Amino-säuren. Dadurch kommen sie mit zahlreichen anderen Molekülen des Zytosols (mit einer Konzentration von 300 bis 400 Milligramm pro Milliliter) in Kontakt, was zu ihrer Miss-faltung und Aggregation führen kann. Hier kommen die molekularen Chaperone ins Spiel, welche transient an neu synthetisierte ungefaltete Proteine binden und diese vor fal-schen Interaktionen schützen [1, 2].

Das Grundprinzip der Chaperon-unter-stützten *de novo*-Proteinfaltung ist in allen Lebewesen konserviert: Chaperone, die an der Faltung zytosolischer Proteine beteiligt sind, können je nach ihrer Lokalisation in zwei Gruppen eingeteilt werden. Zum einen gibt es Chaperone, die an Ribosomen binden und mit naszierenden Proteinen interagie-ren, um frühe Faltungsprozesse zu kontrol-

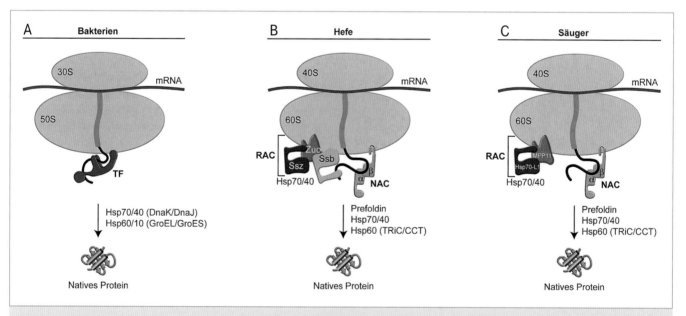

▲ **Abb. 1:** Ribosomen-assoziierte Chaperone binden im Bakterium *Escherichia coli* (**A**), im Hefepilz *Saccharomyces cerevisiae* (**B**) und in Säugern (**C**) direkt an naszierende Proteine. In Bakterien ist das der *Trigger Factor* (TF), in Eukaryoten der α/β-NAC-Komplex und ein Hsp70/40-System, das aus Zuo/Ssz/Ssb (Hefe) oder MPP11/Hsp70-L1 (Säuger) besteht. Zusätzlich helfen zytosolische Chaperone der Hsp70/40- und Hsp60-Familien sowie Prefoldin in Eukaryoten, die neuen Proteine zu falten. NAC: *nascent-polypeptide associated complex*; RAC: *ribosome-associated complex*.

lieren. Zum anderen gibt es freie Chaperone im Zytosol, die danach wirken und von vielen neu synthetisierten Proteinen zusätzlich für die Faltung benötigt werden. Dazu gehören vor allem Chaperone der Hsp70/40- und Hsp60/10-Familien in den Pro- und Eukaryoten sowie Prefoldin in Archaeen und Eukaryoten. Die zytosolischen und Ribosomen-assoziierten Chaperone arbeiten zusammen und bilden ein Netzwerk für die *de novo*-Proteinfaltung. Interessanterweise haben Pro- und Eukaryoten völlig verschiedene Arten von Chaperonen entwickelt, die an das Ribosom binden. Nahezu alle Bakterien besitzen das Ribosomen-assoziierte Chaperon *Trigger Factor* (TF) (**Abb. 1A**), während in eukaryotischen Zellen zwei unterschiedliche Chaperonsysteme mit Ribosomen in Kontakt treten (**Abb. 1B, C**). Hierbei handelt es sich zum einen um den *nascent-polypeptide associated complex* (NAC), einen Komplex aus zwei Untereinheiten, welcher in Archaeen und Eukaryoten vorkommt. Zum anderen besitzen höhere Zellen ein spezialisiertes Hsp70/Hsp40-System, das in der Hefe aus den Hsp70-Proteinen Ssb und Ssz und dem Hsp40 Zuotin (Zuo) besteht. Ssz und Zuo lagern sich zu einem stabilen Komplex, dem *ribosome-associated complex* (RAC) zusammen. RAC ist auch in Säugern vorhanden und besteht hier aus dem Zuo-Homolog MPP11 und dem Ssz-ähnlichen Protein Hsp70-L1 (**Abb. 1C**). Interessanterweise besitzen Säuger kein Ssb. Vermutlich wird hier jedoch zytosolisches Hsp70 durch RAC an naszierende Polypeptidketten rekrutiert.

Trigger Factor unterstützt die Faltung von Proteinen und die Assemblierung von Ribosomen

TF kommt nur in Bakterien und Chloroplasten vor. Er bindet als Monomer am Ausgang des ribosomalen Tunnels, durch welchen naszierende Proteine das Ribosom verlassen [3, 4]. In diesem Ribosom-gebundenen Zustand beugt sich TF über den Tunnelausgang und bildet durch seine gewölbte Innenseite einen geschützten Raum über dem Ribosom (**Abb. 1A**). Damit ist er in einer idealen Position, um naszierende Proteine in Empfang zu nehmen und diese in seinem Innenraum gegen falsche Interaktionen mit zytosolischen Molekülen abzuschirmen. Dadurch werden Proteine während ihrer Synthese vor Aggregation und Abbau geschützt, und gleichzeitig wird eine zu frühe und falsche Faltung der noch wachsenden Polypeptidketten verhindert [5, 6]. Interessanterweise bindet TF an

die naszierenden Proteine erst ab einer Länge von 100 Aminosäuren, das heißt, wenn mindestens 60 bis 70 Aminosäuren bereits den ribosomalen Tunnel verlassen haben, welcher ca. 30 bis 40 Aminosäuren fasst [7]. Grund hierfür ist wahrscheinlich die kompetitive Bindung der Protein-Deformylase und der Methionin-Aminopeptidase. Diese Enzyme wirken noch vor dem TF, um die N-Termini der wachsenden Proteinketten zu prozessieren. TF interagiert mit den meisten zytosolischen Proteinen während ihrer Synthese am Ribosom, nicht jedoch mit naszierenden Proteinen, die ko-translational in die Zytoplasmamembran inseriert werden. Besonders starke Interaktionen treten hingegen zwischen TF und naszierenden Außenmembranproteinen von *Escherichia coli* auf. Anscheinend sind diese Proteine mit ihren typischen *β-barrel*-Strukturen besonders auf den Schutz des TFs im Zytosol angewiesen, bevor sie in die Außenmembran transportiert werden können [7].

Zusätzlich zu seiner Funktion am Ribosom kann TF auch in einer dimerisierten, nicht am Ribosom gebundenen Form als Chaperon an der Assemblierung von großen Komplexen mitwirken. Als Dimer kann TF in seinem Innenraum zwei Moleküle des ribosomalen Proteins (r-Proteins) S7 binden und so eventuell die Herstellung von Ribosomen unterstützen [8]. Allerdings zeigen Bakterienzellen ohne TF keinen starken Defekt in der Biogenese von Ribosomen, und die physiologische Bedeutung dieser Funktion ist noch unklar.

Ribosomen-assoziierte Chaperone in Eukaryoten

In Eukaryoten können NAC und ein spezialisiertes Hsp70/40-System mit dem Ribosom und naszierenden Proteinketten in Kontakt treten [2]. Wie genau sie das tun und wie transient diese Interaktionen sind, ist teilweise noch unklar. NAC liegt in Eukaryoten größtenteils als stabiles Heterodimer (αβ) vor. Es wurde gezeigt, dass beide NAC-Untereinheiten mit naszierenden Polypeptidketten interagieren, wobei die genauen Substratbindestellen von NAC noch nicht identifiziert wurden. Die β-NAC Untereinheit vermittelt die Bindung an das Ribosom und enthält im N-Terminus ein konserviertes Motiv „RRK(X)$_n$KK", das für die Bindung verantwortlich ist [9].

Das Ribosomen-assoziierte Hsp70/Hsp40-Chaperonsystem ist in der Hefe dreiteilig: Ssz und Zuo, die zusammen den RAC-Komplex

bilden, und Ssb (RAC-Ssb) (**Abb. 1B**). Über eine positiv geladene Domäne im C-terminalen Abschnitt von Zuo bindet RAC an das Ribosom. Wie jedoch Ssb mit dem Ribosom assoziiert, ist bislang unklar. Nur Ssb interagiert mit naszierenden Ketten, während RAC als dessen Ko-Chaperon wirkt. RAC stimuliert die ATPase-Aktivität von Ssb und damit die Bindung von Ssb an naszierende Proteine [2].

Funktion der eukaryotischen Chaperone bei der *de novo*-Faltung von Proteinen

Hefezellen, denen das RAC-Ssb-System fehlt, sind lebensfähig, zeigen aber verlangsamtes Wachstum bei hohen Salzkonzentrationen, niedrigen Temperaturen und bei Zugabe von Translationsinhibitoren wie z. B. Hygromycin B. Zudem sind in diesen Zellen Defekte in der Proteinfaltung zu beobachten. So kommt es zur Anreicherung von unlöslichen Proteinaggregaten im Zytosol von Ssb-defizienten Hefestämmen [10].

Hefezellen, denen NAC fehlt, weisen keine offensichtlichen Defekte auf, während der Verlust der NAC-Funktion in der Maus, Fruchtfliege und in *Caenorhabditis elegans* negative Auswirkungen auf die Entwicklung und das Überleben der Organismen hat. Vermutlich kann der Verlust von NAC in der Hefe durch andere Chaperone kompensiert werden. In der Tat konnte gezeigt werden, dass der gleichzeitige Verlust von NAC und Ssb (*nacΔssbΔ*-Zellen) zum deutlichen Anstieg der Aggregation von neu synthetisierten Proteinen führt und *nacΔssbΔ*-Zellen bereits bei geringen Konzentrationen von Translationsinhibitoren nicht mehr wachsen. Daraus lässt sich schließen, dass NAC und Ssb an der Faltung von neu synthetisierten Proteinen beteiligt und beide Ribosomen-assoziierten Komponenten genetisch und funktionell verknüpft sind [10].

In *nacΔssbΔ*-Zellen wurden die auftretenden Proteinaggregate, die potenzielle Substrate für NAC und RAC-Ssb darstellen, isoliert und mittels Massenspektrometrie analysiert [10]. Hierbei konnten 52 von insgesamt 78 in *Saccharomyces cerevisiae* vorkommenden r-Proteinen identifiziert werden. Des Weiteren wurden unter den aggregierten Proteinen auch einige Biogenesefaktoren für Ribosomen, Chaperone und Translationsfaktoren gefunden. Somit gehören die r-Proteine zu den prominentesten Substraten von NAC und RAC-Ssb. Die r-Proteine sind in der Zelle besonders reichlich vorhanden und

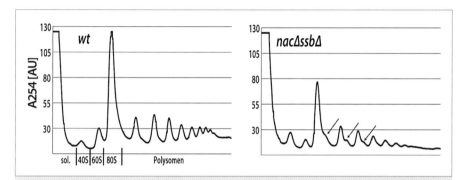

▲ **Abb. 2:** Ribosomenprofile von Wildtyp- (wt) und *nacΔssbΔ*-Zellen. Ribosomale Partikel im Zelllysat wurden über einen Sucrosegradienten aufgetrennt, fraktioniert und durch Absorptionsmessung bei 254 nm ausgelesen. Im *nacΔssbΔ*-Stamm ist die Translationsaktivität deutlich vermindert. Pfeile weisen auf ribosomale *halfmers* hin, die ein Indikator für Defekte in der Ribosomenbiogenese sind. *Halfmers* sind unvollständig assemblierte Ribosomen ohne 60S-Untereinheit (aus [10]).

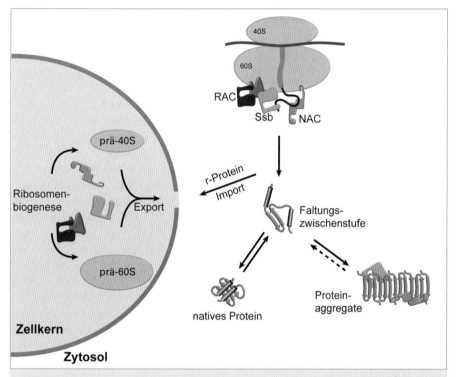

▲ **Abb. 3:** Rolle von Chaperonen in der zellulären Proteostase (Modell). NAC und RAC-Ssb binden an Ribosomen und Polypeptidketten, um die ko-translationale Faltung zu unterstützen. RAC-Ssb und NAC sind auch an der Ribosomenbiogenese beteiligt, indem sie neu synthetisierte r-Proteine für den Kernimport löslich halten und auch direkt im Kern am Zusammenbau mitwirken. Zudem assoziieren NAC und Ssb mit amyloiden Proteinaggregaten und könnten hier eine weitere Chaperonfunktion besitzen. Weitere Erklärungen im Text.

zudem sehr anfällig für Missfaltung und Aggregation, da sie ihre nativen Strukturen erst beim Einbau in ribosomale Untereinheiten einnehmen.

Kontrollieren die Chaperone auch Ribosomenbiogenese und Translation?

Der Befund, dass NAC und RAC-Ssb für die Löslichkeit von r-Proteinen verantwortlich sind, legte den Schluss nahe, dass diese Chaperone auch einen Einfluss auf die Biogenese ribosomaler Untereinheiten und damit auf die Translationsaktivität ausüben könnten. Tatsächlich zeigen *nacΔssbΔ*-Hefezellen deutlich weniger translatierende 80S-Ribosomen und Polysomen. Zudem treten im Ribosomenprofil unvollständig auf der mRNA assemblierte Ribosomen (sogenannte *halfmers*) auf, denen die 60S-Untereinheit fehlt (**Abb. 2**, [10]).

Weiterführende Analysen zeigten, dass das Fehlen von RAC-Ssb und NAC verschiedene Defekte in der Ribosomenbiogenese hervorruft [10, 11]. So kommt es zur Anreicherung eines GFP-markierten r-Proteins der großen ribosomalen Untereinheit im Nukleus. Dies weist auf einen Defekt in der Assemblierung und dem Kernexport von Prä-60S-Untereinheiten hin. Mikroarray-Analysen zeigten, dass Ssb und Zuo ebenfalls die Prozessierung von Prä-18S- und Prä-25S-rRNA im Kern beeinflussen. Für die Beteiligung dieser Chaperone an der Ribosomenbiogenese kommen zwei Modelle infrage, die sich gegenseitig nicht ausschließen (**Abb. 3**). Während der Translation im Zytosol binden und schützen die Chaperone ihre Substrate, darunter zahlreiche r-Proteine. Da diese Chaperone nur transient mit Ribosomen assoziieren, ist es vorstellbar, dass sie neu synthetisierte r-Proteine bis in den Zellkern begleiten, um sie dort direkt für den Einbau in ribosomale Untereinheiten freizugeben. Die Chaperone könnten aber nicht nur für die Löslichkeit der r-Proteine auf dem Weg in den Kern verantwortlich sein, sondern auch direkt die Reifung der ribosomalen Untereinheiten im Zellkern unterstützen. Dafür spricht, dass Zuo und NAC nicht nur im Zytosol, sondern auch im Kern nachgewiesen wurden und Zuo direkt mit ribosomalen Vorläuferkomplexen interagieren kann [11].

Zusammenfassung und Ausblick

Ribosomen-assoziierte Chaperone, insbesondere in Eukaryoten, sind nicht nur an der ko-translationalen Faltung von neu synthetisierten Proteinen beteiligt, sondern auch an der Assemblierung von Ribosomen und damit an der Regulation der Translation. Somit haben sie eine Schlüsselrolle im zellulären Geschehen, denn durch ihre Funktion in der Ribosomenbiogenese steuern sie die Menge an Ribosomen und die Translationsaktivität und damit den Zustrom neuer Proteine, die mithilfe der Chaperone gefaltet werden müssen.

Damit sind längst noch nicht alle Funktionen dieser vielfältigen Chaperone entdeckt, denn man findet sie nicht nur an Ribosomen und im Kern, sondern auch in Assoziation mit verschiedenen Proteinaggregaten (**Abb. 3**). So wurde z. B. kürzlich gezeigt, dass in Säugerzellen NAC mit unlöslichen Amyloid-ähnlichen Fasern interagiert [12]. Dies könnte darauf hindeuten, dass NAC und RAC-Ssb an verschiedene makromolekulare Komplexe im Zytosol binden können, Ribosomen und Proteinaggregate, um dort ihre Chaperonaktivitäten auszuüben. Die Herausforderung in nächster Zeit besteht sicherlich darin, die individuellen Aufgaben der einzelnen Chaperone in diesen komplexen Prozessen zu identifizieren.

Danksagung

Die Autoren bedanken sich bei der DFG für die Unterstützung im Rahmen des SFB969 und bei S. Preissler, C. Schlatterer und E. Oberer-Bley für die kritische Durchsicht des Manuskripts.   ▓

Literatur

[1] Bukau B, Deuerling E, Pfund C et al. (2000) Getting newly synthesized proteins into shape. Cell 101:119–122

[2] Wegrzyn RD, Deuerling E (2005) Molecular guardians for newborn proteins: ribosome-associated chaperones and their role in protein folding. Cell Mol Life Sci 62:2727–2738

[3] Ferbitz L, Maier T, Patzelt H et al. (2004) Trigger Factor in complex with the ribosome forms a molecular cradle for nascent proteins. Nature 431:590–596

[4] Kramer G, Rauch T, Rist W et al. (2002) L23 protein functions as a chaperone docking site on the ribosome. Nature 419:171–174

[5] Agashe VR, Guha S, Chang HC et al. (2004) Function of trigger factor and DnaK in multidomain protein folding: increase in yield at the expense of folding speed. Cell 117:199–209

[6] Hoffmann A, Merz F, Rutkowska A et al. (2006) Trigger Factor forms a protective shield for nascent polypeptides at the ribosome. J Biol Chem 281:6539–6545

[7] Oh E, Becker AH, Sandikci A et al. (2011) Selective ribosome profiling reveals the cotranslational chaperone action of trigger factor in vivo. Cell 147:1295–1308

[8] Martinez-Hackert E, Hendrickson WA (2009) Promiscuous substrate recognition in folding and assembly activities of the trigger factor chaperone. Cell 138:923–934

[9] Wegrzyn RD, Hofmann D, Merz F et al. (2006) A conserved motif is prerequisite for the interaction of NAC with ribosomal protein L23 and nascent chains. J Biol Chem 281:2847–2857

[10] Koplin A, Preissler S, Ilina Y et al. (2010) A dual function for chaperones Ssb/RAC and the NAC nascent polypeptide-associated complex on ribosomes. J Cell Biol 189:57–68

[11] Albanese V, Reissmann S, Frydman J (2010) A ribosome-anchored chaperone network that facilitates eukaryotic ribosome biogenesis. J Cell Biol 189:69–81

[12] Olzscha H, Schermann SM, Woerner AC et al. (2011) Amyloid-like aggregates sequester numerous metastable proteins with essential cellular functions. Cell 144:67–78

Korrespondenzadresse:
Prof. Dr. Elke Deuerling
Universität Konstanz
Fachbereich Biologie
Lehrstuhl für Molekulare Mikrobiologie
Universitätsstraße 10
Fach 607
D-78457 Konstanz
Tel.: 07531-882647
Fax: 07531-884036
Elke.Deuerling@uni-konstanz.de

AUTORINNEN

Jeannette Juretschke
Jahrgang **1978**. **1998–2004** Chemiestudium an der Universität Stuttgart. **2004–2009** Promotion am Institut für Biochemie, Universität Stuttgart. Seit **2009** Postdoc am Lehrstuhl für Molekulare Mikrobiologie, Universität Konstanz.

Elke Deuerling
Jahrgang **1967**. **1986–1992** Biologiestudium an den Universitäten Erlangen und Bayreuth. **1995** Promotion, Universität Bayreuth. **1996–2003** Habilitation, Universität Freiburg. **2004–2007** Heisenbergstipendiatin am Zentrum für Molekulare Biologie der Universität Heidelberg (ZMBH). Seit **2007** Lehrstuhlinhaberin und Professorin für Molekulare Mikrobiologie, Universität Konstanz. Seit **2012** Sprecherin des SFB 969 *„Chemical and Biological Principles of Cellular Protostasis"*.

Peroxisomen

Proteinimport in die peroxisomale Matrix – ein Prozess nimmt Form an

ASTRID HENSEL, WOLFGANG GIRZALSKY, RALF ERDMANN
INSTITUT FÜR PHYSIOLOGISCHE CHEMIE, ABTEILUNG SYSTEMBIOCHEMIE,
RUHR-UNIVERSITÄT BOCHUM

In Peroxisomen laufen zahlreiche, für die Zelle wichtige Stoffwechselprozesse ab. Dieser Artikel beschäftigt sich mit der Frage, wie die Kern-codierten peroxisomalen Enzyme in die Organellenmatrix gelangen.

Many important metabolic pathways occur in peroxisomes. This article deals with the question of how peroxisomal enzymes, which are encoded in the nucleus, reach the peroxisomal matrix.

Das Peroxisom – ein vielseitiges Organell

■ Peroxisomen sind von einer Lipiddoppelschicht umgebene Zellorganellen, die ubiquitär in allen Eukaryotenzellen vorkommen. Ihren Namen erhielten sie aufgrund der Präsenz mindestens einer H_2O_2-produzierenden Oxidase sowie einer detoxifizierenden Katalase [1]. Alle Peroxisomen weisen ein komplettes ß-Oxidationssystem auf. In Pflanzen und Hefen werden Fettsäuren ausschließlich peroxisomal metabolisiert, während in tierischen Peroxisomen nur sehr langkettige Fettsäuren oxidiert werden.

Neben diesen allgemeinen Charakteristika können Peroxisomen, abhängig vom Organismus, dem Gewebetyp und den Umweltbedingungen, in viele weitere Stoffwechselwege involviert sein, zu denen unter anderem die Cholesterin-, Plasmalogen- und Gallensäurebiosynthese der Säugetierzelle, der Glyoxylat-Zyklus der Pflanzen und die Penicillinbiosynthese einiger filamentöser Pilze gehören [2].

Peroxisomale Zielsequenzen werden erkannt und zur peroxisomalen Membran dirigiert

Peroxisomen besitzen weder eigene DNA, noch verfügen sie über eine Translationsmaschinerie. Dies impliziert, dass alle peroxisomalen Matrixproteine Kern-codiert sind und nach der Synthese an freien Ribosomen zu ihrem Zielorganell dirigiert werden [3]. Dazu sind sie mit sogenannten peroxisomalen *targeting*-Signalen (PTS) ausgestattet. Die meisten peroxisomalen Matrixproteine besitzen an ihrem extremen C-Terminus ein PTS1-Motiv [4], ein konserviertes Tripeptid, welches im Zytosol von dem peroxisomalen Rezeptor-Peroxin Pex5p erkannt und gebunden wird.

Mit geringerer Häufigkeit ist das peroxisomale *targeting*-Signal 2 (PTS2) vertreten. Hierbei handelt es sich um ein in seiner Sequenz konserviertes Nonapeptid im N-Terminus der Kargoproteine. Als zuständiger Rezeptor wurde Pex7p identifiziert.

Im Unterschied zu Pex5p benötigt Pex7p noch Ko-Rezeptoren. In *Saccharomyces cerevisiae* wird diese Aufgabe beispielsweise von den funktionell redundanten Proteinen Pex18p und Pex21p ausgeübt.

Ubiquitinylierungsprozesse regulieren den Rezeptorzyklus

Sowohl für Pex5p als auch für Pex7p und die PTS2-Ko-Rezeptoren konnte eine duale Verteilung zwischen Zytosol und Peroxisom nachgewiesen werden. Dieser Befund lässt sich

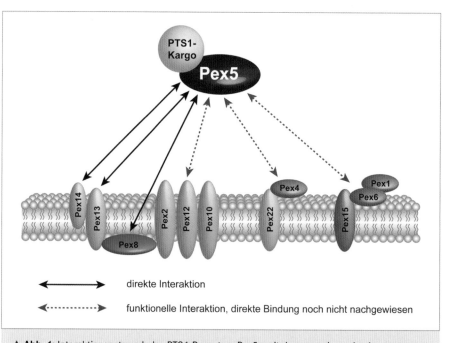

▲ **Abb. 1:** Interaktionsnetzwerk des PTS1-Rezeptors Pex5p mit dem peroxisomalen Importomer. Pex5p geht mit vielen Proteinen des peroxisomalen Importomers direkte oder funktionelle Interaktionen ein: Innerhalb von Pex13p und Pex14p gibt es mehrere Pex5p-Bindestellen, auch mit Pex8p kann der PTS1-Rezeptor direkt interagieren. Für die Ubiquitin-Ligasen Pex2p und Pex12p sowie für das Ubiquitin-konjugierende Enzym Pex4p stellt Pex5p ein spezifisches Substrat dar, ebenso für die AAA-Peroxine Pex1p und Pex6p, die als Translokasen fungieren.

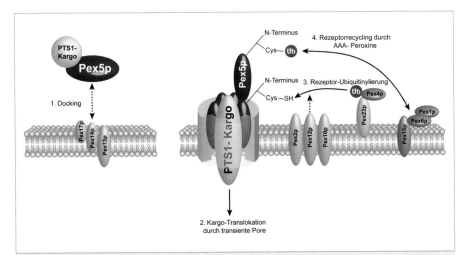

▲ **Abb. 2:** Modell der transienten Importpore. Pex5p dirigiert Kargoproteine zur Peroxisomen-oberfläche und inseriert als Rezeptor-Kargo-Komplex in die peroxisomale Membran, wodurch eine temporäre Importpore formiert wird. Den Docking-Peroxinen Pex13p, Pex14p und Pex17p wird dabei eine Funktion als Porenregulator bzw. -stabilisator zugewiesen. Die Disassemblierung der Pore wird vermutlich durch eine Pex4p-vermittelte Ubiquitinylierung von Pex5p initiiert. Hierbei fungieren die „RING"-Peroxine Pex2p, Pex10p und Pex12p als Ubiquitin-Ligasen. Der ubiquitiny-lierte Rezeptor wird dann durch Pex1p und Pex6p in das Zytosol exportiert.

mit dem heute allgemein akzeptierten Modell der zyklisierenden Rezeptoren erklären. Dieses postuliert, dass die PTS-Rezeptoren nach der Anlieferung der Kargoproteine zur peroxisomalen Membran wieder in das Zytosol „exportiert" werden, um für eine neue Runde des Matrixproteinimports zur Verfügung zu stehen.

Im Rezeptorzyklus spielen Ubiquitinmodifikationen des Rezeptors eine entscheidende Rolle. Dabei treten zwei verschiedene Arten der Ubiquitinylierung auf [5]: Eine Polyubiquitinylierung markiert Pex5p zur proteasomalen Degradation und stellt damit eine Qualitätskontrolle dar. Unter Normalbedingungen wird Pex5p dagegen monoubiquitinyliert, was vermutlich als Erkennungssignal für die Recyclingmaschinerie dient. Beide Modifikationsformen ermöglichen eine Entfernung des PTS-Rezeptors von der peroxisomalen Membran [6].

Importkomponenten an der peroxisomalen Membran und deren Interaktionsnetzwerk mit Pex5p

Die löslichen Rezeptoren binden die PTS-haltigen Kargoproteine im Zytosol und dirigieren sie zur peroxisomalen Membran. Dort sind eine Reihe weiterer Importkomponenten lokalisiert, die allesamt für einen funktionellen Matrixproteinimport essenziell sind.

Den initialen Kontakt mit der peroxisomalen Membran erfahren die Kargo-beladenen PTS-Rezeptoren durch Anbindung an den sogenannten Docking-Komplex, bestehend aus Pex13p, Pex14p und in der Hefe zusätzlich Pex17p. Die Docking-Komponenten und die PTS-Rezeptoren bilden ein komplexes Interaktionsnetzwerk aus: Pex13p und Pex14p sind in der Lage, über mehrere Kontaktpunkte miteinander zu interagieren, und weisen zudem auch mehrere Interaktionsbereiche für die PTS-Rezeptoren auf [7].

Pex8p ist ein mit der Innenseite der peroxisomalen Membran assoziiertes Peroxin, welches in *S. cerevisiae* den Docking-Komplex mit einem weiteren essenziellen Membrankomplex, dem sogenannten „RING-Finger"-Komplex (*really interesting new gene*) verknüpft. Pex8p ist das einzige Peroxin, das sowohl ein PTS1- als auch ein PTS2-Motiv besitzt. Da es zudem in der Lage ist, mit Pex5p und Pex7p zu wechselwirken, wird eine Funktion in der Kargo-Dissoziation postuliert [8]. Für die RING-Peroxine konnte eine Ubiquitin-Ligase-Aktivität demonstriert werden. Als spezifisches Substrat von Pex2p und Pex12p wurde Pex5p identifiziert, wobei Pex2p die Polyubiquitinylierung vermittelt, während Pex12p im Zusammenspiel mit dem Ubiquitin-konjugierenden Enzym Pex4p für die Monoubiquitinylierung des Rezeptors verantwortlich ist [9].

Pex1p und Pex6p zählen zur Familie der AAA(*ATPases associated with various cellular activities*)-Proteine. Ihre Anbindung an die peroxisomale Membran erfolgt über das integrale Membran-Peroxin Pex15p bzw. das orthologe Pex26p in Säugerzellen. Die AAA-ATPasen sind als Dislokasen in den ATP-ver-

brauchenden Rezeptor-Recyclingschritt involviert, indem sie die Pex5p-Freisetzung von der peroxisomalen Membran zurück in das Zytosol bewirken [10].

Ein bemerkenswertes Charakteristikum der membranständigen peroxisomalen Importmaschinerie ist die Tatsache, dass alle Subkomplexe in Kontakt mit dem PTS1-Rezeptor Pex5p treten (**Abb. 1**).

Der Translokationsschritt von Matrixproteinen über die peroxisomale Membran

Nachdem die *player* des peroxisomalen Matrixproteinimports nun identifiziert und ihre Wechselwirkungen untereinander recht gut charakterisiert sind, stellt sich die Frage nach dem Mechanismus der Kargotranslokation.

Lange Zeit galt der Prozess der peroxisomalen Matrixprotein-Translokation als Mysterium. Im Unterschied zu Mitochondrien, die ihre Proteine im entfalteten Zustand importieren, sind Peroxisomen in der Lage, native und oligomerisierte Proteine über ihre Lipiddoppelschicht zu schleusen [11]. Dieses Phänomen ist beispielsweise auch für den Zellkern bekannt, der allerdings auch dementsprechend große permanente Porenstrukturen in der Kernmembran besitzt. In peroxisomalen Membranen konnten bisher dagegen keine permanenten Translokationsporen oder Importkanäle nachgewiesen werden.

Vor Kurzem konnte das Rätsel um den peroxisomalen Proteinimport gelöst werden. Aktuelle Daten belegen, dass aus Hefemembranen isolierte Pex5p-Komplexe nach Rekonstitution in artifiziellen Liposomen elektrophysiologisch detektierbare Poren ausbilden können [12].

Das Novum an diesen Poren ist, dass sie nicht permanent durchlässig sind, sondern ihre Öffnung durch die Zugabe von Kargobeladenem Rezeptor induzierbar ist. Es konnten variable Porendurchmesser von bis zu neun Nanometer gemessen werden. Vermutlich ist die Pore so flexibel, um sich den Anforderungen der jeweiligen Kargolieferung anzupassen.

Die nächste spannende Frage ist nun, welche Proteinkomponenten die transiente peroxisomale Importpore formieren. Der isolierte Pex5p-Komplex enthielt neben Pex5p unter anderem Pex14p, in geringen Mengen Pex13p und weitere Komponenten der membranständigen Importmaschinerie.

Die PTS-Rezeptoren selbst sind heiße Kandidaten für das Poren-formende Protein. Dafür sprechen mehrere Indizien: Zum einen konnte für die PTS-Rezeptoren eine partiell peroxisomale Lokalisation gezeigt werden, zum anderen verhält sich eine Subpopulation von Pex5p wie ein integrales Membranprotein. Hinzu kommt auch die Fähigkeit von Pex5p zur Homooligomerisation sowie seine Eigenschaft, mit vielen Membran-Peroxinen zu interagieren.

Es wird aktuell von dem Modell ausgegangen (**Abb. 2**), dass Pex5p in die peroxisomale Membran inseriert wird und dadurch selbst die Hauptkomponente der Translokationspore ausbildet [12], analog dem Wirkprinzip Poren-formender Toxine, die sich als lösliche Proteine in Membranen einlagern und durch eine Konformationsänderung Membrandurchspannende Poren formieren.

Dem Docking-Komplex wird in diesem Modell eine Funktion als Porenregulator bzw. -stabilisator zugewiesen. Durch die Pex5p-Ubiquitinylierung und die Dislokase-Aktivität der AAA-Peroxine wird die Rezeptorfreisetzung und dadurch die Poren-Disassemblierung reguliert.

Bis dato ist allerdings nicht bekannt, wie die Prozesse Matrixprotein-Translokation und Rezeptorrecycling chronologisch anzuordnen sind. Es wäre denkbar, dass die Rezeptorfreisetzung von der Membran mit dem Kargo-Translokationsschritt gekoppelt ist. ▉

Literatur

[1] DeDuve C, Baudhuin P (1966) Peroxisomes (microbodies and related particles). Physiol Rev 46:323–357
[2] Tolbert NE, Essner E (1981) Microbodies: peroxisomes and glyoxysomes. J Cell Biol 91:271–283
[3] Lazarow PB, Fujiki Y (1985) Biogenesis of peroxisomes. Ann Rev Cell Biol 1:489–530
[4] Gould SJ, Keller GA, Hosken N et al. (1989) A conserved tripeptide sorts proteins to peroxisomes. J Cell Biol 108:1657–1664
[5] Girzalsky W, Platta HW, Erdmann R (2009) Protein transport across the peroxisomal membrane. Biol Chem 390:745–751
[6] Platta HW, El Magraoui F, Schlee D et al. (2007) Ubiquitination of the peroxisomal import receptor Pex5p is required for its recycling. Mol Cell Biol 29:5509–5516
[7] Rayapuram N, Subramani S (2006) The importomer – a peroxisomal membrane complex involved in protein translocation into the peroxisome matrix. Biochim Biophys Acta 1763:1613–1619
[8] Wang D, Visser NV, Veenhuis M et al. (2003) Physical interactions of the peroxisomal targeting signal 1 receptor pex5p, studied by fluorescence correlation spectroscopy. J Biol Chem 278:43340–43345
[9] Platta HW, El Magraoui F, Bäumer BE et al. (2009) Pex2 and pex12 function as protein-ubiquitin ligases in peroxisomal protein import. J Cell Biol 177:197–204
[10] Platta HW, Grunau S, Rosenkranz K et al. (2005) Functional role of the AAA peroxins in dislocation of the cycling PTS1 receptor back to the cytosol. Nat Cell Biol 7:817–822
[11] McNew JA, Goodman JM (1994) An oligomeric protein is imported into peroxisomes *in vivo*. J Cell Biol 127:1245–1257
[12] Meinecke M, Cizmowski C, Schliebs W et al. (2010) The peroxisomal importomer constitutes a large and highly dynamic pore. Nature Cell Biol 12:273–277

Korrespondenzadresse:
Prof. Dr. Ralf Erdmann
Ruhr-Universität Bochum
Medizinische Fakultät
Institut für Physiologische Chemie
D-44780 Bochum
Tel.: 0234-3224943
Fax: 0234-3214266
Ralf.Erdmann@rub.de

AUTOREN

Astrid Hensel
Jahrgang **1982**. **2001–2004** B. Sc. (Biochemie) an der Ruhr-Universität Bochum. **2004–2006** M. Sc. (Biochemie) an der Ruhr-Universität Bochum. Seit **2006** Dissertation in der Arbeitsgruppe von Prof. Dr. Erdmann.

Wolfgang Girzalsky
Jahrgang **1968**. **1996** Diplom und **1999** Promotion an der Ruhr-Universität Bochum. **1999–2003** Postdoktorat bei Prof. Dr. Kunau in Bochum. Seit **2003** Arbeitsgruppen-Leiter am Institut für Physiologische Chemie an der Ruhr-Universität Bochum.

Ralf Erdmann
1986 Diplom und **1989** Promotion an der Ruhr-Universität Bochum. **1991–1995** Postdoktorat an der Rockefeller Universität New York, USA. **1997** Habilitation an der Ruhr-Universität Bochum. **1998–2002** Professur für Biochemie an der FU Berlin. Seit **2002** Professur für Physiologische Chemie an der Ruhr-Universität Bochum.

Durchflusszytometrie

Analyse von Protein-Interaktionen durch FRET und FACS

MICHAEL SCHINDLER, CARINA BANNING
HEINRICH-PETTE-INSTITUT FÜR EXPERIMENTELLE VIROLOGIE UND IMMUNOLOGIE, HAMBURG

Für unterschiedlichste biologische Fragestellungen ist die Untersuchung von Protein-Interaktionen unerlässlich. Die Kombination von FRET und FACS ermöglicht und vereinfacht deren Analyse in lebenden Zellen mit hohem Durchsatz.

The assessment of protein-interactions is crucial for the investigation of most biological processes. These can be analysed in living cells and with high throughput by a combination of FRET and FACS.

■ Förster-Resonanz-Energietransfer (FRET) ist ein physikalischer Vorgang der bereits 1946 von Theodor Förster beschrieben wurde. FRET bezeichnet den strahlungsfreien Übergang von Energie ausgehend von einem angeregten Farbstoff (Donor) auf einen anderen Farbstoff (Akzeptor). Die Effizienz dieser Energieübertragung hängt vor allem vom Abstand beider Farbstoffe ab und muss weniger als zehn Nanometer betragen. Gleichzeitig nimmt die FRET-Effizienz mit steigendem Abstand beider Farbstoffe in der sechsten Potenz ab. Daher ist FRET eine geeignete Methode zur Bestimmung von direkten Interaktionen zweier mit Farbstoff markierter Proteine. Im Bereich der modernen biomedizinischen Forschung ist FRET im Zuge der Entwicklung von diversen Fluoreszenzfarbstoffen zu einer beliebten Methode für die Untersuchung von Protein-Interaktionen geworden [1].

FRET: Prinzipien, Positives und Probleme

Neben dem Abstand sind die spektralen Eigenschaften der verwendeten Fluoreszenzfarbstoffe absolut entscheidend für ein FRET-Signal. Für die am häufigsten in der FRET-Analyse eingesetzten Chromophore CFP (*cyan fluorescent protein*) als Donor und YFP (*yellow fluorescent protein*) als Akzeptor sind diese in **Abbildung 1A** dargestellt [2]. Die Fluoreszenz-Emission des Donors muss hierbei mit der Anregung des Akzeptors überlappen. In der Folge regt der Donor durch seine Emission direkt den Akzeptor zur Fluoreszenz an. Mit anderen Worten bedeutet dies, dass im Falle von FRET YFP Fluoreszenz emittiert, obwohl CFP angeregt wurde (**Abb. 1B**). Dieses Verfahren ermöglicht die Untersuchung der Interaktion nativer Proteine in lebenden Zellen unabhängig von der Lokalisation in spe-

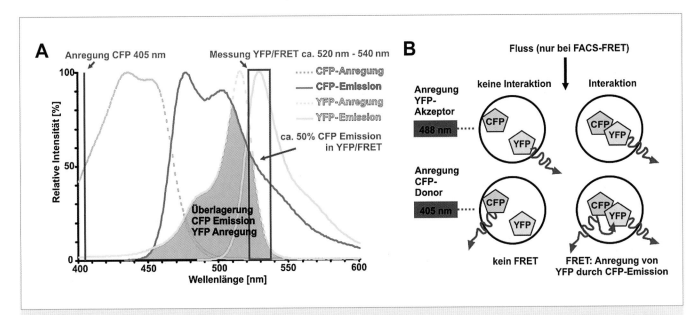

▲ **Abb. 1: A**, Anregungs- und Emissionsspektren von CFP und YFP. Die für FRET essenzielle spektrale Überlagerung zwischen der CFP-Emission und YFP-Anregung ist rosa unterlegt. **B**, FRET-Prinzip und Aufbau von Messungen. Beim FACS erfolgt die sequenzielle Anregung der Zellen in einem Messschritt. Im Falle einer Interaktion wird bei Anregung des Donors (CFP) Energie auf den Akzeptor (YFP) übertragen. Somit emittieren sowohl CFP als auch YFP Fluoreszenz, obwohl nur CFP angeregt wurde. Weitere Erklärungen im Text.

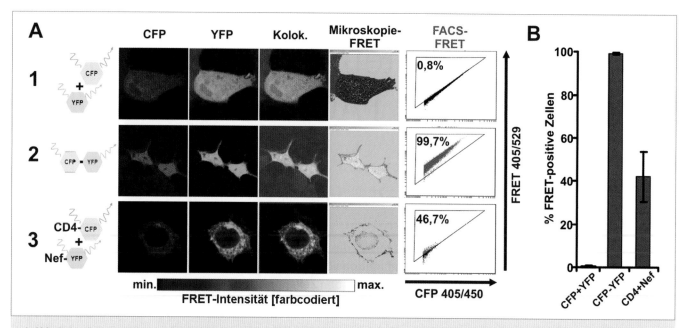

▲ **Abb. 2: A**, Mikroskopische- und FACS-FRET-Auswertung für Zellen transfiziert mit (1) einem CFP-*only*- und einem YFP-*only*-Plasmid (Negativkontrolle), (2) einem CFP-YFP-Fusionsprotein (Positivkontrolle) und (3) einem CD4-CFP- und einem HIV-1-Nef-YFP-Plasmid. Die mikroskopische FRET-Kalkulation erfolgt mittels eines etablierten ImageJ-Plugins und wird über einen Farbcode quantifiziert [5]. Falschfarbendarstellung: CFP, rot; YFP, grün. Für FACS-FRET werden CFP/YFP-positive Zellen *gegated* und zur Visualisierung des Hintergrundsignals CFP (Anregung bei 405 nm, Messung bei 450 nm) gegen FRET (Anregung bei 405 nm, Messung bei 529 nm) aufgetragen. Anhand der Negativkontrolle (1) definiert sich die Hintergrundfluoreszenz und die Dreieckregion für echte FRET-Signale [7]. Kolok.: Ko-Lokalisation von CFP und YFP. **B**, Mittelwert und Standardabweichung aus acht unabhängigen FACS-FRET-Messungen für die Interaktion von HIV-1-Nef mit CD4. Weitere Erklärungen im Text.

zifischen subzellulären Kompartimenten. Zudem erfolgt die Messung über Fluoreszenz und ist somit nicht invasiv [1–3].

Gegenüber den offensichtlichen Vorteilen von FRET stehen einige grundsätzliche Probleme. Diese führen dazu, dass Ergebnisse von FRET-Analysen oft nicht reproduzierbar und aussagekräftig sind. FRET-Messungen liefern aufgrund der notwendigen Überlagerung des Emissions- und Anregungsspektrums beider Chromophore falsch-positive Signale relativ großer Intensität. Besonders

problematisch ist die CFP-Emission, welche im Messfenster für FRET und YFP noch bei ca. 50 Prozent ihrer maximalen Intensität liegt (**Abb. 1A**, [3]). Im Vergleich dazu ist nach erfolgtem Energietransfer die emittierte Fluoreszenz sehr schwach, was bei realen Messungen ein sehr ungünstiges Signal-zu-Rauschverhältnis zur Folge hat. Erschwerend kommt hinzu, dass transfizierte Zellen unterschiedliche Mengen an Fluoreszenz-markierten Proteinen exprimieren. Somit variiert der Anteil des falsch-positiven FRET-

Signals am realen Signal von Zelle zu Zelle [3, 4].

FRET-Messungen mittels Fluoreszenzmikroskopie und FACS

Die Bedeutung dieser Problematik für die Anwendung ist in **Abbildung 2** dargestellt. Zur Messung von FRET ist die Quantifizierung des falsch-positiven Signals anhand geeigneter Kontrollen notwendig [3–5]. Ko-Transfektion von CFP und YFP definiert das Hintergrundsignal, entstanden durch spektrale Überlagerung und die zufällige räumliche Nähe beider Chromophore (**Abb. 2A**, Panel 1). Ein CFP-YFP-Fusionsprotein dient als Positivkontrolle (**Abb. 2A**, Panel 2). Zusätzlich wollten wir die etablierte Interaktion des HIV-1-Nef-Proteins mit dem zellulären Rezeptor CD4 zeigen (**Abb. 2A**, Panel 3, [6]).

Für die Auswertung mittels Fluoreszenzmikroskopie müssen die Proben jeweils mit den entsprechenden Lasern für CFP/YFP angeregt und gemessen werden [5]. Daraufhin erfolgt mit verschiedenen Softwaremodulen die Berechnung und Subtraktion der spektralen Überlagerung von den Signalen realer Proben [4, 5]. Diese Methode ermöglicht die Messung von idealen FRET-Emissionen, wie sie durch das CFP-YFP-Fusionsprotein erreicht werden (**Abb. 2A**, Panel 2). Die Darstellung von schwächeren FRET-Signalen rea-

Tab. 1: Aktuelle Methoden in der Proteinanalytik (modifiziert nach [8]).

Methode	Lebende/intakte Zellen	Hochdurchsatz-Screening	Unabhängig vom zellulären Kompartiment
Ko-Immunpräzipitation	–	–	+
Kristallografie/ (NMR)-Spektroskopie	–	–	nicht zutreffend
GST-*pull-down*	–	–	nicht zutreffend
Tandem-Affinity-Purification + MS	–	+	+
Mikroskopie-FRET	+	–	+
Yeast/Mammalian-Two-Hybrid	+	+	– (Interaktion im Zellkern)
FACS-FRET	+	+	+

NMR: *nuclear magnetic resonance*; GST: Glutathion-S-Transferase; MS: Massenspektrometrie

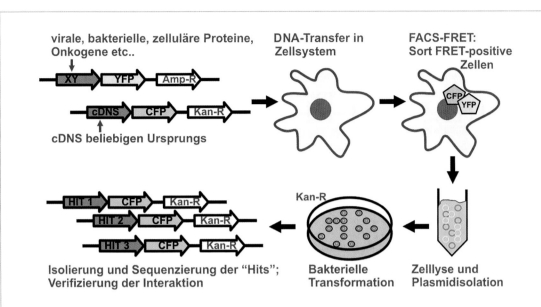

◄ Abb. 3: Schematischer Versuchsaufbau zum Hochdurchsatz-Screening zur Identifikation unbekannter Bindungspartner an ein beliebiges Zielprotein mittels FACS-FRET.

ler Proben ist jedoch oft nicht möglich. Mit Mikroskopie-FRET konnten wir die etablierte Interaktion von CD4 mit Nef nicht bestätigen. Die FRET-Intensität war in diesem Fall sogar niedriger, als die der Negativkontrolle (**Abb. 2A**, Vergleich von Panel 1 mit Panel 3). Im Gegensatz hierzu ermöglicht die Auswertung via Durchflusszytometrie (FACS) die Analyse mehrerer tausend Zellen in wenigen Minuten [7]. Zudem erfolgt die YFP- und CFP-Anregung der Zellen in einem Messschritt (**Abb. 1B**). Die Auftragung der CFP-Emission gegen das erhaltene FRET-Signal (**Abb. 2A**) visualisiert die Hintergrundfluoreszenz für Zellen unterschiedlicher Intensitäten. Dies ermöglicht eine reproduzierbare und statistisch sichere Quantifizierung von FRET, wodurch wir die postulierte Interaktion des HIV-1-Nef-Proteins mit CD4 in lebenden Zellen verifizieren konnten (**Abb. 2B**, [7]).

FACS-FRET in der Anwendung

FACS-FRET ist aufgrund des relativ einfachen experimentellen Ansatzes und der damit verbundenen Möglichkeit, Protein-Wechselwirkungen im natürlichen Kontext in lebenden Zellen zu studieren, eine Methode mit enormem Potenzial [7]. Da die beinahe einzige Limitierung die Generierung von funktionellen Fusionsproteinen ist, ermöglicht FACS-FRET die Untersuchung unterschiedlicher putativer Interaktionen in vorher nicht da gewesenem Ausmaß. Applikationsbeispiele sind die Bestimmung von Bindedomänen [7]

oder das Screening nach Inhibitoren für etablierte Protein-Protein-Interaktionen. Des Weiteren ist nicht nur die *in vivo*-Bestätigung von Ergebnissen anderer Methoden, die zur Proteinanalytik eingesetzt werden, denkbar (**Tab. 1**, [8]), sondern auch der Einsatz von FACS-FRET zur Identifikation neuer Interaktoren. In Vorexperimenten gelang es uns bereits, eine Routine zur Isolierung und Identifikation putativer Interaktionspartner zu etablieren (**Abb. 3**, [7]). Während unsere aktuellen Arbeiten darauf abzielen, unbekannte Bindungspartner lentiviraler Proteine zu identifizieren, ist die Adaptation des Assays in sämtliche Bereiche biomedizinischer Forschung möglich. FACS-FRET bietet somit die einzigartige Möglichkeit zur Untersuchung und Identifikation von Protein-Protein-Wechselwirkungen in jedem subzellulären Kompartiment von lebenden Säugerzellen und könnte eine wichtige Ergänzung und Alternative zu aktuellen Methoden in der Proteinanalytik werden. ▮

Literatur

[1] Selvin PR (2000) The renaissance of fluorescence resonance energy transfer. Nat Struct Biol 7:730–734.
[2] Siegel RM, Chan FK, Zacharias DA et al. (2000) Measurement of molecular interactions in living cells by fluorescence resonance energy transfer between variants of the green fluorescent protein. Sci STKE 38:PL1
[3] Piston DW, Kremers GJ (2007) Fluorescent protein FRET: the good, the bad and the ugly. Trends Biochem Sci 32:407–414
[4] Berney C, Danuser G (2003) FRET or no FRET: a quantitative comparison. Biophys J 84:3992–4010
[5] Hachet-Haas M, Converset N, Marchal O et al. (2006) FRET and colocalization analyzer – a method to validate measurements of sensitized emission FRET acquired by confocal microscopy and available as an ImageJ Plug-in. Microsc Res Tech 69:941–956
[6] Roeth JF, Collins KL (2006) Human immunodeficiency virus type 1 Nef: adapting to intracellular trafficking pathways. Microbiol Mol Biol Rev 70:548–563
[7] Banning C, Votteler J, Hoffmann D et al. (2010) A flow cytometry-based FRET assay to identify and analyse protein-protein interactions in living cells. PLoS One 5:e9344
[8] Shoemaker BA, Panchenko AR (2007) Deciphering protein-protein interactions. Part I. Experimental techniques and databases. PLoS Comput Biol 3:e42

Carina Banning, Michael Schindler

Korrespondenzadresse:
Dr. Michael Schindler
Leiter der AG Virus-Pathogenese
Heinrich-Pette-Institut für experimentelle
Virologie und Immunologie
Martinistraße 52
D-20251 Hamburg
Tel.: 040-48051-280
Fax: 040-48051-194
michael.schindler@hpi.uni-hamburg.de

Proteinstrukturen

Chemisches Cross-Linking und MS zur Untersuchung von Proteinkomplexen

SABINE SCHAKS[1], STEFAN KALKHOF[2], FABIAN KRAUTH[1], OLAF JAHN[3], ANDREA SINZ[1]

[1]ABTEILUNG PHARMAZEUTISCHE CHEMIE UND BIOANALYTIK, INSTITUT FÜR PHARMAZIE, UNIVERSITÄT HALLE

[2]HELMHOLTZ-ZENTRUM FÜR UMWELTFORSCHUNG – UFZ, PROTEOMICS, LEIPZIG

[3]ARBEITSGRUPPE PROTEOMICS, MAX-PLANCK-INSTITUT FÜR EXPERIMENTELLE MEDIZIN, GÖTTINGEN

Die Kombination aus chemischem Cross-Linking, Massenspektrometrie und Molekularem Modellieren ermöglicht die Identifizierung von Proteinbindungspartnern und die Charakterisierung interagierender Regionen in Proteinkomplexen. Beispielhaft wird hier die Erstellung dreidimensionaler Strukturmodelle für die Komplexe zwischen Calmodulin und verschiedenen Munc 13-Peptiden beschrieben.

The combination of chemical cross-linking, mass spectrometry, and molecular modeling allows the identification of protein binding partners as well as the characterization of interacting regions in protein complexes. Here, we describe the design of three-dimensional structural models for various calmodulin/Munc 13 peptide complexes.

Chemisches Cross-Linking von Proteinen

■ Die Strukturanalyse von Proteinen stellt einen wichtigen Schritt auf dem Weg zum Verständnis ihrer Funktionen dar. Neben den hochauflösenden Methoden der Röntgenstrukturanalyse und NMR-Spektroskopie hat sich die Kombination aus chemischem Cross-Linking und Massenspektrometrie (MS) als alternative Methode zur Aufklärung von Proteinstrukturen etabliert. Dabei wird eine kovalente chemische Bindung zwischen zwei Aminosäuren eines Proteins (intramolekular) oder von interagierenden Proteinen (intermolekular) geknüpft. Für eine solche Vernetzungsreaktion stehen verschiedene Reagenzien zur Verfügung (**Tab. 1**, [1–3]), die als „molekulare Lineale" dienen, um Distanzen zwischen Aminosäuren innerhalb eines Proteins oder Proteinkomplexes abzuleiten. Diese Reagenzien werden sowohl anhand ihrer Reaktivitäten, der Anzahl und Art der reaktiven Gruppen als auch deren Distanzen unterschieden. Am häufigsten werden aminreaktive Cross-Linker verwendet, deren reaktive Gruppen

(z. B. N-Hydroxysuccinimid[NHS]-Ester) mit Aminogruppen, wie dem N-Terminus von Proteinen oder ε-Aminogruppen in Lysinresten, reagieren. Eine andere Gruppe von Vernetzungsreagenzien sind photoreaktive Cross-Linker (z. B. Azide, Diazirine oder Benzophenone), die nach UV-Bestrahlung unspezifisch mit C-H-, C=C- oder C-N-Bindungen reagieren. In **Tabelle 1** sind die aminreaktiven homobifunktionellen NHS-Ester Bis(sulfosuccinimidyl)glutarat (BS^{2}G) und Bis(sulfosuccinimidyl)suberat (BS^3) sowie der amin- und photoreaktive heterobifunktionelle Cross-Linker N-Succinimidyl-p-benzoyldihydrocinnamat (SBC) dargestellt, die in unseren Untersuchungen bevorzugt verwendet wurden. Nach der Vernetzungsreaktion werden die kovalent vernetzten Proteine einer enzymatischen Spaltung unterzogen und so in Peptide zerlegt. Die entstehende Peptidmischung wird anschließend chromatografisch aufgetrennt und massenspektrometrisch analysiert (**Abb. 1**). Um eine weitgehend automatisierte massenspektrometrische Identifizierung der Cross-Linking-Produkte zu ermöglichen, wur-

den die aminreaktiven Cross-Linker BS^{2}G und BS^3 (**Tab. 1**) als 1:1-Mischungen aus nicht deuterierter (D_0) und vierfach deuterierter (D_4) Spezies eingesetzt, um die gebildeten Cross-Linking-Produkte anhand ihrer charakteristischen Isotopenmuster in den Massenspektren zu erkennen.

Die so gewonnenen Abstandsinformationen verschiedener Aminosäuren innerhalb eines Proteins oder Proteinkomplexes erlauben, Rückschlüsse auf die vorliegende Struktur zu ziehen. Die Vorteile des chemischen Cross-Linkings in Kombination mit MS liegen in der schnellen Durchführbarkeit der Experimente, der geringen benötigten Proteinmenge (Femto- bis Attomolmengen), der theoretisch unbegrenzten Größe der zu analysierenden Proteine oder Proteinkomplexe und der Möglichkeit, Proteinstrukturen unter nativen Bedingungen zu erhalten. Trotz der Einschränkung, dass sich mit dieser Methode lediglich niederaufgelöste Strukturen ableiten lassen, stellt sie eine Alternative zur Untersuchung dreidimensionaler Proteinstrukturen dar [1–3].

Charakterisierung der CaM/ Munc 13-Peptidkomplexe

Calmodulin (CaM) ist ein Kalzium-bindendes Protein, das eine Vielzahl von Enzymen reguliert. CaM bindet an basische amphiphile Helices, die durch definierte Sequenzmotive in den Zielproteinen, wie MLCK (*myosin light chain kinase*) oder CaMKK (Calmodulin-Kinase-Kinase), ausgebildet sind. Es gibt eine ganze Reihe solcher Sequenzmotive, die sich durch eine große, hydrophobe Ankeraminosäure an Position 1 des Motivs auszeichnen. Die Positionen weiterer hydrophober Aminosäuren unterscheiden sich bei den verschiedenen Motiven und werden zu deren Klassifizierung herangezogen. So stellen 1-10-, 1-14- und 1-16-Motive – mit einer zusätzlichen Ankeraminosäure an Position 10, 14 oder 16 – die Hauptklassen der CaM-Bindungsmotive. Darüber hinaus existieren Kalzium-unabhängige IQ-Motive in CaM-Bindungspartnern [4].

DOI: 10.1007/s12268-011-0083-6

CaM-Bindungsmotive wurden auch in Munc13-Proteinen gefunden, denen in Neuronen als präsynaptische Regulatoren eine bedeutende Rolle in den Prozessen des Vesikel-*priming* und der Kurzzeitplastizität zukommt. Die Kalzium-abhängige Interaktion von CaM und Munc13 stellt hierbei die Verbindung zwischen Änderungen der residualen Kalziumkonzentration in der Synapse und den obigen Prozessen dar [5]. Derzeit steht man noch am Anfang der strukturellen Aufklärung der zwischen CaM und Munc13-Proteinen gebildeten Komplexe. Daher nutzen wir chemisches Cross-Linking in Kombination mit Massenspektrometrie und Molekularem Modellieren (*molecular modeling*), um tiefere Einblicke in die Wechselwirkungen zwischen CaM und Munc13-Proteinen zu erhalten. Um die Komplexität einer solchen Strukturanalyse so weit wie möglich zu reduzieren, wurden Peptide synthetisiert, die die CaM-Bindungsmotive der Munc13-Proteine repräsentieren. Es existieren vier Isoformen der ca. 150 Kilodalton großen Munc13-Proteine, die hochkonservierte C-terminale Regionen besitzen, deren N-terminale Bereiche sich allerdings unterscheiden. Zunächst wurden zwei jeweils 21 Aminosäuren umfassende CaM-Bindungspeptide der homologen Munc13-Proteine Munc13-1 und ubMunc13-2 synthetisiert und deren Komplexe mit CaM mittels chemischem Cross-Linking und MS untersucht (**Abb. 2**).

Cross-Linking-Studien von Munc13-1 und ubMunc13-2 mit aminreaktiven Cross-Linkern

Für die Strukturanalyse der CaM/Munc13-Peptidkomplexe wurden aminreaktive NHS-Ester (BS[3] und BS[2]G, **Tab. 1**) eingesetzt, deren reaktive Gruppen mit den N-Termini und Lysinresten in CaM und den Munc13-Peptiden reagieren. Beide Cross-Linker wurden in einer 1:1-Mischung aus nicht deuteriertem und vierfach deuteriertem Reagenz eingesetzt, um die Identifizierung der gebildeten Cross-Linking-Produkte in den Massenspektren anhand der charakteristischen Isotopenmuster zu erleichtern. Als Ergebnis dieser Cross-Linking-Experimente wurden die Lysinreste an den Positionen 21, 75, 77 und 94 des CaM mit Lysinen an den Positionen 4 und 13 des Munc13-1 bzw. Lysin-13 des ubMunc13-2 vernetzt (**Abb. 3**). Da die verwendeten Cross-Linker nur diejenigen funktionellen Gruppen in Proteinen verknüpfen können, die sich in einer bestimm-

Tab. 1: Strukturen von Cross-Linking-Reagenzien; BS[2]G (Bis[sulfosuccinimidyl]glutarat) und BS[3] (Bis[sulfosuccinimidyl]suberat) sind homobifunktionelle aminreaktive Cross-Linker; D_0: nicht deuteriert, D_4: vierfach deuteriert; SBC (N-Succinimidyl-*p*-benzoyldihydrocinnamat) ist ein heterobifunktioneller amin- und photoreaktiver Cross-Linker.

Name	Chemische Struktur	Spacerlänge
BS[2]G-D_0,D_4		7,7 Å
BS[3]-D_0,D_4		11,4 Å
SBC		10,2 Å

ten Entfernung zueinander befinden, ist es möglich, mithilfe der durch die Cross-Linking-Experimente erhaltenen Distanzbeschränkungen Strukturmodelle der Komplexe zu erstellen.

Als Grundlage für die Erstellung von Strukturmodellen basierend auf einer relativ geringen Anzahl von Distanzbeschränkungen werden – soweit möglich – bereits vorliegende Strukturdaten herangezogen [6, 7]. Nach mehreren Dockingversuchen mit verschiedenen CaM-Peptidkomplexen wurde für das Erstellen von Modellen der CaM/Munc13-Peptidkomplexe der Komplex zwischen CaM und einem Peptid der NO-Synthase als Ausgangspunkt gewählt, da das CaM-Bindungsmotiv der NO-Synthase die

höchste Ähnlichkeit mit dem der Munc13-Proteine aufweist.

Die so erhaltenen dreidimensionalen Modelle der CaM/Munc13-Peptidkomplexe zeigen, dass sowohl das Munc13-1- als auch das ubMunc13-2-Peptid in einer „antiparallelen Orientierung" an CaM binden. Der N-Terminus des Munc13-Peptids interagiert mit dem C-Terminus von CaM über das 1-5-8-Motiv (**Abb. 2**, [7]). Die hydrophoben Aminosäuren an den Positionen 1, 5 und 8 des CaM-Bindungsmotivs der Munc13-Peptide interagieren mit einer hydrophoben Region der C-terminalen Domäne des CaM und vermitteln so die Bindung. An Position 14 des CaM-Bindungsmotivs befindet sich, im Unterschied zur NO-Synthase, ein Glutamatrest,

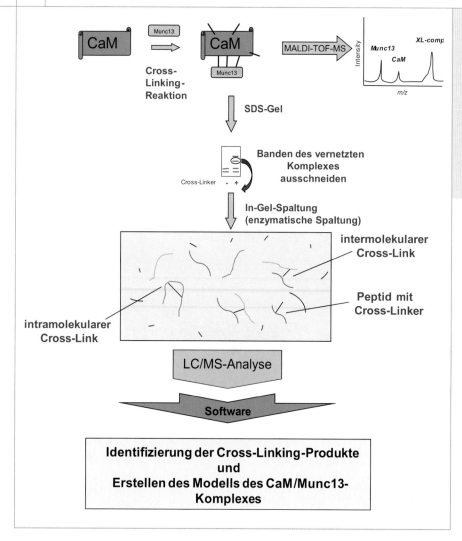

◀ **Abb. 1:** Chemisches Cross-Linking und Massenspektrometrie zur Charakterisierung der CaM/Munc13-Peptidkomplexe. Nach der Cross-Linking-Reaktion wird die Reaktionsmischung mittels SDS-PAGE getrennt, die Banden der vernetzten Komplexe werden aus dem Gel ausgeschnitten und im Gel enzymatisch gespalten. Die entstehenden Peptidmischungen werden anschließend mit hochauflösender Massenspektrometrie (LC/MS) analysiert. Die Distanzbeschränkungen dienen als Grundlage für die Erstellung von Strukturmodellen für die CaM/Munc13-Peptidkomplexe.

Cross-Linking-Studien von Munc13-1 und ubMunc13-2 mit einem photoreaktiven Cross-Linker

Zur Bestätigung des CaM-Bindungsmotivs und der antiparallelen Bindung der beiden Munc13-Isoformen an CaM wurde für weitere Vernetzungsreaktionen ein photoreaktiver Cross-Linker verwendet. Das eingesetzte Reagenz, SBC, **Tab. 1,** [8]) ist heterobifunktionell, das heißt es besitzt zwei unterschiedliche reaktive Gruppen. Zum einen besitzt es einen aminreaktiven NHS-Ester, zum anderen einen Benzophenonrest, der nach Bestrahlung mit langwelligem UV-Licht (365 nm) unspezifisch mit C-H-, C=C- oder C-N-Gruppen reagiert. Durch Verwendung eines solchen Cross-Linkers war es möglich, andere Aminosäuren zusätzlich zu Lysinresten zu vernetzen, und so zusätzliche Strukturinformationen zu erhalten. Im Verlauf der zweistufigen Cross-Linking-Experimente wurden zunächst die Lysinreste des CaM über die aminreaktive Seite des SBC modifiziert. Anschließend wurde überschüssiger Cross-Linker abgetrennt und schließlich durch UV-Bestrahlung die Reaktion der Benzophenongruppe mit dem Munc13-Peptid induziert. Als Vernetzungsprodukte wurden die Lysinreste an den Positionen 21, 75 und 77 des CaM mit Alanin- bzw. Phenylalaninresten der Munc13-Peptide gefunden. Die ermittelten Distanzinformationen wurden mit den Ergebnissen der Cross-Linking-Experimente mit aminreaktiven Cross-Linkern kombiniert und als Grundlage für Strukturmodelle der CaM/Munc13-Peptidkomplexe verwendet (**Abb. 3**).

Ausblick

In weiterführenden Cross-Linking-Studien sollen Domänen der Munc13-Proteine mit CaM vernetzt werden. Hier ist geplant, unnatürliche photoreaktive Aminosäuren, wie *p*-Benzoyl-L-phenylalanin (*p*-Bpa) an definierten Positionen in die Aminosäuresequenz eines der beiden Bindungspartner einzubringen und die Vernetzungsreaktion durch Bestrahlung mit langwelliger UV-Strahlung zu induzieren [9]. Diese Methode soll in Kom-

der nicht an die hydrophobe Region des CaM binden kann. Aus diesem Grund unterscheidet sich das CaM-Bindungsmotiv der Munc13-

Peptide von dem der NO-Synthase und gehört nicht zur Hauptklasse der 1-14-CaM-Bindungsmotive [7].

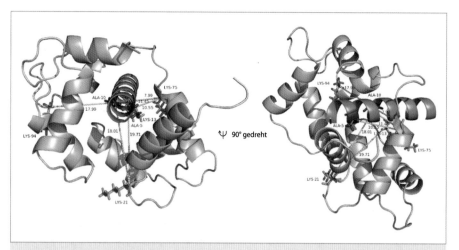

▲ **Abb. 3:** Strukturmodell des CaM/ubMunc13-2-Peptidkomplexes auf Basis verschiedener Cross-Linking- und Photoaffinitätslabeling-Experimente [7]. Blau: ubMunc13-2-Peptid; grau: CaM; rot: Aminosäuren in ubMunc13-2, die mit dem Cross-Linking-Reagenz SBC vernetzt gefunden wurden; grün: Lysin-Reste (Lys-21, -75 und -94) in CaM, die mit SBC vernetzt gefunden wurden und Lysin-13 des ubMunc13-2-Peptids, das mit dem Cross-Linking-Reagenz BS³ vernetzt gefunden wurde. Die Distanzen der mit SBC erhaltenen Cross-Links sind als Linien mit den entsprechenden Abständen in Å dargestellt.

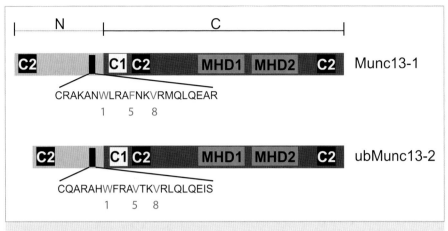

CRAKANWLRAFNKVRMQLQEAR
1 5 8

Munc13-1

CQARAHWFRAVTKVRLQLQEIS
1 5 8

ubMunc13-2

▲ **Abb. 2:** Domänenstruktur von Munc13-1 und ubMunc13-2. Gezeigt sind die Sequenzen von Munc13-Peptiden, die die CaM-Bindungsmotive repräsentieren. Hervorgehoben sind die hydrophoben Aminosäuren der 1-5-8-CaM-Bindungsmotive. MHD: Munc-*homology domain*; N: N-terminale Domäne; C: C-terminale Domäne.

bination mit den hier beschriebenen Cross-Linking-Experimenten mit amin- und photoreaktiven Vernetzungsreagenzien weitere Einblicke in die Strukturen der CaM/Munc13-Komplexe liefern.   ◼

Literatur

[1] Sinz A (2006) Chemical cross-linking and mass spectrometry to map three-dimensional protein structures and protein-protein interactions. Mass Spectrom Rev 25:663–682
[2] Sinz A (2010) Investigation of protein-protein interactions in living cells by chemical crosslinking and mass spectrometry. Anal Bioanal Chem 397:3433–3440
[3] Back JW, de Jong L, Muijsers AO et al. (2003) Chemical cross-linking and mass spectrometry for protein structural modeling. J Mol Biol 331:303–313
[4] Vetter SW, Leclerc E (2003) Novel aspects of calmodulin target recognition and activation. Eur J Biochem 270:404–414
[5] Junge HJ, Rhee JS, Jahn O et al. (2004) Calmodulin and Munc13 form a Ca2+ sensor/effector complex that controls short-term synaptic plasticity. Cell 118:389–401
[6] Kalkhof S, Haehn S, Paulsson M et al. (2010) Computational modeling of laminin N-terminal domains using sparse distance constraints from disulfide bonds and chemical crosslinking. Proteins 78:3409–3427
[7] Dimova K, Kalkhof S, Pottratz I et al. (2009) Structural insights into the calmodulin-Munc13 interaction obtained by cross-linking and mass spectrometry. Biochemistry 48:5908–5921
[8] Krauth F, Ihling CH, Rüttinger HH et al. (2009) Heterobifunctional isotope-labeled amine-reactive photo-cross-linker for structural investigation of proteins by matrix-assisted laser desorption/ionization tandem time-of-flight and electrospray ionization LTQ-Orbitrap mass spectrometry. Rapid Commun Mass Spectrom 23:2811–2818
[9] Chin JW, Martin AB, King DS et al. (2002) Addition of a photocrosslinking amino acid to the genetic code of *Escherichia coli*. Proc Natl Acad Sci USA 99:11020–11024

Korrespondenzadresse:
Prof. Dr. Andrea Sinz
Sabine Schaks
Abteilung für Pharmazeutische Chemie und Bioanalytik
Institut für Pharmazie
Martin-Luther-Universität Halle
Wolfgang-Langenbeck-Straße 4
D-06120 Halle
Tel.: 0345-5525170
Fax: 0345-5527026
andrea.sinz@pharmazie.uni-halle.de
sabine.schaks@pharmazie.uni-halle.de

AUTORINNEN

Andrea Sinz
Jahrgang 1969. Pharmaziestudium an der Universität Tübingen. 1997 Promotion in Pharmazeutischer Chemie, Universität Marburg. 1998–2000 Forschungsaufenthalt National Institutes of Health, Bethesda, MD, USA. 2001–2006 Gruppenleiterin Fakultät für Chemie, Universität Leipzig. Seit 2007 W3-Professorin für Pharmazeutische Chemie und Bioanalytik, Institut für Pharmazie, Universität Halle.

Sabine Schaks
Jahrgang 1984. Biochemiestudium in Halle. Seit 2009 Promotion am Institut für Pharmazie, Universität Halle.

Einzelmolekülspektroskopie

Struktur und Dynamik von Biomolekülen mit *high precision*-FRET

THOMAS-O. PEULEN, CLAUS A. M. SEIDEL

LEHRSTUHL FÜR MOLEKULARE PHYSIKALISCHE CHEMIE, UNIVERSITÄT DÜSSELDORF

High-precision FRET erlaubt eine quantitative Charakterisierung der Strukturen heterogener Biomoleküle. Es können gleichzeitig die Strukturen mehrerer Zustände und die Austauschdynamik (ns- bis s-Zeitbereich) zwischen ihnen untersucht werden.

High-precision FRET allows a quantitative structural characterisation of heterogeneous biomolecules. It is possible to study simultaneously the structures of several species and the exchange dynamics between them within a ns- to s-time range.

Motivation

■ Die Funktionalität von Biomolekülen ist bestimmt durch ihre dreidimensionale Struktur und ihre dynamischen Eigenschaften. Aufgrund der Größe von Biomolekülen ist ihre Energielandschaft äußerst komplex und bei Raumtemperatur sind zahlreiche lokale Konformationsminima zugänglich. Dabei erstreckt sich die nötige Zeit für Übergänge zwischen diesen Konformationen über einen Bereich von Nanosekunden bis zu Sekunden [1].

Im Gegensatz zu Experimenten mit einem Molekül-Ensemble sind bei einzelnen Molekülen Messungen dieser Übergänge ohne Gleichgewichtsauslenkungen möglich, da diese nicht synchronisiert werden müssen. Da zu jeder Zeit der Messung nur ein Molekül beobachtet wird, ist es möglich, die Heterogenität von Populationen und die Kinetik von Übergängen zwischen verschiedenen Zuständen direkt unter Gleichgewichtsbedingungen zu untersuchen.

Aufgrund der hohen Sensitivität sind Fluoreszenzmethoden ideal geeignet, um Einzelmolekülspektroskopie an Biomolekülen zur Beobachtung der Heterogenität in Raum und Zeit durchzuführen. Dabei ist die zeit-

liche Untergrenze für Dynamikuntersuchungen im Wesentlichen durch die Fluoreszenzlebensdauer der Fluorophore bestimmt. Deshalb lassen sich Prozesse von Pikosekunden bis zu Sekunden mit Fluoreszenz untersuchen (**Abb. 1**). Der Förster-Resonanz-Energietransfer (FRET, [2]) zwischen einem Donor- und einem Akzeptor-Fluoreszenzfarbstoff kann in Einzelmolekül-Fluoreszenzexperimenten als „spektroskopisches Lineal" zur Abstandsmessung zwischen den Farbstoffen genutzt werden [3]. Bei FRET wird durch Dipol-Dipol-Kopplung strahlungslos Energie von einem angeregten Donorfarbstoff auf einen Akzeptorfarbstoff übertragen und die Effizienz von FRET durch das Verhältnis der sensibilisierten Akzeptorfluoreszenz zur Donor- und Akzeptorfluoreszenz bestimmt. FRET lässt sich daher ähnlich wie andere labelbasierte Techniken wie EPR, NMR (PRE) zur Strukturaufklärung von Biomolekülen nutzen. Dabei ist FRET durch die große Anzahl der möglichen Fluorophore extrem variabel und insbesondere große makromolekulare Komplexe sind der Messung zugänglich, z. B. der offene Komplex des bakteriellen

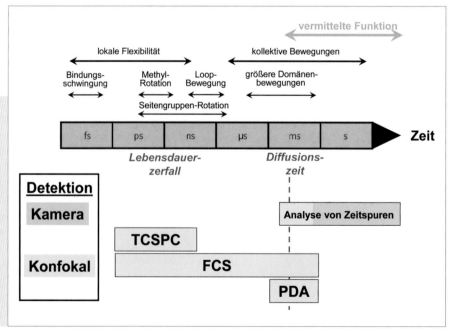

▶ **Abb. 1:** Relevante Dynamiken in Biomolekülen und ihre Zugänglichkeit durch Fluoreszenzmessungen. Die Untergrenze für durch Fluoreszenzmessungen zugängliche Dynamiken ist gegeben durch die Fluoreszenzlebensdauer (Piko- bis Nanosekunden), in einem konfokalen Experiment mit frei diffundierenden Biomolekülen ist die Obergrenze durch die Diffusionszeit der Proteine innerhalb des Konfokalvolumens gegeben. Falls langsame Prozesse von Interesse sind, können diese durch die Analyse von Fluoreszenz-Zeitspuren immobilisierter Moleküle mittels einer CCD-Kamera untersucht werden. TCSPC: zeitkorrelierte Einzelphotonenzählung; FCS: Fluoreszenzkorrelationsspektroskopie; PDA: Photonenverteilungsanalyse.

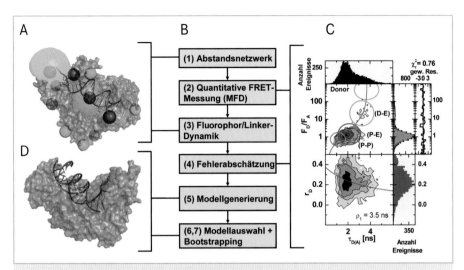

▲ **Abb. 2: A,** Abstandsnetzwerk zur Lokalisation einer doppelsträngigen DNA in einem HIV-1-Reverse-Transkriptase-Komplex [1R0A]. Die verwendeten Farbstoffpositionen sind durch grüne und rote Kugeln für Donor bzw. Akzeptor dargestellt. Die zwei farbigen Wolken zeigen den durch AV-Simulationen berechneten sterisch erlaubten Raum der Farbstoffpositionen. **B,** Flussdiagramm von hpFRET. **C,** Beispielmessung. Im oberen 2D-Histogramm der beobachteten Einzelmolekülereignisse ist das Verhältnis der Donor- (F_D) zur Akzeptorfluoreszenz (F_A) gegen die Donorlebensdauer ($\tau_{D(A)}$) des Donorfluorophors aufgetragen. Bereits mit dem Auge lassen sich zwei verschiedene FRET-Populationen erkennen. Der höchstpopulierte Zustand (P-E, produktiver Komplex im Edukt-Zustand) ist der aus der Kristallstruktur bekannte Komplex, während der Zustand P-P der produktive Komplex im Produkt-Zustand ist. Die FRET-Population D-E (*Dead-End*-Komplex) ist ein Zustand mit einem anderen Bindungsmodus und bisher unbekannter Struktur. Im unteren 2D-Histogramm ist die Anisotropie (r) der Einzelmolekülereignisse gegen die Donorlebensdauer aufgetragen. Der Verlauf der Anisotropie in Abhängigkeit der Donorlebensdauer ist durch die Perrin-Gleichung beschrieben (rote Kurve). **D,** Vergleich der bekannten Kristallstruktur einer doppelsträngigen DNA im Komplex mit HIV-RT – die DNA aus der Kristallstruktur ist in Magenta, die mit hpFRET gedockte DNA in Blau dargestellt. Weitere Erklärungen im Text.

FRET, Helligkeiten sowie zur zeitlichen Entwicklung aller genannten Parameter abgeleitet werden. Die Nützlichkeit dieser Messmethodik wurde bereits mehrfach an komplexeren Proben gezeigt [7, 8]. Mit Einzelmolekül-FRET und MFD können bekannte Probleme von klassischen Ensemble-Experimenten in Bezug auf die Qualität der Probe (Verunreinigungen, Aggregate, unvollständige Markierung) und unsichere Fluorophoreigenschaften (lokale Löschung bzw. Unsicherheiten bezüglich der Orientierung der Farbstoffübergangsdipolmomente – beschrieben durch den FRET-Orientierungsfaktor κ^2) deutlich reduziert werden. Allerdings ist es erst durch neuere verbesserte Analysemethoden, wie z. B. *photon distribution analysis* (PDA) [9], dynamische PDA [10], *lifetime filtered species cross-correlation* [11] und einem Paradigmenwechsel bezüglich der Interpretation des Fluorophor/Linker-Verhaltens [12], in den letzten Jahren möglich geworden, dynamische Systeme strukturell quantitativ zu erfassen (**Abb. 2C**).

Schritt 3: In Fluoreszenzexperimenten werden die Farbstoffe in der Regel über flexible Linker mit einer Länge von etwa 20 Angström an die Biomoleküle angekoppelt, wodurch Fluoreszenzlöschung und Adsorption der Farbstoffe minimiert werden. Allerdings erschwerte bisher die Unsicherheit in Bezug auf die tatsächliche Farbstoffposition die Auswertung von FRET-Abständen in Bezug auf die Struktur der Biomoleküle. Um aus quantitativen Abstandsmessungen mittels MFD Struktur-relevante Informationen zu gewinnen, ist es unabdingbar, die Farbstoff/Linker-Eigenschaften zu berücksichtigen. In früheren Untersuchungen wurden Linkereffekte als Messunsicherheiten betrachtet [7] oder eine fixe Position und Ausrichtung der Dipolmomente angenommen [13]. Wie allerdings Moleküldynamik-Simulationen und experimentelle Befunde zeigen, durchlaufen die Fluorophore/Linker innerhalb der Beobachtungszeit der Moleküle (Millisekunden) ihren gesamten möglichen Konfigurationsraum. Daher lässt sich das Verhalten der Fluorophore an Biomolekülen in guter erster Näherung mit einfachen und schnellen Zugänglichkeitsrechnungen (*accessible volume*, AV-Simulationen) beschreiben. Zudem ist es mittels zeitaufgelöster Anisotropie möglich, die Annahmen der AV-Simulationen experimentell zu überprüfen und die Fehlergrenzen aufgrund der Unsicherheiten im FRET-Orientierungsfaktor κ^2 zu bestimmen [14].

RNA-Polymerase-Promotors [4] oder der Synaptotagmin-1-SNARE-Fusionskomplex [5].

High precision-FRET

Fluoreszenzmessungen werden schon lange zur qualitativen bzw. (semi-)quantitativen Untersuchung und Validierung biomolekularer Strukturen und Dynamiken genutzt [1]. Vor diesem Hintergrund hat sich die Arbeitsgruppe Seidel zum Ziel gesetzt, Fluoreszenzmessungen mit FRET zu einem vollständig quantitativen strukturmodellgebenden Verfahren zu entwickeln und gleichzeitig die große Zeitauflösung der Fluoreszenz zu nutzen. Hierfür müssen Proben strategisch geplant werden, und es werden höhere Anforderungen an Mess- und Auswertungsmethodik gestellt. Die nötigen Schritte zur Nutzung von Fluoreszenzmessungen für die Strukturgebung sind in **Abbildung 2B** in einem Flussdiagramm mit sieben Schritten zusammengefasst und werden im Folgenden als *high precision*-FRET (hpFRET) bezeichnet und erläutert.

Schritt 1: Aufgrund der hohen Anzahl an Freiheitsgraden in Biomolekülen wird ein geeignetes Netzwerk von Abstandsmessungen zur Multilateration (**Abb. 2A**) geplant und in einem iterativen Verfahren gezielt abgefragt. Dazu werden künstliche, meist organische Fluorophore mit hoher Photostabilität und Fluoreszenzquantenausbeute in das Biomolekül durch Kopplung an Cysteine und/oder nicht-natürliche Aminosäuren eingebracht.

Schritt 2: Die gemessenen Abstände müssen zuverlässig und mit möglichst kleinen Fehlern behaftet sein. Zur Reduzierung von Messartefakten wurde in den letzten Jahren die Anzahl der experimentell zugänglichen Fluoreszenzparameter Schritt für Schritt erhöht. Inzwischen sind fünf intrinsische Eigenschaften der Chromophore in Bezug auf die Fluoreszenz, wie Anregungs- und Fluoreszenzspektren, Quantenausbeuten (Φ_F), Lebensdauern (τ) und Anisotropie (r) mittels MFD (Multiparameter-Fluoreszenz-Detektion) in einem Experiment gleichzeitig zugänglich und können aus zeitaufgelösten Messungen abgeleitet werden. Aus diesen Größen lassen sich Informationen zur lokalen Umgebung der Fluorophore gewinnen [6]. Durch Messungen mit mehreren Fluorophoren können Informationen zum Gesamtsystem mittels

Schritt 4: Innerhalb gegebener Modellparameter für das Biomolekül (z. B. starrer Körper im Falle von DNA, **Abb. 2A**) werden innerhalb der Fehlergrenzen alle möglichen Lösungen mit PDA und Fluoreszenzanisotropie bestimmt.

Schritt 5: Darauf basierend werden alle FRET-erlaubten Strukturmodelle mit neuem Algorithmus generiert.

Schritt 6: Die Lösungen werden anschließend gemäß ihrer Modellgüte sortiert, in Klassen verwandter Strukturen eingeteilt und die Eindeutigkeit der FRET-basierten Strukturmodelle bestimmt.

Schritt 7: Die Genauigkeit der gewonnenen Strukturmodelle lässt sich mittels Bootstrapping bestimmen.

Der hpFRET-Ansatz für Einzelmolekülexperimente integriert alle oben diskutierten leistungsfähigen Mess- und Analysemethoden in einer Arbeitssequenz und ermöglicht es somit, quantitative Strukturmodelle zu generieren und Fehlergrenzen für diese zu ermitteln.

Die Stärke dieses Ansatzes zeigt sich durch den Vergleich einer durch hpFRET-gedockten Primer/Template-DNA in die offene Struktur der HIV-1-Reversen-Transkriptase (RT) mit der bekannten Kristallstruktur dieses Komplexes. Zur Lokalisation der Primer/Template-DNA wurden 20 Abstandsmessungen von dieser zum Protein durchgeführt und ein Abstandsnetzwerk gespannt (**Abb. 2A**). Die statistische Analyse der mit hpFRET-Methode erzeugten Strukturmodelle ergab eine eindeutige Lösung, die in **Abbildung 2D** im Vergleich zur Kristallstruktur dargestellt ist. Die exzellente Übereinstimmung für die DNA-Position zeigt sich an einem RMSD-Wert von 0,6 Angström gegenüber der Kristallstruktur.

Ausblick

Ausgehend von den ersten Einzelmolekül-FRET-Messungen [15] ist in den letzten Jahren die Mess- und Auswertemethodik signifikant verbessert worden, sodass hpFRET auf dem Weg ist, eine ergänzende Methode zur quantitativen Strukturcharakterisierung für heterogene Proben zu werden. Durch den Einzelmolekülansatz gibt hpFRET nicht nur Strukturinformationen für mehrere Zustände, sondern auch direkte Informationen zur Aufklärung der Dynamik zwischen diesen in einem durchgehenden Zeitbereich von Nanosekunden bis Sekunden. Auf diese Weise ist die Strukturuntersuchung von schwach bevölkerten (angeregten) Zuständen möglich, welche mit konventionellen Methoden wie Röntgenstrukturanalyse von kristallisierten Proben und NMR nur schwer und oft auch gar nicht zugänglich sind. Die Kombination von hpFRET mit bioinformatischen Methoden zur Strukturvorhersage von Biomolekülen ermöglicht die Bearbeitung komplexer Systeme auch dann, wenn nur eine begrenzte Anzahl von gut gewählten FRET-Abständen gemessen wurde. Des Weiteren hat FRET als optische Methode mit ultimativer Empfindlichkeit den großen Vorteil, dass sie unter *in vivo*-Bedingungen bei der Mikro- bzw. Nanoskopie eingesetzt werden kann, um die Strukturen von Biomolekülen im zellulären Kontext zu charakterisieren [16].

Danksagung

Claus Seidel dankt allen ehemaligen und aktuellen Mitgliedern seiner Arbeitsgruppe und Kooperationspartnern, die mit kontinuierlichem Einsatz geholfen haben, in den letzten 16 Jahren schrittweise alle notwendigen Methoden zu entwickeln, um quantitative FRET-Messungen und -Analysen zu etablieren. Beide Autoren sagen Simon Sindbert, Sylvia Berger sowie Paul J. Rothwell und Roger Goody (beide MPI für Molekulare Physiologie, Dortmund) Dank für die Messungen und Analysen, die in Abbildung 2 gezeigt sind. Insbesondere möchten wir den Dank an Stanislav Kalinin hervorheben, der maßgeblich die Entwicklung von hpFRET mit vorangetrieben hat. ∎

Literatur

[1] Henzler-Wildman K, Kern D (2007) Dynamic personalities of proteins. Nature 450:964–972
[2] Förster T (1948) Zwischenmolekulare Energiewanderung und Fluoreszenz. Annalen der Physik 437:55–75
[3] Stryer L, Haugland RP (1967) Energy transfer: a spectroscopic ruler. Proc Natl Acad Sci USA 58:719–726
[4] Mekler V, Kortkhonjia E, Mukhopadhyay J et al. (2002) Structural organization of bacterial RNA polymerase holoenzyme and the RNA polymerase-promoter open complex. Cell 108:599–614
[5] Choi UB, Strop P, Vrljic M et al. (2010) Single-molecule FRET-derived model of the synaptotagmin 1-SNARE fusion complex. Nat Struct Mol Biol 17:318–324
[6] Widengren J, Kudryavtsev V, Antonik M et al. (2006) Single-molecule detection and identification of multiple species by multiparameter fluorescence detection. Anal Chem 78:2039–2050
[7] Margittai M, Widengren J, Schweinberger E. et al. (2003) Single-molecule fluorescence resonance energy transfer reveals a dynamic equilibrium between closed and open conformations of syntaxin 1. Proc Natl Acad Sci USA 100:15516–15521
[8] Rothwell PJ, Berger S, Kensch O et al. (2003) Multi-parameter single-molecule fluorescence spectroscopy reveals heterogeneity of HIV-1 reverse transcriptase:primer/template complexes. Proc Natl Acad Sci USA 100:1655–1660
[9] Antonik M, Felekyan S, Gaiduk A et al. (2006) Separating structural heterogeneities from stochastic variations in fluorescence resonance energy transfer distributions via photon distribution analysis. J Phys Chem B 110:6970–6978
[10] Kalinin S, Valeri A, Antonik M et al. (2010) Detection of structural dynamics by FRET: a photon distribution and fluorescence lifetime analysis of systems with multiple states. J Phys Chem B 114:7983–7995
[11] Felekyan S, Kalinin S, Valeri A et al. (2009) Filtered FCS and species cross correlation function. Proc SPIE 7183:71830-71844
[12] Woźniak AK, Schröder G, Grubmüller H et al. (2008) Single molecule FRET measures bends and kinks in DNA. Proc Natl Acad Sci USA 105:18337–18342
[13] Muschielok A, Andrecka J, Jawhari A et al. (2008) A nano-positioning system for macromolecular structural analysis. Nat Methods 5:965–971
[14] Sindbert S, Kalinin S, Nguyen DT et al. (2011) Implications of dye linker length and rigidity on accurate distance determination via FRET of labeled DNA and RNA. J Am Chem Soc 133:2463–2480
[15] Ha T, Enderle T, Ogletree DF et al. (1996) Probing the interaction between two single molecules: fluorescence resonance energy transfer between a single donor and a single acceptor. Proc Natl Acad Sci USA 93:6264–6268
[16] Sakon JJ, Weninger KR (2010) Detecting the conformation of individual proteins in live cells. Nat Methods 7:203–208

Korrespondenzadresse:
Prof. Dr. Claus A. M. Seidel
Heinrich-Heine-Universität Düsseldorf
Lehrstuhl für molekulare physikalische Chemie
Gebäude 26.32.02
Universitätsstraße 1
D-40225 Düsseldorf
Tel.: 0211-8115880
Fax: 0211-8112803
cseidel@hhu.de

AUTOREN

Thomas-Otavio Peulen
Jahrgang **1982**. **2004–2009** Studium „Water Science: Chemie, Analytik, Mikrobiologie", Universität Duisburg-Essen. **2007–2009** B. Sc.-Arbeit an der Universidade de São Paulo - São Carlos, Brasilien, und der Université de Montréal, Kanada. **2009** Young Scientist Award. Seit **2010** Doktorand am Institut für molekulare physikalische Chemie.

Claus A. M. Seidel
Jahrgang **1961**. **1980–1988** Chemiestudium an den Universitäten Stuttgart und Heidelberg. **1988-1992** Promotion am Physikalisch Chemischen Institut, Heidelberg. **1992-1993** Postdoc am Sandoz Forschungsinstitut Wien, Österreich. **1993–1998** Leiter einer unabhängigen Nachwuchsgruppe „Einzelmolekül-Fluoreszenz- und Kraftspektroskopie" am Max-Planck-Institut für Biophysikalische Chemie, Göttingen. **1998** Habilitation im Fach Physikalische Chemie, Heidelberg. **1998-2002** Leiter einer BioFuture-Nachwuchsgruppe, Göttingen. **2002** Professor (C4) für Physikalische Chemie an der Universität Düsseldorf. Seit **2007** Sprecher der GBM-Studiengruppe „Biophysikalische Chemie".

Höchstauflösende Mikroskopie

GSDIM: ein pointillistischer Blick auf die Zelle

TAMARA STRAUBE, ALEXANDRA ELLI, RALF JACOB
INSTITUT FÜR ZYTOBIOLOGIE UND ZYTOPATHOLOGIE, UNIVERSITÄT MARBURG

Das nanoskopische Verfahren GSDIM (*ground state depletion microscopy followed by individual molecule return*) ermöglicht eine detailgetreue Abbildung der räumlichen Anordnung von Biomolekülen und intrazellulären Substrukturen wie z. B. Cilien im zweistelligen Nanometerbereich.

The nanoscopic technique GSDIM (ground state depletion microscopy followed by individual molecule return) provides a detailed image of the spatial arrangement of biomolecules and intracellular substructures such as cilia.

Das Prinzip der GSDIM-Mikroskopie

■ Bei der herkömmlichen Fluoreszenzmikroskopie werden delokalisierte π-Elektronen in einem Fluoreszenzfarbstoff von einem Grundzustand S_0 in einen angeregten Zustand S_1 überführt. Bei der Schwingung zurück in den Grundzustand S_0 wird dann Fluoreszenzlicht emittiert. Das GSDIM-Verfahren erniedrigt die Zahl der Elektronen, die für diesen Schwingungszyklus zur Verfügung stehen, indem das Gros des Fluoreszenzfarbstoffs in einen Dunkelzustand versetzt wird (**Abb. 1,** [1–3]). Somit wird die Zahl der anregbaren Fluorophore so weit herabgesetzt, bis einzelne Moleküle detektiert werden können.

Einzelne Moleküle kehren dann spontan aus dem Dunkelzustand in einen anregbaren Grundzustand zurück und fluoreszieren, während andere durch Überführen in den Dunkelzustand wieder inaktiviert werden. Als Resultat beobachtet man ein Aufleuchten oder „Blinken" der Farbstoffmoleküle im Präparat. Die genaue Position einzelner Fluorophore kann dann über einen Algorithmus bestimmt werden. In mehreren Tausend Einzelbildern werden die Positionsinformationen aller Fluorophore gesammelt. Aus deren Koordinaten lässt sich dann rechnerisch ein höchstauflösendes GSDIM-Bild erzeugen. Die Darstellung des GSDIM-Bilds erinnert an die Stilrichtung des Pointillismus aus der Malerei.

Das Forschungsgebiet unserer Arbeitsgruppe am Institut für Zytobiologie und Zytopathologie an der Universität Marburg umfasst die Aufklärung des gerichteten Proteintransports in die apikale Membran polarisierter Epithelzellen und die Identifikation von Zellkomponenten, die für die Aufrechterhaltung der Zellpolarität benötigt werden. Die räumliche Anordnung dieser Komponenten gerade am apikalen Zellpol konnte nun mithilfe der GSDIM-Technik detailliert visualisiert werden. Dabei konzentrieren wir uns auf eine Membranausstülpung, die nur in der apikalen Membrandomäne polarer Epithelzellen zu finden ist: das primäre Cilium.

Das primäre Cilium, ein unkonventionelles Organell für die polare Organisation von Epithelzellen

Primäre Cilien sind auf Mikrotubuli basierende zelluläre Strukturen, die auf der apikalen Oberfläche von polarisierten Epithelzellen des menschlichen Körpers vorkommen. Diese Form der Monocilien findet sich beispielsweise auf Tubuli-auskleidenden Epithelzellen der Niere, des Gallengangs und des Pankreasgangs. Hier kommt ihnen als Mechanosensoren eine wichtige Aufgabe zu, indem sie z. B. die Komposition von Flüssigkeiten oder deren Flussgeschwindigkeit bestimmen [4]. Gleichzeitig sind sie an der Aufrechterhaltung der Zellpolarität beteiligt, wie anhand von MDCK(*Madin Darby canine kidney*)-Zellen gezeigt werden konnte [5]. Primäre Cilien bilden sich im Verlauf des Zellzyklus in der

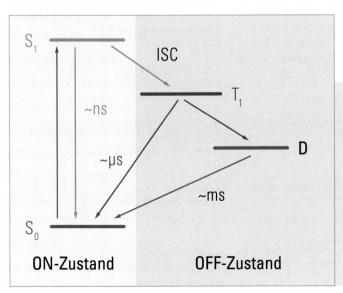

◄ **Abb. 1:** Darstellung der GSDIM-Methode anhand eines vereinfachten Jablonski-Diagramms. Delokalisierte π-Elektronen in Fluorophoren können sich z. B. im Grundzustand S_0, im angeregten Zustand S_1 (beides sogenannte ON-Zustände) wie auch in einem Triplett-Zustand (T_1) oder einem radikalischen Dunkelzustand (*dark state*, D) befinden (beides OFF-Zustände). Bei Emission von Fluoreszenzlicht zirkulieren Elektronen zwischen dem Grund- und angeregten Zustand. Im Gegensatz zu den ON-Zuständen sind Fluorophore im OFF-Zustand nicht zur Emission von Licht in der Lage. Diese OFF-Zustände sind in der Regel langlebig, aber nur schwer zu erreichen, da hierzu eine Spinumkehr (*intersystem crossing*, ISC) notwendig ist. Durch Anregung mit extrem hoher Lichtintensität unter reduzierenden Bedingungen im Einbettmedium können so viele Moleküle in den OFF-Zustand gebracht werden, dass eine Einzelmoleküldetektion in der Probe möglich wird.

DOI: 10.1007/s12268-011-0110-7

Interphase von einer Plasmamembran-assoziierten ca. 250 Nanometer breiten Basis, dem Basal-Körperchen, das heißt das Axonem wird von dieser Struktur ausgehend gebildet [6]. Das Grundgerüst des Basalkörpers bilden neun Mikrotubuli-Dimere (9 + 0). Hier sind verschiedene Centrine angesiedelt, die als essenzielle Komponenten des Basalkörpers angesehen werden. Diese Proteine gehören zur Calmodulin-Familie und besitzen ein EF-Handmotiv, mit dem sie Ca^{2+} binden können [7]. Die durch Ca^{2+}-Bindung induzierte Konformationsänderung reguliert die Interaktion von Centrin mit anderen Proteinen wie z. B. Tubulin oder Galektin-3. Im murinen und humanen Organismus gibt es vier verschiedene Centrinvertreter. Centrin-2 und -3 werden ubiquitär exprimiert und reichern sich in den Zellen in centriolären und pericentriolären Bereichen bzw. im Basalkörper an. Centrin-1 hingegen kommt nur in Keimzellen und der Retina, Centrin-4 nur in vollständig ausdifferenzierten Zellen vor [7].

Störungen in der Ciliogenese oder der Funktion des Ciliums bilden die Grundlage für diverse Erkrankungen wie z. B. die Retina-Degeneration, polyzystische Nierenerkrankung, Hydrocephalus oder das BBS (Bardet-Biedl-Syndrom).

Proteinkomponenten des Basalkörpers ultrahochaufgelöst dargestellt

Das Leica SR GSD (Leica Microsystems, Wetzlar) erzeugt super-hochauflösende GSDIM-Aufnahmen bis zu einer Auflösung von 20 Nanometern. Dies ermöglicht neuartige und sehr detaillierte Einblicke in Strukturen der subapikalen Membran und deren Proteinzusammensetzung. Centrin-2 wurde gemeinsam mit Tubulin in einer Doppelfärbung immunhistochemisch angefärbt und mit dem GSDIM-Verfahren abgebildet (**Abb. 2A**). Das unter der apikalen Membran ausgebildete Netzwerk der Mikrotubuli ist deutlich erkennbar. Daneben fallen halbkreis- bis ringförmige Strukturen auf, die zentral ausgerichtet sind und einmal pro Zelle auftreten. Diese Strukturen, die um den Basalkörper herum angeordnet sind, sind auch mit Centrin-2 gefärbt. Ein ähnliches Verteilungsmuster von Centrin-2 konnten wir bereits zuvor beobachten; **Abbildung 2B** zeigt eine Doppelfärbung von Centrin-2 mit seinem Bindungspartner Galektin-3 [8]. Die klassisch hergestellten, diffraktionslimitierten Aufnahmen zeigen im Vergleich mit dem GSDIM-Bild jedoch eine deutlich diffusere Darstellung der Proteinverteilung.

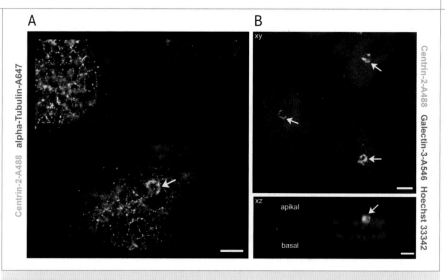

▲ **Abb. 2:** Darstellung der subapikalen Membran mit super-hochauflösender GSDIM-Mikroskopie und Konfokalmikroskopie im Vergleich. **A,** Für die GSDIM-Mikroskopie (Leica SR GSD) wurden MDCK-Zellen auf Deckgläsern kultiviert, fixiert und mit Anti-Centrin-2/A488 (grün) und Anti-α-Tubulin/Alexa647 (rot) immungefärbt. Tubulin und Centrin-2 markieren eine halbkreisförmige Struktur im Bereich des Basalkörpers (Pfeilspitze). Maßstab: 1 µm. **B,** Im Konfokalmikroskop (Leica TCS SP2) wurde die apikale Region von MDCK-Zellen gescannt, die mit Anti-Centrin-2/A488 (grün) und Anti-Galektin-3/Alexa546 (rot) immungefärbt wurden. Die Zellkerne sind mit Hoechst 33342 (blau) eingefärbt. Die xy-Abbildung (oben) zeigt wieder die halbmondförmigen Centrin-2-haltigen Strukturen, die auch den Centrin-2-Bindungspartner Galektin-3 tragen (Pfeile). In der xz-Abbildung (unten) ist erkennbar, dass diese Strukturen apikal oberhalb des Zellkerns liegen. Die Aufnahmen zeigen im Vergleich mit dem GSDIM-Bild eine deutlich diffusere Darstellung der Proteinverteilung. Maßstab: 1 µm.

Ausblick

Mithilfe des GSDIM-Verfahrens können zelluläre Strukturen unterhalb der Beugungsgrenze bis zu einer Auflösung von 20 Nanometern dargestellt werden. Zur Probenpräparation werden die gleichen immunhistochemischen Verfahren angewandt, die bereits für diffraktionslimitierte Weitfeld- und Konfokalmikroskopie etabliert sind. Das GSD-Mikroskop kann Strukturen, die bisher im Verborgenen lagen, sichtbar machen. Das zeigt sich an der Detailtreue der Abbildung von Proteinen und ihren Interaktionspartnern, welche tiefere Einblicke in grundlegende Prozesse innerhalb der Zelle ermöglicht. In Zukunft kann diese Technologie genutzt werden, um neue Erkenntnisse über die zellulären Ursachen von bisher unheilbaren Erkrankungen zu gewinnen. ■

Literatur

[1] Fölling J, Bossi M, Bock H et al. (2008) Fluorescence nanoscopy by ground-state depletion and single-molecule return. Nat Methods 5:943–945
[2] Bierwagen J, Testal I, Fölling J et al. (2010) Far-field auto-fluorescence nanoscopy. Nano Lett 10:4249–4252
[3] Testal I, Wurm CA, Medda R et al. (2010) Multicolor fluorescence nanoscopy in fixed and living cells by exciting conventional fluorophores with a single wavelength. Biophys J 99:2686–2694
[4] Fliegauf M, Benzing T, Omran H (2007) When cilia go bad: cilia defects and ciliopathies. Nat Rev Mol Cell Biol 8:880–893
[5] Bacallao R, Antony C, Dotti C et al. (1989) The subcellular organization of Madin-Darby canine kidney cells during the formation of a polarized epithelium. J Cell Biol 109:2817–2832
[6] Singla V, Reiter JF (2006) The primary cilium as the cell's antenna: signaling at a sensory organelle. Science 313:629–633
[7] Salisbury JL (2007) A mechanistic view on the evolutionary origin for centrin-based control of centriole duplication. J Cell Physiol 213:420–428
[8] Koch A, Poirier F, Jacob R et al. (2010) Galectin-3, a novel centrosome-associated protein, required for epithelial morphogenesis. Mol Biol Cell 21:219–231

Tamara Straube, Alexandra Elli und Ralf Jacob (v. l. n. r)

Korrespondenzadressen:
Prof. Dr. Ralf Jacob
Tamara Straube
Institut für Zytobiologie und Zytopathologie
Philipps-Universität Marburg
Robert-Koch-Straße 6
D-35032 Marburg
Tel.: 06421-28-63858
Fax: 06421-286 6414
jacob@staff.uni-marburg.de
Tamara.Straube@staff.uni-marburg.de

Anja Schué
Leica Microsystems GmbH
Ernst-Leitz-Straße 17-37
D-35578 Wetzlar
Tel.: 06441-29-2201
Fax: 06441-29-2527
Anja.Schue@leica-microsystems.com
www.leica-microsystems.com

THz-Spektroskopie

Der THz-Tanz des Wassers mit den Proteinen

MARTINA HAVENITH
LEHRSTUHL FÜR PHYSIKALISCHE CHEMIE II, UNIVERSITÄT BOCHUM

THz-Spektroskopie ist eine neue experimentelle Methode, um kleinste Änderungen der kollektiven schnellen Wassernetzwerkdynamik an der Biomolekül-Wasser-Grenzfläche zu detektieren. Die Resultate unterstreichen die Bedeutung des Wassers für die biologische Funktion.

THz spectroscopy is a new experimental tool to detect even small solute-induced changes of the collective water network dynamics at the biomolecule-water interface. The new results underline the role of water for the biological function.

■ Fast alles Leben findet im Wasser statt. Lösungsmittel – mit Wasser als prominentestem Beispiel – „solvatisieren" molekulare Spezies, vom einfachen Reagenz bis zum Protein, und bringen diese so in die flüssige Phase. In den Lebenswissenschaften ist Wasser das allgegenwärtige Lösungsmittel, das manchmal sogar als „Stoff des Lebens" bezeichnet wird. Trotzdem wurde die Rolle des Wassers bisher unterschätzt. Biologiebücher zeigen Proteine meist vor einem schwarzen Hintergrund. Doch neuere Simulationsstudien deuten darauf hin, dass Wasser nicht nur ein passiver Zuschauer bei biologischen Prozessen, sondern ein aktiver Mitspieler ist. Die flexible Struktur des Wassers erlaubt es, dass biologische Makromoleküle im Wasser ihre Struktur leicht ändern können. Die Interaktionen erfolgen über H-Brückenbindungen, Van-der-Waals-Bindungen und/oder über elektrostatische Wechselwirkungen. Das Wasser in der Hydrathülle muss bei der Berechnung der Gesamtenergie mit berücksichtigt werden. Die Aggregation von Proteinen wird durch ein subtiles Wechselspiel zwischen hydrophilen und hydrophoben Wechselwirkungen kontrolliert. Wasser an Proteingrenzflächen (Wasser in der Hydrathülle) trägt zu einer thermodynamischen Stabilisierung der Strukturen, zur dynamischen Umstrukturierung bei der Proteinfaltung sowie zur molekularen Erkennung bei. Mithilfe der THz-Spektroskopie gelingt es, selbst kleinste Änderungen in der Wassernetzwerkdynamik durch das Einbringen von Proteinen oder anderen gelösten Stoffen, insbesondere an der Biomolekül-Wasser-Grenzfläche, sowohl statisch als auch zeitaufgelöst zu vermessen.

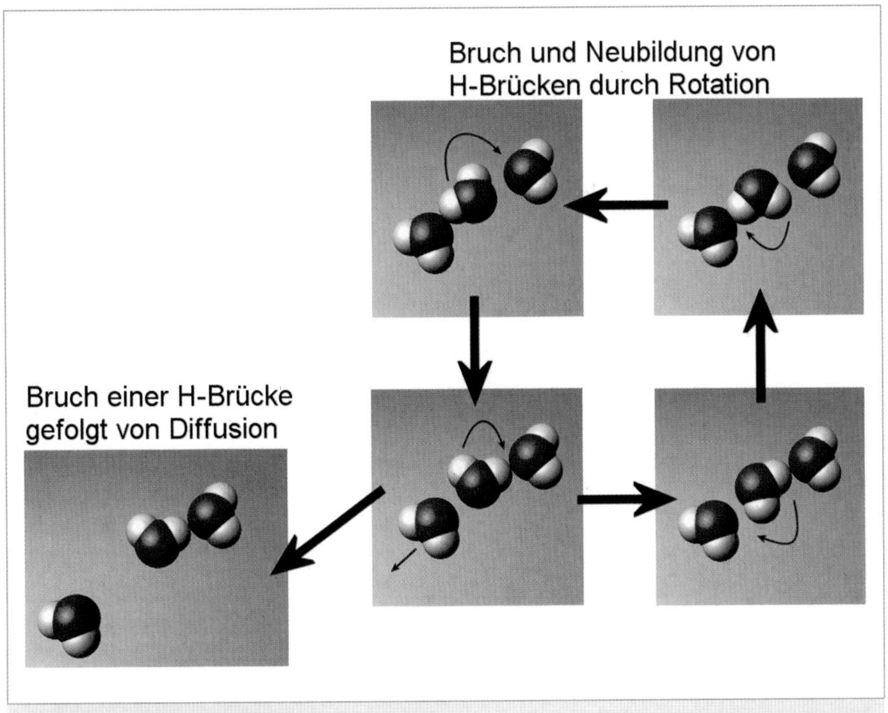

Im Wasser kommt es im Mittel in jeder Pikosekunde einmal zum Aufbrechen von Wasserstoffbrückenbindungen zwischen zwei Wassermolekülen und einer Neubildung mit anderen benachbarten Wassermolekülen (**Abb. 1**). Genau diese Bewegungen ermöglichen eine Fluktuation im Wassernetzwerk. Sie führen zu einer zeitlichen Änderung der Wasser-Dipolmomente auf der Subpikosekunden- und Pikosekunden-Zeitskala. Dies entspricht auf der Frequenzskala Absorptionen im Terahertz(THz)-Bereich. Eine Änderung in den kollektiven Wassernetzwerkschwingungen, die zu Fluktuationen der Dipolmomente führt, kann mithilfe der THz-Absorptionsspektroskopie sehr empfindlich nachgewiesen werden (1 THz = 10^{12} Hz = 1 ps^{-1}). Damit eröffnet die THz-Absorptionsspektroskopie einen neuen Blick auf Änderungen in den schnellen, kollektiven Bewegungen des Wassernetzwerks durch gelöste Stoffe.

▲ **Abb. 1:** Der THz-Tanz des Wassers: Im flüssigem Wasser kommt es im Durchschnitt jede Pikosekunde einmal zum Aufbrechen von H-Brücken, die nachfolgend erneut geschlossen werden.

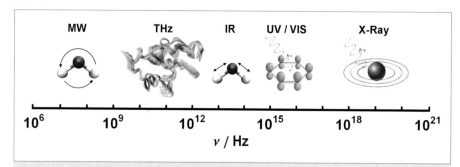

▲ **Abb. 2:** Für den jeweiligen Frequenzbereich charakteristischen Molekülanregungen. Im THz-Bereich finden sich großamplitudige Proteinbewegungen, wie z. B. Gerüstschwingungen oder eine Verdrillung der Helix. MW: Mikrowellen; THz: Terahertzbereich; IR: Infrarotbereich; UV/VIS: Ultraviolett-/sichtbarer Bereich; X-Ray: Röntgenstrahlen.

THz-Technologie

Die Terahertz-Strahlung liegt im Frequenzbereich zwischen dem Mikrowellen- und dem Infrarotbereich (10^{12} Hertz = 1 Terahertz). Die THz-Spektroskopie ist ein Feld, das sich in den letzten Jahren aufgrund der Verfügbarkeit von neuen Strahlungsquellen rapide entwickelt hat. Die Anzahl der Veröffentlichungen ist exponentiell anwachsend [1, 2].

Das Spektralgebiet zwischen Mikrowelle und Infrarot (**Abb. 2**) wurde bis vor Kurzem auch als „THz-Lücke" bezeichnet, da leistungsstarke Strahlungsquellen fehlten. Diese Lücke ergibt sich, da dieser Frequenzbereich in einem Gebiet liegt, wo elektronische Geräte, die auf Elektronenbeschleunigung beruhen (z. B. Mikrowellengeneratoren), versagen und der THz-Bereich energiemäßig unterhalb des Gebietes liegt, das Diodenlaser abdecken können. Inzwischen gibt es zahlreiche Neuentwicklungen, die die Anwendungen vorangetrieben haben. Dazu zählen THz-*time domain*-Spektrometer, bei denen Pikosekunden-Terahertz-Pulse erzeugt werden können, der p-Ge-Laser, der leistungsstarke Laserstrahlung im Wattbereich zur Verfügung stellen kann und Synchrotronstrahlung [3]. In unserer Gruppe werden alle Techniken genutzt, insbesondere mithilfe des leistungsstarken p-Ge-Lasers können − trotz der hohen Absorption des Wassers im THz-Bereich − solvatisierte Proteine untersucht werden.

Wie viele Wassermoleküle beeinflusst ein Protein in seiner Umgebung?

Gibt es Wasser in lebenden Zellen? Diese Frage erscheint auf den ersten Blick merkwürdig, aber Wasser, das bei 0 °C schmilzt und bei 100 °C gefriert, gibt es nicht in Zellen. Bei einer Packungsdichte von 400 Milligramm pro Milliliter Proteinen, Nukleinsäuren, Zuckern, Ionen oder anderen gelösten Teilchen gibt es nicht viel Raum zwischen den Molekülen und ihren nächsten Nachbarn: Im Mittel sind dies 20 bis 30 Angström, je nach Größe. Die zehn bis 15 Wasserlagen, die dazwischen liegen, können allerdings völlig andere Eigenschaften als normales Wasser haben. Wasser, welches in einem gewissen Abstand vom Protein veränderte Eigenschaften aufweist, wird als Hydrathülle bezeichnet.

Dieser Begriff bedarf allerdings einer Präzisierung: Während eine direkte Bindung von

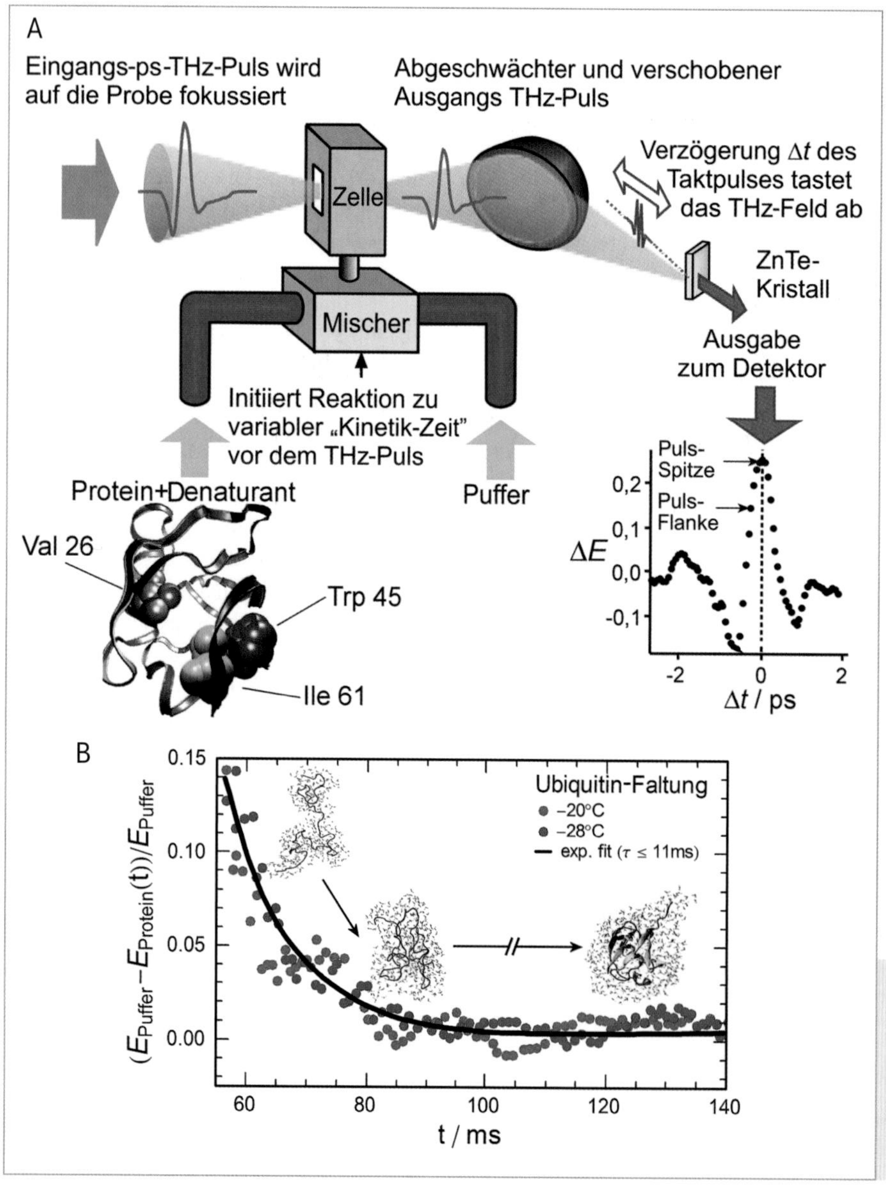

A

Eingangs-ps-THz-Puls wird auf die Probe fokussiert

Abgeschwächter und verschobener Ausgangs THz-Puls

Zelle

Verzögerung Δt des Taktpulses tastet das THz-Feld ab

Mischer

ZnTe-Kristall

Initiiert Reaktion zu variabler „Kinetik-Zeit" vor dem THz-Puls

Ausgabe zum Detektor

Protein+Denaturant

Puffer

Val 26

Trp 45

Ile 61

Puls-Spitze

Puls-Flanke

ΔE

0,2
0,1
0,0
−0,1

−2   0   2
Δt / ps

B

Ubiquitin-Faltung
● −20°C
● −28°C
— exp. fit ($\tau \leq 11$ms)

$(E_{Puffer} - E_{Protein}(t))/E_{Puffer}$

0.15
0.10
0.05
0.00

60   80   100   120   140
t / ms

◀ **Abb. 3:** Aufbau der KITA-Messungen. **A,** Im Experiment wird die Proteinfaltung durch *stopped flow* initiiert. **B,** Die Änderung der Wasserdynamik wird als Funktion der Zeit nach der Initiierung der Faltung gemessen. Die Absorption bestimmt sich aus der Amplitude des transmittierten E-Felds des THz-Pulses am Detektor.

Wassermolekülen an die Proteinoberfläche oder Dichteänderungen in der Nähe der Proteinoberfläche, wie sie mittels Röntgenstrukturanalysen nachgewiesen werden können, nur in der ersten Hydratschale beobachtet werden, zeigt sich, dass der Einfluss von Proteinen auf die Wasserdynamik auf kurzen Zeitskalen (ca. eine Pikosekunde) wesentlich langreichweitiger sein kann. Man muss daher zwischen einem statischen und einem dynamischen Hydrationsradius unterscheiden.

Messungen mit der THz-Spektroskopie zeigten, dass die schnellen Reorientierungen der molekularen Dipole des Wassers sehr langreichweitig, nämlich über eine Distanz von (15 bis 20) Angström von einem einzigen Protein verändert werden können [4]. Dabei geht man davon aus, dass die Einflüsse auf die Dynamik des Wassers exponentiell mit dem Abstand zum Protein abnehmen. Da aber die Anzahl der Moleküle in der Hydrathülle um die Proteine mit dem Quadrat des Abstands anwächst, ist auch klar, dass in der Zelle keine „normalen" Wassermoleküle zu finden sind.

Der Einfluss auf die kollektiven Wassernetzwerkschwingungen in der Umgebung verändert sich deutlich durch Mutationen oder durch Denaturierung [5, 6]. Interessanterweise beeinflusst jeweils der native Wildtyp eines Proteins die kollektiven Änderungen im Wassernetzwerk am effektivsten. Dies deutet auf eine besondere Rolle dieser Veränderung der Wassernetzwerkdynamik im Hinblick auf biologische Funktionen hin.

Langreichweitige Änderungen in der Wasserdynamik als Teil der biologischen Funktion

Arktische Fische können Temperaturen von −1,9 °C überleben, obwohl ihr Blut bei −0,9 °C gefrieren sollte. Ermöglicht wird dies durch Frostschutzproteine (*antifreeze proteins*, AFP) im Blut, die eine Gefrierpunktsabsenkung bedingen. Als Gefrierschutzmittel sind sie mehrere Größenordnungen effektiver als kommerzielle Mittel. Mithilfe der THz-Spektroskopie konnten wir jetzt einen Paradigmenwechsel in Bezug auf die molekulare Erklärung dieses Phänomens herbeiführen. Während man über lange Jahre annahm, dass eine einzige Bindungsstelle am Protein für die Verhinderung der Kristallisation von Eispartikeln verantwortlich ist, zeigte sich durch unsere Messungen, dass die Gefrierschutzaktivität eindeutig mit einer Änderung der

Messung der Wasserdynamik

Etablierte Techniken zur Messung der Wasserdynamik bei Biomolekülen umfassen folgende Techniken: NMR, Neutronenstreuung, Röntgenkristallografie, dielektrische Relaxationsspektroskopie und Fluoreszenzspektroskopie. Jede dieser Methoden misst die Dynamik für bestimmte Zeit- und Längenskalen.

Die THz-Absorption kann als Fouriertransformation der Autokorrelationsfunktion des Gesamtdipolmoments M des Systems berechnet werden:

$$\alpha(\omega) = F(\omega) \int dt \exp(i\,\omega\,t)\, <M(0)M(t)>$$

wobei über das gesamte Ensemble gemittelt wird und $F(\omega)$ ein frequenzabhängiger Vorfaktor ist. Die Absorption im THz-Bereich beschreibt nicht die Bewegung einzelner Wassermoleküle, sondern die langreichweitige korrelierte Bewegung des Wassernetzwerks [8]. Mit zunehmender Temperatur wird das Wassernetzwerk flexibler, und die Fluktuationen nehmen zu; bei niedrigerer Temperatur wird das Wasser mehr und mehr in einer tetrahedralen Symmetrie koordiniert, es wird Eis ähnlicher. Die THz-Absorption ist dementsprechend bei hohen Temperaturen deutlich erhöht, bei niedrigen Temperaturen sinkt sie. Falls THz-Strahlung bei 1,5 THz eine 100-Mikrometer-Wasserschicht bei 370 Kelvin durchdringt, kommen nur 0,7 Prozent der Strahlung beim Detektor an, bei 270 Kelvin erreichen 40 Prozent den Detektor. Moleculardynamik-Rechnungen zeigen, dass in der Hydrathülle von Proteinen eine Verlangsamung in der schnellen Wassernetzwerkdynamik auftritt, das heißt im Mittel beträgt der Zeitraum zwischen dem Aufbrechen der H-Brücken und dem Schließen nun nicht mehr ca. eine Pikosekunde, sondern er ist in der Nähe von hydrophilen Teilen des Proteins deutlich länger (mehrere Pikosekunden). Überraschenderweise zeigt sich der gleiche Effekt bei hydrophoben Taschen. Hier ist die Verlangsamung in der H-Brückendynamik allerdings nicht auf eine direkte H-Brückenbindung, sondern rein auf die sterischen Einschränkungen in den hydrophoben Proteintaschen zurückzuführen [9].

kollektiven Wassernetzwerkdynamik korreliert. Die Änderung der Wasserdynamik wird bei abnehmender Temperatur langreichweitiger und effektiver. Diese Messungen stellen einen direkten Zusammenhang zwischen der biologischen Funktion (Gefrierschutz) und der Beeinflussung der Wasserdynamik her [7].

Um den Änderungen der Wassernetzwerkbewegungen „online" während der Proteinfaltung oder im Verlauf von enzymatischen Reaktionen folgen zu können, wurde an der Ruhr-Universität Bochum die kinetische THz-Absorptionsspektrokopie entwickelt (KITA; **Abb. 3**). Dazu wurde ein THz-*time domain*-Spektrometer mit einer *stopped-flow*-Apparatur kombiniert. Die *stopped-flow*-Apparatur initiiert die biologische Funktion, so wird z. B. durch Beimischung eines Puffers in einer Lösung aus Protein und Denaturierungsmittel die Proteinfaltung initiiert. Mithilfe von kurzen Pikosekunden-Terahertz-Pulsen wurde der zeitliche Verlauf der Änderung der THz-Absorption und damit die Solvatationskinetik in Echtzeit während der Faltung dokumentiert. Die so gewonnenen Informationen kombinierten wir mit anderen kinetischen Messmethoden, die die Strukturänderungen bei der Faltung messen (CD, SAXS Fluoreszenzspektroskopie). Dabei zeigte sich, dass die Änderungen der Wasserdynamik zeitlich der Ausbildung der Sekundär- und Tertiärstruktur vorauseilen! Diese Messungen stützen daher nachdrücklich die These, dass Wassernetzwerkänderungen entscheidend für die Konformationsausbildung sind oder vielleicht sogar diese Konformationsänderungen triggern.

Inzwischen sind weitere Experimente gestartet worden, die eine eindeutige zeitliche Korrelation zwischen der schnellen Wassernetzwerkdynamik und dem Beginn der Hydrolyse bei enzymatischen Reaktionen nahelegen. Der Beginn der enzymatischen Reaktion ist von einer drastischen Änderung der Wassernetzwerkdynamik begleitet.

Fazit

Zusammenfassend kann man sagen, dass die experimentellen Möglichkeiten der THz-Spektroskopie einen völlig neuen Blick auf die Protein-Wasserinteraktion ermöglichen. Die experimentellen Ergebnisse legen es nahe, die Rolle des Wasser bei biologischen Prozessen neu zu definieren: Wasser ist nicht nur ein passives Lösungsmittel, sondern ein aktiver Mitspieler im Spiel des Lebens.

Danksagung

Diese Arbeiten wären nicht möglich gewesen ohne die Finanzierung im Rahmen des Human Frontier Science Programms (HFSP) und der VW-Stiftung. Diese haben die intensive Kooperation mit der Gruppe von Martin Gruebele und David Leitner ermöglicht. Die Ergebnisse wurden in vielen Promotionsarbeiten erhalten. Besonders erwähnen möchte ich die abgeschlossenen Promotionen von S. Ebbinghaus, B. Born und M. Heyden. Das p-Ge-THz-Differenzspektrometer, das ultrapräzise Messungen der THz-Absorption erlaubt, wurde von E. Bründermann aufgebaut. ▩

Literatur

[1] Schmuttenmaer, CA (2004) Exploring dynamics in the far-infrared with terahertz spectroscopy. Chem Rev 104:1759–1779
[2] Pickwell E, Wallace VP (2006) Biomedical applications of terahertz technology. J Phys D: Appl Phys 39:R301–R310
[3] Tonouchi M (2007) Cutting-edge terahertz technology. Nat Photonics 1:97–105
[4] Ebbinghaus S, Kim SJ, Heyden M et al. (2007) An extended dynamical solvation shell around proteins. Proc Natl Acad Sci USA 104:20749–20752
[5] Ebbinghaus S, Kim SJ, Heyden M et al. (2008) Protein sequence- and pH-dependent hydration probed by terahertz spectroscopy. J Am Chem Soc 130:2374–2375
[6] Born B, Kim SJ, Ebbinghaus S et al. (2009) The terahertz dance of water with the proteins: the effect of protein flexibility on the dynamical hydration shell of ubiquitin. Faraday Discuss 141:161–173; 175–207
[7] Ebbinghaus S, Meister K, Born B et al. (2010) Antifreeze glycoprotein activity correlates with long-range protein-water dynamics. J Am Chem Soc 132:12210
[8] Heyden M, Sun J, Funkner S et al. (2010) Dissecting the THz spectrum of liquid water from first principles via correlations in time and space. Proc Natl Acad Sci USA 107:12068–12073
[9] Heyden M, Havenith M (2010) Combining THz spectroscopy and MD simulations to study protein-hydration coupling. Methods 52:74–84

Korrespondenzadresse:
Prof. Dr. Martina Havenith
Lehrstuhl für Physikalische Chemie II
NC 7/72 Universitätsstraße 150
Ruhr-Universität Bochum
D- 44780 Bochum
Tel.: 0234-32-24249
Fax: 0234-32-14183
martina.havenith@rub.de

Proteasomsystem

Immunoproteasomen: Schutz vor Stress

ELKE KRÜGER, ULRIKE SEIFERT, PETER-M. KLOETZEL
INSTITUT FÜR BIOCHEMIE, CHARITÉ UNIVERSITÄTSMEDIZIN BERLIN

Immunoproteasomen wurden bisher vor allem mit einer verbesserten Immunantwort in Verbindung gebracht. Jetzt zeigt sich, dass eine der Hauptfunktionen der Immunoproteasomen der Schutz der Zellen vor Interferon-induziertem oxidativen Stress ist.

The function of immunoproteasomes has been connected with improved antigen presentation efficiency. Now it is shown, that the main function of immunoproteasomes resides in the protection of cells against interferon induced oxidative stress.

■ Der ATP-abhängige Abbau von Proteinen durch das Ubiquitin-Proteasom-System (UPS) ist eine entscheidende Kontrollinstanz vieler zellbiologischer Regulations- und physiologischer Anpassungsprozesse. Die zentrale proteolytische Einheit des UPS ist das 20S-Proteasom mit seinen auf der Innenseite des Enzymkomplexes liegenden katalytischen β-Untereinheiten (**Abb. 1**). Das 20S-Proteasom ist die katalytische Grundeinheit und Bestandteil des noch größeren 26S-Proteasoms, das für den regulierten Abbau von Ubiquitin-markierten Proteinen verantwortlich ist (**Abb. 1**). Als Substrate des 26S-Proteasoms konnten falsch gefaltete, denaturierte oder kurzlebige regulatorische Proteine, wie z. B. Transkriptionsfaktoren oder den Zellzyklus regulierende Proteine, identifiziert werden, die über eine Kaskade von E1-, E2- und E3-Enzymen mit einer Polyubiquitinkette als Abbausignal versehen werden.

Interferon-γ-induzierte Immunoproteasom-Synthese

Als Teil der Immunüberwachung eines Organismus bzw. der zellulären Immunantwort spielt das UPS eine zentrale Rolle. In dieser Funktion produziert das Proteasom von eigenen Proteinen oder in der Zelle translatierten viralen Proteinen kurze Peptidfragmente, die von MHC Klasse I-Proteinen im endoplasmatischen Reticulum gebunden und an der Zelloberfläche den T-Lymphozyten zur Immunüberwachung präsentiert werden. Dabei ist die Menge der vom Proteasom produzierten antigenen Peptide limitierend für die Effizienz der Immunantwort. Das bedeutet, dass die Regulation proteasomaler Aktivität sowie die Versorgung der Prozessierungsmaschinerie mit Proteinsubstrat eine essenzielle Rolle spielen [1].

Interferon – ein Regulatormolekül

Ein wichtiger Regulator proteasomaler Aktivität ist das proinflammatorisch und antiviral wirkende Zytokin Interferon-γ (IFN-γ), das unter anderem von aktivierten T-Lymphozyten sekretiert wird. IFN-γ wirkt auf das Proteasom regulatorisch, indem es in Zellen die Synthese von drei alternativen katalytisch aktiven β-Untereinheiten – den Immununtereinheiten iβ1 (LMP2), iβ2 (MECL1) und iβ5 (LMP7) – induziert, die nach ihrem Einbau in neu gebildete 20S-Proteasomen das Immunoproteasom (i20S-Proteasom) bilden (**Abb. 1B**). i20S-Proteasomen zeichnen sich durch veränderte proteolytische Eigenschaften aus und gewährleisten in den meisten Fällen eine effizientere Produktion antigener Peptide, die an der Zelloberfläche präsentiert werden können [2]. Deshalb wurde bisher die spezifische Funktion des i-Proteasoms fast ausschließ-

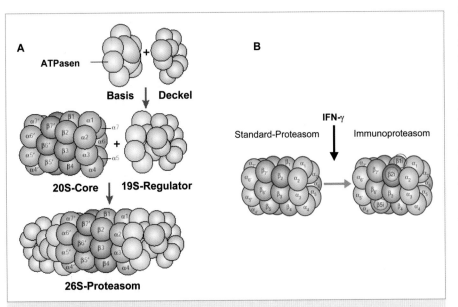

▲ **Abb. 1: A,** Das 20S-Proteasom besteht aus 28 (14 verschiedenen) Untereinheiten (UE). Die α-UE bilden die äußeren, die β-UE die beiden inneren Ringe. Die sechs aktiven Zentren, werden von β1, β2 und β5 gebildet. Die Basis, die an die α-UE bindet, besteht aus sechs ATPasen und zwei Nicht-ATPase-Untereinheiten. Der Deckel enthält zehn Nicht-ATPase-Untereinheiten und spielt eine Rolle bei der Substratbindung. **B,** IFN-γ induziert die Synthese der Immununtereinheiten iβ1, iβ2 und iβ5 und damit des i20S-Proteasoms (verändert nach [2] und [5]).

lich mit dem Immunsystem und einer verbesserten Immunantwort in Verbindung gebracht.

Nicht verstecken – die DRiP-Hypothese

Da viele zelleigene und virale Proteine nach ihrer Synthese in verschiedene zelluläre Kompartimente transportiert werden und damit dem direkten Zugriff des UPS entzogen sind, stellte sich die Frage nach dem Mechanismus, der es der Zelle ermöglicht, Proteine für die Immunantwort zu prozessieren, bevor sie durch zelluläre Kompartimentierung der Antigenprozessierungsmaschinerie entzogen werden. Eine elegante und effiziente Lösung dieses Problems bestünde darin, einen Teil der neu translatierten Proteine direkt nach ihrer Synthese abzubauen. Tatsächlich scheinen bis zu 30 Prozent der neu synthetisierten Proteine direkt nach ihrer Synthese polyubiquitiniert und durch das Proteasom abgebaut zu werden [3]. Zur Erklärung wurde angenommen, dass es sich dabei um falsch gefaltete oder durch inkorrekten Aminosäureeinbau hervorgerufene fehlerhafte Proteine handelt, die folglich als DRiPs (defekte ribosomale Proteinprodukte) bezeichnet wurden. Allerdings ist es schwer vorstellbar, dass ein so großer Teil neu synthetisierter Proteine defekt ist, und es ist auch weitgehend ungeklärt, welche Defekte die DRiPs besitzen. Unabhängig davon, stellen die DRiPs die Hauptquelle für die vom Proteasom generierten antigenen Peptide dar und sind somit die scheinbare Lösung des oben beschriebenen Kompartimentierungsproblems.

Die DRiP-Hypothese erklärt jedoch nicht, wie nach IFN-γ-Stimulation einer Zelle, die zu einer Hochregulation der gesamten Antigenpräsentationsmaschinerie inklusive des i20S-Proteasoms führt, die DRiP-Menge dem erhöhten Peptidbedarf angepasst wird und welche Rolle das i-Proteasom dabei spielt.

Interferon-γ macht Stress

Zytokine wie Interferon-γ sind wichtige Induktoren für die Bildung reaktiver Sauerstoffspezies (ROS) und verursachen oxidativen Stress, der zu einer oxidativen Schädigung von Proteinen führen kann. Besonders betroffen sind hiervon vor allem neu synthetisierte, noch nicht vollständig gefaltete Proteine. Innerhalb von 48 Stunden induziert IFN-γ einen fast zweifachen Anstieg der intrazellulären ROS-Menge in HeLa-Zellen und humanen Lymphozyten. Parallel dazu kommt es zu einer äußerst starken, vorübergehenden

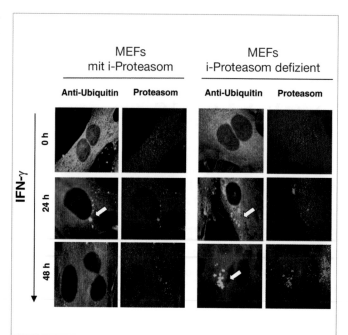

◀ **Abb. 2:** Immunfluoreszenzmikroskopie von normalen und i-Proteasom-defizienten embryonalen Mausfibroblasten (MEFs) mit Immunfärbung gegen Polyubiquitin-Konjugate und ALIS (grün) und 20S-Proteasomen (rot). Nach IFN-γ-Stimulation kommt es in i-Proteasom-defizienten Zellen nach 48 Stunden zu einer starken Akkumulation von ALIS, während i-Proteasom-haltige Zellen frei von Polyubiquitin-Konjugaten sind (siehe weiße Pfeile).

Akkumulation oxidierter, polyubiquitinierter Proteine. Inkubation der Zellen mit antioxidativen Agenzien verhindert die IFN-γ-induzierte oxidative Schädigung und damit auch die Akkumulation polyubiquitinierter Proteine.

Messbares Zeichen der oxidativen Schädigung neu translatierter Proteine ist der fast dreifache Anstieg der Menge an DRiPs. Dieser Anstieg ist unter anderem auch das Resultat einer durch IFN-γ stimulierten, über mTOR (*mammalian target of rapamycin*) vermittelten erhöhten Translationsrate. Das bedeutet, dass DRiPs tatsächlich defekte ribosomale Proteine sind und dass durch die erhöhte Translationsrate sowie die verstärkte oxidative Schädigung der neu synthetisierten Proteine das Substratangebot für die Antigenpräsentation und Immunüberwachung erhöht wird [4].

Immunoproteasomen als Schutzfaktor

INF-γ induziert neben der Synthese der Immununtereinheiten β1i, β2i und β5i auch die Synthese des Proteasom-Maturierungsproteins POMP, das für eine um den Faktor 3 beschleunigte Assemblierung des i20S-Proteasoms verantwortlich ist. Trotzdem dauert es nach IFN-γ-Stimulation der Zellen ca. acht bis zwölf Stunden, bis signifikante Mengen des i20S-Proteasoms gegen das Standard-20S-Proteasom ausgetauscht und als Bestandteil des neu gebildeten i26S-Proteasoms nachweisbar sind. Der durch IFN-γ induzierte Austausch des Standard-Proteasoms gegen das

i-Proteasom macht jedoch eine Disassemblierung des vorhandenen s26S-Proteasoms notwendig. Dadurch kommt es zu einer vorübergehenden Abnahme der zellulären, proteasomalen Aktivität und aufgrund des durch IFN-γ induzierten oxidativen Stresses zu einer starken Akkumulation von Polyubiquitin-Konjugaten. Sichtbares Zeichen ist das vorübergehende Auftreten von ALIS (*aggresome-like induced structures*), die zum Schutz nach Stressinduktion in den Zellen gebildet und mithilfe von Ubiquitin-Antikörpern nachgewiesen werden können (**Abb. 2**). Mit der allmählichen Zunahme funktionsfähiger i26S-Proteasomen, die Polyubiquitin-Konjugate drei- bis viermal effizienter abbauen, als es die Standard-26S-Proteasomen können, beschleunigt sich im Laufe der IFN-γ-Stimulation der Zellen der Abbau der Polyubiquitin-Konjugate, trotz der weiter bestehenden hohen DRiP-Rate. Das führt dazu, dass 48 Stunden nach IFN-γ-Stimulation praktisch alle hochmolekularen Polyubiquitin-Konjugate aus der Zelle entfernt sind (**Abb. 2**).

Besonders deutlich wird die physiologische Bedeutung der i-Proteasomen, wenn man den Abbau der ALIS in embryonalen Mausfibroblasten (MEFs) von i20S-Proteasom-defizienten Mäusen untersucht. Hier zeigt sich, dass das Fehlen der i-Proteasomen zu einer kontinuierlichen Akkumulation von ALIS in den Zellen führt, die jetzt nicht mehr in der Lage sind, ALIS effizient abzubauen (**Abb. 2**). Die besondere Bedeutung von i-Proteasomen für den Schutz vor IFN-γ-induziertem oxidativen Stress zeigt sich auch in einer zweifach

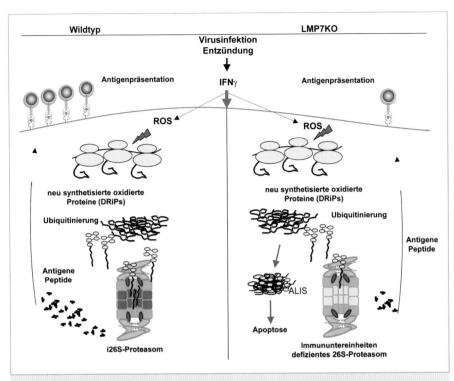

▲ **Abb. 3:** IFN-γ induziert oxidativen Stress (reaktive Sauerstoffspezies, ROS). In Verbindung mit einer gesteigerten Proteinsyntheserate kommt es daher zu einem Anstieg der DRiPs. Aufgrund ihrer höheren proteolytischen Aktivität bauen i26S-Proteasomen die DRiPs effektiv ab, und es kommt zu einer verbesserten Antigenpräsentation. In Abwesenheit von i26S-Proteasomen (LMP7KO) kommt es zu einer Akkumulation der Polyubiquitin-Konjugate, der Bildung von ALIS und gesteigerter Apoptoserate.

Die primäre physiologische Funktion des Immunoproteasoms dient damit vor allem dem Schutz und der Aufrechterhaltung der Lebensfähigkeit der Zellen bei Zytokin-induziertem oxidativen Stress (**Abb. 3**). Dieselbe zellprotektive Funktion des i-Proteasoms sorgt andererseits jedoch auch dafür, dass durch den effizienten Abbau der DRiPs die Peptidversorgung dem steigenden Bedarf der durch IFN-γ aktivierten Antigenpräsentationsmaschinerie angepasst wird. In letzter Konsequenz heißt das, dass durch Aufrechterhaltung des Proteingleichgewichts i-Proteasomen auch die zelluläre Immunanpassung gewährleisten. ■

Literatur

[1] Benham AM, Neefjes JJ (1997) Proteasome activity limits the assembly of MHC class I molecules after IFN-gamma stimulation. J Immunology 159:5896–5904
[2] Kloetzel PM (2001) Antigen processing by the proteasome. Nat Rev Mol Cell Biol 2:179–187
[3] Schubert U, Antón LC, Gibbs J et al. (2000) Rapid degradation of a large fraction of newly synthesized proteins by proteasomes. Nature 404:770–774
[4] Seifert U, Bialy LP, Ebstein F et al. (2010) Immunoproteasomes preserve protein homeostasis upon interferon-induced oxidative stress. Cell 142:613–624
[5] Kloetzel PM (2004) Generation of major histocompatibility complex class I antigens: functional interplay between proteasomes and TPPII. Nat Immunol 5:661–669

erhöhten Apoptoserate und einer erhöhten Sensitivität gegenüber Apoptose-Induktoren der i-Proteasom-defizienten, embryonalen Fibroblastenzellen der Maus.

Immunoproteasomen spielen damit nicht nur eine zentrale Rolle bei der Beseitigung aggregierter, oxidativ geschädigter Proteine, sondern sorgen gleichzeitig auch für die Aufrechterhaltung des Proteingleichgewichts in entzündungsexponierten Geweben. Dieser protektive Effekt wird auch in einem Mausmodell für Multiple Sklerose deutlich, in dem das Fehlen funktionsfähiger i-Proteasomen

zu stark verschlechterten klinischen Parametern und zu einem chronischen Verlauf der Erkrankung mit Ablagerungen von Proteinaggregaten in neuronalen Zellen führt. Die entzündungsabhängige Akkumulation von Proteinaggregaten in neuronalen Zellen deutet darauf hin, dass in Kombination mit oxidativem Stress eine Inhibierung des UPS oder eine partielle Dysfunktion des i-Proteasoms in Neuronen ursächlich mit an der Entstehung neurodegenerativer Erkrankungen mit intrazellulärer Proteinaggregatbildung beteiligt sein kann.

Korrespondenzadresse:
Prof. Dr. Peter-M. Kloetzel
Institut für Biochemie
Charité Universitätsmedizin Berlin
Oudenarder Straße 16
D-13347 Berlin
Tel.: 030-450528-142/071
Fax: 030-450528-921
p-m.kloetzel@charite.de

AUTOREN

Elke Krüger
Jahrgang 1968. 1987–1992 Biologiestudium; 1996 Promotion an der Universität Greifswald. 1997–1999 Postdoktorat bei Prof. Hecker in Greifswald. Seit 1999 Projektgruppenleiter am Institut für Biochemie, Charité Berlin. 2008 Habilitation. Seit 2009 Professorin für Biochemie an der Charité.

Ulrike Seifert
Jahrgang 1969. 1988–1995 Humanmedizinstudium; 1995 Promotion an der Medizinischen Hochschule Hannover. Seit 1997 am Institut für Biochemie, Charité Berlin. Seit 2003 Leiterin der Projektgruppe MHC Klasse I Epitop-Generierung.

Peter-Michael Kloetzel
Jahrgang 1948. 1970–1976 Biologie- und Biochemiestudium; 1979 Promotion HHU Düsseldorf. 1985 Habilitation in Heidelberg. Seit 1993 Direktor des Instituts für Biochemie, Charité Berlin. Seit 2005 Wissenschaftlicher Direktor Charité Centrum II für Grundlagenmedizin.

Proteasen

ADAM 17: molekularer Schalter zwischen Entzündung und Regeneration

ATHENA CHALARIS, STEFAN ROSE-JOHN
BIOCHEMISCHES INSTITUT, UNIVERSITÄT ZU KIEL

Die Protease ADAM 17 spaltet viele Membranproteine, was nicht nur zum Verlust der Oberflächenproteine führt. Die prozessierten extrazellulären Teile der Membranproteine werden über die Zirkulation verteilt und können neue biologische Funktionen erfüllen.

The protease ADAM 17 cleaves many membrane proteins, which not only leads to the loss of the cell surface proteins. The processed extracellular portions of the membrane proteins are distributed via the circulation and fulfil new biologic functions.

■ Man nimmt an, dass bis zu zehn Prozent aller Membranproteine proteolytisch gespalten und in den extrazellulären Raum abgegeben werden. Dieses sogenannte *shedding* wurde für Typ-I- und Typ-II-Membranproteine beobachtet [1]. Die Proteine werden meist nahe der Transmembrandomäne gespalten. *Shedding* führt für die Zelle nicht nur zum Verlust des Oberflächenproteins. Wie im Falle von TNFα (Tumornekrosefaktor alpha) und Liganden des EGF-R (*epidermal growth factor receptor*) werden durch das *shedding* die Liganden überhaupt erst systemisch verfügbar und können so ihre biologische Wirkung entfalten. Für den IL-6R (Interleukin-6-Rezeptor) konnte gezeigt werden, dass die meisten Zellen im Körper dieses Protein nicht exprimieren und deshalb nicht auf IL-6 reagieren können, obwohl alle Körperzellen die signaltransduzierende Rezeptoruntereinheit gp130 exprimieren. Grund dafür ist, dass IL-6 in der Abwesenheit des IL-6Rs nicht an gp130 binden kann [2]. Wir konnten vor einiger Zeit zeigen, dass der IL-6R von ADAM17 gespalten wird und dass der Komplex aus löslichem IL-6R und IL-6 Zellen stimulieren kann, die nur gp130 exprimieren, also theoretisch alle Zellen im Körper [3–5]. In diesem Fall wird durch das *shedding* des IL-6R also das Wirkungsspektrum des Zytokins erheblich erweitert [6]. Dieser Prozess wurde IL-6-*trans-signaling* genannt. Interessanterweise hat sich

gezeigt, dass pro-inflammatorische Aktivitäten von IL-6 im Wesentlichen auf *trans-signaling* beruhen, während regenerative und metabolische IL-6-Wirkungen über den membranständigen IL-6R vermittelt werden [7].

ADAM17 ist ein Typ-I-Membranprotein, das aus einer N-terminalen Signalsequenz, einer Prodomäne, katalytischen Domäne, Disintegrindomäne, einer EGF-ähnlichen Domäne, einer Transmembrandomäne und einer zytoplasmatischen Domäne besteht (**Abb. 1A**). Die Prodomäne hemmt die Metalloproteaseaktivität und muss durch Furin-Proteasen abgeschnitten werden. Die Disintegrindomänen von ADAM-Proteasen können mit zellgebundenen Integrinen interagieren und damit Einfluss auf die Zelladhäsion nehmen. Man nimmt an, dass die Disintegrindomäne und die EGF-ähnliche Domäne an der Erkennung von Substraten durch ADAM-Proteasen beteiligt sind. Mittlerweile sind 76 Substrate von ADAM17 identifiziert worden. Zu diesen gehören verschiedene membrangebundene Zytokine, Rezeptoren und Adhäsionsproteine [1].

Entzündungen sind durch erhöhte Plasmaspiegel der Zytokine TNFα und IL-6 gekennzeichnet. Wie schon erwähnt, muss TNFα durch ADAM17 gespalten werden, um systemisch verfügbar zu werden. Auch der für die pro-inflammatorischen Wirkungen von IL-6 notwendige lösliche IL-6R wird durch diese Protease erzeugt (**Abb. 1B**). Somit kann

der Protease ADAM17 eine pro-inflammatorische Aktivität zugeschrieben werden [1]. In chronisch entzündetem Gewebe wurde eine hohe Expression von ADAM17 beobachtet. Folgerichtig konnte gezeigt werden, dass in der Maus die Hemmung von ADAM17 die Tiere vor einer durch Lipopolysaccharid ausgelösten Sepsis schützt.

Eine Überaktivierung des EGF-R ist in vielen Tumorerkrankungen beobachtet worden. In Tumorzellen kommt es häufig zu einer erhöhten Zelloberflächenexpression und Aktivierung von ADAM17. Darüber hinaus wurde gezeigt, dass die onkogenen Proteine Ras und Src ADAM17 aktivieren können. Dies führt zu einer erhöhten Freisetzung des EGF-R-Liganden TGFα (*transforming growth factor alpha*). Kürzlich konnte gezeigt werden, dass die ADAM17-Aktivität für das Wachstum von Lungenkrebszellen notwendig ist [1].

Vor über zehn Jahren wurden ADAM17-gendefiziente Mäuse erzeugt. Diese Tiere waren nicht lebensfähig und zeigten in ihrem Phänotyp deutliche Parallelen zu Mäusen, die kein TGFα bilden konnten. Kürzlich wurden mithilfe der sogenannten Cre-Lox-Technologie konditionale ADAM17-defiziente Mäuse generiert. Mäuse, deren Leukozyten, Monozyten und Granulozyten kein ADAM17 bilden konnten, waren vor einer experimentellen Sepsis geschützt. In weiteren gewebsspezifischen gendefizienten Mausmodellen konnte gezeigt werden, dass ADAM17 vor Osteoporose schützt bzw. an der Neovaskularisierung, die häufig das Tumorwachstum begleitet, beteiligt ist. Darüber hinaus konnte gezeigt werden, dass ADAM17 Hepatozyten vor der Liganden-induzierten Apoptose schützt [1].

ADAM17 wird in so gut wie allen Geweben des Körpers exprimiert. Daher war ein Mausmodell wünschenswert, bei dem ADAM17 in allen Zellen herabreguliert ist. Wir haben mithilfe einer neuen Strategie eine solche Mauslinie generiert. Hierzu wurde in das für ADAM17 codierende Gen ein zusätzliches Exon eingeführt, das von leicht veränderten Donor-Akzeptor-Spleißerkennungsstellen flankiert war. Da das neue Exon ein transla-

DOI: 10.1007/s12268-011-0079-2

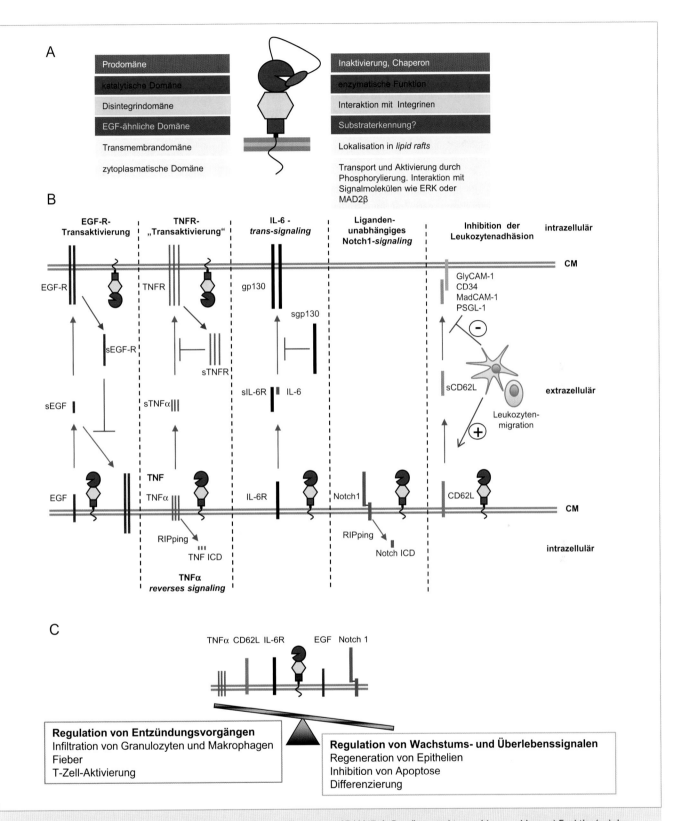

A

Prodomäne	Inaktivierung, Chaperon
katalytische Domäne	enzymatische Funktion
Disintegrindomäne	Interaktion mit Integrinen
EGF-ähnliche Domäne	Substraterkennung?
Transmembrandomäne	Lokalisation in *lipid rafts*
zytoplasmatische Domäne	Transport und Aktivierung durch Phosphorylierung. Interaktion mit Signalmolekülen wie ERK oder MAD2β

B

EGF-R-Transaktivierung

TNFR-„Transaktivierung"

IL-6 - *trans-signaling*

Liganden-unabhängiges Notch1-*signaling*

Inhibition der Leukozytenadhäsion

intrazellulär

CM

EGF-R   TNFR   gp130   GlyCAM-1 CD34 MadCAM-1 PSGL-1

sEGF-R   sTNFR   sgp130

sEGF   sTNFα   sIL-6R IL-6   sCD62L   extrazellulär

Leukozyten-migration

EGF   TNF TNFα   IL-6R   Notch1   CD62L   CM

RIPping   RIPping

TNF ICD   Notch ICD   intrazellulär

TNFα *reverses signaling*

C

TNFα CD62L IL-6R   EGF Notch 1

Regulation von Entzündungsvorgängen
Infiltration von Granulozyten und Makrophagen
Fieber
T-Zell-Aktivierung

Regulation von Wachstums- und Überlebenssignalen
Regeneration von Epithelien
Inhibition von Apoptose
Differenzierung

▲ **Abb. 1:** *Ectodomain shedding* durch die membranständige Metalloprotease ADAM 17. **A**, Domänenstruktur und (vorgeschlagene) Funktion(en) der Protease ADAM 17. **B**, ADAM 17 schneidet verschiedene Transmembranproteine einschließlich Liganden von EGF-R, TNFα, IL-6R, Notch 1 und L-Selektin (CD26L). Dadurch induziert ADAM 17 EGF-R-Transaktivierung über EGF-R-Liganden, TNFR-„Transaktivierung" über (lösliches) sTNFα, IL-6-*trans-signaling* über (löslichen) sIL-6R, Liganden-unabhängiges Notch 1-*signaling* und L-Selektin-vermittelte Leukozyten-Infiltration (Inhibition der Leukozytenadhäsion). Darüber hinaus sind manche EGF-Rezeptoren und beide TNF-Rezeptoren Substrate von ADAM 17. Diese letztgenannten proteolytischen Reaktionen resultieren in antagonistischen Zytokinrezeptoren, die parakrine, autokrine oder endokrine Zytokinsignale hemmen können. Als RIPping bezeichnet man die regulierte intramembranäre Proteolyse von Proteinen durch γ-Sekretase; ICD: intrazelluläre Domäne; CM: Zellmembran. **C**, ADAM 17 ist ein Hauptschalter von Entzündungsreaktionen und Krebs und von Entscheidungen über das zelluläre Schicksal wie z. B. Regeneration, Anti-Apoptose und Differenzierung. Abbildung modifiziert nach [1].

tionales Stoppcodon enthielt, führte der Gebrauch dieses neuen Exons zum Abbruch der Proteinsynthese des ADAM17-Proteins. Aufgrund der leicht veränderten Spleißerkennungsstellen kam es allerdings in geringem Umfang zur Auslassung des neuen Exons [8]. Diese Mäuse, die wir ADAM17^{ex/ex}-Mäuse genannt haben, zeigten erstaunlicherweise eine stark erhöhte Suszeptibilität in einem Tiermodell für entzündliche Darmerkrankungen. Es stellte sich heraus, dass die für die Regeneration des Darmepithels benötigte Stimulation des EGF-R in diesen Mäusen fehlte, da TGFα auf der Zelloberfläche durch ADAM17 nicht gespalten werden konnte. Die fehlende ADAM17-Aktivität in den ADAM17^{ex/ex}-Mäusen führte hier also zu einer verstärkten Entzündungsantwort [8].

Das ADAM17-Gen wird in nahezu allen Zellen exprimiert. In unstimulierten Zellen findet man allerdings nur geringe Mengen des aktiven ADAM17-Enzyms auf der Zelloberfläche. Wie schon erwähnt, kommt es während chronischer Entzündungszustände und in Tumoren zu einer starken Hochregulation der Oberflächenexpression und Aktivität von ADAM17. Die Regulation der Aktivität von ADAM17 ist bislang weitgehend unverstanden. Bekannte Aktivatoren von ADAM17 sind Phorbolester, bakterielle Toxine und C-reaktives Protein. Die Aktivität von ADAM17 kann auch durch eine Cholesterin-Depletion von Membranen gesteigert werden. Kürzlich haben wir gezeigt, dass eine Induktion von Apoptose zur Aktivierung von ADAM17 führt. ADAM17 kann aber auch durch intrazelluläre Signale aktiviert werden [9]. So wurde gezeigt, dass MAP-Kinasen den zytoplasmatischen Teil von ADAM17 phosphorylieren und damit die Protease aktivieren können. Purinerge Rezeptoren können ebenfalls nach Stimulation z. B. durch ATP zu einer schnellen Aktivierung von ADAM17 führen [1].

Im Organismus wird die Aktivität von ADAM17 durch den *tissue inhibitor of metalloproteinases-3* (TIMP3) inhibiert. Eine Deletion des TIMP3-Gens in Mäusen führt zu einer signifikanten Steigerung der ADAM17-Aktivität *in vivo*. Dies legt nahe, dass TIMP3 der natürliche Gegenspieler von ADAM17 ist und nur die Balance zwischen ADAM17 und TIMP3 für die Regulation der ADAM17-Aktivität wichtig ist.

Wir postulieren, dass ADAM17 ein Enzym ist, das während zellulärer Stresssituationen eine wichtige Rolle spielt. In solchen Situationen scheint es die Aufgabe dieses Enzyms zu sein, pro-inflammatorische und regenera-

tive Prozesse zu koordinieren (**Abb. 1C**, [1]). Im Gegensatz dazu ist die verwandte Protease ADAM10 wahrscheinlich eher an Entwicklungsprozessen beteiligt, und der letale Phänotyp von ADAM10-gendefizienten Mäusen ist dem von Notch1-gendefizienten Mäusen sehr ähnlich. Daraus wurde geschlossen, dass Notch1 ein wichtiges Substrat von ADAM10 ist.

Aufgrund ihres breiten Wirkungsspektrums scheint es bedenklich, global über längere Zeit die Aktivität von ADAM17 zu hemmen. Hier müsste mit erheblichen Nebenwirkungen gerechnet werden, wie man aus den Ergebnissen mit den ADAM17^{ex/ex}-Mäusen schließen kann. Auf der anderen Seite ist es bemerkenswert, dass eine fehlende ADAM17-Aktivität zu einer nahezu vollständigen Hemmung des EGF-R-Signalweges führt, da die Liganden des EGF-R nicht mehr von der Zelloberfläche geschnitten werden können. Es kann erwogen werden, ob dies bei EGF-R-abhängigen Tumoren, die gegen eine direkte Hemmung des EGF-R resistent geworden sind, hilfreich sein könnte [1].

Eines der erwähnten Proteine, die von ADAM17 prozessiert werden, ist der membranständige IL-6R. Die dargestellte proinflammatorische Wirkung von IL-6 im Komplex mit dem sIL-6R hat zur Entwicklung eines Proteins in unserer Arbeitsgruppe geführt, das ausschließlich IL-6-*trans-signaling*, aber nicht die Signale über den membrangebundenen IL-6R hemmt [10]. Transgene Mäuse, die das sgp130Fc-Protein überexprimieren, zeigen stark verminderte Entzündungsreaktionen [11] und eine Blockade einer durch das onkogene Ras-Protein ausgelösten Tumorbildung [12]. Dieses lösliche gp130Fc-Protein wird derzeit in Zusammenarbeit mit zwei Firmen in großen Mengen in sogenannter GMP(*Good Manufacturing Practise*)-Qualität produziert, die für klinische Testungen geeignet ist. Wir planen, die anti-inflammatorische Wirkung des löslichen gp130Fc-Proteins in naher Zukunft an Patienten mit entzündlichen Darmerkrankungen und Rheumatoider Arthritis in der Klinik zu testen. ∎

Literatur

[1] Scheller J, Chalaris A, Garbers C et al. (2011) ADAM17: a molecular switch of inflammatory and regenerative responses? Trends Immunol (im Druck)
[2] Chalaris A, Garbers C, Rabe B et al. (2011) The soluble interleukin 6 receptor: generation and role in inflammation and cancer. Eur J Cell Biol 90:484–494
[3] Jones SA, Scheller J, Rose-John S (2011) Therapeutic strategies for the clinical blockade of IL-6/gp130 signaling. J Clin Invest (im Druck)
[4] Rose-John S, Heinrich PC (1994) Soluble receptors for cytokines and growth factors: generation and biological function. Biochem J 300:281–290

[5] Chalaris A, Gewiese J, Paliga K et al. (2010) ADAM17-mediated shedding of the IL6R induces cleavage of the membrane stub by gamma-secretase. Biochim Biophys Acta 1803:234–245
[6] Rose-John S, Scheller J, Elson G et al. (2006) Interleukin-6 biology is coordinated by membrane-bound and soluble receptors: role in inflammation and cancer. J Leuk Biol 80:227–236
[7] Scheller J, Chalaris A, Schmidt-Arras D et al. (2011) The pro- and anti-inflammatory properties of the cytokine interleukin-6. Biochim Biophys Acta 1813:878–888
[8] Chalaris A, Adam N, Sina C et al. (2010) Critical role of the disintegrin metalloprotease ADAM17 for intestinal inflammation and regeneration in mice. J Exp Med 207:1617–1624
[9] Chalaris A, Rabe B, Paliga K et al. (2007) Apoptosis is a natural stimulus of IL6R shedding and contributes to the proinflammatory trans-signaling function of neutrophils. Blood 110:1748–1755
[10] Rose-John S, Waetzig GH, Scheller J et al. (2007) The IL-6/sIL-6R complex as a novel target for therapeutic approaches. Expert Opin Ther Targets 11:613–624
[11] Rabe B, Chalaris A, May U et al. (2008) Transgenic blockade of interleukin 6 transsignaling abrogates inflammation. Blood 111:1021–1028
[12] Lesina M, Kurkowski MU, Ludes K et al. (2011) Stat3/Socs3 activation by IL-6 transsignaling promotes progression of pancreatic intraepithelial neoplasia and development of pancreatic cancer. Cancer Cell 19:456–469

Korrespondenzadresse:
Prof. Dr. Stefan Rose-John
Biochemisches Institut
Christian-Albrechts-Universität Kiel
Olshausenstraße 40
D-24098 Kiel
Tel.: 0431-800-3336
Fax: 0431-800-5007
rosejohn@biochem.uni-kiel.de

AUTOREN

Athena Chalaris und Stefan Rose-John

Athena Chalaris
Biologiestudium und Diplomarbeit an der Universität Hamburg. 2007 Promotion an der Universität zu Kiel. Seit 2008 wissenschaftliche Assistentin in der Arbeitsgruppe von Prof. Dr. Rose-John. Seit 2010 Projektleiterin im SFB877 (Proteolyse als regulatorisches Ereignis in der Pathophysiologie).

Stefan Rose-John
Biologiestudium an der Universität Heidelberg. Dort 1982 Promotion. 1983–1984 Research Associate, Michigan State University, Michigan, USA. 1985–1988 wissenschaftlicher Mitarbeiter, Deutsches Krebsforschungszentrum Heidelberg. 1988 wissenschaftlicher Mitarbeiter, Institut für Biochemie der RWTH-Aachen. 1992 Habilitation im Fach Biochemie. 1994–2000 Professur für Pathophysiologie, Universität Mainz. Seit 2000 Professor und Direktor am Biochemischen Institut der Universität Kiel. Sprecher des Sonderforschungsbereichs 877 (Proteolyse als regulatorisches Ereignis in der Pathophysiologie).

Proteindesign

Enzyme am Reißbrett

CHRISTOPH MALISI, ANDRÉ C. STIEL, BIRTE HÖCKER
AG PROTEIN DESIGN, MAX-PLANCK-INSTITUT FÜR ENTWICKLUNGSBIOLOGIE,
TÜBINGEN

Computergestütztes Design etabliert neue Funktionen auf einem Protein durch theoretisches Sampling des Sequenz- und Konformationsraumes. Wir beschreiben den Ansatz, sein Potenzial sowie die Herausforderungen.

Computational design establishes a new functionality on a protein by theoretically sampling its sequence and conformational space. We describe the approach, its potential as well as the challenges ahead.

■ Enzyme werden in steigender Zahl in Medizin, Biotechnologie und Chemie genutzt. Dabei sind die verwendeten natürlich vorkommenden Enzyme meist nur unzureichend auf die Anwendung abgestimmt. An diesem Punkt setzt das Feld des *Protein Engineering* an: Enzyme werden gezielt für eine Aufgabe optimiert bzw. konstruiert. Durch definierte Interaktion ihrer Aminosäure-Bausteine erfüllen Enzyme bestimmte Funktionen. Diese Funktionen können durch Änderungen des „Bauplans" verändert und hinsichtlich einer

konkreten Anwendung optimiert werden. So entsteht jenseits der heute schon aktuellen Nanotechnologie eine Werkzeugkiste genetisch codierter, einfach replizierbarer biologischer Arbeitsgeräte.

Ansätze und Strategien

Eine mögliche Strategie besteht darin, Enzyme durch „gerichtete Evolution" weiterzuentwickeln. Hierbei werden zufällig Mutationen in ein Protein eingeführt und aus einer möglichst großen Varianten-Bibliothek auf

Enzyme mit veränderter Funktion selektiert. Oft muss eine große Zahl im Hochdurchsatzverfahren geprüft werden, um eine verbesserte Variante zu finden. Um die gewünschte Variante innerhalb einer realisierbaren Bibliotheksgröße erreichen zu können, sollte eine kleine Anzahl von Austauschen bereits zu einer messbaren Verbesserung der Aktivität führen. Dies beschränkt das Verfahren auf Enzyme mit einfach zu charakterisierenden Funktionen und einer meist schon vorhandenen basalen Aktivität.

Einen relativ neuen und vielversprechenden Ansatz bietet das computergestützte Proteindesign. Hierbei wird der Suchraum der möglichen Mutanten theoretisch erforscht und nur einige Erfolg versprechende Varianten experimentell auf ihre Funktion geprüft. Der Suchraum nimmt dabei schnell enorme Ausmaße an und muss limitiert werden: Für ein 100 Aminosäuren langes Protein, bei dem jede Position mutiert wird, ergeben sich 20^{100} Möglichkeiten. Voraussetzung ist zudem, dass der Mechanismus der gewünschten Katalyse bekannt ist.

Ein frühes Beispiel von computergestütztem Enzymdesign ist die Etablierung einer Hydrolyse-Aktivität in einem Thioredoxingerüst durch das Platzieren eines katalytischen Histidins [1]. Durch nur drei Punktmutationen wurde eine, wenn auch niedrige, katalytische Aktivität erreicht. Eine deutliche Weiterentwicklung repräsentiert das Enzymdesign-Modul der Rosetta-Software [2], welches für das erfolgreiche Design mehrerer Enzyme mit komplexeren Mechanismen verwendet wurde. Einen Höhepunkt stellt das *de novo*-Design eines Enzyms für die Kemp-Eliminierung dar, einer Modellreaktion für die Protonenübertragung von einem Kohlenstoffatom [3]. Ein weiteres Beispiel ist ein Katalysator für die Diels-Alder-Reaktion: das erste Design für eine bindungsformende Reaktion mit zwei Substraten [4].

Ablauf und Komponenten

Der Designprozess gliedert sich in mehrere Schritte (**Abb. 1, 2**), deren Ausgangspunkt eine Beschreibung des katalytischen Zentrums darstellt. Ziel ist es, dieses katalytische Motiv in einem neuen Protein möglichst per-

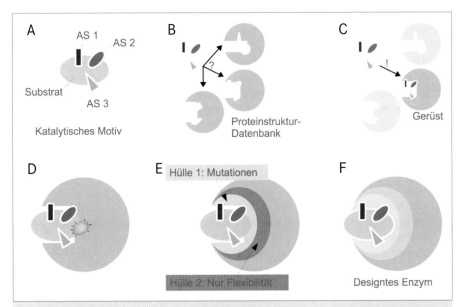

▲ **Abb. 1:** Schematische Darstellung des Ablaufs eines computergestützten Enzymdesigns. **A,** Eingabe eines katalytisches Motivs. **B, C,** Suche nach passendem Proteingerüst. **D,** Anpassung der Bindetasche notwendig. **E,** Aminosäuren im direkten Kontakt zum Motiv (Hülle 1) werden mutiert, die in zweiter Reihe (Hülle 2) konformationell angepasst. **F,** Enzym mit neuer katalytischer Maschinerie und angepasster Bindetasche. AS: Aminosäure. Weitere Erläuterungen im Text.

     DOI: 10.1007/s12268-011-0117-0

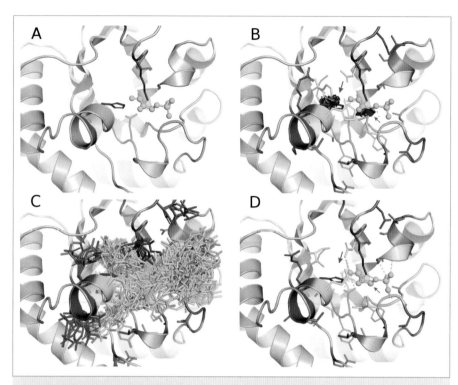

▲ **Abb. 2:** Beispiel eines computergestützten Enzymdesigns. **A**, katalytisches Motiv im Proteingerüst. **B**, innere (gelb) und äußere (grau) Designhülle, sterische Konflikte zwischen Gerüst und Motiv sind hervorgehoben (rote Pfeile). **C**, der Suchraum der möglichen Mutanten (mögliche Konformationen sind überlagert dargestellt). **D**, mögliche Lösung: Konflikte sind aufgelöst (rote Pfeile), gewünschte Interaktionen zwischen Substrat und Enzym etabliert. Weitere Erklärungen im Text.

fekt zu etablieren, das heißt mit wenig Veränderung des Zielproteins so in der neuen Struktur zu realisieren, dass ein funktionierendes Enzym entsteht. Im Folgenden werden die einzelnen Schritte detaillierter betrachtet.

Das katalytische Motiv: Als Basis für den Prozess dient ein katalytisches Motiv, welches die erwünschte Geometrie des aktiven Zentrums des neuen Enzyms beschreibt. Dieses bestimmt die räumliche Positionierung aller an der Katalyse beteiligten Aminosäuren. Daneben beinhaltet das Motiv die Position und räumliche Struktur des Substrats oder eines Modells eines Übergangszustandes (**Abb. 1A**). Ein solches Ausgangsmotiv kann von einer dreidimensionalen Struktur existierender Enzyme abgeleitet werden oder neu mit quantenmechanischen Methoden berechnet werden [5].

Das Gerüst-Protein: Der nächste Schritt ist die Suche nach einem geeigneten Proteingerüst, in welches das katalytische Motiv eingepasst werden kann. Hierfür ist ein Protein erforderlich, dessen Polypeptid-Rückgrat eine Einbringung der Aminosäuren in der passenden Geometrie durch Punktmutationen erlaubt. Dabei wird angenommen, dass sich

die Rückgratstruktur während des Designs nur marginal oder gar nicht verändert [6] (**Abb. 1B, 1C, 2A**).

Anpassung des Gerüst-Proteins an das katalytische Motiv: Ist ein Proteingerüst gefunden, muss die Umgebung des eingefügten Motivs angepasst werden: Aminosäurepositionen müssen so verändert werden, dass sie die eingefügten katalytischen Reste unterstützen und in der gewünschten Konformation stabilisieren. Gleichzeitig muss eine passende Bindetasche für das Substrat etabliert werden (**Abb. 1D, 2B**). Zur Modellierung der Flexibilität der Aminosäure-Seitenketten findet eine Rotamerbibliothek Verwendung.

Um den Suchraum auf eine handhabbare Größe zu beschränken, werden Teile des Proteins entsprechend ihres Abstands zum eingefügten Motiv unterschiedlich in den Designprozess einbezogen. Die innerste Designhülle beinhaltet Positionen mit direktem Kontakt zum Substrat oder zu den katalytischen Aminosäuren. In den Berechnungen ist die Mutation jeder dieser Aminosäuren zu allen anderen erlaubt. Die darauf folgende äußere Hülle beinhaltet Positionen mit Kontakt zur inneren Hülle, jedoch keinem direkten Kontakt zum Substrat. Diese Reste dürfen in den

Berechnungen ihre Konformation ändern, aber nicht mutieren. Alle weiteren Positionen des Proteins bleiben in ihrer wildtypischen Konformation fixiert (**Abb. 1E, 2C**). Wie in einem Puzzle wird nun für jede Position und das Substrat eine Konformation gesucht, die bei Beibehaltung der Geometrie des katalytischen Motivs eine möglichst geringe Energie aufweist (**Abb. 1F, 2D**).

Die Güte der Lösungen wird mit Energie- oder Scoringfunktionen gemessen. Dabei werden empirische Funktionen verwendet, die auf statistischen Analysen bekannter Protein- und Komplexstrukturen basieren, oder genauere physikbasierte Funktionen, die jedoch in ihrer Berechnung deutlich aufwendiger sind. Oft werden Kombinationen beider Funktionen genutzt [7]. Die Funktionen müssen verschiedene Aspekte des Designs parallel erfassen: Wie gut ist die Proteinpackung? Wie gut ist die Bindung des Substrats an die Bindetasche? Wie gut ist die katalytische Geometrie erfüllt? Optimierungsalgorithmen werden verwendet, um Lösungen mit einer möglichst minimalen Energiefunktion zu identifizieren [8].

Vielversprechende Lösungen sollten weiter theoretisch geprüft werden, bevor eine experimentelle Analyse im Labor erfolgt. Es kann z. B. sinnvoll sein, eine Lösungsstruktur in einer Simulation zu testen, in der sich alle Atome ohne Ausnahmen frei bewegen dürfen. Im Idealfall verändert sich die Struktur unter diesen Bedingungen nicht sehr und bestätigt die Annahmen.

Probleme und zu lösende Aufgaben

Grundsätzlich gilt: Je detailreicher das Ausgangs-Motiv und je besser die Energiefunktion die Aspekte des Problems abbildet, desto näher sind die Strukturen der gefundenen Lösungen an der Struktur der entsprechenden funktionalen Proteinmutante. Zudem sind einige grundsätzliche Aspekte zu beachten:

(1) Bei den meisten Berechnungen wird, entgegen der natürlichen Bedingungen, das Modell eines rigiden Proteinrückgrats angenommen. Es existieren zwar Ansätze, um das Rückgrat flexibel zu behandeln, jedoch beschränken sich diese noch auf relativ kleine lokale Änderungen [9].

(2) Des Weiteren schließt die Einschränkung auf Aminosäuren in der direkten Umgebung der Motiv-Einbringung einflussreiche Mutationen in der Peripherie aus, welche aber in manchen Fällen erheblichen Einfluss auf die Aktivität eines Enzyms haben können.

(3) Die statische Betrachtung des Bindungszustandes führt dazu, dass dynamische Änderungen der Proteinstruktur, die durch Substratbindung oder Katalyse induziert werden, in den Modellen ebenfalls nicht reflektiert werden.

(4) Darüber hinaus betrachten die verwendeten Energiefunktionen Wasser meist als Lösungsmittelkontinuum, wobei die Rolle, die einzelne Wassermoleküle bei Ligandenbindung und Katalyse spielen können, nicht beachtet wird. Daher ist es erforderlich, die Ergebnisse aus dem theoretischen Design umfassend experimentell zu charakterisieren, um Stärken und Schwächen zu identifizieren und aus ihnen zu lernen [10].

Auch mit der derzeit erfolgreichsten Enzymdesign-Software Rosetta ist es deshalb nötig, viele Designs zu berechnen und im Labor zu testen. Für die erwähnten Diels-Alder-Enzyme wurden etwa eine Million aktive Zentren berechnet, 84 Sequenzen zur experimentellen Validierung ausgewählt und zwei zeigten die gewünschte Aktivität [4]. Um das Potenzial der Methode voll auszuschöpfen, liegt demnach noch ein anspruchsvoller Weg vor uns.

Kombination von experimentellem und computergestütztem Design

Ein vielversprechender Ansatz zur Lösung obiger Probleme ist die Kombination von computergestütztem Design mit nachfolgender gerichteter Evolution. Rationale Designs, die eine niedrige, jedoch messbare Aktivität mitbringen, bieten Ausgangspunkte für experimentelle Selektion oder Screening. Diese Vorgehensweise wurde z. B. bei den oben erwähnten Kemp-Eliminierungs-Enzymen angewandt, wo bis zu acht weitere Mutationen die Aktivität mehr als 200-fach erhöhten [3].

Zudem existieren computergestützte Methoden zur Generierung fokussierter Sequenzbibliotheken; hierbei werden Positionen identifiziert, die ein hohes Potenzial haben, die Aktivität zu beeinflussen. Solche fokussierten Bibliotheken können mit kleinerer Sequenzanzahl ähnliche Ergebnisse liefern wie signifikant größere Bibliotheken aus Sequenzen mit komplett zufälligen Mutationen.

Ausblick

Computergestütztes Enzymdesign ist eine spannende, sich schnell entwickelnde Disziplin mit großem Potenzial. Größere Rechenkapazitäten sollten es erlauben, den Raum möglicher Konformationen genauer zu erfassen und detailliertere, rechenintensive Energiefunktionen einzusetzen. Erkenntnisse aus Strukturbiologie und Enzymologie über Zusammenhänge zwischen Proteinstruktur und -dynamik einerseits und enzymatischer Katalyse andererseits werden in verbesserte Energiefunktionen einfließen und zu genaueren Vorhersagen führen. Somit werden wir die Vielfalt der Enzymwelt nach und nach nicht nur begreifen lernen, sondern auch gestalten können. ▪

Literatur

[1] Bolon DN, Mayo SL (2001) Enzyme-like proteins by computational design. Proc Natl Acad Sci USA 98:14274
[2] Richter F, Leaver-Fay A, Khare SD et al. (2011) De novo enzyme design usign Rosetta3. PloS One 6:e19230
[3] Röthlisberger D, Khersonsky O, Wollacott AW et al. (2008) Kemp elimination catalysts by computational enzyme design. Nature 453:190–195
[4] Siegel JB, Zanghellini A, Lovick HM et al. (2010) Computational design of an enzyme catalyst for a stereoselective bimolecular Diels-Alder reaction. Science 329:309–313
[5] Zhang X, DeChancie J, Gunaydin H et al. (2008) Quantum mechanical design of enzyme active sites. J Org Chem 73:889–899
[6] Malisi C, Kohlbacher O, Höcker B (2009) Automatic scaffold selection for enzyme design. Proteins 77:74–83
[7] Boas FE, Harbury PB (2007) Potential energy functions for protein design. Curr Opin Struct Biol 17:199–204
[8] Kingsford CL, Chazelle B, Singh M (2005) Solving and analyzing side-chain positioning problems using linear and integer programming. Bioinformatics 21:1028–1036
[9] Georgiev I, Keedy D, Richardson JS et al. (2008) Algorithm for backrub motions in protein design. Bioinformatics 24:196–204
[10] Schreier B, Stumpp C, Wiesner S et al. (2009) Computational design of ligand binding is not a solved problem. Proc Natl Acad Sci USA 106:18491–18496

Korrespondenzadresse:
Dr. Birte Höcker
MPI für Entwicklungsbiologie
Spemannstraße 35
D-72076 Tübingen
Tel.: 07071-601-322
Fax: 07071-601-308
birte.hoecker@tuebingen.mpg.de

AUTOREN

Birte Höcker, Christoph Malisi und André C. Stiel (v. l. n. r.)

Christoph Malisi
Studium der Bioinformatik in Tübingen; **2007** Diplomarbeit am MPI für Entwicklungsbiologie. Zurzeit Doktorand in der AG Protein Design von Dr. Birte Höcker.

André C. Stiel
Biologiestudium an der Universität Bochum; **2008** Promotion im Fach Biologie an der Universität Heidelberg. Promotionsarbeit und Postdoc in der Abteilung NanoBiophotonics am MPI für biophysikalische Chemie in Göttingen. Seit **2011** Postdoc in der Gruppe von Dr. Birte Höcker.

Birte Höcker
Biologiestudium in Göttingen und Ottawa; **2003** Promotion im Fach Biochemie an der Universität zu Köln. **2003–2005** Postdoc am Duke University Medical Center, Durham, NC, USA. Seit **2006** Leiterin einer Nachwuchsgruppe am MPI für Entwicklungsbiologie.

Proteinchemie

Proteinsemisynthese – ein Werkzeug für komplex modifizierte Proteine

CHRISTIAN F. W. BECKER

CENTER FOR INTEGRATED PROTEIN SCIENCE MUNICH, TU MÜNCHEN

Die Proteinsemisynthese ist ein erfolgreiches Beispiel für das Zusammenführen chemischer und biologischer Techniken zur Herstellung modifizierter Proteine. Größte Fortschritte wurden in den letzten Jahren bei der gezielten Einführung posttranslationaler Modifikationen gemacht.

Protein semisynthesis is a successful example of combining chemistry and biology to generate modified proteins. Major progress has been made with the specific incorporation of posttranslational modifications over the last years.

■ Viele fundamentale biologische Fragestellungen sind heute nicht mehr allein mithilfe der Molekularbiologie zu beantworten und bedürfen dringend einer Verknüpfung chemischer und biologischer Methoden. Ein aktuelles Beispiel dafür ist die Herstellung und Untersuchung posttranslational modifizierter Proteine *in vitro* und *in vivo*.

Die Gewinnung spezifisch modifizierter Proteine ist auf molekularbiologischem Weg entweder extrem aufwendig, liefert geringe Mengen oder ist gar nicht zu erreichen. Allerdings wurden in den vergangenen 20 Jahren verschiedene Methoden zur gezielten chemischen Modifikation von Proteinen entwickelt, die auch den Einbau vieler posttranslationaler Modifikationen (PTMs) ermöglichen. Diese Methoden umfassen: (1) die Veränderung des genetischen Codes, (2) enzymatische Modifikationen, (3) die chemische Totalsynthese von Proteinen und (4) die Verwendung chemoselektiver Ligationsmethoden zur spurlosen Verknüpfung rekombinant und synthetisch gewonnener Polypeptidsegmente.

Die zuletzt genannte Methode wird als Semisynthese von Proteinen bezeichnet. Der bisher erfolgreichste Ansatz dazu basiert auf der idealen Verknüpfung einer Reaktion aus der Peptidsynthese, nämlich der nativen chemischen Ligation (NCL) zur Kopplung von ungeschützten Peptidsegmenten [1], mit dem autokatalytischen Prozess des Intein-vermittelten Proteinspleißens (**Abb. 1**). Die auf Inteinen basierenden semisynthetischen Methoden zur Herstellung modifizierter Proteine heißen *expressed protein ligation* (EPL) [2] und Protein-*trans*-Spleißen (PTS) [3].

Proteinsemisynthese

Die Herausforderungen bei der Entwicklung einer Semisynthesestrategie für ein Protein, das eine oder mehrere PTMs trägt, liegen in deren chemischer Komplexität sowie in der Position der Modifikationen innerhalb der Primärstruktur. Besondere Sorgfalt erfordert die Auswahl der Verknüpfungsstellen von synthetischen und exprimierten Peptidseg-

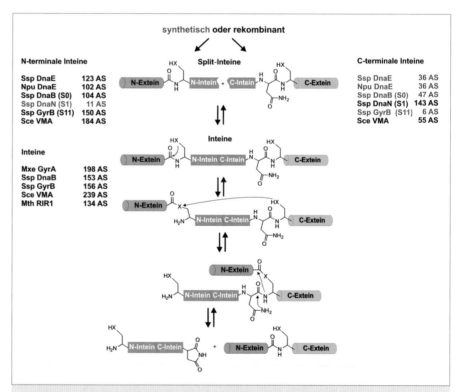

▲ **Abb. 1:** Proteinspleißen in *trans* und in *cis*. Beim Protein-*trans*-Spleißen (PTS) assoziieren die N- und C-terminalen Intein-Segmente zu einem funktionalen Intein, das dann eine Folge von Umesterungsschritten und finaler Asparagin-Zyklisierung sowie Ausbildung der Amidbindung zwischen N- und C-Extein durchläuft. Diese Reaktionen sind identisch mit denen eines nicht gespaltenen Inteins. Das Nukleophil X kann entweder S oder O sein. Häufig verwendete Inteine und Split-Inteine sind hier aufgeführt unter Angabe der Anzahl an Aminosäuren für das gesamte Intein bzw. für die N- und C-terminalen Segmente. Angaben in Rot bezeichnen Split-Intein-Segmente, die durch chemische Synthese zugänglich sind. Mutation des Asparaginrests und der N-terminalen Aminosäure des C-Exteins zu Alanin verhindert den vollständigen Spleißprozess, sodass ein Proteinthioester abgefangen werden kann (Abb. 2A).

DOI: 10.1007/s12268-011-0046-y

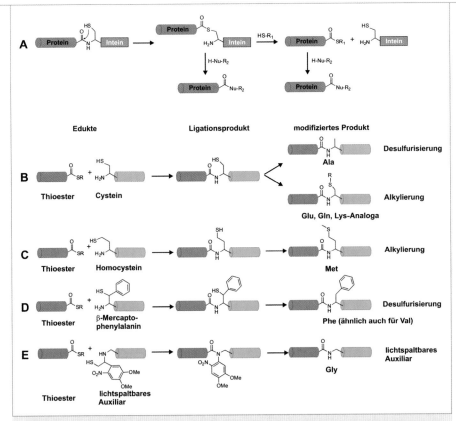

▲ **Abb. 2: A,** Generierung eines Protein-α-Thioesters für die *expressed protein ligation* (EPL) durch Zugabe eines Thiols (HS-R₁) zu einem Protein-Intein-Fusionskonstrukt. Die Zugabe anderer Nukleophile zum Protein-Intein-Thioester-Intermediat oder zum Protein-α-Thioester ermöglicht die Herstellung anderer C-terminal funktionalisierter Proteine. **B,** Verwandlung eines Cysteinrests an der Ligationsstelle in ein Alanin durch reduktive Desulfurisierung bzw. in andere Aminosäureanaloga durch Alkylierung. **C,** Generierung eines Methionins durch Alkylierung eines Homocysteins, das auch für EPL- und native chemische Ligation(NCL)-Reaktionen verwendet werden kann. **D,** Desulfurisierung zum Phenylalanin; ähnliche Reaktionen führen auch zum Valin an der Ligationsstelle. **E,** Verwendung eines lichtspaltbaren Auxiliars, das das Nukleophil für den initialen Angriff auf den Protein-α-Thioester trägt.

menten. Dabei muss die Anzahl an herzustellenden Segmenten sowie die Auswahl der passenden synthetischen Methoden für deren Funktionalisierung berücksichtigt werden. Im einfachsten Fall können semisynthetische Ansätze, wie EPL und PTS, in Einschrittreaktionen genutzt werden, um N- und C-terminale Modifikationen in Proteine einzubringen. Modifikationen in zentralen Positionen von Proteinen setzen mindestens zwei Ligationsreaktionen voraus. Eine weitere Voraussetzung für diese Reaktionen ist die entsprechende Funktionalisierung der synthetischen und rekombinanten Peptidsegmente. Diese beruht bei EPL und PTS auf dem Vorhandensein eines nicht immer tolerierbaren Cysteinrests an der Spleiß- bzw. Ligationsstelle und ggf. eines C-terminalen α-Thioesters, der durch Intein-Spaltung generiert werden kann (**Abb. 2A**). Andere C-terminale Modifikationen können, ausgehend von Intein-Fusionskonstrukten oder Proteinthioestern, durch Zugabe starker Nukleophile erhalten werden.

Cystein-freie Ligationen

Cysteinreste an der Ligationsstelle können durch verschiedene Strategien umgangen werden: Ligationsauxiliare stellen dazu temporär eine Thiolgruppe für die Ligationsreaktion zur Verfügung und werden im Nachhinein wieder abgespalten, oder die Ligationsprodukte werden unter milden reduzierenden Bedingungen desulfurisiert, was beim Cystein zur Umwandlung in ein Alanin führt (**Abb. 2B**). Andere Varianten der Desulfurisierung ermöglichen die Generierung eines Valin- oder Phenylalaninrests (**Abb. 2D**). Die selektive Alkylierung der Thiolgruppe führt zu Aminosäureanaloga, die einen nicht natürlichen Thioether in der Seitenkette enthalten (**Abb. 2B und C**, [4]). Die Verwendung von lichtspaltbaren Ligationsauxiliaren ermöglicht die Generierung von Glycinresten an der Verknüpfungsstelle (**Abb. 2E**). All diese Methoden ermöglichen es, die seltene Aminosäure Cystein (relative Häufigkeit: 1,7 Prozent) zu umgehen, aber auch die Herstellung Cystein-freier Reaktionsprodukte.

Posttranslationale Modifikationen

Aktuelle Beispiele fokussieren sich auf den Einbau komplexer PTMs in Proteine mittels EPL und PTS, um diese in Abhängigkeit von den jeweiligen Modifikationen zu untersuchen. Dies ermöglicht die genaue chemische Kontrolle der modifizierten Proteine und übertrifft die heute zur Verfügung stehenden molekularbiologischen Methoden in Bezug auf Homogenität und häufig auch hinsichtlich der Proteinmenge.

Phosphorylierung: Die ortspezifische Einführung von geschützten und ungeschützten Phosphatgruppen und stabiler Analoga wie Phosphonaten stellt eine bedeutende Anwendung der Proteinsemisynthese dar. Der Einbau von Phosphonaten als nicht hydrolysierbare Phosphatanaloga ermöglicht die Charakterisierung ansonsten sehr kurzlebiger Phosphorylierungsprodukte sowohl für Tyrosin, Serin, Threonin als auch für Histidin (**Abb. 3A–C**). Der Zugang zu hydrolyse- und isomerisierungsstabilen Phosphohistidin-Analoga durch Cu- bzw. Ru-katalysierte Zykloadditionsreaktionen ermöglichte erstmals die Gewinnung eines für Phosphohistidin spezifischen Antikörpers [5]. Damit kann diese transiente PTM in Zellen genauer untersucht werden. Die Verwendung lichtspaltbarer Schutzgruppen (**Abb. 3B**) ermöglicht die schnelle, kontrollierte Freisetzung von Phosphoaminosäuren. Damit kann der Einfluss von Kinasen und Phosphatasen auf den Phosphorylierungszustand eines Proteins zeitweise ausgeschaltet werden. Für den Transkriptionsfaktor STAT6 konnte so, nach Einbau eines lichtspaltbaren pTyr durch EPL, gezeigt werden, dass die Freisetzung des pTyr zur Dimerisierung und schnellen Translokation von STAT6 führt [6].

Lipidierung und Glykosylierung: Auch bei chemisch komplexeren PTMs ermöglicht die Kombination chemischer und molekularbiologischer Ansätze den Zugang zu präzise modifizierten Proteinen. Im Fall der Lipidierung konnte dies bei der Aufklärung der Funktion verschiedener kleiner GTPasen helfen (**Abb. 3E**, [7]). Als Kombination aus komplexer Glykosylierung und Lipidierung ist die C-terminale Modifikation von Proteinen mit Glykosylphosphatidylinositol(GPI)-Ankern eine besondere Herausforderung (**Abb. 3F**). Mittels EPL ist es gelungen, ein homogenes GPI-modifiziertes Prion-Protein zu generieren [8]. Die Membranverankerung des Prion-Proteins beeinflusst dabei deutlich das Aggregationsverhalten und verzögert die Fibrillenbildung. Die Herausforderungen bei den Kohlenhydraten sind aufgrund der Vielfalt an unterschiedlichen N- und O-verknüpften Glykanen besonders groß. Fortschritte beim Zugang zu komplexen Glykanen, zum Teil aus biologischen Quellen, ermöglichen aber heute die Semisynthese homogener Glykoproteine, wie z. B. der Ribonuklease C (**Abb. 3G**, [9]).

Ubiquitinierung: Die Modifikation mit Ubiquitin, einem Protein bestehend aus 76 Aminosäuren, über eine Isopeptidbindung ist die größte bekannte PTM. Diese Modifikation ist als Signal für den proteasomalen Abbau von Proteinen bei multipler Ubiquitinierung, sowie als regulatorische PTM von Bedeutung. Verschiedene semisynthetische Methoden zur selektiven Einführung von einem oder mehreren Ubiquitinen in Zielproteine wurden in den letzten Jahren beschrieben (**Abb. 3D**, [10]). Die Vorteile der Semisynthese werden beim Vergleich mit enzymatischen Ubiquitinierungen deutlich. Diese liefern meist keine homogenen Produkte und geringe Mengen. In semisynthetischen Ansätzen kann Ubiquitin leicht durch homologe Proteine, wie SUMO oder Nedd8, ersetzt werden, um Unterschiede zwischen diesen sehr ähnlichen Modifikationen zu analysieren.

Split-Inteine

Die Anwendung von Split-Inteinen für die Semisynthese von Proteinen erfordert den synthetischen Zugang zu einem der Exteine in Fusion mit einem Inteinsegment. Diese werden dann mit dem rekombinant hergestellten passenden Extein-Intein-Konstrukt umgesetzt. Chemisch synthetisierte Intein-Extein-Konstrukte unterliegen der inhärenten Größenlimitierung der Peptidsynthese, die bei ca. 50 Aminosäuren liegt. Synthetisch zugängliche Split-Inteinsegmente sind in **Abbildung 1** rot hervorgehoben und bestehen typischerweise aus ca. 35 Aminosäuren. Kürzere Segmente mit elf oder sechs Aminosäuren sind ebenfalls bekannt. Die semisynthetische Anwendung von Split-Inteinen umfasst die Fluoreszenzmarkierung von Proteinen in Zellen [3] sowie die C-terminale Modifikation des Prion-Proteins mit einem lipidierten Peptid [11]. Split-Inteinreaktionen mit dem *Ssp*- oder *Npu*-DnaE-Intein können auch zur Anknüpfung von verschiedensten Zielproteinen an Liposomen und lipidierte Nanopartikel genutzt werden [12].

Fazit

Das vorhandene und sich stetig weiterentwickelnde Repertoire an Strategien für die Semisynthese von posttranslational modifizierten

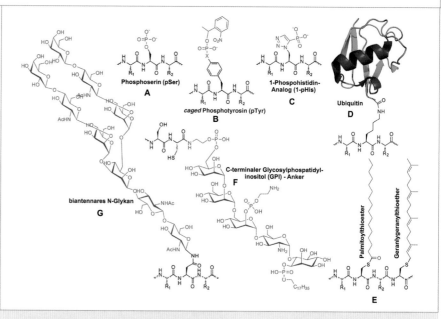

▲ **Abb. 3:** Beispiele für posttranslationale Modifikationen, wie sie mittels *expressed protein ligation* (EPL) und Protein-*trans*-Spleißen (PTS) in verschiedene Proteine eingebaut wurden. **A–C**, Varianten der Phosphorylierungen, wobei X entweder O oder C sein kann. **D**, ein ubiquitinierter Lysinrest (PDB-Eintrag: 3ONS). **E**, ein typisches palmitoyliertes und geranylgeranyliertes Peptid. **F**, ein synthetischer GPI-Anker, wie er in das Prion-Protein eingebracht wurde. **G**, ein biantennares N-Glykan, wie es in die Ribonuklease C eingebaut wurde.

Proteinen belegt, welch nützliches Werkzeug Proteinspleißen in Kombination mit chemischer Synthese darstellt. Die Komplexität der eingebauten Modifikationen nimmt ständig zu und hilft, biologische Schlüsselfragen zu beantworten, die bisher an der Verfügbarkeit homogener Proteinpräparationen scheiterten. Allerdings erfordert jede Proteinsemisynthese mittels EPL oder PTS immer noch Entwicklungsarbeit und nur N- oder C-terminale Modifikationen sind verhältnismäßig leicht durchführbar. Aus diesem Grund sind weitere Entwicklungen auf dem Gebiet der chemoselektiven Modifikationen von Proteinen, z. B. in Kombination mit Methoden, die auf einer Neuprogrammierung des genetischen Codes basieren, besonders wichtig, um jede Position in einem Protein schnell manipulieren zu können.

Danksagung

Ich danke allen gegenwärtigen und ehemaligen Mitgliedern meiner Arbeitsgruppe, unseren Kooperationspartnern sowie der DFG und der Max-Planck-Gesellschaft für finanzielle Unterstützung. ∎

Literatur

[1] Dawson PE, Muir TW, Clark-Lewis I et al. (1994) Synthesis of proteins by native chemical ligation. Science 266:776–779
[2] Vila-Perello M, Muir TW (2010) Biological applications of protein splicing. Cell 143:191–200
[3] Mootz HD (2009) Split inteins as versatile tools for protein semisynthesis. Chembiochem 10:2579–2589
[4] Hackenberger CP, Schwarzer D (2008) Chemoselective ligation and modification strategies for peptides and proteins. Angew Chem Int Ed Engl 47:10030–10074
[5] Kee JM, Villani B, Carpenter LR et al. (2010) Development of stable phosphohistidine analogues. J Am Chem Soc 132:14327–14329
[6] Lahiri S, Seidel R, Engelhard M et al. (2010) Photocontrol of STAT6 dimerization and translocation. Mol Biosyst 6:2423–2429
[7] Wu YW, Oesterlin LK, Tan KT et al. (2010) Membrane targeting mechanism of Rab GTPases elucidated by semisynthetic protein probes. Nat Chem Biol 6:534–540
[8] Becker CF, Liu X, Olschewski D et al. (2008) Semisynthesis of a glycosylphosphatidylinositol-anchored prion protein. Angew Chem Int Ed Engl 47:8215–8219
[9] Piontek C, Varon SD, Heinlein C et al. (2009) Semisynthesis of a homogeneous glycoprotein enzyme: ribonuclease C: part 2. Angew Chem Int Ed Engl 48:1941–1945
[10] Martin LJ, Raines RT (2010) Carpe diubiquitin. Angew Chem Int Ed Engl 49:9042–9044
[11] Olschewski D, Seidel R, Miesbauer M et al. (2007) Semisynthetic murine prion protein equipped with a GPI anchor mimic incorporates into cellular membranes. Chem Biol 14:994–1006
[12] Chu NK, Olschewski D, Seidel R et al. (2010) Protein immobilization on liposomes and lipid-coated nanoparticles by protein trans-splicing. J Pept Sci 16:582–588

Korrespondenzadresse:
Prof. Dr. Christian F. W. Becker
Department Chemie
AG Proteinchemie
Technische Universität München
Lichtenbergstraße 4
D-85747 Garching b. München
Tel: 089-28913343
Fax.: 089-28913345
christian.becker@tum.de
www.ch.tum.de/proteinchemie

AUTOR

Christian F. W. Becker
Jahrgang 1973. Chemiestudium in Dortmund. 2001 Promotion; 2002–2003 Postdoc bei Gryphon Therapeutics, So. San Francisco, CA, USA. 2004–2007 Arbeitsgruppenleiter am Max-Planck-Institut für molekulare Physiologie, Dortmund. Seit 2007 Professor für Proteinchemie an der Fakultät Chemie der TU München und Mitglied des Center for Integrated Protein Science Munich.

Protein-Engineering

Nicht-kanonische Aminosäuren in der Synthetischen Biologie

MICHAEL HÖSL, NEDILJKO BUDISA

MAX-PLANCK-INSTITUT FÜR BIOCHEMIE, BIOFUTURE FORSCHUNGSGRUPPE „MOLEKULARE BIOTECHNOLOGIE", MARTINSRIED

Nicht-kanonische Aminosäuren finden immer mehr Anwendung im Protein-Engineering und in der Synthetischen Biologie. Durch sie können bereits vorhandene Eigenschaften stark verbessert werden oder neue biologische Funktionen entstehen.

Noncanonical amino acids are increasingly used in protein engineering and synthetic biology. Thereby, already existing protein properties can be highly enhanced or novel biological features might emerge.

Die Synthetische Biologie

■ Derzeit werden enorme Fortschritte im Bereich der Synthetischen Biologie gemacht. Diese beschäftigt sich unter anderem mit Design und Konstruktion von biologischen Komponenten, Bauteilen und Systemen. Ihr Ziel ist nichts weniger als die „Erschaffung" neuer Lebewesen.

Die Synthetische Biologie bewegt sich jedoch weitgehend noch auf dem Niveau der Neuzusammensetzung von bereits in der Natur vorhandenen Teilen. Um eine wirklich synthetische Lebensform zu erzeugen, muss noch ein tieferes Verständnis davon erreicht werden, wie nicht natürliche Komponenten existierende biologische Systeme beeinflussen und wie man mit deren Hilfe Eigenschaften erzeugen kann, die es in der Natur so noch nicht gibt.

Einbau nicht-kanonischer Aminosäuren als Teilgebiet der Synthetischen Biologie

Unsere Arbeitsgruppe beschäftigt sich seit Jahren mit der detaillierten Aufklärung der Auswirkungen des Einbaus von nicht-kanonischen Aminosäuren in Proteine. Darauf aufbauend versuchen wir mit den errungenen Erkenntnissen gezielt Proteine mit neuen und verbesserten Eigenschaften zu entwickeln. Weiterhin können wir mit diesem Ansatz akademische Fragestellungen beantworten, die im Kanon der 20 proteinogenen Aminosäu-

ren nur schwer zugänglich sind. Es gibt verschiedene Methoden zum Einbau nicht-kanonischer Aminosäuren. Auf deren Beschreibung soll allerdings hier verzichtet werden, da ein früherer Artikel an dieser Stelle die methodologischen Ansätze bereits vorstellte [1].

Hier sollen zwei aktuelle Beispiele herausgestellt werden, wie wir mithilfe von nicht-kanonischen Aminosäuren zwei verschiedene Fragestellungen beantworten konnten. Zum einen konnten wir mit der gezielten Fluorierung des grün fluoreszierenden Proteins (GFP) dessen Faltungseigenschaften und Stabilität stark verbessern. Zum anderen konnte durch den Einsatz von strukturell sehr ähnlichen, aber in ihrem chemischen Verhalten sehr unterschiedlichen Methioninanaloga ein Beitrag zur modellhaften Aufklärung der Entstehung von Prionenkrankheiten geleistet werden.

Superfolder-GFP durch Einbau von Fluoroprolinen

Prolin (Pro) ist die einzige Iminosäure im genetischen Code und spielt in Proteinfaltungsprozessen eine sehr wichtige Rolle, da aufgrund seiner zyklischen Natur die Energiebarriere bei der *cis/trans*-Isomerisierung der Peptidbindung sehr hoch ist. Bei globulären Proteinen sind Faltungskurven oft zweiphasig. In der schnellen, ersten Phase faltet sich der Proteinanteil, dessen Prolinreste sich

bereits in der richtigen Konformation befinden, während die langsame, zweite Phase durch die Isomerisierung der Proline in falscher Konformation gekennzeichnet ist (unterstützt durch das Enzym Peptidyl-Prolyl-*cis/trans*-Isomerase).

Prolinreste haben aufgrund ihrer speziellen chemischen Eigenschaften hohe strukturelle Bedeutung und können daher in Mutationsstudien oft nicht durch andere kanonische Aminosäuren ersetzt werden, ohne die Struktur zu zerstören. Hier können jedoch isostere, nicht-kanonische Aminosäuren als Untersuchungsinstrument dienen, da sie chemisch unterschiedlich, jedoch sterisch im Bereich des Tolerierbaren liegen. Studien an Peptiden und dem Modellprotein Barstar haben gezeigt, dass das Einbringen von zusätzlichen chemischen Gruppen an der richtigen Stelle im Prolinring die bevorzugte Konformation des Prolins beeinflussen kann. (4S)-Fluoroprolin, (4S)-FPro, stabilisiert die *cis*-Konformation, während (4R)-Fluoroprolin, (4R)-FPro, die *trans*-Konformation destabilisiert [2].

Beim Versuch, diese Eigenschaften auf ein komplexeres Protein zu übertragen, fanden wir jedoch die entgegengesetzte Situation (**Abb. 1A**, [3]). Das Modellprotein EGFP enthält zehn Proline, wovon neun in *trans*- und eines in *cis*-Konformation vorliegen. Theoretisch müsste also (4R)-FPro EGFP stabilisieren und (4S)-FPro destabilisieren. Es zeigte sich jedoch, dass genau das Gegenteil der Fall ist. Während der (4S)-FPro-Einbau in EGFP *superfolding*-Eigenschaften hervorrief, führte der Einbau von (4R)-FPro zu einem weitgehend ungefalteten Protein. *Superfolding*-Eigenschaften sind einerseits eine schnellere Rückfaltung und andererseits eine stark erhöhte Rückfaltungsquote von 95 bis 100 Prozent im Vergleich zu 60 Prozent beim Wildtyp-Protein. Die auf den ersten Blick gegenteilige Beobachtung, dass (4S)-FPro entgegen den Erwartungen stabilisierend wirkt, ließ sich nach genauer Strukturanalyse auf eine weitere Eigenschaft des Prolins zurückführen.

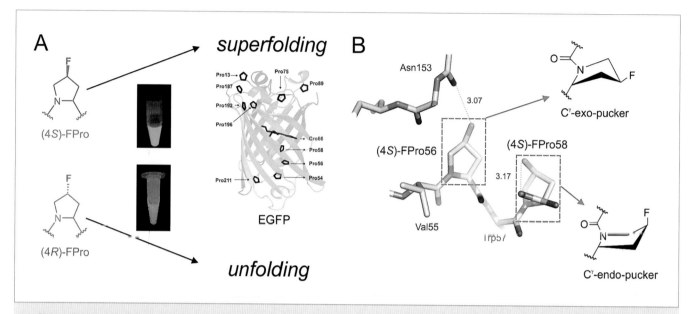

▲ **Abb. 1:** *Superfolding* gegen *unfolding*. **A,** Während der Einbau von (4*R*)-Fluoroprolin ((4*R*)-FPro) zu ungefaltetem EGFP (*enhanced green fluorescent protein*) führt, resultieren aus dem Einbau von (4*S*)-Fluoroprolin ((4*S*)-FPro) *superfolding*-Eigenschaften. **B,** Ausschnitt aus der 3D-Struktur des (4*S*)-FPro-EGFP (PDB: 2Q6P). Es sind beispielhaft zwei neue, durch den Einbau von (4*S*)-FPro entstandene Interaktionen gezeigt. Neun der zehn EGFP-Fluoroproline weisen Cγ-endo-Konformation auf, wodurch stabilisierende Wechselwirkungen zwischen dem Fluoratom und anderen Resten entstehen (analog dem gezeigten (4*S*)-FPro58). Nur ein FPro nimmt Cγ-exo-Konformation ein, was eine negative Wechselwirkung verursacht ((4*S*)-FPro56). Diese wird jedoch durch die neun stabilisierenden Wechselwirkungen überkompensiert, was in der Summe das *superfolding* des (4*S*)-FPro-EGFP bewirkt. Weitere Erklärungen im Text.

Proline können nämlich aufgrund ihrer zyklischen Natur nicht nur *cis*- und *trans*-Konformation bezüglich des Proteinrückgrats einnehmen, sondern auch eine endo- und exopucker genannte Konformation der Cγ-Position bezüglich des Rings (**Abb. 1B**). Neun von zehn Prolinen im EGFP liegen in endo-Konformation vor. Diese wird durch die (4*S*)-Fluorierung stabilisiert, wodurch es während der Faltung zu einer „Vororganisation" der Pyrrolidinringe der Proline kommen kann. Dies kann die verbesserten Faltungscharakteristika des (4*S*)-FPro-EGFP erklären. Im Detail betrachtet bilden die Fluoratome der *endo*-

positionierten Proline stabilisierende Interaktionen mit den Wasserstoffatomen von benachbarten Aminosäureseitenketten des Proteinrückgrats aus. Das eine in *exo*-Konformation vorliegende Fluoratom im Pro56 macht als einziges eine negative Wechselwirkung mit einem Carbonyl-Sauerstoffatom (**Abb. 1B**). Diese wird aber anscheinend durch die neun positiven Interaktionen überkompensiert.

Dieses Ergebnis zeigt, dass strukturell verträgliche, globale Fluorierungen von Proteinen einen generellen Ansatz zu deren Stabilisierung bieten können. Wir sind überzeugt,

dass dieser Ansatz zukünftig eine wichtige Rolle bei der Produktion von biotechnologisch und pharmakologisch relevanten Proteinen spielen wird, zumal Fluorierungen in der Wirkstoffentwicklung bereits weitreichende Anwendung bei der Verbesserung der Bioverfügbarkeit und Aktivität haben.

Methioninanaloga beleuchten die Entstehung des pathogenen Prionproteins

Die posttranslationale Umwandlung vom zellulären Prionprotein (PrP^C) in seine pathogene Form (PrP^{Sc}) ist ein Hauptgrund für die Entstehung von transmissiblen spongiformen Encephalopathien wie der Creutzfeldt-Jakob-Krankheit. In einem Teil der Fälle ist die Tendenz zur Umwandlung in die pathogene Form erblich bedingt oder kommt durch Infektion mit dem pathogenen PrP^{Sc} zustande. In ca. 85 Prozent der Fälle jedoch tritt die Krankheit spontan auf.

PrP^C besteht mehrheitlich aus α-Helices, PrP^{Sc} aus β-Faltblattstrukturen. Die Konversion der zellulären in die pathogene Form kommt also durch eine weitreichende Konformationsänderung in der Prionenstruktur zustande. Die β-Faltblattstruktur ist zudem für die Aggregation des PrP^{Sc} verantwortlich. Bisher war jedoch die molekulare Grundlage dieser Konformationsänderung weitgehend unklar.

Methioninoxidation und alterungsbedingte Erkrankungen

■ Aus mehreren Forschungsarbeiten gibt es starke Anzeichen für eine Rolle der Methioninoxidation bei Alterung und altersbedingten Krankheiten [5]. Zwar sind in der Zelle alle Aminosäuren oxidativen Modifikationen durch sogenannte reaktive Sauerstoffspezies (ROS, z. B. Peroxidanion (O_2^-) oder Hydroxylradikal (OH·)) ausgesetzt, es existieren jedoch nur zelluläre „Reparaturmechanismen" für Cystein und Methionin. Im Falle von Methionin erledigt das Enzym Methionin-Sulfoxidreduktase (Msr) diese Reparaturen. Bei Ratten konnte gezeigt

werden, dass der Msr-Spiegel mit fortschreitendem Alter sinkt. Ein Knock-out der Msr führte zu einer um 40 Prozent reduzierten Lebenserwartung, und in Fliegen konnte durch Überexpression der Msr die Lebenszeit fast verdoppelt werden [6]. All diese Beobachtungen deuten darauf hin, dass der Methioninoxidation eine entscheidende Rolle im Alterungsprozess zukommt. Nach Schätzungen könnten bei einem 80-Jährigen bis zu 50 Prozent der Proteine oxidiert sein. ■

Es gab aber Hinweise aus einer Untersuchung mit synthetischen Peptiden, die eine ebensolche α-Helix-zu-β-Faltblatt-Umwandlung vollzogen, nachdem die hydrophoben Methioninreste (Met) durch Oxidation in das stark hydrophile Methioninsulfoxid (Met(O)) überführt worden waren. Das Prionprotein enthält insgesamt neun Methionine, wobei sechs an der Proteinoberfläche und drei im hydrophoben Inneren lokalisiert sind. Der Oxidationszustand der Methioninreste könnte daher auch beim Prionprotein verantwortlich für die zwei unterschiedlichen Konformationen sein, zumal oxidativer Stress in Zellen auch mit anderen Erkrankungen und Alterungsprozessen in Verbindung steht (siehe **Kasten**).

Der direkte Test der Hypothese ist jedoch schwierig, da andere Aminosäuren wie Tryptophan und Histidin auch oxidationsanfällig sind und deshalb eine spezifische *in vitro*-Oxidierung der Methioninreste im Prionprotein nicht möglich ist. Durch direkten kotranslationalen Einbau von Methioninsulfoxid könnte die Struktur der entstandenen Prionvariante mit der des Methionin enthaltenden Prions verglichen werden. Dies ist jedoch schwierig, da Zellen das Enzym Methionin-Sulfoxidreduktase (Msr) besitzen, das spezifisch Methioninsulfoxid wieder zu Methionin reduzieren kann.

Die Lösung war die Anwendung der nichtkanonischen, nicht oxidationsanfälligen Aminosäuren Norleucin (Nle) und Methoxinin (Mox) (**Abb. 2**, [4]). Beide sind dem Methionin sterisch sehr ähnlich. Chemisch spiegeln sie jedoch zwei völlig unterschiedliche Bedingungen wider, da Norleucin noch weitaus hydrophober als Methionin ist, während Methoxinin strikt hydrophil ist. Unsere Einbauexperimente bestätigten die dargestellte Theorie. Während sich die Norleucin-Variante des Prionproteins durch einen hohen α-Helix-Anteil, höhere Stabilität und ein sehr geringes Aggregationspotenzial auszeichnete, bewirkte der Einbau von hydrophilem Methoxinin das genaue Gegenteil (**Abb. 2**). Der α-Helix-Anteil sank um ca. 50 Prozent zugunsten des β-Faltblatt-Anteils. Darüber hinaus konnte bei der Methoxinin-Variante eine starke Aggregationsanfälligkeit nachgewiesen werden. Zusätzliche Hydrophobie an Methionin-Stellen im Prp führt demnach zu einer Anti-Aggregationsvariante, während das Einbringen von Hydrophilie ein Pro-Aggregationsverhalten bewirkt.

Nach unserer Meinung spiegeln diese Ergebnisse klar wider, dass die Methionin-

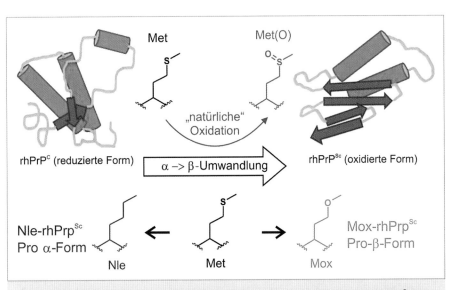

▲ **Abb. 2:** Die strukturelle Umwandlung des rekombinanten humanen Prionproteins (rhPrp^C) in seine pathogene Form (rhPrp^Sc) geht mit einer α-Helix-zu-β-Faltblatt-Umwandlung einher. Die pathogene Form ist stark anfällig für Aggregation. Ein Modell erklärt die Umwandlung durch Oxidation von hydrophoben Methioninresten (Met) zu weitaus hydrophileren Methioninsulfoxiden (Met(O)). Experimentell konnten die beiden Formen des Prions durch Einbau der nicht-kanonischen Aminosäuren Norleucin (Nle, stark hydrophob) und Methoxinin (Mox, stark hydrophil) „fixiert" werden. Die Nle-Varinate zeichnet sich durch einen stabilisierten α-helikalen Kern aus und besitzt kaum Aggregationspotenzial. Im Gegensatz dazu zeigt die Mox-Variante β-Faltblattstruktur und eine hohe Anfälligkeit für Aggregation.

oxidation, wenn auch nicht alleinige Ursache, zumindest einen Anteil an der Konversion des PrP^C zum PrP^Sc hat. Durch die Nutzung von nicht-kanonischen Aminosäuren konnte also ein schlüssiges Modell für die Strukturänderung des Prp^C zum pathogenen Prp^Sc geliefert werden.

Ausblick

Wie die Beispiele zeigen, sind die Auswirkungen des Einbaus nicht natürlicher Aminosäuren auf Proteine schon jetzt teilweise planbar. Allerdings ist dafür ein tiefes Verständnis der Proteinchemie, -struktur und -faltung einerseits und der Chemie der entsprechenden Aminosäuren andererseits nötig. Die beschriebenen Arbeiten zeigen, wie die synthetische Biologie der nicht-kanonischen Aminosäuren akademische Fragestellungen beantworten kann, die im Kanon der 20 proteinogenen Aminosäuren nur schwer zugänglich sind. Darüber hinaus stellen sie dar, dass nicht-kanonische Aminosäuren in der Zukunft großen Nutzen für die industrielle Anwendung haben können. Fluoroproline könnten zur Stabilisierung von Proteinen genutzt werden, während Norleucin das oxidationsanfällige Methionin ersetzen und so die Haltbarkeit von industriell relevanten Proteinen entscheidend erhöhen könnte. ■

Zelloberfläche der Bakterien

Neue Wege zur Isolierung funktionsoptimierter Lipasen

HARALD KOLMAR

INSTITUT FÜR ORGANISCHE CHEMIE UND BIOCHEMIE, TU DARMSTADT

Für die Isolierung von Enzymen mit für den jeweiligen Einsatz optimierten Eigenschaften aus Kollektionen von mehr als hundert Millionen Kandidaten wurden gekoppelte Enzymreaktionen auf der bakteriellen Zelloberfläche etabliert. Diese erlauben einen Enzymtest auf Einzelzellbasis und die Isolierung von Varianten im Ultra-Hochdurchsatz.

An ultra-high throughput screening methodology is described that is based on coupled enzyme reactions on the surface of *Escherichia coli* cells that can be used to isolate lipase variants with enhanced enantioselectivity.

■ Der Markt für industrielle Produkte wie Feinchemikalien, Wirkstoffe für die Kosmetik- und Pharmaindustrie, Nahrungsmittel und Futterzusatzstoffe, die ganz oder teilweise durch Einsatz von Biokatalysatoren hergestellt werden, wächst rasant [1]. Damit steigt auch der Bedarf an Enzymen, die für den jeweiligen Einsatz maßgeschneidert sind [2, 3]. In der Regel werden diese dadurch isoliert, dass eine möglichst große Anzahl von zufallsmäßig erzeugten Varianten eines Enzyms nach Abkömmlingen mit verbesserten Eigenschaften, wie z. B. erhöhte Aktivität, Stabilität und Selektivität durchmustert wird.

Der eigentliche experimentelle Engpass liegt häufig nicht in der molekularbiologischen Erzeugung bakterieller Produzenten, sondern in der Durchmusterung der Bakterienkollektion nach solchen Klonen, die Enzymvarianten mit gewünschten Eigenschaften produzieren. Gewöhnlich erfolgt diese durch Anzucht der Bakterienklone im Mikrotiterplattenformat, Zelllyse und Test des Lysats auf die gewünschte Aktivität. Damit lassen sich allerdings lediglich einige Hundert bis einige Tausend Kandidaten, in Ausnahmefällen bis zu 100.000 Kandidaten durchmustern. Der weitaus größte Anteil der erzeugten Klone – häufig sind dies Millionen und mehr – bleibt damit ungetestet.

Präsentation von Enzymen auf der Zelloberfläche von Bakterien

Das hier vorgestellte Verfahren ermöglicht es dagegen, sämtliche Kandidaten einer Enzymbibliothek zu durchmustern. Es beruht darauf, dass *Escherichia coli*-Zellen nicht nur als mikrobielle Produzenten einer jeweiligen Enzymvariante eingesetzt werden, sondern auch als lebende Mikropartikel, die diese in vielfacher Kopienzahl in funktioneller Form auf ihrer Zelloberfläche präsentieren [4, 5]. Damit eröffnet sich die Möglichkeit, interessante Enzymvarianten und die zugehörigen bakteriellen Produzenten im Ultra-Hochdurchsatz auf Einzelzellbasis zu identifizieren und zu isolieren.

Das Enzym der Wahl kann auf der Oberfläche von *E. coli*-Zellen durch Fusion mit einem Protein der äußeren Membran bereitgestellt werden [6]. Dieses funktioniert als Transporter der fusionierten Enzymdomäne durch die innere und äußere Bakterienmembran und exponiert die Passagierdomäne auf der Zelloberfläche. Dabei haben sich unter anderem das Intiminprotein aus enteropathogenen *E. coli* [4] und die Esterase A (EstA) aus *Pseudomonas aeruginosa* [5] als vielfältig einsetzbare Transportproteine erwiesen, die Passagierproteine auf die *E. coli*-Zelloberfläche bringen und dort in vieltausendfacher Kopienzahl präsentieren können (**Abb. 1**). Durch Fusion an diese Transporter konnten unter anderem Interleukin 4, eine Immunglobulindomäne, sowie mehrere lipolytische Enzyme funktionell auf *E. coli*-Zellen präsentiert werden [5, 7]. Allerdings gibt es auch Proteine, deren Präsentation nicht erfolgreich war, wie z. B. humanes Calmodulin oder β-Laktamase. Bei diesen hat sich gezeigt, dass eine rasche Faltung der Passagierproteine deren Translokation durch die Zytoplasmamembran oder die äußere Membran verhin-

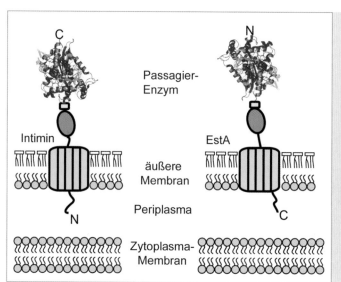

◄ **Abb. 1:** Formate für die Präsentation von Proteinen auf der *Escherichia coli*-Zelloberfläche durch Fusion an Intimin (links) oder Esterase A (EstA, rechts). Aufgrund der unterschiedlichen Orientierung der Transportproteine in der äußeren Membran kann das Passagierenzym wahlweise als amino- oder carboxyterminale Fusion präsentiert werden.

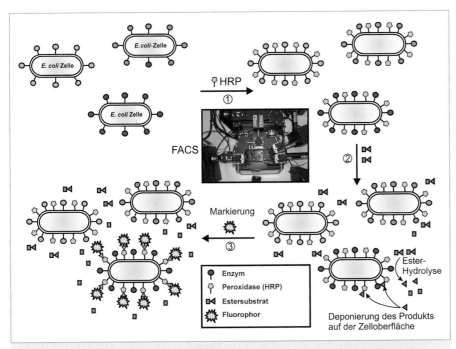

▲ **Abb. 2:** Suche nach Enzymen mit lipolytischer Aktivität. (1) Chemische Konjugation von Peroxidase (HRP) auf die Oberfläche von *E. coli*-Zellen. (2) Zugabe eines Esters und kovalente Fixierung des Hydrolyseprodukts (blaue Dreiecke) auf der Zelloberfläche. (3) Fluoreszenzmarkierung lipolytisch aktiver Zellen durch Zugabe eines Fluorophors und Isolierung durch FACS.

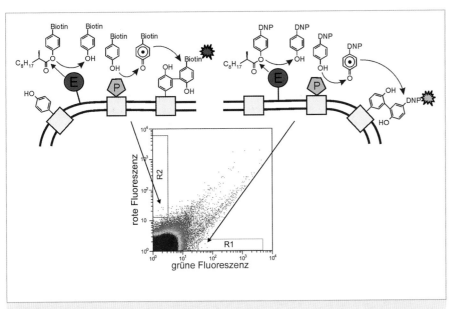

▲ **Abb. 3:** Markierungsschema einer Esterasebibliothek. Oben links: Rotmarkierung bei Hydrolyse von (*S*)-2-MDA-Tyramidester. Oben rechts: Grünmarkierung bei Hydrolyse von (*R*)-2-MDA-Tyramidester. Unten: FACS-Diagramm der Sortierung einer Esterase-A-Bibliothek bei simultaner Markierung mit beiden Enantiomeren und Isolierung von Zellen mit erhöhter (*R*)- (grünes Fenster) bzw. (*S*)-Enantioselektivität (rotes Fenster). E: Esterase; P: Peroxidase; DNP: 2,4-Dinitrophenol.

dert [7]. Ob ein Passagierprotein zu dieser Kategorie gehört, lässt sich schwer vorhersagen, kann aber rasch durch Klonierung des Gens und Nachweis der Zellexposition des Proteins z. B. durch Markierung mit fluoreszierenden Antikörpern und Analyse im Durchflusszytometer geklärt werden.

Gekoppelte Enzymreaktion auf der bakteriellen Zelloberfläche am Beispiel von Lipasen

Eine Zelle, die ein Enzym mit der gewünschten Aktivität auf seiner Oberfläche präsentiert, unterscheidet sich von anderen Zellen dadurch, dass sie in der Lage ist, die Konversion eines vorgegebenen Substrats zu einem Produkt zu katalysieren. Wenn es gelingt, das entstehende Reaktionsprodukt auf der Oberfläche derjenigen Zelle zu fixieren, die die gewünschte Enzymaktivität trägt, erhält diese Zelle eine Markierung, die sie von anderen Zellen unterscheidbar macht. Eine solche aktivitätsabhängige Zellmarkierung lässt sich mit Lipasen und Esterasen durch Einsatz spezieller Substrate und Anwendung einer gekoppelten Enzymreaktion auf der Zelloberfläche realisieren.

Zur kovalenten Fixierung des Hydrolyseprodukts eignet sich dabei insbesondere die Tyramid-Signalamplifikation (TSA-Reaktion). Sie basiert auf der durch Peroxidase (*horseradish peroxidase*, HRP) vermittelten Bildung von Radikalen phenolischer Verbindungen und deren kovalenter Fixierung in unmittelbarer Nähe ihrer Entstehung [8]. Diese Reaktion kann auch auf der Oberfläche von *E. coli*-Zellen stattfinden, wenn HRP durch chemische Konjugation auf der bakteriellen Zelloberfläche in unmittelbarer Nähe einer Lipase platziert wird (**Abb. 2**, [9]). Dabei wird als Substrat ein Ester einer langkettigen Carbonsäure mit einem Tyramid eingesetzt. Der Ester ist an sich kein Substrat für die Peroxidase. Erst das durch die lipolytische Aktivität freigesetzte Tyramid kann von HRP zum Radikal umgesetzt werden, welches anschließend kovalent auf der Zelloberfläche fixiert wird (**Abb. 3**). Zellen mit Esterase-Aktivität tragen dann eine Markierung (z. B. Biotin) und können nach Inkubation mit einem Fluorophor durch Durchflusszytometrie identifiziert und durch Fluoreszenz-aktivierte Zellsortierung (FACS) isoliert werden.

Fallbeispiel: Suche nach Esterasen mit erhöhter Enantioselektivität

In einem Modellexperiment wurde das oben beschriebene Verfahren auf die Isolierung von enantioselektiven Varianten der *P. aeruginosa*-Esterase EstA angewandt [10]. Durch *error prone*-PCR wurde eine Kollektion von EstA-Varianten hergestellt, die zwei bis vier Aminosäureaustausche tragen. Als Substrat wurde ein Tyramidester der chiralen Verbindung 2-Methyldekansäure (2-MDA) eingesetzt (**Abb. 3**). EstA zeigt hinsichtlich der Hydrolyse von 2-MDA-Estern nahezu keine Enantiopräferenz. Für eine Durchmusterung dieser Sammlung oberflächenpräsentierter Varianten nach solchen, die bevorzugt einen Tyramidester der (*R*)-2-MDA hydrolysieren, wurden Bakterien eine 1:1-Mischung zweier Tyramidester von (*R*)- und (*S*)-2-MDA angeboten, die jeweils unterschiedliche Indikatorgruppen tragen (**Abb. 3**). Zellen, die bevorzugt das (*R*)-2-MDA-Estersubstrat hydrolysieren, setzen 2,4-Dinitrophenyltyramid frei, welches kovalent auf der Zelloberfläche deponiert wird. Dieses vermittelt nach Markierung mit einem Fluorophor-konjugierten Anti-Dinitrophenyl-Antikörper eine grüne zelluläre Fluoreszenz. Zellen, die bevorzugt den (*S*)-2-MDA-Ester hydrolysieren, erhalten eine Biotinmarkierung, die mit einem rot fluoreszierenden Streptavidin-Konjugat im FACS nachgewiesen werden kann (**Abb. 3**).

Nach Zweifarbenmarkierung wurden aus einer Kollektion von ca. 10^0 verschiedenen EstA-Varianten im FACS solche Zellen aussortiert, welche eine erhöhte grüne und eine reduzierte rote Fluoreszenz aufwiesen, da sie bei der Spaltung des Esters dem (*R*)-Enantiomer der 2-MDA den Vorzug gaben. So konnten mehrere Varianten mit erhöhter (*R*)-Enantioselektivität isoliert werden, darunter eine, die den (*R*)-2-MDA-Ester mit 15fach höherer katalytischer Effizienz umsetzte als das (*S*)-Enantiomer [10]. Die erhöhte Enantioselektivität ist auf einen einzigen Aminosäureaustausch (W185R) zurückzuführen. Warum die Einführung einer Argininseitenkette an dieser Position eine bevorzugte Umsetzung des (*R*)-Enantiomers zur Folge hat, ist gegenwärtig noch unklar und bedarf weiterer strukturbiologischer und enzymologischer Untersuchungen.

Fazit

Zusammenfassend lässt sich festhalten, dass die Kombination von Präsentation von Lipasen und Esterasen auf der Zelloberfläche von *E. coli* und kovalenter Fixierung des fluoreszenzmarkierten Reaktionsprodukts auf der Zelloberfläche es ermöglicht, per FACS Enzymbibliotheken, die mehr als 10^8 Varianten umfassen, in einem einzigen Arbeitstag nach Aktivität und Enantioselektivität zu durchmustern. Weiterführende Arbeiten zielen darauf ab, mehrstufige gekoppelte Reaktionen auf der bakteriellen Zelloberfläche ablaufen zu lassen, um maßgeschneiderte Vertreter anderer Enzymklassen mit biotechnologischer Relevanz, wie z. B. Oxidasen und Dehydrogenasen, in die Hand zu bekommen. ◼

Literatur

[1] Meyer HP, Turner NJ (2009) Biotechnological manufacturing options for organic chemistry. Mini-Rev Org Chem 6:300–306
[2] Cherry JJ, Fidantsef JR (2003) Directed evolution of industrial enzymes: an update. Curr Opin Biotechnol 14:438–443
[3] Kuchner O, Arnold FH (1997) Directed evolution of enzyme catalysts. TIBTECH 15:523–530
[4] Wentzel A, Christmann A, Adams T et al. (2001) Display of passenger proteins on the surface of *Escherichia coli* K-12 by the enterohemorrhagic *E. coli* intimin EaeA. J Bacteriol 183:7273–7284
[5] Becker S, Theile S, Heppeler N et al. (2005) A generic system for the *Escherichia coli* cell-surface display of lipolytic enzymes. FEBS Lett 579:1177–1182
[6] Daugherty PS (200) Protein engineering with bacterial display. Curr Opin Struct Biol 17:474–480
[7] Adams T, Wentzel A, Kolmar H (2005) Intimin-mediated export of passenger proteins requires maintenance of a translocation-competent conformation. J Bacteriol 187:522–533
[8] Kerstens HK, Poddidhe PJ, Hanselaar AG (1995) A novel *in situ* hybridization signal amplification method based on the deposition of biotinylated tyramine. J Histochem Cytochem 43:347–352
[9] Becker S, Michalczyk A, Wilhelm S et al. (2007) Ultrahighthroughput screening to identify *E. coli* cells expressing functionally active enzymes on their surface. Chembiochem 8:943–949
[10] Becker S, Höbenreich H, Vogel A et al. (2008) Single-cell high-throughput screening to identify enantioselective hydrolytic enzymes. Angew Chem 47:5085–5088

Korrespondenzadresse:
Prof. Dr. Harald Kolmar
Institut für Organische Chemie und Biochemie
Technische Universität Darmstadt
Petersenstraße 22
D-64287 Darmstadt
Tel.: 06151-164742
Fax: 06151-165399
Kolmar@Biochemie-TUD.de
www.chemie.tu-darmstadt.de/kolmar

AUTOR

Harald Kolmar
Jahrgang **1961**. Biochemiestudium an der Universität Tübingen, **1987** Diplom. **1992** Promotion bei Prof. Dr. Fritz an der Universität Göttingen; Postdoktorat/Fellowship bei Prof. Dr. Sauer, MIT, Cambridge, MA, USA. **1999** Habilitation für das Fach Molekularbiologie und Genetik, Universität Göttingen. Seit **2005** Professor für Biochemie am Institut für Organische Chemie und Biochemie an der TU Darmstadt.

Proteindesign

Proteinstabilisierung durch gelenkte Evolution mit Faltungsreportern

TOBIAS SEITZ, REINHARD STERNER

INSTITUT FÜR BIOPHYSIK UND PHYSIKALISCHE BIOCHEMIE, UNIVERSITÄT REGENSBURG

Die Stabilität und Löslichkeit von Proteinen kann durch eine Kombination aus Zufallsmutagenese und Screening unter Verwendung von fusionierten Faltungsreporten erhöht werden. Das Prinzip und die Leistungsfähigkeit dieses Ansatzes werden anhand von zwei Beispielen erläutert.

The solubility and stability of proteins can be increased by a combination of random mutagenesis and screening based on fused folding reporters. We illustrate the principle and the potential of this approach by presenting two examples.

Stabilisierung von Proteinen durch gelenkte Evolution

■ Für die Kristallisation und damit die Aufklärung der Struktur eines Proteins ist oftmals die Erhöhung seiner Stabilität mittels „gelenkter Evolution" erforderlich. Dabei wird die Nukleotidsequenz des Gens zunächst durch PCR-basierte Techniken randomisiert, das erzeugte Repertoire in Plasmide kloniert und zur Transformation geeigneter Wirtszellen verwendet. Die so erzeugten Genbanken werden anschließend in einer oder mehreren Runden mittels geeigneter Selektionsverfahren (Wirtszellen mit verbesserten Mutanten sind überlebensfähig) [1] oder Screeningmethoden (Wirtszellen mit verbesserten Mutanten zeigen detektierbares Signal) [2] durchmustert. Weiterhin besteht die Möglichkeit, die erhöhte Protease-Resistenz und damit Stabilität einer Mutante an die Infektiösität von Phagen zu koppeln („Proside") [3]. Selektionsverfahren und „Proside" eignen sich zur Durchmusterung großer Genbanken mit 10^7 bis 10^9 Mutanten, sind in ihrer Anwendung aber auf metabolische Enzyme bzw. relativ kleine Proteine beschränkt. Herkömmliche Screeningmethoden erlauben dagegen lediglich die Analyse von 10^3 bis 10^4 Mutanten, sind dafür aber wesentlich vielseitiger einsetzbar.

In den letzten Jahren wurden leistungsfähige Abwandlungen der konventionellen Selektions- und Screeningverfahren entwickelt, die auf sogenannten „Faltungsreportern" basieren. Diese Verfahren beruhen darauf, dass die Löslichkeit und/oder Stabilität des Zielproteins die Faltung eines an ihren C-Terminus fusionierten Reporterproteins beeinflussen. Somit können optimierte Mutanten aus einer Genbank über die katalytische Aktivität bzw. spektroskopische Eigenschaft des Reporters identifiziert und isoliert werden (**Abb. 1**). Ein Beispiel hierfür ist die Stabilisierung von Proteinen im Wirt *Thermus thermophilus* mithilfe der fusionierten thermostabilen Kanamycin-Nucleotidyl-

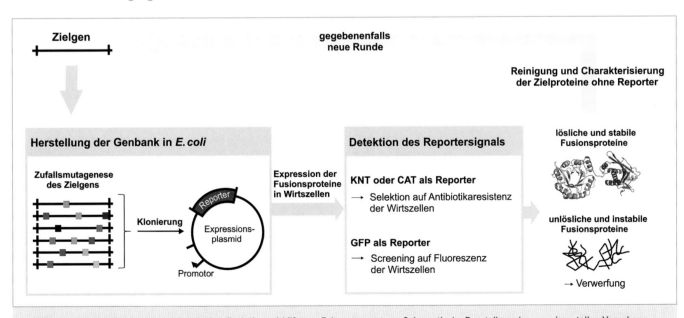

▲ **Abb. 1:** Proteinstabilisierung durch gelenkte Evolution mithilfe von Faltungsreportern. Schematische Darstellung der experimentellen Vorgehensweise.

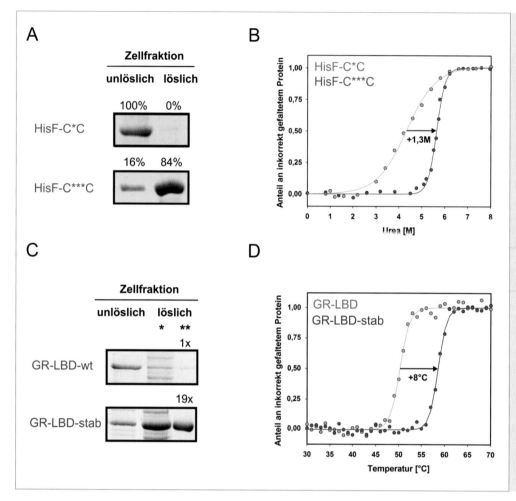

◄ **Abb. 2:** Erhöhung der Löslichkeit und Stabilität von HisF-C*C (A, B) bzw. GR-LBD-wt (C, D) durch Genbankenscreening mit CAT bzw. GFP als Faltungsreporter [5, 8]. **A, C**, Anteil an unlöslichem bzw. löslichem Protein nach rekombinanter Expression der Gene in *Escherichia coli*, analysiert über SDS-PAGE. Aufgrund der Hintergrundbanden in der löslichen Zellfraktion (*) der GR-LBD-Expressionskulturen wurde die Proteinmenge erst nach einem Affinitätsreinigungsschritt quantifiziert (**). **B, D**, Konformationelle Stabilität der gereinigten Proteine, analysiert über chemische (D) bzw. thermische Auffaltung (D).

Transferase (KNT) [4]. Dieses System macht sich zunutze, dass thermostabile Mutanten des Zielproteins die Löslichkeit der fusionierten KNT und damit ihre Fähigkeit zur Inaktivierung von Kanamycin erhöhen, wodurch die Wirtszellen bei hohen Temperaturen auf Medium mit Antibiotikum wachsen können. In analoger Weise wurde zur Stabilisierung von Proteinen in *Escherichia coli* die Chloramphenicol-Acetyltransferase (CAT) als Faltungsreporter benutzt. Hier kann die Selektion auf Medium mit Chloramphenicol zwar nur bei 37 °C durchgeführt werden, jedoch ermöglicht die im Vergleich zu *T. thermophilus* deutlich höhere Transformationseffizienz von *E. coli* die Durchmusterung wesentlich größerer Genbanken. Mit diesem Ansatz ist es uns beispielsweise gelungen, die Stabilität und Löslichkeit des aus zwei identischen $(\beta\alpha)_4$-Hälften hergestellten artifiziellen $(\beta\alpha)_8$-Barrel-Proteins HisF-C*C deutlich zu erhöhen [5]. Die im Anschluss an die Selektion durchgeführte Kombination der wirkungsvollsten Austausche führte zu HisF-C***C, das in großen Mengen in *E. coli* hergestellt (**Abb. 2A**) und mit einer Ausbeute von mehr als 20 Milligramm Protein pro Liter Zellkul-

tur gereinigt werden konnte. Chemische Denaturierung mit Harnstoff zeigte, dass die eingeführten Mutationen auch zu einer deutlich höheren konformationellen Stabilität des Proteins führen (**Abb. 2B**), wodurch seine Kristallisation und die Strukturaufklärung mittels Röntgenkristallografie möglich wurden [6].

Bei Verwendung des grün fluoreszierenden Proteins (GFP) als Faltungsreporter führt eine hohe Löslichkeit des Zielproteins zur effizienten Faltung des fusionierten GFP und damit zur Ausbildung des aus mehreren Resten der Polypeptidkette gebildeten Chromophors. Dadurch konnten in mehreren Fällen stabilisierte Mutanten aus einer Genbank über die hohe Fluoreszenzintensität der *E. coli*-Wirtszellen isoliert werden [7]. Hierbei wurde zumeist die Fluoreszenz einzelner Kolonien auf LB-Agarplatten oder einzelner Expressionsklone in Mikrotiterplatten bestimmt, was die Analyse von 10^2 bis 10^4 Klonen ermöglichte. Wesentlich effizienter können Genbanken mit fusioniertem GFP jedoch mittels Durchflusszytometrie (*fluorescence-activated cell-sorting*, FACS) durchmustert werden. Diese Technik erlaubt die Analyse und

Sortierung von 10^4 Zellen pro Sekunde und stellt damit das derzeit leistungsfähigste Hochdurchsatz-Screening zur Isolierung stabilisierter Proteine dar. Mit diesem Ansatz konnten wir mehrere optimierte Mutanten der ursprünglich unlöslichen Ligandenbindungsdomäne des menschlichen Glucocorticoid-Rezeptors GR-LBD-wt aus GFP-Fusionsbanken isolieren. Die Charakterisierung der Proteine führte zur Identifikation von vier vorteilhaften Austauschen, deren Kombination die lösliche Expression von GR-LBD-stab in *E. coli* (**Abb. 2C**) und die Reinigung des Proteins mit einer Ausbeute von etwa zehn Milligramm pro Liter Zellkultur ermöglichte [8]. Zudem führten die vier Austausche zu einer Erhöhung der thermischen Stabilität um etwa 8 °C (**Abb. 2D**).

Erkennen und Vermeiden von Artefakten

Beim Screening mithilfe von Faltungsreportern kann es zur Isolierung von „falsch-positiven" Mutanten kommen. So wurde bei der Verwendung von GFP als Reporter teilweise eine starke Fluoreszenz von Einschlusskörpern (*inclusion bodies*) beobachtet, die aus ausgefallenem Fusionsprotein bestehen. Dieses falsch-positive Signal kann über Fluoreszenzmikroskopie erkannt und die entsprechenden Klone aussortiert werden [8]. Die häufigsten Artefakte stellen N-terminal verkürzte Zielproteine dar, welche die Faltung und damit auch die Aktivität des fusionierten Reporters nicht mehr beeinflussen [5, 8]. Diese Artefakte entstehen auf Ebene des Zielgens vermutlich durch Rekombinationsereignisse oder Klonierungsfehler und können mittels Kolonie-PCR relativ leicht identifiziert werden. Es ist auch möglich, dass sich die Verkürzung erst auf der Ebene des Zielproteins zeigt, z. B. weil im Zuge der Randomisierung Stopp-Codons oder zusätzliche ribosomale Bindungsstellen eingeführt wurden oder es in der Zelle zu proteolytischem Abbau kam. Derartige Artefakte sind schwieriger zu detektieren und werden in der Regel erst im Zuge der Expression der im Screening isolierten Mutanten erkannt. Zur Vermeidung dieser Artefakte wurden Systeme entwickelt, bei denen die für das Zielprotein codierende Sequenz in das Gen für GFP [9] bzw. für die ebenfalls als Reporter verwendete β-Lactamase [10] inseriert vorliegt. Dies schließt aus, dass N-terminal verkürzte Fusionsproteine hohe Fluoreszenz bzw. katalytische Aktivität zeigen. Eine weitere mögliche Ursache für Artefakte stellt die Beeinflussung der Löslichkeit des Zielproteins durch den Reporter dar, einem Problem, dem durch die Verwendung von Split-Faltungsreportern entgegengewirkt werden kann. Hierbei wird der Reporter in einen N- und einen C-terminalen Bereich aufgeteilt, die getrennt voneinander kloniert werden und sich nach Expression zu einem funktionsfähigen Protein zusammenlagern. Der Bereich des Reporters mit geringerem Molekulargewicht wird an das Zielprotein fusioniert und zusammen mit dem anderen, größeren Bereich exprimiert. Durch seine relativ geringe Größe wird der Einfluss des kovalent fusionierten Reporterbereichs auf das Zielprotein minimiert. Bewährte Split-Faltungsreporter sind die „Split-β-Galactosidase" [11] und das „Split-GFP" [12]. ▦

Literatur

[1] Tamakoshi M, Nakano Y, Kakizawa S et al. (2001) Selection of stabilized 3-isopropylmalate dehydrogenase of *Saccharomyces cerevisiae* using the host-vector system of an extreme thermophile, *Thermus thermophilus*. Extremophiles 5:17–22
[2] Cornvik T, Dahlroth SL, Magnusdottir A et al. (2005) Colony filtration blot: a new screening method for soluble protein expression in *Escherichia coli*. Nat Methods 2:507–509
[3] Sieber V, Plückthun A, Schmid FX (1998) Selecting proteins with improved stability by a phage-based method. Nat Biotechnol 16:955–960
[4] Chautard H, Blas-Galindo E, Menguy T et al. (2007) An activity-independent selection system of thermostable protein variants. Nat Methods 4:919–921
[5] Seitz T, Bocola M, Claren J et al. (2007) Stabilisation of a (βα)$_8$-barrel protein designed from identical half barrels. J Mol Biol 372:114–129
[6] Höcker B, Lochner A, Seitz T et al. (2009) High-resolution crystal structure of an artificial (βα)$_8$-barrel protein designed from identical half-barrels. Biochemistry 48:1145–1147
[7] Waldo GS (2003) Improving protein folding efficiency by directed evolution using the GFP folding reporter. Methods Mol Biol 230:343–359
[8] Seitz T, Thoma R, Schoch GA et al. (2010) Enhancing the stability and solubility of the glucocorticoid receptor of ligand-binding domain by high-throughput library screening. J Mol Biol 403:562–577
[9] Cabantous S, Rogers Y, Terwilliger TC et al. (2008) New molecular reporters for rapid protein folding assays. PLoS One 3:e2387
[10] Foit L, Morgan GJ, Kern MJ et al. (2009) Optimizing protein stability in vivo. Mol Cell 36:861–871
[11] Wigley WC, Stidham RD, Smith NM et al. (2001) Protein solubility and folding monitored in vivo by structural complementation of a genetic marker protein. Nat Biotechnol 19:131–136
[12] Cabantous S, Terwilliger TC, Waldo GS (2005) Protein tagging and detection with engineered self-assembling fragments of green fluorescent protein. Nat Biotechnol 23:102–107

Tobias Seitz (links) und Reinhard Sterner

Korrespondenzadresse:
Prof. Dr. Reinhard Sterner
Institut für Biophysik und physikalische Biochemie
Universität Regensburg
Universitätsstraße 31
D-93053 Regensburg
Tel.: 0941-943-3015
Fax: 0941-943-2813
reinhard.sterner@biologie.uni-regensburg.de

In vivo-SILAC

Quantitative Analyse der Proteomdynamik

MARIELUISE KIRCHNER, MATTHIAS SELBACH

MAX-DELBRÜCK-CENTRUM FÜR MOLEKULARE MEDIZIN, BERLIN

Proteine, mit ihren zell- und gewebespezifischen Funktionen, unterliegen einer ständigen Dynamik mit komplexen Auswirkungen auf ganze zelluläre Netzwerke. Diese systematisch zu erfassen und zu verstehen, ist das Ziel der quantitativen *in vivo*-Proteomanalyse.

Proteins, with their cell- and tissue specific functions, are subject to constant dynamic changes with global effects on entire cellular networks. Quantitative *in vivo* proteomics aims to capture and understand these changes in a systematic way.

■ Das Proteom ist im Gegensatz zum Genom dynamisch: Es unterscheidet sich stark in verschiedenen Organen und Zelltypen, ja sogar zwischen zwei Individuen einer Spezies. Zudem verandert es sich während der Entwicklung und auch als Folge von Umwelteinflüssen. Die meisten Faktoren, auch Medikamente und Schadstoffe, wirken nicht nur auf ein Protein, sondern regulieren komplexe Signalwege und Proteinkomplexe. Diese Dynamik systematisch zu beschreiben und in ihrer Komplexität zu verstehen, ist eine der größten Herausforderungen der Proteomforschung. Der Vergleich des Proteoms von „gesunden" und „kranken" Zellen kann z. B. helfen, die Ursachen von Krankheiten zu verstehen. Die Charakterisierung von Signalprozessen kann Aufschluss über zelluläre Mechanismen und Funktionen geben.

Ziel der quantitativen Proteomforschung ist also eine umfassende und präzise quantitative Erfassung der Gesamtheit aller Proteine in einem Lebewesen, einem Gewebe, einer Zelle oder Zellkompartiment. Dabei hat sich die Massenspektrometrie in Kombination mit Flüssigkeitschromatografie (LC-MS/MS) als Methode der Wahl etabliert. Bei diesem sogenannten *shotgun*-Ansatz werden Proteingemische zunächst enzymatisch in leichter zu handhabende Peptidgemische gespalten.

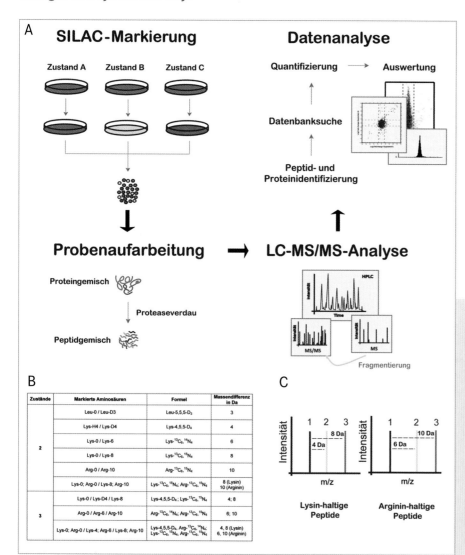

◀ **Abb. 1:** Das Prinzip der SILAC-basierten Proteinquantifizierung. **A,** Ablauf eines SILAC-Experiments. Zellpopulationen werden SILAC-markiert, vereinigt und aufgearbeitet. Die Peptide werden massenspektrometrisch analysiert, und aus den gewonnenen Spektren wird die Information zur Identifizierung und Quantifizierung extrahiert. Die umfangreichen Datensätze werden meist bioinformatisch ausgewertet. **B,** Übersicht verschiedener SILAC-Aminosäuren und deren Anwendung bei der Markierung. **C,** Bei einer Markierung mit leichten (1), mittelschweren (2) und schweren (3) Aminosäuren erscheinen Peptide als Triplett mit einer Massendifferenz von vier und acht Dalton (Lysin-haltige Peptide) oder sechs und zehn Dalton (Arginin-haltige Peptide). Weitere Erklärungen im Text.

DOI: 10.1007/s12268-011-0123-2

BIO*spektrum* | 07.11 | 17. Jahrgang

Tab. 1: Strategien zur SILAC-Markierung verschiedener Zellsysteme und Organismen.

Modellsystem	SILAC-Strategie	Zeitaufwand für Markierung (> 95 %)
Bakterien (*Escherichia coli*) Hefe (*Saccharomyces cerevisiae*) Zelllinien humane Stammzellen murine Stammzellen	direkte Markierung mit freien leichten bzw. schweren Aminosäuren (Arginin und Lysin) im Kulturmedium	14 h 16 h 10–14 Tage (5 Passagen) 12–15 Tage (> 5 Passagen) 10–15 Tage (5 Passagen)
Fadenwurm (*Caenorhabditis elegans; C. briggsae*)	organisches Material (*E. coli*), markiert mit schwerem Lysin	4–5 Tage
Fruchtfliegen (*Drosophila melanogaster*)	organisches Material (Hefe), markiert mit schwerem Lysin	10 Tage
Maus (*Mus musculus*)	synthetisch hergestelltes Futter, markiert mit schwerem Lysin	> 20 Wochen
Amphibien (*Notophthalmus viridescens*)	organisches Material (Mausleber), markiert mit schwerem Lysin	40 Tage (teilweise markiert)
humane Gewebeproben	Referenzprobe (Super-SILAC), ein Gemisch aus mehreren Zelllinien; Markierung mit freien leichten bzw. schweren Aminosäuren im Kulturmedium	2 Wochen

Anschließend trennt man die Peptide über Säulenchromatografie auf. Am Ende der Säule werden die Peptide ionisiert und fliegen direkt in das Massenspektrometer (*electrospray ionization*) [1]. Hochdurchsatz-Massenspektrometer erlauben wegen ihrer hohen Genauigkeit, Sensitivität und Geschwindigkeit Analysen komplexer Proben in relativ kurzer Zeit. Es ist mittlerweile möglich, mehrere tausend Proteine in einem Experiment zu identifizieren und zu quantifizieren. Die erfolgreiche Erfassung des gesamten Hefe-Proteoms mit über 4.000 Proteinen ist dabei ein wichtiger Meilenstein [2]. Eine besondere Herausforderung ist jedoch immer noch die Detektion von gering exprimierten Proteinen.

Per se sind solche *shotgun*-Analysen nur qualitativ und erlauben keine exakte Quantifizierung. Durch die Kombination mit differenzieller Isotopenmarkierung der Protein- bzw. Peptidpopulation ist jedoch eine Quantifizierung sehr präzise möglich. Eine sehr elegante und experimentell genaue Methode ist die metabolische Markierung der Proteine in Zellen und Organismen während des natürlichen Stoffwechselumsatzes [3].

SILAC – metabolische Markierung von Proteinen

Stabile (also nicht-radioaktive) schwere Isotope wie beispielsweise ^{13}C und ^{15}N können für die metabolische Markierung von Proteinen benutzt werden. Die größere Masse dieser Moleküle führt zu einer Erhöhung des Molekulargewichts der markierten Proteine, was zu einer Verschiebung des Peptidsignals im Massenspektrum führt. Die Intensitäten von unterschiedlich markierten, aber ansonsten identischen Peptiden können direkt verglichen werden und erlauben die relative Quantifizierung zweier Zustände (z. B. Wildtyp/Mutante oder unbehandelte/stimulierte Zellpopulation). Bei SILAC (*stable isotope labelling by amino acids in cell culture*) werden Zellen in Medium mit isotopmarkierten Aminosäuren kultiviert [3]. Obwohl theoretisch jede essenzielle Aminosäure benutzt werden kann, hat sich der Einsatz von schwerem Arginin und Lysin in Verbindung mit der Protease Trypsin als besonders praktisch herausgestellt: Trypsin spaltet C-terminal von Lysin und Arginin, sodass alle Peptide (mit Ausnahme des Protein-C-Terminus) markiert sind. Bei einem SILAC-Experiment werden die zu untersuchenden Zellpopulationen parallel in Medium kultiviert, welches entweder die normalen „leichten" Aminosäuren oder ihre schweren isotopmarkierten Formen enthält (**Abb. 1**). Nach mehreren Zellteilungen sind alle Proteine mit der jeweiligen Aminosäure markiert. Die Zellpopulationen werden dann 1:1 vereint, gemeinsam prozessiert und massenspektrometrisch analysiert. Auch Proteinmodifikationen, wie beispielsweise Phosphorylierung können mit hoher Sensitivität identifiziert und quantifiziert werden [4]. SILAC-basierte Quantifizierung ist äußerst akkurat und präzise, wodurch diese besonders für die Detektion von geringen Expressionsunterschieden geeignet ist.

In vivo-quantitative Proteomanalyse von biologischen Systemen

SILAC kann prinzipiell bei jedem metabolisch aktiven Organismus angewendet werden. Wichtig ist dabei die Markierungsstrategie, um die komplette Markierung aller Proteine sicherzustellen (**Abb. 2, Tab. 1**). In der Zellkultur (*Escherichia coli*, Hefe, humane Zelllinien etc.) wird die SILAC-Methode schon seit Jahren routinemäßig genutzt. Spezielles „SILAC-Futter" macht es jetzt möglich, auch mehrzellige Organismen wie Mäuse und Fliegen zu markieren. Solche Tiermodelle kommen der natürlichen Situation erheblich näher als Zellkulturexperimente. Gleichzeitig stellt die Heterogenität des Zellmaterials, die organ- bzw. zelltypspezifischen Proteinprofile sowie die höhere biologische Variabilität jedoch eine größere Herausforderung dar. Ein kritischer Punkt in allen Systemen ist die Erfassung von gering konzentrierten Proteinen in komplexen Proteingemischen. Extensive Fraktionierung auf Protein- und Peptidebene verringern die Komplexität der Probe und erhöhen dadurch die Sensitivität während der spektrometrischen Analyse.

SILAC in Zellkultur

SILAC-Markierung in eukaryotischen Zellkultursystemen ist wahrscheinlich eine der am besten etablierten Anwendungen der Methode. Die modifizierten „leichten" und „schweren" Zellkulturmedien sind einfach herzustellen, und eine relative hohe Teilungsrate der Zellen ermöglicht eine komplette Markierung des Proteoms in kürzester Zeit. Viele Zellkultursysteme sind genetisch und biochemisch leicht manipulierbar (Transgene und Knock-out-Linien, Stimulierung und Behandlung mit diversen Substanzen) und bieten daher zahlreiche Anwendungen für vergleichende Proteomanalysen. Die hohe Präzision erlaubt es, schon geringe Änderungen mit hoher Sicherheit zu detektieren. Der direkte Vergleich von drei Zuständen erlaubt zeitlich aufgelöste Proteomanalysen, mit denen z. B. das kinetische Profil tausender Phosphorylierungsstellen bei der zellulären

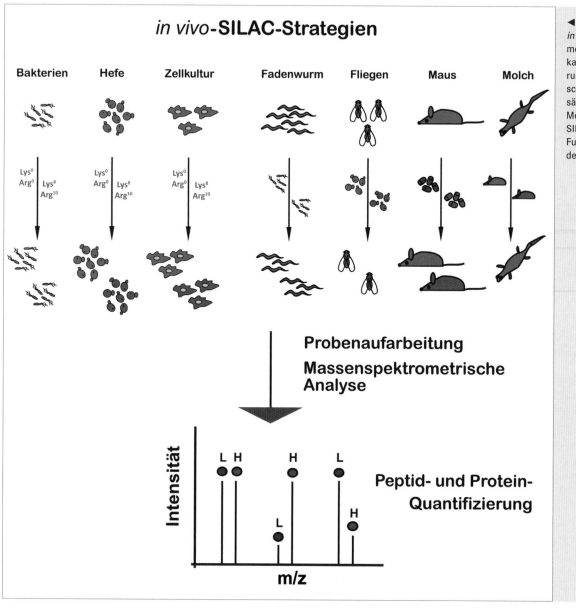

in vivo-**SILAC-Strategien**

Bakterien Hefe Zellkultur Fadenwurm Fliegen Maus Molch

Lys⁰ Arg⁰ | Lys⁸ Arg¹⁰ Lys⁰ Arg⁰ | Lys⁸ Arg¹⁰ Lys⁰ Arg⁰ | Lys⁸ Arg¹⁰

Probenaufarbeitung

Massenspektrometrische Analyse

Intensität

L H H L

L H

m/z

Peptid- und Protein-Quantifizierung

◄ **Abb. 2:** SILAC-*in vivo*-Modellsysteme. Eine Markierung kann über Kultivierung mit einem mit schweren Aminosäuren versetzten Medium oder mittels SILAC-markiertem Futter erreicht werden.

Signaltransduktion verfolgt werden kann [4]. Neben der statischen Betrachtung erlaubt die SILAC-Methode auch die metabolische „Puls"-Markierung von Proteinen. Dabei werden Zellen nur für kurze Zeit auf schweres Medium umgesetzt, sodass nur neu synthetisierte Proteine markiert werden. *Pulsed*-SILAC (pSILAC) ermöglicht die direkte Quantifizierung der zellulären Proteinsynthese, was sich beispielsweise als besonders attraktive Methode für die Identifikation von mikro-RNA-Targets herausgestellt hat [5]. Ein ähnliches Verfahren, *dynamic*-SILAC, quantifiziert dagegen das Protein-Turnover [6, 7].

SILAC im Tiermodell

In den letzten Jahren konnten auch mehrzellige komplexe Organismen erfolgreich SILAC-markiert werden (**Abb. 2**). Im Gegensatz zu homogenen Zellkultursystemen sind Organe oft heterogen aus verschiedenen Zelltypen aufgebaut. Die Expression und auch die Regulation eines Proteins können sich in verschiedenen Zelltypen unterscheiden. Spezielle und gezielte Probengewinnungs- und -aufarbeitungstechniken von Organen, Geweben oder auch spezifischen Zelltypen sind deshalb oftmals erforderlich.

Die SILAC-Maus war der erste komplexe Organismus, welcher komplett mit SILAC markiert werden konnte [8]. Dies erlaubte zum ersten Mal eine umfassende quantitative Proteomanalyse von Geweben und Organen im biologisch komplexen Zusammenhang. Die Mäuse wurden mit synthetisch modifizierter Nahrung gefüttert, welche schweres Lysin enthielt, und nach zwei Generationen waren die meisten Proteine komplett markiert. Mausmodelle sind ein beliebtes Forschungsobjekt in biologischen und auch medizinischen Bereichen. Es existieren unzählige Forschungs- und Krankheitsmodelle, und die SILAC-basierte quantitative Proteomanalyse an diesen Systemen stellt eine sehr attraktive Methode dar, um die Bandbreite biologischer und pathologischer Effekte auf das Repertoire der Proteine und deren Regulation im kompletten Organismus zu untersuchen.

Auf die Mäuse folgten die SILAC-Fliegen. *Drosophila melanogaster* ist eines der meistgenutzten Modellsysteme in der Entwicklungsbiologie. Grundlegende Fragen der Zelldifferenzierung und Organogenese werden an diesem Organismus studiert. Um Fliegen mit SILAC zu markieren, wurde zuerst eine Hefekultur komplett mit schwerem Lysin markiert. Vergleichende quantitative Proteom-

Pathologie

Proteomanalysen in der klinischen Forschung

DOMINIK A. MEGGER, HELMUT E. MEYER, BARBARA SITEK
MEDIZINISCHES PROTEOM-CENTER, UNIVERSITÄT BOCHUM

Proteomanalysen bieten die Möglichkeit, neue diagnostische Marker und *drug targets* für verschiedene Erkrankungen zu finden. Insbesondere die Kombination der Mikrodissektion und des sensitiven Sättigungslabelling ermöglicht die gezielte Analyse krankheitsassoziierter Zellpopulationen.

Proteome analyses of clinical material can help to find new diagnostic markers and drug targets for different diseases. Especially, the combination of microdissection with the high-sensitive fluorescence labeling enables targeted analyses of disease associated cells.

Das Proteom

■ Der Begriff Proteom bezeichnet die Gesamtheit der Proteine, die in Abhängigkeit von der Umgebung und eines Zeitpunktes von einem Genom exprimiert werden. Im Gegensatz zum Genom, welches in fast allen Zellen eines Organismus nahezu identisch ist, ändert sich das Proteom ständig und kann daher durchaus als dynamisch bezeichnet werden. Es umfasst nämlich nicht nur das reine Expressionsprofil von Genprodukten, das heißt Proteine, die sich direkt aus den codierenden Sequenzen ableiten, sondern zudem auch solche Proteine, die erst durch posttranslationale Modifikationen wie etwa Phosphorylierungen gebildet werden. Demnach lassen sich Fragestellungen bezüglich Interaktionsnetzwerken oder Abläufen der Signaltransduktion fast ausschließlich durch Proteomanalysen genauestens untersuchen. Auch in klinischen Bereichen werden Untersuchungen auf Proteinebene als hoffnungsvoller Ansatz für die Verbesserung von Diagnostik und Therapien angesehen. Durch die kontinuierliche Neusynthese, den Abbau sowie die Modifikation von Proteinen spiegelt das Proteom nämlich den physiologischen und pathologischen Zustand einer Zelle, eines Gewebes oder eines ganzen Organismus unter ganz bestimmten Bedingungen wie etwa einer speziellen Erkrankung wider.

Proteomanalysen

Die Bearbeitung klinischer Fragestellungen mittels Proteomanalysen kann generell auf verschiedenen Ebenen stattfinden. In Modellsystemen wie etwa einem Zellkulturmodell aus humanem Gewebe lassen sich molekularbiologische Fragestellungen zielgerichtet bearbeiten. Vorteile hierbei sind eindeutig die Kontrolle sämtlicher experimenteller Parameter sowie die nahezu unbegrenzte Menge an Untersuchungsmaterial. Ein weiteres Modellsystem stellen die Tiermodelle dar, die eine Untersuchung biologischer Prozesse *in vivo* erlauben. Neben diesen Modellen bietet die Untersuchung humanen Gewebes den größten klinischen Nutzen, ist dabei jedoch auch durch die geringsten Mengen an Pro-

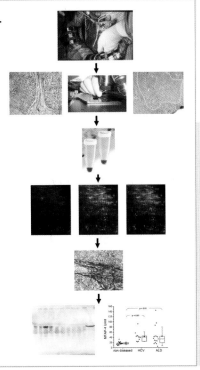

1. **Lebertransplantate von sieben Hepatitis-C-Patienten**

2. **Mikrodissektion von zirrhotischen und nicht-zirrhotischen Zellen**

3. **Proteinmarkierung**
   => DIGE-Sättigungslabelling

4. **Differenzielle Proteomanalyse**
   => Vergleich der Expressionsprofile von zirrhotischen und nicht-zirrhotischen Zelle.

5. **Validierung der differenziellen Proteine**
   => Immunhistochemie

6. **Validierung als Biomarker im Serum**
   => Western Blot-Analysen/ELISA

◄ **Abb. 1:** Experimenteller Ablauf zur Detektion und Validierung von potenziellen Biomarkern für Leberzirrhose. Als Untersuchungsmaterial für die differenzielle Studie dienten Leberexplantate von Hepatitis-C-Patienten, bei denen Leberzirrhose diagnostiziert wurde (1). Krankheitsrelevante Zellverbände wurden mittels manueller Mikrodissektion isoliert (2) und die Proteine mittels Sättigungslabelling markiert (3). In der anschließenden 2D-Gelelektrophorese wurden differenzielle Proteine mithilfe der Auswertesoftware DeCyder detektiert (4). Die Validierung erfolgte zunächst im Gewebe erkrankter Patienten mittels Immunhistochemie (5). Beim positiven Ergebnis folgte die Validierung im Blut unter der Verwendung der Western Blots und des ELISA-Assays (6).

DOI: 10.1007/s12268-011-0129-9

benmaterial sowie die große biologische Diversität eine enorme Herausforderung.

Eine der meistverwendeten Techniken im Bereich der Proteomanalysen ist die zweidimensionale Gelelektrophorese (2D-GE), da sie durch die mögliche Auftrennung von bis zu 10.000 Proteinspots pro Gel eine hochauflösende Analyse komplexer Proteingemische erlaubt [1, 2]. Die Auftrennung beruht hierbei auf zwei Eigenschaften jedes Proteins und zwar dem isoelektrischen Punkt sowie dem Molekulargewicht. Durch die Verwendung von Fluoreszenzfarbstoffen für die Proteinmarkierung ist es möglich, mehrere Proben in einem Gel aufzutrennen und somit die Variationen von Gel zu Gel zu minimieren sowie durch den Einsatz eines internen Standards die Genauigkeit der Quantifizierung zu erhöhen. Diese sogenannte DIGE-Technik (*differential gel electrophoresis*) bietet zusätzlich die Möglichkeit, durch das Sättigungslabelling eine sehr geringe Proteinmenge (zwei Mikrogramm) in einem Gel aufzutrennen und zu detektieren [3]. Diese Technik wird bei klinischen Fragestellungen vorrangig in solchen Fällen angewendet, wenn pathologisch relevantes Gewebe bzw. Zellen nur in geringer Menge vorliegen. Für die Isolation solcher Zellpopulationen ist die Mikrodissektion eine äußerst hilfreiche Methode. Hierbei werden nur die Zellen isoliert und analysiert, welche direkt mit einem entsprechenden Krankheitszustand assoziiert sind. Die geringe Anzahl von einigen Tausend Zellen verlangt jedoch äußerst selektive und sensitive Analysemethoden seitens der Proteomik. Durch die Kombination der Mikrodissektion und der DIGE-Technik konnte ein Verfahren etabliert werden, das für die Entdeckung neuartiger krankheitsspezifischer Biomarker und *drug targets* verwendet wurde [4].

Proteomstudie an Leberzirrhose

Chronische Lebererkrankungen führen zur Entwicklung der Fibrose und enden häufig in dem Fibrose-Endstadium, der Leberzirrhose. Dieses Stadium gilt als irreversibel, und meistens kann nur eine Lebertransplantation als Therapiemaßnahme eingesetzt werden. Bislang konnten das Auftreten und die Progression der Krankheit nur durch operative Gewebsentnahme zuverlässig beurteilt werden, da spezifische nicht-invasive Marker fehlten.

Für die Detektion von neuen Biomarkern wurde eine gewebebasierte Proteomanalyse durchgeführt [5]. Als Ausgangsmaterial dienten Leberexplantate von sieben an Hepatitis-

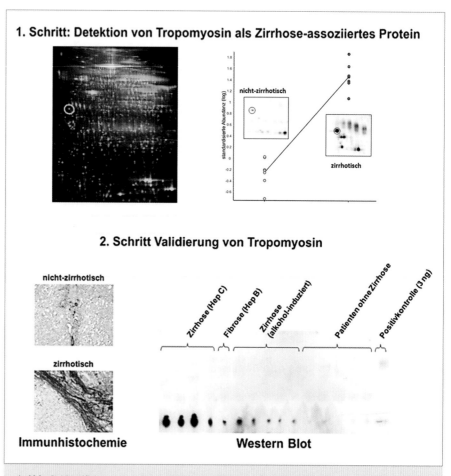

▲ **Abb. 2:** Identifizierung von Tropomyosin als Biomarker für Leberzirrhose. Im ersten Schritt der Studie wurde das Protein in der 2D-Gelelektrophorese als differenzielles Protein bei allen sieben Hepatitis-C-Patienten gefunden. In der anschließenden Validierung im Gewebe und im Blut wurde eine erhöhte Expression von Tropomyosin bei Patienten mit Leberzirrhose detektiert.

C-Virus erkrankten Patienten, bei denen eine fortgeschrittene Zirrhose diagnostiziert wurde. Die betroffenen Zellverbände wurden von dem restlichen Gewebe mittels Mikrodissektion isoliert. Anschließend wurden aus diesen Zellen mittels 2D-Elektrophorese Proteomprofile erstellt und miteinander verglichen (**Abb. 1**). Insgesamt konnten durch den Vergleich von zirrhotischen mit nicht erkranktem Lebergewebe 27 Proteine detektiert werden, die hochabundant im zirrhotischen Gewebe vorkommen. Nach der Identifizierung mithilfe der Massenspektrometrie konnte eine Gruppe zytoskeletaler Proteine identifiziert werden, die an Prozessen der Apoptose in fibrotischen Leberzellen beteiligt sind. Als besonders Erfolg versprechende Biomarkerkandidaten haben sich Tropomyosin, Transgelin, ER-60, Calponin und das *microfibril associated glycoprotein 4* (MFAP-4) erwiesen. Deshalb wurde ihr Expressionslevel in anschließenden Validierungsanalysen (Immunhistochemie, Western Blot, ELISA) ausführlich getestet. In den Analysen am Blut

von Patienten mit Leberzirrhose konnte eine starke Expression der Proteine im Vergleich zu gesunden Kontrollen gezeigt werden. Am Beispiel der Proteine Tropomyosin werden die Ergebnisse der DIGE-Studie und der anschließenden Validierung gezeigt (**Abb. 2**).

Zurzeit wird ein Multiplex-ELISA entwickelt, der fünf der identifizierten Biomarker im Blut detektieren kann. In Zukunft könnten dann die gefundenen Biomarker als nichtinvasive Alternative zur Leberbiopsie eingesetzt werden, um eine Risikostratifizierung für das Entstehen von Leberzirrhose anzuzeigen. Damit könnte eine Detektion sowie ein Monitoring von Risikopatienten durch nicht-invasive Diagnostik gewährleistet werden, ohne dass für den Patienten Risiken der Nachblutung durch eine Biopsie auftreten.

Proteomstudie an Pankreaskarzinomen

In der überwiegenden Zahl der Fälle (über 80 Prozent) präsentiert sich das Pankreaskarzinom als duktales Adenokarzinom (duk-

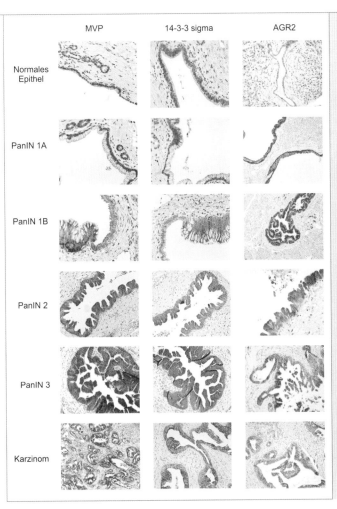

	MVP	14-3-3 sigma	AGR2
Normales Epithel			
PanIN 1A			
PanIN 1B			
PanIN 2			
PanIN 3			
Karzinom			

◄ **Abb. 3:** Immunhistochemische Detektion der Proteine MVP, 14-3-3 sigma und AGR 2 in den einzelnen Läsionen der Tumorprogression von Pankreaskarzinom. Bei der Detektion der Expression für die einzelnen Proteine mit spezifischen Antikörpern ist eine signifikante Steigerung der Intensität während der Tumorprogression erkennbar. Im gesunden Epithel konnten diese Proteine kaum detektiert werden, ihre stärkste Expression wurde in den Vorläuferstadien PanIN 2 und 3 nachgewiesen. Weitere Erklärungen im Text. Abbildung aus [6]. Reprinted with permission from the JOURNAL OF PROTEOME RESEARCH © 2009 American Chemical Society.

tales Pankreaskarzinom, PDAC). Untersuchungen solcher Karzinome legen nahe, dass bei der Tumorprogression in der Regel verschiedene Vorläuferstadien durchlaufen werden. Histologisch lassen sich vier verschiedene Vorläuferstadien des Pankreaskarzinoms unterscheiden, die sogenannten Pankreatischen Intraepithelialen Neoplasien (PanIN). Neben der typischen Morphologie lassen sich durch neue molekulare Befunde die PanIN-Stadien definieren und werden als PanIN-1A, PanIN-1B, PanIN-2 und PanIN-3 bezeichnet. Im Rahmen einer differenziellen Proteomstudie wurden die PanIN-Läsionen untersucht, um neue Proteine zu identifizieren, die einen Rückschluss auf die Entwicklung des Pankreaskarzinoms zulassen und

sich für die Frühdiagnostik verwenden lassen [6]. Die Identifizierung potenzieller Markerproteine, deren Expression Einfluss auf das invasive Wachstum und die Metastasierung von Pankreastumoren nimmt, könnte zu einer Verbesserung sowohl diagnostischer als auch therapeutischer Ansätze in der Behandlung von Pankreaskrebs führen. Hierfür wurden Expressionsprofile der Proteome aus gesundem Gewebe, den einzelnen Vorläuferläsionen (PanIN-1A bis PanIN-3) und dem Karzinom mittels 2D-Elektrophorese erstellt und miteinander verglichen (differenzielle Analyse). Aus dem entfernten Tumorgewebe der Krebspatienten wurden die zu untersuchenden Läsionen-Zellen mithilfe der Mikrodissektion gewonnen. Für die

anschließende 2D-Elektrophorese wurden jeweils 1.000 Zellen pro Läsion und Patient verwendet. Insgesamt wurden bei dieser Studie Läsionen von neun Tumorpatienten verwendet. Bei der differenziellen Proteomanalyse an PanIN-Zellen wurden 39 differenziell exprimierte Proteine identifiziert, die eine signifikant veränderte Expression während der Progression von PDAC aufwiesen. Von sieben Proteinen konnten fünf (AGR 2, MVP, 14-3-3 sigma, Annexin IV und S100A10) mithilfe der Gewebearrays an Proben von 130 Patienten immunhistochemisch bestätigt werden. Insbesondere die Proteine AGR 2, MVP und 14-3-3 sigma galten als vielversprechend, da sie im gesunden Normalepithel kaum, dafür während der Tumorprogression stärker exprimiert werden (**Abb. 3**). ◾

Literatur

[1] Klose J (1975) Protein mapping by combined isoelectric focusing and electrophoresis of mouse tissues. A novel approach to testing for induced point mutations in mammals. Humangenetik 26:231–243
[2] O'Farell PH (1975) High resolution two-dimensional electrophoresis of proteins. J Biol Chem 250:4007–4021
[3] Unlü M, Morgan ME, Minden JS (1997) Difference gel electrophoresis: a single gel method for detecting changes in protein extracts. Electrophoresis 18:2071–2077
[4] Sitek B, Lüttges J, Marcus K et al. (2005) Application of fluorescence difference gel electrophoresis saturation labelling for the analysis of microdissected precursor lesions of pancreatic ductal adenocarcinoma. Proteomics 5:2665–2679
[5] Mölleken C, Sitek B, Henkel C et al. (2009) Detection of novel biomarkers of liver cirrhosis by proteomic analysis. Hepatology 49:1257–1266
[6] Sitek B, Sipos B, Alkatout I et al. (2009) Biomarkers of pancreatic tumor progression revealed by a proteomics approach and immunohistochemical validation. J Proteome Res 8:1647–1656

Korrespondenzadresse:
Jun.-Prof. Dr. Barbara Sitek
Medizinisches Proteom-Center
Ruhr-Universität Bochum
Universitätsstraße 150
D-44801 Bochum
Tel.: 0234-32-24362
Fax: 0234-32-14554
barbara.sitek@rub.de
www.medizinisches-proteom-center.de

AUTOREN

Helmut E. Meyer
Jahrgang 1948. 1969–1974 Biochemiestudium an der Universität Tübingen. 1974–1976 Dissertation an der Universität Bochum. 1989 Habilitation. 1995 Ernennung zum außerplanmäßigen Professor. Seit 1999 Direktor des Medizinischen Proteom-Centers der Universität Bochum.

Dominik A. Megger
Jahrgang 1981. 2002–2007 Chemiestudium an der TU Dortmund. 2010 Promotion (bioanorganische Chemie) an der TU Dortmund und der Universität Münster. 2010–2011 Postdoc am Institut für Anorganische und Analytische Chemie der Universität Münster. Seit 2011 Postdoc am Medizinischen Proteom-Center an der Universität Bochum.

Barbara Sitek
Jahrgang 1974. 1995–2001 Biologiestudium an der Universität Bochum. 2007 Promotion im Fach Biologie an der Universität Bochum. 2010 Ernennung zur Junior-Professorin für Proteomforschung. Seit 2011 Gruppenleiterin der AG Clinical Proteomics am Medizinischen Proteom-Center der Universität Bochum.

Vom Stoffwechsel bis zur zellulären Biochemie

Teil 4: Proteine in Aktion – vom Stoffwechsel bis zur zellulären Biochemie

Die Wahrnehmung der Stoffwechselreaktionen wird für viele durch die gängige Orientierung der Lehrbücher am Menschen dominiert. Dabei halten die mikrobiellen Stoffwechselleistungen viele Überraschungen bereit. So starten wir den Teil mit einem Überblick über die verschiedenen Möglichkeiten, anorganischen Kohlenstoff zu assimilieren (G. Fuchs). Die Vielfalt der Reaktionen wird durch die Beschreibung der Möglichkeiten ergänzt, die für die Halogenierung von Molekülen genutzt werden können (K.-H. van Pée). Ein bioinformatischer Ansatz zur Beschreibung von Stoffwechseldaten (L. A. Flórez) leitet dann über zu den vielfältigen Möglichkeiten Thiamindiphosphat in der Katalyse einzusetzen (M. Müller). In zwei weiteren Artikeln gehen wir zum Redoxstoffwechsel über. M. Mollenhauer & J. Kiss diskutieren die Anpassung menschlicher Zellen an einen Sauerstoffmangel, während V. Zickermann et al. über Struktur und Funktion des Komplexes I der Atmungskette berichten. In den drei folgenden Artikeln wenden wir uns der Zelloberfläche zu, an der Polysialinsäure wichtige Funktionen bei der Entwicklung des Nervensystems ausübt (H. Hildebrandt et al.). Aus dem weiten Bereich der Signaltransduktion berichten A. Buttstedt et al. über noch wenig verstandene Pro-Formen von Wachstumsfaktoren und B. Szabo von den Wirkungen der Endocannabinoide. Dieser Teil wird abgeschlossen durch Artikel zur molekularen Kontrolle der Aktindynamik (C. Gohl et al.) sowie zur Bedeutung der Telomerase für die Zellalterung und Karzinogenese (H. Wege & T. H. Brümmendorf).

Stoffwechselzyklen

Vom Anorganischen zum Organischen

GEORG FUCHS

MIKROBIOLOGIE, FAKULTÄT BIOLOGIE, UNIVERSITÄT FREIBURG

Die Assimilierung von anorganischem Kohlenstoff in organisches Material markiert den Anfang der Evolution. Dieser Vorgang ist immer noch der bedeutendste Syntheseprozess der Biologie und beruht auf sehr verschiedenen Mechanismen.

The assimilation of inorganic carbon into organic material marks the beginning of evolution. This event is still the most important synthetic process in biology and is based on quite different mechanisms.

■ Die Fixierung von Kohlenstoff aus anorganischen Verbindungen in organische ist der grundlegende Biosyntheseprozess der Biologie. Dieser Prozess war auch die Voraussetzung für die Entstehung des Lebens aus anorganischer Materie. Die Jetztzeit wird beherrscht durch die grünen Pflanzen. Diese nutzen in den Chloroplasten die Assimilationsleistung von endosymbiotischen Cyanobakterien. Deren CO_2-Fixierungsprozess ist als Calvin-Benson-Zyklus bekannt, das CO_2-bindende Enzym ist die Ribulose-1,5-bisphosphat-Carboxylase/Oxygenase.

In Prokaryoten existieren noch fünf andere Wege der CO_2-Fixierung [1, 2], von denen die strikt anaeroben Wege dem Urstoffwechsel näher stehen als der Calvin-Benson-Zyklus und die in der Erdgeschichte vermutlich eine große Rolle gespielt haben. Warum diese Vielfalt? Was sind die Vorteile? Welcher war der vermutete Urstoffwechsel?

Stoffwechselzyklen

Stoffwechselzyklen sind lange bekannt: Citrat-, Glyoxylat-, Calvin-Zyklus, … In Freiburg entdeckte 1932 Hans Adolf Krebs den ersten, den Ornithin-Zyklus zur Harnstoffsynthese [3]. Er erkannte die Nützlichkeit des Zyklus-Prinzips, bei dem ein Empfängermolekül durch kovalente Verknüpfung ein kleines Molekül aufnimmt, wobei das Produkt für weitere Umsetzungen geeignet ist. Das Empfängermolekül wird in einem zyklischen Prozess zurückgebildet.

Auch bei der Entstehung des Lebens könnte ein Zyklus Pate gestanden haben: Anorganisches CO_2 (oder CO?) wird an einen reaktiven Träger fixiert, der die Reduktion des gebundenen CO_2 (Oxidationsstufe +4) auf die Stufe der organischen Verbindungen (mittlere Oxidationsstufe 0) ermöglicht. Der Prozess kann sich wiederholen. Um nachhaltig zu sein, muss der freie Träger regeneriert werden. Dabei wird ein organisches Molekül mit mehreren C-Atomen freigesetzt, das Ausgangsverbindung für weitere Reaktionen ist [4]. Dieses Zyklus-Prinzip gilt auch für die autotrophen CO_2-Fixierungsmechanismen der Biologie.

Carboxylasen, der Schlüssel zum Problem

Die Bindung von CO_2 an ein organisches Molekül ist wegen der geringen Reaktionsfreudigkeit von CO_2 ein Problem. Geeignete CO_2-Empfängermoleküle sind selten, und entsprechend begrenzt ist die Anzahl der Carboxylasen, welche das reaktionsträge CO_2 oder HCO_3^- kovalent mit einem solchen Startermolekül verknüpfen (**Abb. 1**). Beispiele sind Ribulose-1,5-bisphosphat-Carboxylase oder Phosphoenolpyruvat-Carboxylase. Acetyl-Coenzym A (CoA), Propionyl-CoA- und Pyruvat-Carboxylase nutzen Biotin, um HCO_3^- mithilfe von ATP als Carboxybiotin zu aktivieren. Die Carboxylierung eines Substrats ist wiederum nicht so ungewöhnlich wie z. B. die Reduktion von N_2, und so erklärt sich die Vielfalt der verwirklichten Möglichkeiten. Eine besondere Strategie besteht darin, CO_2 auf der Stufe von C_1-Verbindungen (CO oder HCOOH, CH_2O, CH_3OH) schritt-

weise zu reduzieren und zwei C_1-Verbindungen zur aktivierten Essigsäure zu vereinen, wie im Wood-Ljungdahl-Weg (**Abb. 1**). Dieser direkte Weg liegt bei methanogenen und acetogenen Bakterien nahe, weil sie in ihrem Energiestoffwechsel ohnehin CO_2 bis zur Stufe von Methanol (CH_3-) umsetzen. In allen Fällen sind Reduktionsschritte nötig, um den gebundenen Kohlenstoff zu reduzieren.

Wie schafft die Biologie ein Redoxpotenzial von –0,5 Volt?

Die meisten anaeroben CO_2-Fixierungsreaktionen sind gleichzeitig mit einem Reduktionsschritt verbunden. Beispiele sind Formiat-Dehydrogenase (CO_2 + 2 [H] → HCOOH), CO-Dehydrogenase (CO_2 + 2 [H] → CO + H_2O), Pyruvat-Synthase (CO_2 + 2 [H] + Acetyl-CoA → Pyruvat + CoA) und 2-Oxoglutarat-Synthase (CO_2 + 2 [H] + Succinyl-CoA → 2-Oxoglutarat + CoA) (**Abb. 1**). Diese O_2-labilen Enzyme benötigen als Elektronenlieferanten ein reduziertes Ferredoxin (= 2 [H]) mit einem Redoxpotenzial von –0,5 Volt. Die Frage, wie ein solch negatives Redoxpotenzial erzeugt werden kann, konnte erst kürzlich beantwortet werden. Eine Lösung besteht in membrangebundenen Hydrogenasen, die H_2 (H_2/2 H^+; E°′: –0,414 Volt) zur Reduktion von Ferredoxin verwenden und durch ein H^+-Potenzial angetrieben werden [5]. Eine analoge Reaktion wird vom membrangebundenen Rnf-Komplex katalysiert, der die Reduktion von Ferredoxin durch NADH unter Ausnutzung eines Na^+-Gradienten ermöglicht [6]. Eine andere Lösung ist Elektronen-Bifurkation (Gabelung) [7]: Die Oxidation von NAD(P)H (NAD(P)H/ NAD(P)$^+$; E°′: –0,32 Volt) erlaubt die Reduktion von „negativem" Ferredoxin (E°′: –0,4 bis –0,5 Volt), wenn gleichzeitig ein zweites NAD(P)H ein „positives" Ko-Substrat (E°′: –0,1 Volt oder positiver) reduziert. Vermittler ist enzymgebundenes $FADH_2$, das schrittweise über die Semichinonstufe FADH ($FADH_2$/FADH; E°′: –0,4 Volt, Reduktion von Ferredoxin) zu FAD (FADH/FAD; E°′: –0,09 Volt, Reduktion des Ko-Substrats) oxidiert wird.

DOI: 10.1007/s12268-011-0057-8

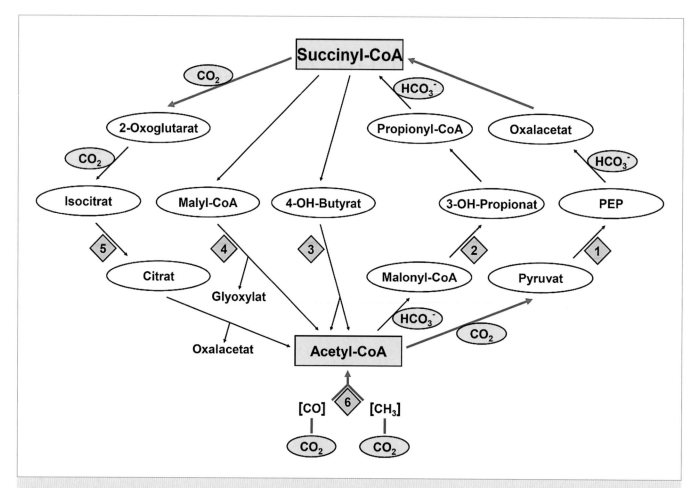

▲ **Abb. 1:** Schematische Darstellung der autotrophen CO_2-Fixierungswege, ausgenommen der Calvin-Benson-Zyklus. Alle diese Wege führen zu Acetyl-CoA. Die Pfeile in Rot markieren O_2-empfindliche Schritte. Diese haben entweder ein sehr negatives Redoxpotenzial und benötigen deshalb reduziertes Ferredoxin als Elektronenlieferant; und/oder sie werden von O_2-empfindlichen Fe-S-Proteinen katalysiert. Nach der O_2-Empfindlichkeit der Prozesse richtet sich ihre Verteilung. Der ursprünglichste autotrophe Weg ist die Totalsynthese von Acetyl-CoA aus zwei CO_2 über den Wood-Ljungdahl-Weg, wie er in strikt anaeroben methanogenen Archaea und acetogenen Archaea und Bacteria vorkommt (Weg 6). Die anderen Prozesse sind zyklisch und beruhen auf einer Kombination der verschiedenen Teilprozesse, die von Acetyl-CoA plus zwei CO_2 zu Succinyl-CoA und wieder zurück zu Acetyl-CoA führen. Wege 1 und 5: reduktiver Citratzyklus oder Arnon-Buchanan-Zyklus, der in vielen anaeroben oder mikroaeroben Bacteria vorkommt. Wege 1 und 3: Dicarboxylat/4-Hydroxybutyrat-Zyklus in anaeroben Thermoproteales und Desulfurococcales (Archaea) [9]. Wege 2 und 3: 3-Hydroxypropionat/4-Hydroxybutyrat-Zyklus in aeroben Sulfolobales (Archaea) [10]. Wege 2 und 4: 3-Hydroxypropionat-Bizyklus in phototrophen Chloroflexi, der einen weiteren Zyklus für die Assimilation von Glyoxylat benötigt.

Regeneration des Akzeptors, Acetyl-CoA als Drehscheibe des Stoffwechsels

Es gibt viele Wege, um das Empfängermolekül zurückzubilden, welches als Substrat für Carboxylasen dient. Dabei wird gleichzeitig der fixierte Kohlenstoff freigesetzt, in der Regel als Acetyl-CoA, als Drehscheibe des Stoffwechsels [8]. Dies erfordert einen Kreisprozess. Das freigesetzte organische Molekül dient dann der Biosynthese aller Zellbausteine. In den ursprünglichen Anaerobiern funktionierte das Enzym Pyruvat-Synthase als Schleuse des Acetyl-CoA zum Zentralstoffwechsel. In aeroben Prokaryoten kann dieses O_2-labile Enzym nicht funktionieren, deshalb ist der aerobe Weg des Koh-

lenstoffs ausgehend von Acetyl-CoA ein anderer.

Fünf Alternativen zum Calvin-Benson-Zyklus

In **Abbildung 1** werden summarisch die Wege, auf denen Acetyl-CoA gebildet wird, dargestellt. Der reduktive Acetyl-CoA-Weg oder Wood-Ljungdahl-Weg (**Abb. 1**, Weg 6) führt zur direkten Synthese von Acetyl-CoA durch getrennte Reduktion von zwei Molekülen CO_2. Bemerkenswert ist hier die Zwischenstufe Kohlenmonoxid. Die anderen Wege führen im Kreislauf zu Acetyl-CoA zurück. Sie beruhen auf einer Kombination der Prozesse, die aus Acetyl-CoA und zwei CO_2 ein Molekül Succinyl-CoA entstehen las-

sen, mit denjenigen Wegen, die von Succinyl-CoA zu Acetyl-CoA zurückführen. Die Wege 1 und 5 bilden den reduktiven Citratzyklus oder Arnon-Buchanan-Zyklus, die Wege 1 und 3 den Dicarboxylat/4-Hydroxybutyrat-Zyklus [9], die Wege 2 und 3 den 3-Hydroxypropionat/4-Hydroxybutyrat-Zyklus [10] sowie die Wege 2 und 4 den 3-Hydroxypropionat-Bizyklus [11]; dieser erfordert einen zweiten Zyklus (deshalb Bizyklus) zur Assimilation des gebildeten Glyoxylats.

Gibt es einen ursprünglichen anaeroben Synthesebauplan?

Es gibt viele Theorien zur präbiotischen Chemie und zum Übergang hin zur organischen Welt, die möglicherweise eine RNA-Welt war.

Die meisten gehen von einer Assimilation vulkanischer Gase aus, unter Mithilfe von Metallkatalysatoren und positiv geladenen Oberflächen. Günter Wächtershäuser postuliert eine Kopplung eines anaeroben Redoxprozesses („Energiestoffwechsel") an den Biosyntheseprozess („Baustoffwechsel"). Energie wird in Form energiereicher Thioesterbindungen geliefert; diese aktivierten Moleküle sind gleichzeitig für die CO_2-Fixierung und anschließende Molekülverlängerung wesentlich [4, 12]. Im idealisierten Bauplan des ursprünglichen anaeroben Zentralstoffwechsels kommen ähnliche Schritte gehäuft vor. Der Weg führt von Acetyl-CoA durch reduktive Carboxylierung zu Pyruvat und von dort weiter bis zu 2-Oxoglutarat (**Abb. 2**). Alternativ kann 2-Oxoglutarat über Citrat entstehen. Es ist bemerkenswert, dass die geschilderte Reihenfolge der mengenmäßigen Bedeutung der Biosynthesevorläufer in Prokaryoten entspricht, nämlich 29 Prozent Acetyl-CoA > 21 Prozent Pyruvat > 13 Prozent Oxalacetat > neun Prozent 2-Oxoglutarat. Nur etwa ein Viertel des Stoffflusses geht über Phosphoenolpyruvat und ein Achtel über Triosephosphate hinaus.

Warum so viele Wege?

Um es vorweg zu sagen: Es gibt keine besseren und schlechteren Wege. Alle bestehen seit wenigstens einer Milliarde Jahren. Was sind dann ihre Vor- und Nachteile in einem gegebenen Organismus und Lebensraum? Die genetische Grundausstattung eines Bakteriums verträgt sich nicht mit allen denkbaren Wegen; doch erlaubt der horizontale Transfer eine ungeahnte Ausbreitung von Genen, wie man den Stammbäumen der Schlüsselenzyme entnehmen kann.

Hier ein paar Argumente für die Vielfalt:
- Von den bekannten CO_2-Fixierungswegen funktioniert die Hälfte (reduktiver Acetyl-CoA-Weg, reduktiver Citratzyklus, Dicarboxylat/Hydroxybutyrat-Zyklus) nur bei anaerober oder mikroaerober Lebensweise, bedingt durch die „innewohnende" Sauerstofflabilität einiger Schlüsselenzyme. Diese anaeroben Strategien, die wohl die ursprünglicheren sind, können unter aeroben Bedingungen nicht funktionieren. Deshalb mussten spätere, O_2-resistente Strategien entwickelt werden.
- Die anaeroben Wege benötigen viel weniger Energie als die aeroben. Würden Anaerobier die teureren Wege der Aerobier übernehmen, wären sie energetisch benachteiligt. Der energetisch günstigste Weg ist der reduktive Acetyl-CoA-Weg, gefolgt vom reduktiven Citratzyklus.
- Ein wichtiger Aspekt ist die Möglichkeit, CO_2-Fixierungswege gleichzeitig für die Assimilation von kleinen organischen Molekülen zu verwenden. Beispiele sind Kohlenmonoxid, Formiat, Methanol, Acetat, Propionat, 3-Hydroxypropionat und die vielen Verbindungen, die über Acetyl-CoA oder Propionyl-CoA abgebaut werden. Diese Verbindungen lassen sich problemlos mit den meisten Wegen assimilieren, aber nicht mit dem Calvin-Benson-Zyklus.
- Schließlich lassen sich einige Wege umkehren und dienen dann zur Oxidation von Acetyl-CoA, wenn die Bedingungen es erlauben und erfordern. Beispiele dafür sind der reduktive Acetyl-CoA-Weg und der reduktive Citratzyklus.

Danksagung

Mein Dank gilt den Mitarbeitern, die in all den Jahren Stoffwechsel-„Wegebau" mit mir betrieben haben, in Marburg, Ulm und Freiburg. Auf sie bin ich stolz, und es freut mich, dass sie dabei ihren eigenen Weg gefunden haben. Dank auch den Geldgebern DFG und Evonik-Degussa.

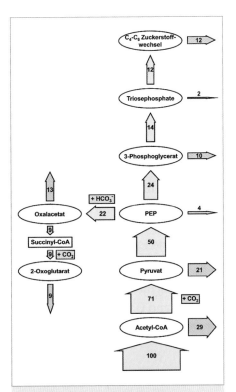

▲ **Abb. 2:** Idealisierter Bauplan des ursprünglichen, anaeroben Zentralstoffwechsels. Die Zahlen geben den prozentualen Anteil der Metabolitflüsse an, wobei alle Metabolitflüsse des Baustoffwechsels zusammen als 100 Prozent gesetzt sind. Gelbe Pfeile: Zentralstoffwechsel; rosa Pfeile: von den zentralen Intermediärverbindungen abführende Biosynthesen.

Literatur

[1] Hügler M, Sievert SM (2011) Beyond the Calvin cycle: autotrophic carbon fixation in the ocean. Annu Rev Mar Sci 3:261–289
[2] Berg IA, Kockelkorn D, Ramos-Vera WH et al. (2010) Autotrophic carbon fixation in archaea. Nat Rev Microbiol 8:447–460
[3] Jaenicke L (2007) Hans Adolf Krebs (1900–1981). Was Hänschen gelernt – hat Sir Hans dann getan. Die rechten Fragen stellen. In: Profile der Biochemie. S Hirzel-Verlag, Stuttgart, 289–295
[4] Wächtershäuser G (1988) Before enzymes and templates: theory of surface metabolism. Microbiol Rev 52:452–484
[5] Thauer RK, Kaster AK, Goenrich M et al. (2010) Hydrogenases from methanogenic archaea, nickel, a novel cofactor, and H_2 storage. Annu Rev Biochem 79:507–536
[6] Biegel E, Schmidt S, González JM et al. (2011) Biochemistry, evolution and physiological function of the Rnf complex, a novel ion-motive electron transport complex in prokaryotes. Cell Mol Life Sci 68:613–634
[7] Li F, Hinderberger J, Seedorf H et al. (2008) Coupled ferredoxin and crotonyl coenzyme A (CoA) reduction with NADH catalyzed by the butyryl-CoA dehydrogenase/Etf complex from Clostridium kluyveri. J Bacteriol 190:843–850
[8] Decker K (1959) Die aktivierte Essigsäure. Ferdinand Enke Verlag, Stuttgart
[9] Huber H, Gallenberger M, Jahn U et al. (2008) A dicarboxylate/4-hydroxybutyrate autotrophic carbon assimilation cycle in the hyperthermophilic Archaeum Ignicoccus hospitalis. Proc Natl Acad Sci USA 105:7851–7856
[10] Berg IA, Kockelkorn D, Buckel W et al. (2007) A 3-hydroxypropionate/4-hydroxybutyrate autotrophic carbon dioxide assimilation pathway in Archaea. Science 318:1782–1786
[11] Zarzycki J, Brecht V, Müller M et al. (2009) Identifying the missing steps of the autotrophic 3-hydroxypropionate CO_2 fixation cycle in Chloroflexus aurantiacus. Proc Natl Acad Sci USA 106:21317–21322
[12] Huber C, Wächtershäuser G (1997) Activated acetic acid by carbon fixation on (Fe, Ni)S under primordial conditions. Science 276:245–247

Korrespondenzadresse:
Prof. Dr. Georg Fuchs
Mikrobiologie
Universität Freiburg
Schänzlestraße 1
D-79104 Freiburg
Tel.: 0761-2032608
Fax: 0761-2032626
georg.fuchs@biologie.uni-freiburg.de
www.biologie.uni-freiburg.de/forschung/mikrobiologie.php

AUTOR

Georg Fuchs
Jahrgang **1945**. Biologiestudium in Freiburg. **1975** Promotion in Bochum bei Prof. Dr. Thauer. **1980** Habilitation in Marburg. **1982** Heisenbergstipendiat. **1982-1994** Ordinarius für Mikrobiologie in Ulm und **1994-2011** in Freiburg. **1997** Leibniz-Preis. **2007** Mitglied der Leopoldina. Arbeiten zum Stoffwechsel von CO_2, Acetat und Aromaten. Herausgeber des Lehrbuchs *Allgemeine Mikrobiologie*.

Halogenasen

Biologische Halogenierung

KARL-HEINZ VAN PÉE

ALLGEMEINE BIOCHEMIE, TU DRESDEN

Nachdem man 40 Jahre lang die Haloperoxidasen für die entscheidenden Enzyme bei der Biosynthese von Organohalogeniden hielt, wurden nun mit den FAD-abhängigen und den Nicht-Häm-Eisen-, α-Ketoglutarat- und O_2-abhängigen Halogenasen die korrekten Enzyme identifiziert.

For 40 years haloperoxidases were wrongly considered to be the halogenating enzymes involved in organohalogen biosynthesis. With FAD-dependent and non-haem iron, α-ketoglutarate and O_2-dependent halogenases, the correct enzymes have now been detected.

Halogenierung elektronenreicher Substrate: FAD-abhängige Halogenasen

■ Vor etwa 40 Jahren ging man davon aus, dass von lebenden Organismen gebildete Halogenverbindungen eine Seltenheit sind. Heute weiß man, dass die belebte Natur über ein enormes Potenzial für die Synthese halogenierter organischer Verbindungen verfügt. Die über 4.600 Organohalogenverbindungen, die bisher aus natürlichen Systemen isoliert wurden, werden zum allergrößten Teil durch lebende Organismen, von Bakterien bis zu den Säugern, produziert [1]. Bezüglich des Einbaus der Halogenatome schien für Iod, Brom und Chlor nach der Entdeckung der Haloperoxidasen vor 40 Jahren durch die Arbeitsgruppe um Hager alles geklärt [2]. Haloperoxidasen oxidieren mithilfe von H_2O_2 die Halogenidionen Iodid, Bromid und Chlorid; Fluorid kann aufgrund des Redoxpotenzials mithilfe von H_2O_2 nicht oxidiert werden. Der nachfolgende Angriff der oxidierten Halogenspezies an einem elektronenreichen System führt zum Einbau des Halogens. Haloperoxidasen besitzen weder eine Substratspezifität noch eine Regioselektivität. Wie sich später herausstellte, fehlt ihnen auch eine spezifische Halogenidbindestelle. Damit verfehlen Haloperoxidasen die Anforderungen, die an ein Enzym gestellt werden, das an einer spezifischen Biosynthese beteiligt ist.

Dairi *et al.* entdeckten im Biosynthesegencluster für die 7-Chlortetracyclin-Biosynthese ein Gen, dessen Zerstörung dazu führte, dass nur noch unchloriertes Tetracyclin gebil-

det wird. Das zugehörige Protein wies keinerlei Ähnlichkeiten zu Haloperoxidasen auf [3]. Damit wurde deutlich, dass Haloperoxidasen nicht die halogenierenden Enzyme sind, die in Biosynthesen von Organohalogenverbindungen eine wichtige Rolle spielen. Da Dairi *et al.* bei der Charakterisierung des Chlortetracyclin-Halogenase-Gens ein falsches Startmethionin bestimmt hatten, war das Enzym um etwa 102 Aminosäuren zu kurz, und es fiel nicht auf, dass das Enzym eigentlich eine Nukleotidbindestelle hat [4]. Die *in vitro*-Aktivität konnte auch aufgrund des fehlenden Substrats nicht nachgewiesen werden, sodass es vorerst beim molekulargenetischen Nachweis blieb. 1997 entdeckten

Hammer *et al.* im Biosynthesegencluster für das von *Pseudomonas fluorescens* produzierte Antibiotikum Pyrrolnitrin zwei Gene für halogenierende Enzyme (PrnA und PrnC) [4]. Eines von ihnen, PrnC, zeigte hohe Ähnlichkeit zur Chlortetracyclin-Halogenase. PrnC wies im aminoterminalen Bereich eine Nukleotidbindestelle (GxGxxG) auf. Die zweite Halogenase, PrnA, verfügte ebenfalls über diese Nukleotidbindestelle. PrnA zeigt ansonsten aber keine erkennbare Homologie zu PrnC. Da die potenziellen Substrate für diese beiden Halogenasen bekannt und verfügbar waren, gelang zum ersten Mal der Nachweis der *in vitro*-Aktivität von Halogenasen, die tatsächlich an einer Biosynthese beteiligt sind. Das Substrat für PrnA ist Tryptophan, das regioselektiv an der 7-Position des Indolrings chloriert und bromiert wird (**Abb. 1**). PrnC chloriert und bromiert regioselektiv das Phenylpyrrolderivat Monodechloraminopyrrolnitrin an der 3-Position des Pyrrolrings (**Abb. 1**). Dem Rohextrakt musste NADH zugegeben werden, um halogenierende Aktivität zu erhalten. Während der Reinigung stellte sich heraus, dass auch FAD für die Aktivität benötigt wird. Eine Erklärung ließ längere Zeit auf sich warten, bis festgestellt wurde, dass es sich bei diesen Halogenasen um ein Zweikomponentensystem handelt. Die eine Komponente ist eine Flavinreduktase, die FAD

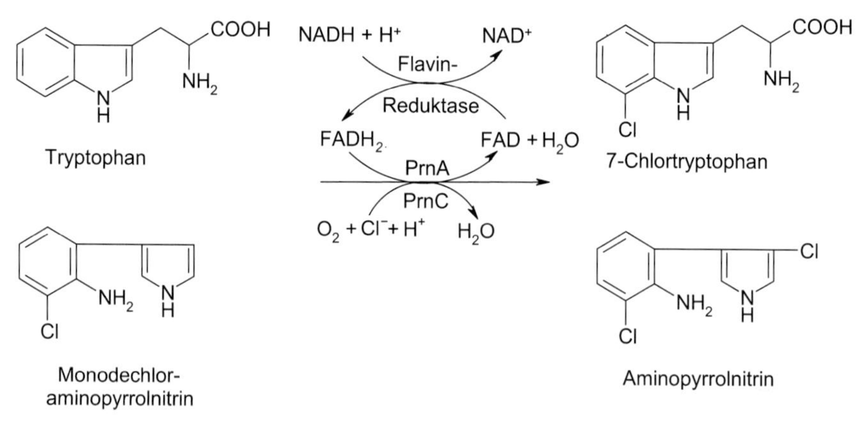

▲ **Abb. 1:** Die von dem Zweikomponentensystem der FAD-abhängigen Halogenasen katalysierte Reaktion am Beispiel der Chlorierung von Tryptophan durch die Tryptophan-7-Halogenase PrnA (oben) und von Monodechloraminopyrrolnitrin durch die Monodechloraminopyrrolnitrin-3-Halogenase PrnC (unten).

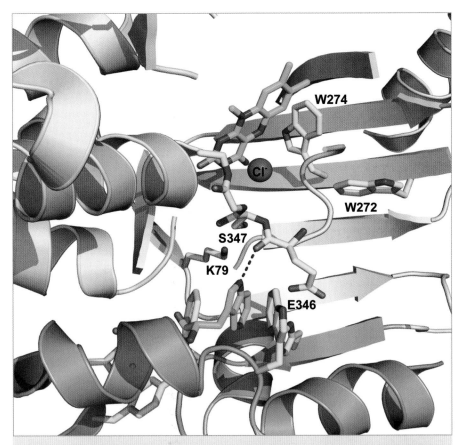

▲ **Abb. 2:** Das aktive Zentrum der Tryptophan-7-Halogenase PrnA. Vom FAD ist nur der Isoalloxazinring (grün, oben) dargestellt; direkt neben dem Isoalloxazinring ist das Chloridion zu sehen (violett). Die beiden hochkonservierten Tryptophanreste W272 und W274 befinden sich rechts unterhalb des Isoalloxazinrings. Im Zehn-Angström-Tunnel, der vom Isoalloxazinring zum Substrat Tryptophan (grün, unten) führt, befinden sich die Aminosäuren Serin-347 (S347), Lysin-79 (K79) und Glutamat-346 (E346). Weitere Erklärungen im Text.

zu $FADH_2$ reduziert, das dann von der eigentlichen Halogenase gebunden wird; daher die absolute Notwendigkeit für die Nukleotidbindestelle. Die Halogenase benötigt Sauerstoff für die Oxidation des $FADH_2$ zum Flavinhydroperoxid (**Abb. 1**). Diese Reaktion ist analog zur Reaktion Flavin-abhängiger Monooxygenasen. Das Flavinhydroperoxid wird dann von einem Chlorid- oder Bromid-Ion, das in der Nachbarschaft zum Isoalloxazinring des FAD gebunden ist (**Abb. 2**), angegriffen, wodurch HOCl und Flavinhydroxid entstehen, Letzteres zerfällt wiederum zu H_2O und FAD. Deshalb wird FAD nur in katalytischen Mengen benötigt. Dies erklärt, weshalb zum zellfreien Rohextrakt NADH, nicht aber FAD, zugegeben werden muss. Im Gegensatz zu den Haloperoxidasen wird das gebildete HOCl bei den FAD-abhängigen Halogenasen nicht freigesetzt, sondern wird entlang eines zehn Angström langen Tunnels zum Substrat geleitet (**Abb. 2**, [5]). Hierbei spielt vermutlich ein Serinrest eine Rolle. Für die Gewährleistung der Regioselektivität der Reaktion ist eine korrekte Positionierung der Halogenspezies und des Substrats zueinander absolut notwendig. Die exakte Positionierung der Halogenspezies wird bei den FAD-abhängigen Tryptophan-Halogenasen durch Wechselwirkungen mit einem Lysin- und einem Glutamatrest erreicht [6]. Wenn der Glutamatrest durch den um eine CH_2-Gruppe kürzeren Aspartatrest ersetzt wird, zeigt das Enzym keine Aktivität mehr. Der Aspartatrest nimmt im aktiven Zentrum auch eine völlig andere Position ein, da er zu kurz ist, um das HOCl zwischen sich und dem Lysinrest zu fixieren. Offensichtlich reicht die postulierte Bildung eines Lysin-Chloramins nicht für die Aktivität des Enzyms aus. Das Substrat wird bei den Tryptophan-Halogenasen so gebunden, dass sowohl die Amino- als auch die Säuregruppe Wechselwirkungen mit dem Enzym eingehen und der Indolring von großen aromatischen Aminosäuren „eingeklemmt" wird. Der Indolring wird dabei so gedreht, dass alle Positionen, bis auf die zu halogenierende, abgeschirmt sind. Die Position, an der das

Halogen eingebaut werden soll, schaut in den Tunnel und liegt so, dass sie die Halogenspezies angreifen kann. Wenn die Fixierung des Substrats nicht hundertprozentig stimmt, kann es zu einer Halogenierung an einer anderen Position kommen [7]. Für die Änderung der Regioselektivität wird der generelle Reaktionsmechanismus nicht geändert, sondern nur die Positionierung des Substrats wird so angepasst, dass die zu halogenierende Position an der exakten Stelle in den Tunnel ragt [8].

FAD-abhängige Halogenasen wurden inzwischen in vielen Bakterien und in jüngster Zeit auch in Eukaryoten gefunden [9]. Häufig scheitert allerdings der Nachweis der *in vitro*-Aktivität an der Unkenntnis der Natur des Substrats bzw. seiner Verfügbarkeit. So ist es während nicht-ribosomalen Peptidsynthesen häufig der Fall, dass das Substrat nicht frei vorliegt, sondern als Peptidylcarrierproteingebundenes Substrat.

Die FAD-abhängigen Halogenasen sind der Halogenase-Typ, der für die Halogenierung aromatischer und anderer elektronenreicher Substrate im Zuge von Biosynthesen halogenierter Metaboliten zuständig ist.

Halogenierung nicht-aktivierter Kohlenstoffatome: Nicht-Häm-Eisen-, α-Ketoglutarat- und O_2-abhängige Halogenasen

Wie werden nun aber Methylgruppen halogeniert? Im Zuge der Untersuchungen zur Biosynthese von Barbamid, das von dem Cyanobakterium *Lyngbya majuscula* gebildet wird, gab es die ersten Hinweise darauf, dass die enzymatische Halogenierung von Methylgruppen radikalisch verlaufen könnte. In dem isolierten Biosynthesegencluster wurde kein Gen für ein Enzym mit Ähnlichkeiten zu einem der bisher bekannten halogenierenden Enzyme gefunden. Andererseits blieb aber nur ein Gen als potenzieller Kandidat für ein Halogenasegen übrig. Vaillancourt *et al.* erkannten die Ähnlichkeit dieser potenziellen neuen Halogenase zu den Nicht-Häm-Eisen-, α-Ketoglutarat- und O_2-abhängigen Hydroxylasen [10]. Aufgrund dieser Idee gelang es ihnen, die Aktivität der ersten Nicht-Häm-Eisen-, α-Ketoglutarat- und O_2-abhängigen Halogenase *in vitro* nachzuweisen. Bei diesen Halogenasen wird intermediär ein Substratradikal erzeugt, welches dann das an das Nicht-Häm-Eisen koordinierte Chloratom als Radikal abstrahiert. Dieser Mechanismus kann zu Einfach-, Zweifach- und Dreifachhalogenierungen führen.

Methyl-Halogenid-Transferasen

Methyliodid, Methylbromid und Methylchlorid entstehen allerdings auf einem anderen Weg. Bei deren Bildung handelt es sich eigentlich um eine Methylierung und nicht um eine Halogenierung. Methylgruppen-Donor ist hier S-Adenosylmethionin, dessen Methylgruppe auf die Halogenidionen übertragen wird [11].

Enzymatische Fluorierung: die Fluorinase

Bisher ist nur ein einziges Enzym bekannt, das an der Biosynthese fluorhaltiger Metaboliten, Fluoressigsäure bzw. 4-Fluorthreonin, beteiligt ist. Die Fluorinase aus *Streptomyces cattleya* verwendet ebenfalls S-Adenosylmethionin als Substrat. Im Gegensatz zu den Methyl-Halogenid-Transferasen katalysiert die Fluorinase die Substitution von Methionin durch Fluorid. Um dies zu bewerkstelligen, muss das Enzym dem stark hydratisierten Fluoridion die Hydrathülle wegnehmen, sodass im aktiven Zentrum das Fluorid als starkes Nukleophil vorliegt. Das fluorierte Produkt, 5′-Fluor-5′-desoxyadenosin, wird anschließend zu Fluoracetaldehyd und weiter zu Fluoressigsäure bzw. 4-Fluorthreonin, den fluorierten Endprodukten, umgewandelt [12]. ∎

Literatur

[1] Gribble GW (2010) Naturally occurring organohalogen compounds-A comprehensive update. In: Kinhorn AD, Falk H, Kobayashi J (Hrsg) Progress in the Chemistry of Organic Natural Products. Vol 91. Springer, Wien, New York
[2] Shaw PD, Hager LP (1961) Biological chlorination. VI. Chloroperoxidase: a component of the β-ketoadipate chlorinase system. J Biol Chem 236:1626–1630
[3] Dairi T, Nakano T, Aisaka K et al. (1995) Cloning and nucleotid sequence of the gene responsible for chlorination of tetracycline. Biosci Biotechnol Biochem 59:1099–1106
[4] Hammer PE, Hill DS, Lam ST et al. (1997) Four genes from *Pseudomonas fluorescens* that encode the biosynthesis of pyrrolnitrin. Appl Environ Microbiol 63:2147–2154
[5] Dong C, Flecks S, Unversucht S et al. (2005) Tryptophan 7-halogenase structure suggests a mechanism for regioselective chlorination. Science 309:2216–2219
[6] Flecks S, Patallo EP, Zhu X et al. (2008) New insights into the mechanism of enzymatic chlorination of tryptophan. Angew Chem Int Ed 47:9533–9536
[7] Lang A, Polnick S, Nicke T et al. (2011) Changing the regioselectivity of the tryptophan 7-halogenase PrnA by site-directed mutagenesis. Angew Chem Int Ed 50:2951–2953
[8] Zhu X, De Laurentis W, Leang K et al. (2009) Structural insights in the regioselectivity in the enzymatic chlorination of tryptophan. J Mol Biol 391:74–85
[9] Neumann CS, Walsh CT, Kay RR (2010) A flavin-dependent halogenase catalyzes the chlorination step in the biosynthesis of *Dictyostelium* differentiation-inducing factor 1. Proc Natl Acad Sci USA 107:5798–5803
[10] Vaillancourt FH, Yeh E, Vosburg DA et al. (2005) Cryptic chlorination by a non-haem iron enzyme during cyclopropyl amino acid biosynthesis. Nature 436:1191–1194
[11] Harper DB (1985) Halomethane from halide ion – a highly efficient fungal conversion of environmental significance. Nature 315:55–57
[12] Schaffrath C, Cobb SL, O'Hagan D (2002) Cell-free biosynthesis of fluoroacetate and 4-fluorothreonine in *Streptomyces cattleya*. Angew Chem Int Ed 41:3913–3915

Korrespondenzadresse:
Prof. Dr. Karl-Heinz van Pée
Technische Universität Dresden
Professur für Allgemeine Biochemie
Bergstraße 66
D-01062 Dresden
Tel.: 0351-463-34424
Fax: 0351-463-35506
Karl-Heinz.vanPee@chemie.tu-dresden.de

Lope A. Flórez
Jahrgang 1982. Biologiestudium
an der Universidad de los Andes
in Bogota, Kolumbien. 2006–
2010 Promotion am IMPRS für
Molekularbiologie in Göttingen
bei Prof. Dr. Stülke. Seit März
2011 Berater bei The Boston
Consulting Group GmbH in
Stuttgart.

VAAM-Promotionspreis 2011

Gen- und Stoffwechseldaten mal anders: Wikis und Google maps

LOPE A. FLÓREZ
ABTEILUNG FÜR ALLGEMEINE MIKROBIOLOGIE, UNIVERSITÄT GÖTTINGEN

■ Die Anforderungen an biologische Datenbanken sind hoch. Sie müssen Informationen aus verschiedenen Quellen sinnvoll sammeln, strukturieren und miteinander verlinken. Ihr Datenbestand muss leicht erreichbar sein, sie müssen also bedienungsfreundlich sein. Da Information schnell veraltet, müssen sie zudem ständig überarbeitet und vervollständigt werden. In meiner Promotion befasste ich mich mit der Sammlung und Darstellung von Gen- und Stoffwechselinformationen in *Bacillus subtilis*. Anfangs waren die Informationen über dieses Bakterium sehr fragmentiert aufzufinden und teilweise nicht auf den neuesten Stand gebracht. Dies stellte eine Hürde für die *Bacillus*-Forscher dar und veranlasste zu einer neuen Aufarbeitung der Informationen.

*Subti*Wiki: das „bio-Wiki"-Konzept in der Praxis

Für diese Aufarbeitung entschieden wir uns für ein Wiki, das wir *Subti*Wiki nannten. Die zentrale Eigenschaft von Wikis ist, dass sie sich von den Nutzern aktualisieren lassen. Sie gewinnen auch in der Biologie immer mehr an Bedeutung, da sie mehrere Vorteile gegenüber zentral verwalteten Datenbanken bieten [1]. Fast jeder ist mit Wikipedia vertraut, somit ist die Benutzeroberfläche von Anfang an intuitiv. Die gesamte Forschungsgemeinschaft hat die Möglichkeit, sich direkt an der Wartung der Datenbank zu beteiligen und auf sie zurückzugreifen. *Subti*Wiki enthält für jedes Gen eine Wiki-Seite. Zu Beginn werden die wichtigsten Informationen aufgeführt, beispielsweise die Funktion des Gens. Diese werden gefolgt von detaillierten Informationen über das Gen, das Genprodukt, die Expression, verfügbare biologische Materialien und aktuelle Publikationen. Diese zweiteilige Präsentation der Seite erlaubt es den Nutzern, schnell die gesuchte Information zu finden, meist sogar ohne Scrollen zu müssen. Dank des einfachen Editierens ist es registrierten Nutzern möglich, *Subti*Wiki immer auf dem neuesten Stand zu halten. Davon wird Gebrauch gemacht: Schon wenige Tage nach der Publikation einer neuen molekularen Funktion sind die Daten in *Subti*Wiki auf den relevanten Genseiten auffindbar.

*Subti*Pathways: Stoffwechsel als Google map

Parallel wurde *Subti*Pathways entwickelt, eine interaktive Darstellung von Stoffwechselwegen, die auf Google maps basiert [2]. Mehr als 30 verschiedene Prozesse in *B. subtilis*, von der Glykolyse bis zur Sporulation, wurden mittels Systembiologiesoftware aufgezeichnet. Die daraus entstandenen Diagramme wurden dann mit Programmen verarbeitet, um sie für das Internet tauglich zu machen. Außerdem wurden die Proteine und Metaboliten mit „Info-Fenstern" versehen (**Abb. 1**). Die Info-Fenster stellen ein Gleichgewicht zwischen kontextbezogenen und molekülbezogenen Informationen her.

Die Kombination zwischen *Subti*Wiki und *Subti*Pathways bietet eine Gesamtsicht auf das Genom und den Stoffwechsel von *B. subtilis*. Um die Übertragung dieser Benutzeroberflächen auf andere Organismen zu vereinfachen, stehen die verwendeten Programme jedem zur Verfügung [3]. ■

◄ **Abb. 1:** *Subti*Pathways ist eine Sammlung von Stoffwechseldiagrammen, die auf der Navigation von Google maps basiert. Für alle Proteine und Metaboliten gibt es „Info-Fenster", die mit externen Datenbanken verlinken.

Literatur

[1] Flórez LA, Roppel SF, Schmeisky AG et al. (2009) A community-curated consensus annotation that is continuously updated: the *Bacillus subtilis* centred wiki *Subti*Wiki. Database (Oxford). 2009:bap012
[2] Lammers CR, Flórez LA, Schmeisky AG et al. (2010) Connecting parts with processes: *Subti*Wiki and *Subti*Pathways integrate gene and pathway annotation for *Bacillus subtilis*. Microbiology 156:849–859
[3] Flórez LA, Lammers CR, Michna R et al. (2010) CellPublisher: a web platform for the intuitive visualization and sharing of metabolic, signalling and regulatory pathways. Bioinformatics 26:2997–2999

Korrespondenzadresse:
Dr. Lope A. Flórez
Felix-Dahn-Straße 66A
D-70597 Stuttgart
lflorez@gwdg.de
http://subtiwiki.uni-goettingen.de,
http://subtipathways.uni-goettingen.de

DOI: 10.1007/s12268-011-0094-3

Biokatalyse

Diversität asymmetrischer Thiamin-Katalyse

MICHAEL MÜLLER

INSTITUT FÜR PHARMAZEUTISCHE WISSENSCHAFTEN, UNIVERSITÄT FREIBURG

Thiamindiphosphat, die biologisch aktive Form von Vitamin B$_1$, nimmt als Kofaktor eine bedeutende Rolle ein. Die Aufklärung des Katalysemechanismus und der Struktur-Funktionsbeziehungen dieser Enzyme stellen zentrale Ziele der DFG-Forschergruppe 1296 dar.

Thiamine diphosphate, the active form of vitamin B$_1$, serves as a key cofactor in all forms of life. Elucidation of catalytic mechanisms and structure-function relationships of these enzymes are in the focus of the DFG Research Unit FOR 1296.

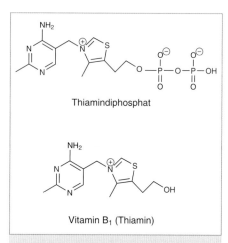

▲ **Abb. 1:** Struktur des Thiamindiphosphats, der biologisch aktiven Form von Vitamin B$_1$ (Thiamin).

■ Thiamin (Vitamin B$_1$) wird von Pilzen, Pflanzen und Bakterien produziert und muss vom Menschen mit der Nahrung aufgenommen werden. Thiaminmangel führt zu schwerwiegenden Gesundheitsproblemen, die sich in neurologischen Erkrankungen äußern. Durch Phosphorylierung wird Thiamin in die biologisch aktive Form Thiamindiphosphat (ThDP; **Abb. 1**) überführt. ThDP-abhängige Enzyme katalysieren eine Vielzahl unterschiedlicher Biosyntheseschritte. Sie sind essenziell beteiligt unter anderem bei dem energieproduzierenden Abbau von Kohlenhydraten, der Atmungskette, dem Citratzyklus, dem Pentosephosphatweg, der alkoholischen Gärung sowie der Biosynthese von Aminosäuren. Durch die bedeutende Rolle des Kofaktors ThDP in zentralen Stoffwechselwegen und durch seine direkte katalytische Beteiligung an vielfältigen enzymatischen Reaktionen besteht großes Interesse an der Aufklärung des Katalysemechanismus und der Analyse der Struktur-Funktionsbeziehungen von ThDP-abhängigen Enzymen.

Die von der DFG eingerichtete und finanzierte Forschergruppe FOR1296 hat ein grundlegendes Verständnis der Diversität asymmetrischer Thiamin-Katalyse zum Ziel. Konkret soll geklärt werden, wie die von einem Kofaktor katalysierten äußerst diversen Reaktionen durch die Proteinumgebung im Enzym gesteuert werden. Von besonderem Interesse ist hier das Potenzial der Enzyme zur asymmetrischen Synthese von chiralen Substanzen mittels Verknüpfung von Kohlenstoffatomen (C-C-Verknüpfung). Um die zugrunde liegenden Struktur-Funktionsbeziehungen zu verstehen und modulieren zu können, erfolgt eine Analyse von sequenz- und strukturabhängigen Effekten an gezielt ausgewählten Enzymen. Diese werden eingehend unter biochemischen, mechanistischen, kinetischen und stereochemischen Gesichtspunkten charakterisiert. Aufgrund der Heterogenität der Enzymklasse und der geringen Sequenzähnlichkeiten wird dies ergänzt durch bioinformatische Auswertung und strukturbiologische Untersuchungen.

Katalysemechanismus

Das gemeinsame Katalyseprinzip ThDP-abhängiger Enzyme liegt in der Bildung und Stabilisierung eines als „aktivierter Aldehyd" bezeichneten Intermediats. Dieses entsteht durch die elektrophile Addition einer Carbonylverbindung (Donor) an das C2-Atom des Thiazoliumylids von ThDP (**Abb. 2**). Dadurch ändert sich die Reaktivität der Carbonylgruppe von elektrophil zu nukleophil (Umpolungsreaktion). Das hochreaktive Intermediat kann mit verschiedenen Akzeptoren (Y) zum Endprodukt weiterreagieren.

Enzymfamilien

ThDP-abhängige Enzyme, die Dimere oder Tetramere bilden, lassen sich gemäß ihrer Sequenz/Struktur und der katalysierten Reaktionen in Decarboxylasen, Transketolasen, Oxidoreduktasen und α-Ketosäure-Dehydrogenasen einteilen [1]. Auf molekularer Ebene

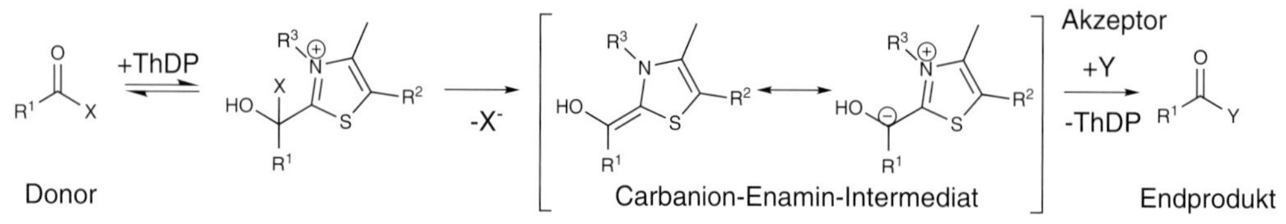

◀ **Abb. 2:** Allgemeines Reaktionsschema von Thiamindiphosphat-abhängigen Enzymen. Weitere Erklärungen im Text.

Donor   Carbanion-Enamin-Intermediat   Endprodukt

DOI: 10.1007/s12268-011-0043-1

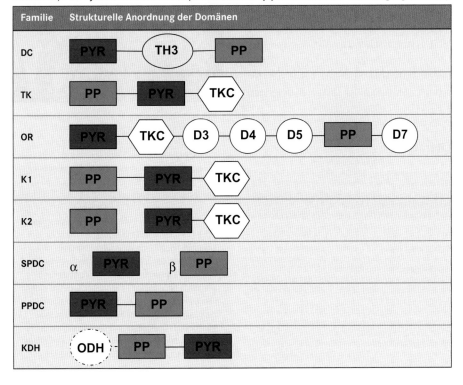

A

Benzaldehyd (Akzeptor) + Acetaldehyd (Donor) → PDC → (R)-Phenylacetylcarbinol

B

Acetaldehyd (Akzeptor) + Benzaldehyd (Donor) → BAL → (R)-2-Hydroxypropiophenon

C

Acetaldehyd (Akzeptor) + Benzaldehyd (Donor) → BFD → (S)-2-Hydroxypropiophenon

◀ **Abb. 3:** Thiamindiphosphat-abhängige gekreuzte Carboligation zweier Aldehyde zu Hydroxyketonen, am Beispiel der Synthese von Phenylacetylcarbinol (**A**) oder 2-Hydroxypropiophenon (**B, C**) aus Benzaldehyd und Acetaldehyd. PDC: Pyruvatdecarboxylase; BAL: Benzaldehydlyase; BFD: Benzoylformiatdecarboxylase.

wurde ein konservierter Reaktionsmechanismus postuliert, der die im aktiven Zentrum räumlich benachbarten Aminosäuren Histidin, Aspartat und Glutamat involviert [2]. Die Untereinheiten der Enzyme bestehen aus mehreren Domänen. Zwei dieser Domänen kommen bei allen Enzymen gleichermaßen vor: die Phosphat-Bindedomäne (PP) und die Pyrimidin-Bindedomäne (Pyr). Auf Sequenzebene findet man innerhalb der PP-Domänen im Vergleich ein konserviertes GDGX$_{25-30}$N-Motiv, das für die Verankerung des ThDP-Kofaktors verantwortlich ist. Obwohl beide Domänen auf der Sequenzebene sehr unterschiedlich sind, ergaben Vergleiche der PP- und Pyr-Domänen aus allen Familien eine hohe strukturelle Ähnlichkeit (**Tab. 1**, [3]). Man spricht in diesem Zusammenhang auch vom *ThDP-binding fold* [4]. Diese Enzyme stellen somit ein wichtiges Beispiel der konvergenten Evolution enzymatischer Aktivitäten dar [5].

Vielfalt und Selektivität enzymatischer Reaktionen

ThDP wird von den Enzymen für unterschiedliche Reaktionen verwendet: Darunter sind Lyase-, ebenso wie diverse Ligasereaktionen [6]. Das breite Katalysepotenzial zeichnet ThDP-abhängige Enzyme als Multifunktionskatalysatoren aus. Carboligasereaktionen stellen bei einigen der Enzyme eine Hauptreaktion, bei anderen eine durch den Katalysemechanismus intrinsisch gegebene Nebenreaktion dar.

Dieses als katalytische Promiskuität bezeichnete Phänomen tritt unter anderem bei Decarboxylasen auf. Hier liegt die Hauptreaktion in der nicht-oxidativen Decarboxylierung von 2-Ketocarbonsäuren, wobei ein Proton als Akzeptormolekül Y fungiert (**Abb. 2**). Viele dieser Decarboxylasen zeigen zusätzlich eine Carboligase-Nebenreaktion, die sie zu wertvollen Katalysatoren für die asymmetrische Synthese von chiralen 2-Hydroxyketonen macht (**Abb. 3**). Hiermit finden ThDP-abhängige Enzyme auch Anwendung in der chemoenzymatischen Synthese von pharmazeutisch relevanten Produkten. Als Beispiel sei die Pyruvatdecarboxylase-(PDC)-katalysierte Herstellung von (R)-Phenylacetylcarbinol, der chiralen Vorstufe von Ephedrin, genannt (**Abb. 3A**).

Eine weitere Besonderheit dieser Enzyme ist das sehr breite Substratspektrum. Der Kofaktor ThDP ist in fast allen Kristallstrukturen von ThDP-abhängigen Enzymen in einer nahezu identischen „V-Konformation" gebunden. Die unterschiedliche Substratselektivität der Enzyme wird somit maßgeblich durch die Proteinumgebung gesteuert, die gezielt durch Mutation in der Umgebung des Reaktionszentrums beeinflusst werden kann (AG Pohl, Forschungszentrum Jülich) [7]. Durch eine genaue Kenntnis der umgesetzten Substrate sowie deren Eigenschaft als Donor X oder Akzeptor Y führt die enzymatische Synthese zu einer breiten Palette an Isomeren. Ob ein Substrat als Donor oder Akzeptor fungiert, determiniert grundsätzlich unterschiedliche Reaktionsprodukte (AG Müller, Universität Freiburg) (**Abb. 3A, B**).

Molekulare Modulationen am Enzym beeinflussen nicht nur die Auswahl der Substrate und die Produktselektivität, sondern auch die stereochemische Induktion durch das jeweilige ThDP-abhängige Enzym. Die asymmetrische Verknüpfung zweier Aldehyde zu 2-Hydroxyketonen erfolgt oft (R)-selektiv. Zur Bildung von (S)-2-Hydroxyketonen (**Abb. 3C**)

Tab. 1: Strukturelle Anordnung der Domänen Thiamindiphosphat-abhängiger Enzyme. PP: Phosphat-Bindedomäne; PYR: Pyrimidin-Bindedomäne (entnommen aus [9] mit freundlicher Genehmigung von BMC).

Familie	Strukturelle Anordnung der Domänen
DC	PYR — TH3 — PP
TK	PP — PYR — TKC
OR	PYR — TKC — D3 — D4 — D5 — PP — D7
K1	PP — PYR — TKC
K2	PP — PYR — TKC
SPDC	α PYR β PP
PPDC	PYR — PP
KDH	ODH — PP — PYR

kommt es, wenn in der Nähe des katalytischen Zentrums ein als „S-Pocket" bezeichnetes Strukturelement für den Akzeptoraldehyd zugänglich ist. Am Beispiel der Benzoylformiatdecarboxylase (BFD) aus *Pseudomonas putida* wurde gezeigt, dass das vorhandene, jedoch kleine S-Pocket durch Variation einer Seitenkette (Val → Ala, Gly) gezielt vergrößert werden kann, wodurch der Anteil an (S)-Produkten gesteigert wird [8].

Abgesehen von Umgebungsänderungen durch Mutagenese hat auch die Änderung des Lösungsmittels Effekte auf den Kofaktor ThDP. Die systematische Untersuchung der Reaktionskinetik ThDP-abhängiger Enzymvarianten unter verschiedenen Reaktionsbedingungen liefert die Grundlage zur Entwicklung mechanistisch basierter kinetischer Modelle für ThDP-abhängige Enzyme (AG Spiess, RWTH Aachen). Mithilfe dieser Modelle wird die Entwicklung optimierter Reaktionssysteme angestrebt.

Mechanistische, strukturelle und bioinformatische Studien

Eine Besonderheit der Thiamin-Katalyse stellt die Isolierbarkeit der kovalenten Intermediate am Kofaktor dar. Durch Säurefällung lassen sich die verschiedenen im Katalysezyklus auftretenden Intermediate vom Enzym abtrennen und mittels NMR-Spektroskopie analysieren. Diese in der AG Tittmann, jetzt Universität Göttingen, entwickelte Technik hat zur Aufklärung des Katalysemechanismus ThDP-abhängiger Enzyme auf molekularer Ebene wesentlich beigetragen [2]. Die ThDP-gebundenen Intermediate können qualitativ und quantitativ bestimmt und so die Einzelschritte der Katalyse detailliert untersucht werden.

Die bioinformatischen Studien der AG Pleiss, Universität Stuttgart, liefern die Voraussetzung zur Interpretation von strukturellen und mechanistischen Daten insgesamt. Zum Sequenz- und Strukturvergleich von Enzymen wurde kürzlich eine Datenbank für ThDP-Proteinfamilien etabliert (www.teed.uni-stuttgart.de) [9].

In Zusammenarbeit mit der AG Schneider, Karolinska-Institut, Stockholm, wurden die Strukturen der ThDP-abhängigen Enzyme BFD, KdcA und PDC aufgeklärt [8, 10]. Ergänzt wird dies durch strukturelle Untersuchungen in Kooperation mit der AG Andrade, Universität Freiburg.

Die Kartierung der aktiven Zentren strukturell bekannter Enzyme wird komplettiert durch die Analyse von bislang wenig erforschten ThDP-abhängigen Enzymen, die neuartige Aktivitäten aufweisen. Genannt sei als Beispiel MenD, das eine konjugate Addition nach Art der Stetter-Reaktion katalysiert (AG Sprenger, Universität Stuttgart). MenD führt eine 1,4-Addition an eine Ringstruktur durch, die weder Aldehyd- noch Ketonfunktion aufweist [11].

Durch die detaillierte biochemische und strukturelle Charakterisierung dieser Enzyme und deren Varianten werden Erkenntnisse über neuartige Reaktionsverläufe erhalten. Zugleich erfolgt eine Evaluierung und Etablierung katalytisch-asymmetrischer Reaktionen, die aus der Organokatalyse (AG Zeitler, Universität Regensburg) übernommen werden. Nach dem Vorbild der Katalyse mit ThDP-abhängigen Enzymen werden in diesem Projekt biomimetische Konzepte für organokatalytische Reaktionen entwickelt [12].

In Zukunft sollen durch die gemeinsamen Arbeiten der verschiedenen Disziplinen Parameter wie Substratspezifität und Stereoselektivität bestimmt werden. Ein vertieftes Verständnis der Struktur-Funktionsbeziehungen von ThDP-abhängigen Enzymen ist auch für die nicht-enzymatische Katalyse sowie für theoretische Betrachtungen von Bedeutung. Der durch die Natur für eine Vielfalt von Reaktionen evolvierte Kofaktor ThDP kann so auch als Vorbild für neue Strategien zur Generierung von biomimetischen Organokatalysatoren dienen.

Danksagung

Diese Arbeiten werden von der DFG im Rahmen der Forschergruppe FOR 1296 „Diversität asymetrischer Thiamin-Katalyse", den Universitäten Aachen, Freiburg, Göttingen, Regensburg und Stuttgart sowie dem Forschungszentrum Jülich finanziell unterstützt.

Literatur

[1] Duggleby RG (2006) Domain relationships in thiamine diphosphate-dependent enzymes. Acc Chem Res 39:550–557
[2] Tittmann K, Golbik R, Uhlemann K et al. (2003) NMR Analysis of Covalent Intermediates in Thiamin Diphosphate Enzymes. Biochemistry 42:7885–7891
[3] Costelloe SJ, Ward JM, Dalby PA (2008) Evolution of the TPP-dependent enzyme family. J Mol Evol 66:36–49
[4] Müller YA, Lindqvist Y, Furey W et al. (1993) A thiamin diphosphate binding fold revealed by comparison of the crystal structures of transketolase, pyruvate oxidase and pyruvate decarboxylase. Structure 1:95–103
[5] Frank RA, Leeper FJ, Luisi BF (2007) Structure, mechanism, and catalytic duality of thiamine-dependent enzymes. Cell Mol Life Sci 64:892–905
[6] Pohl M, Sprenger GA, Müller M (2004) A new perspective on thiamine catalysis. Curr Opin Biotechnol 15:335–342
[7] Lingen B, Kolter-Jung D, Dünkelmann P et al. (2003) Alteration of the Substrate Specificity of Benzoylformate Decarboxylase from Ps. Putida by Directed Evolution. Chembiochem 4:721–726
[8] Gocke D, Walter L, Gauchenova E et al. (2008) Rational Protein Design of ThDP-Dependent Enzymes - Engineering Stereoselectivity. Chembiochem 9:406–412
[9] Widmann M, Radloff R, Pleiss J (2010) The Thiamine diphosphate dependent Enzyme Engineering Database: A tool for the systematic analysis of sequence and structure relations. BMC Biochem 11:9
[10] Berthold CL, Gocke D, Wood MD et al. (2007) Crystal structure of the branched-chain keto acid decarboxylase (KdcA) from Lactococcus lactis provides insights into the structural basis for the chemo- and enantioselective carboligation reaction. Acta Crystallogr D Biol Crystallogr 63:1217–1224
[11] Kurutsch A, Richter M, Brecht V et al. (2009) MenD as a versatile catalyst for asymmetric synthesis. J Mol Catal B Enzym 61:56–66
[12] O'Toole SE, Rose CA, Gundala S et al. (2011) Highly Chemoselektive Direct Crossed Aliphatic-Aromatic Acyloin Condensations with Triazolium-Derived Carbene Catalysts. J Org Chem 76:347–357

Korrespondenzadresse:
Prof. Dr. Michael Müller
Institut für Pharmazeutische Wissenschaften
Albert-Ludwigs-Universität Freiburg
Albertstraße 25
D-79194 Freiburg
Tel.: 0761-2036320
Fax: 0761-2036351
michael.mueller@pharmazie.uni-freiburg.de

ARBEITSGRUPPE

Die Teilprojektleiter der DFG-Forschergruppe 1296 „Diversität asymetrischer Thiamin-Katalyse": Jürgen Pleiss, Georg Sprenger (Stuttgart), Michael Müller (Freiburg), Antje Spiess (Aachen), Kirsten Zeitler (Regensburg), Martina Pohl, Dörte Gocke (Jülich) (v. l. n. r), Kai Tittmann (Göttingen) fehlt.

Die durch die DFG geförderte Forschergruppe FOR 1296 baut auf einer langen Tradition der Thiamin-Forschung in Deutschland auf. Während früher der Vitamincharakter und mechanistische Untersuchungen im Vordergrund standen, wird in der Forschergruppe an einem integrierten Ansatz zu Struktur-Funktionsbeziehungen ThDP-abhängiger Enzymkatalyse gearbeitet. Diese Enzyme dienen in verschiedener Hinsicht als Modell für das Verständnis diversitätsorientierter (Bio-)Katalyse.

HIF-Prolylhydroxylasen

Sauerstoffmangel im Fokus der medizinischen Forschung

MARTIN MOLLENHAUER, JUDIT KISS
KLINIK FÜR ALLGEMEIN-, VISZERAL- UND TRANSPLANTATIONSCHIRURGIE,
UNIVERSITÄT HEIDELBERG

HIF-Prolylhydroxylasen (PHD) sind wichtige Regulatoren des zellulären Sauerstoffmetabolismus. Wir zeigen, dass sowohl Muskel- als auch Leberzellen durch einen Wechsel von aerober zu anaerober Zellatmung gegen durch Saustoffmangel bedingte Schäden geschützt sind.

HIF prolyl hydroxylases (PHDs) are key factors of the cellular oxygen metabolism. Here we demonstrate, that inhibition or downregulation of PHDs leads to protection of muscle cells and hepatocytes against hypoxic stress by switching aerobic to anaerobic energy production.

■ Die Energiegewinnung von Körperzellen wird in wesentlichen Anteilen durch die Verbrennung von molekularem Sauerstoff (O_2) abgedeckt. Dementsprechend führt akut auftretender Sauerstoffmangel (Hypoxie) zu Zellschäden, welche Auslöser bedeutsamer und schwer therapierbarer Krankheitsbilder, besonders in stoffwechselaktiven Organen, sind. Zu diesen Krankheitsbildern gehören der akute Myokardinfarkt, arterielle Verschlüsse und hypoxisch bedingte Beeinträchtigungen der Nieren- und Leberfunktion (Schockniere, Schockleber). Darüber hinaus stellen hypoxische Zellschäden, die während der Sauerstoffunterversorgung in zu transplantierenden Organen entstehen, auch heutzutage noch ein Problem in der Transplantationsmedizin dar [1]. Jüngst konnten grundlegende molekulare Mechanismen, welche die zelluläre Anpassung an Sauerstoffmangel ermöglichen, ermittelt werden. Diese Prinzipien könnten zur Vorbeugung oder Behandlung Hypoxie-bedingter Krankheitszustände genutzt werden.

Zellschäden bei Sauerstoffmangel

Zellen decken ihren Energiebedarf durch die vollständige Oxidation von Nährstoffen wie Fettsäuren und Glukose in den Mitochondrien. Bei normalem Sauerstoffangebot werden hierbei energiereiche Phosphatverbindungen (ATP) gebildet. Bei Sauerstoffmangel hingegen ist die ATP-Synthese nur noch durch

den anaeroben Abbau von Zucker (Glukose) zu Laktat gewährleistet, welcher allerdings nur fünf Prozent der oxidativ synthetisierten ATP-Menge ergibt. Neben diesem Energiedefizit werden bei akutem Sauerstoffmangel in der Atmungskette Elektronen auf elementaren Sauerstoff (O) übertragen, wobei große Mengen hochgiftiger Sauerstoffradikale (*reactive oxygen species*, ROS) entstehen können.

Diese Radikale können die Mitochondrien irreversibel schädigen und zu einer Permeabilisierung der Zell- und Mitochondrienmembran, zum Schwellen der Zelle und ihrer Organellen und schließlich zum Zelltod führen (**Abb. 1**, [2]).

Molekulare Anpassungsmechanismen

Sauerstoff-abhängige Lebewesen besitzen ein bemerkenswertes Potenzial, sich an sauerstoffarme Umgebungen anzupassen. Dies gilt gleichermaßen für in großen Höhen fliegende Vögel, grabende und tauchende Säugetiere wie auch für den Menschen [3].

Verantwortlich dafür sind molekulare Mechanismen, die es ermöglichen, „Schwankungen" des Sauerstoffdrucks zu messen. Erst jüngere Studien konnten zeigen, welche dieser Mechanismen die Zelle an Sauerstoffmangel anpassen [4]. Von zentraler Bedeutung sind dabei Hypoxie-induzierbare Transkriptionsfaktoren (HIFs) (**Abb. 2**). HIFs bestehen aus einer α- und β-Untereinheit. Während HIF-β von der Zelle konstitutiv expri-

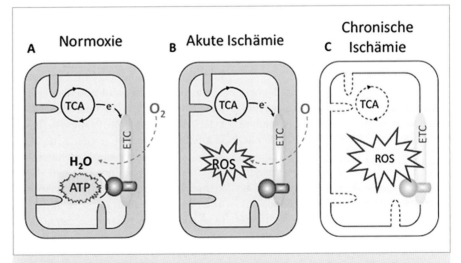

▲ **Abb. 1: A,** Unter Basalbedingungen werden im Krebszyklus (TCA) Redoxäquivalente für die Elektronen-Transportkette (ETC) gebildet. Die durch diese Redoxreaktionen gewonnene Energie wird zur Energiegewinnung (ATP) genutzt. **B,** Bei akuter Ischämie akkumulieren Elektronen in der Elektronen-Transportkette und werden unter Bildung von reaktiven Sauerstoffspezies (ROS) auf residualen Sauerstoff übertragen. **C,** Bei anhaltender Ischämie schädigen ROS mitochondriale Enzyme und Strukturproteine irreversibel.

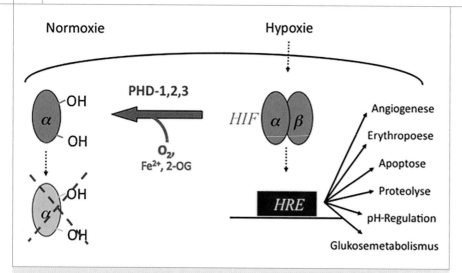

▲ **Abb. 2:** Molekulare Mechanismen der Sauerstoffregulation. In Anwesenheit von Sauerstoff (links, Normoxie) und der Ko-Substrate Eisen (Fe^{2+}) und 2-Oxoglutarat (2-OG) hydroxylieren die HIF-Prolylhydroxylasen (PHD1, PHD2, PHD3) zwei Prolylreste (P402 und P564) von HIF-α. Dies löst den Abbau von HIF-α aus. Sauerstoffmangel (rechts, Hypoxie) verhindert die HIF-Prolylhydroxylierung, sodass HIF-α akkumuliert und durch Verbindung mit HIF-β ein gegenregulatorisches Genprogramm aktiviert. Dies geschieht durch Bindung an *hypoxia responsive elements* (HRE) in Promotoren von Zielgenen.

miert wird, unterliegt die HIF-α-Untereinheit der Regulation. Sie wird bei ausreichendem Sauerstoffangebot durch die HIF-Prolylhydroxylasen (PHD1–3) hydroxyliert [5] und bindet dadurch an das von-Hippel-Lindau-Tumorsuppressor-Protein (pVHL). Dies führt schließlich zur proteasomalen Degradation. Da die PHD-vermittelte Prolylhydroxylierung bei Sauerstoffmangel nicht stattfinden kann, dienen PHD-Enzyme als „Sauerstoff-Fühler". Unter hypoxischen Bedingungen entgeht HIF-α dem proteasomalen Abbau, verbindet sich mit HIF-β und wird in den Zellkern transportiert. Dort bindet HIF an *hypoxia-responsive elements* (HRE) in Promotoren von Zielgenen, welche insgesamt die Anpassung an Hypoxie ermöglichen.

Anpassung des zellulären Energiestoffwechsels

Das HIF-induzierte Genprogramm bewirkt nicht nur eine Verbesserung der Sauerstoffversorgung hypoxischer Gewebe, sondern fördert auch das Überleben von Zellen bei akutem Sauerstoffmangel. Dies setzt eine Einschränkung sauerstoffverbrauchender Stoffwechselprozesse voraus bei gleichzeitiger Aufrechterhaltung der wichtigsten Zellfunktionen. Die Hypoxietoleranz der Gewebe von winterschlafenden Nagetieren beispielsweise beruht in entscheidendem Maße auf einer wirksamen Unterdrückung von Energiestoffwechsel und Sauerstoffverbrauch [6].

HIF-Transkriptionsfaktoren aktivieren eine Vielzahl von Genen, welche insgesamt eine Anpassung des zellulären Energies-

toffwechsels bewirken [7]. Hierzu zählen auch die Pyruvatdehydrogenase-Kinasen (PDK), welche den Eintritt von Pyruvat, einem Hauptsubstrat der oxidativen Atmung, in die Mitochondrien hemmen. Als Folge stellt sich eine Verminderung der Nährstoffoxidation, des zellulären Sauerstoffverbrauchs und der Produktion toxischer Sauerstoffradikale (ROS) ein [2]. Dem hierdurch entstehenden Energiedefizit wird durch einen Sauerstoff-unabhängigen Abbau von Glukose zu Laktat entgegengewirkt. Verantwortlich für diese Verschiebung der zellulären Atmung sind weitere HIF-Zielgene bzw. deren Genprodukte: Der Glukose-Transporter 1 (Glut) in der Zellmembran bewirkt eine bedarfsgerechte Steigerung der zellulären Glukoseaufnahme, die Laktatdehydrogenase (LDH) eine vermehrte Umwandlung von Pyruvat zu Laktat (dem Endprodukt des anaeroben Zuckerstoffwechsels) und der Monocarboxylat-Transporter 4 (MCT4) eine vermehrte Ausfuhr von Laktat aus der Zelle (**Abb. 3**). Zudem werden bekannte Schlüsselenzyme des anaeroben Glukoseabbaus (Hexokinase, Phosphofruktokinase, Pyruvatkinase) durch HIF aktiviert. HIF-aktivierte Gene wirken also zusammen, um bei akuter Hypoxie den aeroben Energiestoffwechsel negativ zu regulieren. Zeitgleich sind sie für eine Steigerung des Sauerstoffunabhängigen Energiestoffwechsels verantwortlich. Dies stellt sicher, dass auch unter Sauerstoffmangel ausreichend Energie für vitale Zellfunktionen zur Verfügung steht.

Inhibierung von PHDs führt zu einer hypoxischen Präkonditionierung

Nach der Entdeckung der HIF-regulierenden Prolylhydroxylasen 1–3 ist es denkbar, direkt Einfluss auf das zelluläre Hypoxieprogramm zu nehmen. Beispielsweise können durch Hemmung der PHDs auf mRNA-Ebene (mittels siRNA-Technologie) auch unter normoxischen Bedingungen die hypoxischen Stoffwechselwege untersucht werden. Durch den Verlust der PHD-Funktion kommt es nämlich zu einer Stabilisierung und Aktivierung der HIFs. Auf diese Weise können Zellen „hypoxisch präkonditioniert" werden. Hierbei wird die Zelle veranlasst, ihr genetisches Hypoxieprogramm schon vor dem eigentlichen Sauerstoffmangel zu exprimieren. Im Falle einer Blutunterversorgung im Laufe einer Leber- bzw. Nierentransplantation besitzt das Gewebe dann bereits sein proteomisches Notfallprogramm und ist unter sauerstoffarmen Bedingungen überlebensfähiger.

PHD1-defiziente Gewebe haben eine reduzierte Zellatmung und sind gegen hypoxischen Stress geschützt

Viele der Zielgene, Aufgaben und Funktionen der HIF-Transkriptionsfaktoren sind bekannt. Auch die Bedeutung der HIF-regulierenden PHDs wird derzeit entschlüsselt. Unter anderem ist es mithilfe von *PHD*-defizienten (*PHD1, 2, 3*) Mäusen möglich, die direkte Bedeutung der PHDs bei der Hypoxie-Adaptation zu untersuchen.

PHD1-defiziente Mäuse zeigen beispielsweise in ihren Muskelzellen eine höhere Stabilisierung von HIFs im Zellkern. Durch diese „hypoxische Präkonditionierung" verbrauchen die Muskelzellen weniger Sauerstoff. Diese Sauerstoffkonservierung der *PHD1*-defizienten Zellen ist bedingt durch eine Verschiebung der oxidativen zur anaeroben Energiegewinnung. Weitere Untersuchungen zeigten, dass in *PHD1*-defizienten Zellen weniger Pyruvat oxidiert wird. Ausgelöst wird dies durch eine *PHD1*-bedingte erhöhte Expression von Schlüsselregulatoren des Energiestoffwechsels, wie beispielsweise der *peroxisome proliferator-activated receptors* (Pparα), welche ihrerseits die Expression der Pyruvatdehydrogenase-Kinase-Isoenzyme 4 und 1 (Pdk4/1) erhöhen [8]. Beide Pdks phosphorylieren den mitochondrialen Pyruvatdehydrogenase-Komplex (PDC) und verhindern so den Eintritt von Pyruvat in den Krebszyklus. Es kommt folglich zu einer Reduktion der oxidativen Phosphorylierung (**Abb. 3**).

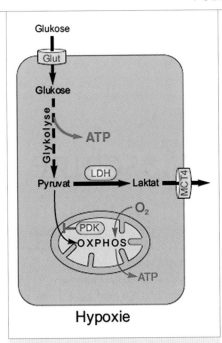

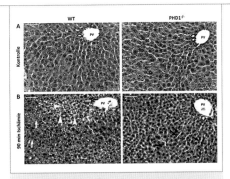

▲ Abb. 4: Reduzierter hepatischer Schaden in ischämischen *PHD1*-defizienten Lebern. **A,** Hematoxylin- und Eosinfärbungen von gesunden *PHD1−/−* und Wildtyp(WT)-Lebern. **B,** Hematoxylin- und Eosinfärbungen zeigen eine erhöhte Vakuolisierung und ein Anschwellen der WT-Hepatozyten (weiße Pfeile). *PHD1*-defiziente Lebern zeigten diesen Phänotyp nicht (schwarze Pfeile). PV: Pfortader.

▲ Abb. 3: Bei Sauerstoffmangel erfolgt eine Anpassung des Energiestoffwechsels durch HIF-induzierte Gene bzw. deren Genprodukte (grün). Pyruvatdehydrogenase-Kinasen (PDK) reduzieren den Sauerstoffverbrauch, indem sie den Übertritt von Pyruvat in die Mitochondrien hemmen. Die kompensatorische Aktivierung der ATP-Gewinnung durch anaerobe Glykolyse wird unter anderem durch den Glukose-Transporter 1 (Glut), die Laktatdehydrogenase (LDH) und den Monocarboxylat-Transporter 4 (MCT4) vermittelt. OXPHOS: oxidative Zellatmung.

Bei Sauerstoffmangel verhindert diese Reduktion der Krebszyklusaktivität eine exzessive ROS-Produktion [2] und die damit verbundene Schädigung der muskulären Mitochondrien. Demzufolge zeigen *PHD1*-defiziente Muskelzellen bei Blut- und Sauerstoffmangel weniger nekrotische Schädigungen und eine Umstellung von oxidativer Atmung zur anaeroben Glykolyse [9]. Dies gilt interessanterweise nicht nur für Muskel-, sondern auch für Lebergewebe.

Tatsächlich entwickelten *PHD1*-defiziente Lebern nach Sauerstoffunterversorgung weniger ROS und in der Folge weniger Nekrosen (**Abb. 4**, [10]). Zeigt sich durch den Verlust von PHD1 ein positiver Effekt auf den Ausgang von Lebertransplantationen im Tiermodell, wäre dies ein weiterer klinischer Ansatzpunkt, den Erfolg von Transplantationen zu erhöhen.

Mögliche medizinische Bedeutung der PHD1-Inhibierung

Eine Herausforderung besteht darin, im Menschen eine therapeutische Herunterregulierung des *PHD1*-Gens herbeizuführen. Infrage kommende gentherapeutische Ansätze sind im Tiermodell zwar vielversprechend, beim

Menschen aber zurzeit therapeutisch nicht anwendbar. Eine interessante Alternative stellen pharmakologische PHD-Inhibitoren dar. PHD-Inhibitoren sind Stoffe, welche kompetitiv die katalytische Aktivität der PHD-Enzyme etwa durch Verdrängung von deren essenziellem Ko-Substrat 2-Oxoglutarat (2-OG) hemmen [12]. Im Idealfall sind solche Substanzen pharmakologisch stabil und einfach zu applizieren. Im Tiermodell zeigte eine Behandlung mit Prototypen dieser Stoffe eine signifikant gesteigerte Protektion gegen Hypoxie-Schäden der Niere und der Leber [13]. Die momentan verfügbaren Inhibitoren wirken bedingt durch ihren Mechanismus unspezifisch an allen drei PHD-Enzymen. Neben der gewünschten Inhibierung von PHD1 ergeben sich durch die gleichzeitige Inhibierung von PHD2 und PHD3 Probleme für die klinische Anwendung.

PHD2 ist ein wichtiger morphogenetischer Faktor der embryonalen Entwicklung. Ein Verlust von PHD2 führt zu einer plazentalen Fehlbildung und zu einem Absterben des Embryos. Zudem sind durch die Hemmung von PHD3 Nebenwirkungen wie Hypotonie und Polyzytämie bekannt. Interessanterweise treten diese nicht bei einer spezifischen Inhibierung von PHD1 auf, weshalb die Entde-

ckung eines PHD1-spezifischen Inhibitors einen Durchbruch auf dem Gebiet der Transplantationschirurgie und anderer Hypoxie-induzierter Krankheiten in stoffwechselaktiven Organen darstellen würde. ▪

Literatur

[1] Schmidt J, Muller SA, Mehrabi A et al. (2008) Orthotopic liver transplantation. Techniques and results. Chirurg 79:112–120

[2] Kim JW, Tchernyshyov I, Semenza GL et al. (2006) HIF-1-mediated expression of pyruvate dehydrogenase kinase: a metabolic switch required for cellular adaptation to hypoxia. Cell Metab 3:177–185

[3] Ramirez JM, Folkow LP, Blix AS (2007) Hypoxia tolerance in mammals and birds: from the wilderness to the clinic. Annu Rev Physiol 69:113–143

[4] Fandrey J, Gorr TA, Gassmann M (2006) Regulating cellular oxygen sensing by hydroxylation. Cardiovasc Res 71:642–651

[5] Bruick RK, McKnight SL (2001) A conserved family of prolyl-4-hydroxylases that modify HIF. Science 294:1337–1340

[6] Andrews MT (2004) Genes controlling the metabolic switch in hibernating mammals. Biochem Soc Trans 32:1021–1024

[7] Brahimi-Horn MC, Chiche J, Pouyssegur J (2007) Hypoxia signalling controls metabolic demand. Curr Opin Cell Biol 19:223–229

[8] Wu P, Peters JM, Harris RA (2001) Adaptive increase in pyruvate dehydrogenase kinase 4 during starvation is mediated by peroxisome proliferator-activated receptor alpha. Biochem Biophys Res Commun 287:391–396

[9] Aragones J, Schneider M, Van Geyte K et al. (2008) Deficiency or inhibition of oxygen sensor Phd1 induces hypoxia tolerance by reprogramming basal metabolism. Nat Genet 40:170–180

[10] Schneider M, Van Geyte K, Mollenhauer M et al. (2010) Loss or silencing of the PHD1 prolyl hydroxylase protects livers of mice against ischemia/reperfusion injury. Gastroenterology 138:1143–1154

[11] Burroughs AK, Sabin CA, Rolles K et al. (2006) 3-month and 12-month mortality after first liver transplant in adults in Europe: predictive models for outcome. Lancet 367:225–232

[12] Fraisl P, Aragones J, Carmeliet P (2009) Inhibition of oxygen sensors as a therapeutic strategy for ischaemic and inflammatory disease. Nat Rev Drug Discov 8:139–152

[13] Hill P, Shukla D, Tran MG et al. (2008) Inhibition of hypoxia inducible factor hydroxylases protects against renal ischemia-reperfusion injury. J Am Soc Nephrol 19:39–46

Korrespondenzadresse:
Martin Mollenhauer
Klinik für Allgemein-, Viszeral- und Transplantationschirurgie
Universität Heidelberg
Im Neuenheimer Feld 110
D-69120 Heidelberg
Tel.: 06221-5637369
martin.mollenhauer@med.uni-heidelberg.de

AUTOREN

Martin Mollenhauer
Jahrgang 1981. 2001–2006 Studium der molekularen Biotechnologie an der Universität Heidelberg. 2006 Masterarbeit bei BASF Plant Science in Limburgerhof. Seit 2007 Doktorand an der Chirurgie und am DKFZ Heidelberg.

Judit Kiss
Jahrgang 1980. 1999–2004 Biologiestudium an der Universität Pécs, Ungarn. 2005–2008 Promotion an der Kinderklinik, Universität Heidelberg. Seit Mai 2008 Postdoc an der Chirurgie Heidelberg.

Strukturbiologie von Membranproteinen

Mitochondrialer Komplex I – Analyse einer molekularen Maschine

VOLKER ZICKERMANN[1], CAROLA HUNTE[2], ULRICH BRANDT[1]

[1]MOLEKULARE BIOENERGETIK, FACHBEREICH MEDIZIN; CLUSTER OF EXCELLENCE FRANKFURT „MACROMOLECULAR COMPLEXES", CENTER FOR MEMBRANE PROTEOMICS, UNIVERSITÄT FRANKFURT A. M.

[2]BIOSS CENTRE FOR BIOLOGICAL SIGNALLING STUDIES, INSTITUT FÜR BIOCHEMIE UND MOLEKULARBIOLOGIE, ZBMZ, UNIVERSITÄT FREIBURG

Der respiratorische Komplex I ist ein sehr großes Membranprotein mit einer Schlüsselstellung im aeroben Energiestoffwechsel. Die kürzlich durch Röntgenkristallografie aufgeklärte Anordnung funktionaler Module hat weitreichende Implikationen für den bisher unbekannten Mechanismus der Redox-gekoppelten Protonentranslokation.

Respiratory complex I is a very large membrane protein with a key function in aerobic energy metabolism. The arrangement of functional modules as recently determined by X-ray crystallography provides strong clues on the mechanism of redox-linked proton translocation.

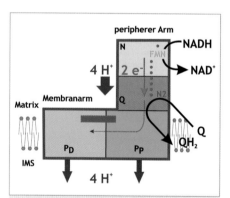

▲ **Abb. 1:** Komplex I lässt sich in funktionale Module unterteilen. Der periphere Arm enthält das N-Modul (N, gelb) und das Q-Modul (Q, orange). Elektronen werden vom primären Akzeptor FMN über eine Kette von Eisen-Schwefel-Zentren (blaue Kreise) zum Zentrum N2 transportiert und von dort auf Ubichinon (Q) übertragen. Die Energie der Redoxreaktion wird in ein elektrochemisches Membranpotenzial umgewandelt. Die Translokation von Protonen von der Matrix in den Intermembranraum (IMS) erfolgt durch ein distales und ein proximales Pumpmodul (P$_D$, türkis; P$_P$, grün). Wir schlagen vor, dass die Kopplung über Konformationsänderungen (violetter Pfeil) und unter Beteiligung der sogenannten Transmissionshelix (violett) erfolgt. Weitere Details im Text.

■ Für aerobe organotrophe Organismen ist die oxidative Phosphorylierung die effizienteste und mit Abstand wichtigste Art der Energiegewinnung. In Mitochondrien nutzen die Redox-getriebenen Protonenpumpen der Atmungskette die Energie verschiedener Elektronentransferreaktionen, um einen elektrochemischen Potenzialgradienten über der inneren Mitochondrienmembran aufzubauen. In ihm steckt die Triebkraft für die eigentliche ATP-Synthese durch den ATP-Synthase-Komplex. Der respiratorische Komplex I (protonenpumpende NADH:Ubichinon-Oxidoreduktase [1]) katalysiert die Elektronenübertragung von NADH auf Ubichinon und leitet somit die energetische Nutzung von zahlreichen Schritten im katabolen Stoffwechsel ein, bei denen „Wasserstoff" auf NAD$^+$ übertragen und zwischengespeichert wurde. Pro Umsatz eines Substratmoleküls und Transfer von zwei Elektronen werden vier Protonen von der mitochondrialen Matrix in den Intermembranraum gepumpt. Damit trägt Komplex I etwa 40 Prozent zur protonenmotorischen Kraft bei, die durch die Atmungskette insgesamt erzeugt wird. Fehlfunktionen von Komplex I, die einerseits die Effizienz der ATP-Synthese beeinträchtigen,

aber auch zu einer vermehrten Bildung reaktiver Sauerstoffspezies (ROS) führen können, sind Ursache von Encephalomyopathien und neurodegenerativen Erkrankungen.

Komplex I ist ein sehr großes und kompliziert aufgebautes Membranprotein. In Säugetieren besteht der Enzymkomplex aus 45 Untereinheiten und hat eine Gesamtmasse von annähernd einem Megadalton. Als einfacheres Modellsystem dient der Enzymkomplex aus Bakterien, der typischerweise „nur" 14 Untereinheiten enthält. Diese 14 zentralen Untereinheiten sind durchgängig von den Bakterien bis zum Menschen konserviert und können verschiedenen funktionalen Modulen zugeordnet werden. Es handelt sich dabei um das N-Modul (NADH-Oxidation), das Q-Modul (Ubichinon-Reduktion) und das P-Modul (Protonenpumpen). Das N-Modul und das Q-Modul enthalten alle Redox-aktiven prosthetischen Gruppen, Flavinmononukleotid (FMN) und acht kanonische Eisen-Schwefel-Zentren. Zusätzlich zu den zentralen Untereinheiten werden in Komplex I eine speziesabhängige Anzahl von akzessorischen Untereinheiten gefunden (**Abb. 1**).

Die elektronenmikroskopische Struktur von Komplex I aus Prokaryoten und Eukaryoten weist eine charakteristische L-Form auf, die sich in einen peripheren Arm und einen Membranarm unterteilen lässt (**Abb. 1**, [2]). Durch Röntgenkristallografie wurde die Struktur des peripheren Arms von Komplex I aus dem thermophilen Bakterium *Thermus thermophilus* mit einer Auflösung von 3,1 Angström bestimmt [3]. Strukturmodelle mit mittlerer Auflösung konnten kürzlich auch für den gesamten Komplex I aus *T. thermophilus* und für den fast vollständigen Membranarm von Komplex I aus *Escherichia coli* generiert werden [4].

Unsere Arbeitsgruppen haben sich seit mehr als zehn Jahren mit der Strukturaufklärung des wesentlich komplexer aufgebauten mitochondrialen Enzyms beschäftigt [5]. Da Komplex I im eukaryotischen Standardmodellorganismus *Saccharomyces cerevisiae* fehlt und durch alternative NADH-Dehydro-

DOI: 10.1007/s12268-011-0042-2

genasen (NDH-2) ersetzt ist, wurde die strikt aerobe Hefe *Yarrowia lipolytica* als hefegenetisches Modellsystem etabliert. Komplex I aus *Y. lipolytica* (42 Untereinheiten, ca. 960 Kilodalton) kann durch His-Tag-Affinitätschromatografie problemlos in großen Mengen isoliert werden und kristallisierte nach zahlreichen Optimierungsschritten in der Raumgruppe H32 mit a, b = 319 Angström und c = 820 Angström (**Abb. 2**). Neben der generell geringen Tendenz von Membranproteinen, geordnete Kristalle zu bilden, waren die außergewöhnliche Größe der Zellkonstanten, die inhärente strukturelle Flexibilität von Komplex I und die hohe Empfindlichkeit unserer Kristalle gegenüber Röntgenstrahlung weitere Herausforderungen für die kristallografische Analyse. Die experimentellen Elektronendichtekarten (**Abb. 3**, Box) zeigen bei einer Auflösung von derzeit 6,3 Angström die Gesamtarchitektur von Komplex I bis zur Ebene der Sekundärstruktur. Konservierte Sekundärstrukturmotive und die durch anomale Fourier-Analyse gut bestimmten Positionen der Eisen-Schwefel-Zentren ermöglichten, die Teilstruktur des bakteriellen peripheren Arms in die Elektronendichte des mitochondrialen Komplexes I zu modellieren, während für die Transmembransegmente des Membranarms ein α-helikales Modell generiert wurde (**Abb. 3**).

Im N-Modul befinden sich in Elektronentransferdistanz zum FMN zwei unterschiedliche Eisen-Schwefel-Zentren. Das eine Zentrum hat vermutlich eine Funktion in einem Mechanismus, der die Bildung von reaktiven Sauerstoffspezies am FMN unterdrücken soll. Das andere Zentrum ist Ausgangspunkt einer linearen Elektronentransferkette aus insgesamt sieben Eisen-Schwefel-Zentren, die in Richtung Membranarm führt. Bemerkenswerterweise endet diese Kette im Q-Modul etwa 30 Angström oberhalb der angenommenen Membranebene mit dem Zentrum N2, das als der direkte Elektronendonor für das Ubichinon angesehen wird (**Abb. 1 und 3**). Im Vergleich z. B. zum mitochondrialen Komplex III nimmt das Ubichinon-reaktive Zentrum von Komplex I damit eine Sonderstellung ein. Da es sich offensichtlich nicht innerhalb oder in direkter Nähe der Lipiddoppelschicht befindet, muss das hydrophobe Substratmolekül die Membranumgebung zumindest teilweise verlassen. Durch umfangreiche Mutagenesestudien konnte unsere Arbeitsgruppe in zwei Untereinheiten des Q-Moduls zahlreiche Reste identifizieren, die für die Bindung von Ubichinon bzw. hydrophoben

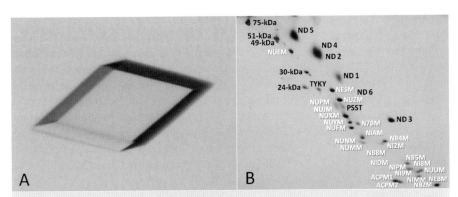

▲ **Abb. 2:** Kristallisation von Komplex I aus der Hefe *Yarrowia lipolytica*. **A**, Kristall. **B**, dSDS-Gel eines aufgelösten Kristalls nach Silberfärbung; zentrale Untereinheiten (schwarz), akzessorische Untereinheiten (weiß) (Angerer et al., zur Veröffentlichung eingereicht).

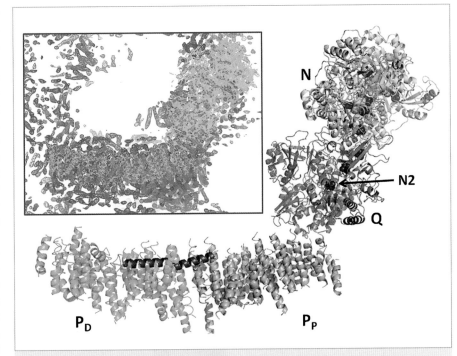

▲ **Abb. 3:** Strukturmodell für Komplex I. Farbcodierung und Bezeichnungen wie in Abbildung 1. Die Box zeigt einen Ausschnitt aus der Elektronendichtekarte (dunkelblau) mit dem Strukturmodell in Cyan.

Inhibitoren von Bedeutung sind [6]. Ein spezifischer Tyrosinrest in unmittelbarer Nähe des Eisen-Schwefel-Zentrums N2 ist an der Bindung der Kopfgruppe des Ubichinons beteiligt. Als Gesamtbild ergibt sich eine ausgedehnte Bindungstasche, die einen Zugangsweg für Ubichinon aus der Membran bis zum eigentlichen katalytischen Zentrum im peripheren Arm in der Umgebung von Zentrum N2 eröffnet.

Während alle Elektronentransferschritte im peripheren Arm ablaufen, muss die Translokation von Protonen durch die Membran von zentralen Untereinheiten des Membranarms bewerkstelligt werden. Die individuelle

Beteiligung einzelner Untereinheiten am Protonenpumpen ist allerdings erst ansatzweise bekannt. Im Mittelpunkt des Interesses stehen die drei Untereinheiten ND2, ND4 und ND5 (**Abb. 2B**). Sie zeigen wechselseitige Sequenz- und Strukturhomologien, und sie sind homolog zu Untereinheiten der multimeren Kationen/Protonen-Antiporter-Komplexe vom Mrp-Typ, die in verschiedenen Bakterienspezies gefunden werden. Der Membranarm lässt sich in eine proximale und eine distale Subdomäne unterteilen (**Abb. 1 und 3**). Eine Reihe von strukturellen Daten belegen, dass die beiden Untereinheiten ND4 und ND5 im distalen Membranarm liegen, etwa

100 Angström vom peripheren Arm entfernt. Funktionelle Studien an Subkomplexen aus unserer Arbeitsgruppe zeigen, dass ein Verlust der distalen Membranarmdomäne zu einer etwa halbierten Protonenpumpstöchiometrie führt (Dröse et al., zur Veröffentlichung eingereicht). Daraus lässt sich folgern, dass im Membranarm an mindestens zwei Positionen Protonen über die Membran gepumpt werden und dass diese Zentren auf ein distales und ein proximales Pumpmodul (P_P und P_D) verteilt sind (**Abb. 1**).

Der Mechanismus der Energieumwandlung durch Komplex I ist weitgehend unbekannt. Die jetzt aufgeklärte Anordnung der funktionalen Module im Komplex I schließt eine direkte Kopplung von Elektronentransferreaktionen und Protonentranslokation aus, da beide Prozesse räumlich voneinander getrennt ablaufen [5]. Die Architektur von Komplex I ist somit von der der anderen Atmungskettenkomplexe deutlich verschieden und ein starkes Indiz für einen indirekten, konformativen Mechanismus. Bekannte Beispiele für konformativ gekoppelte Ionentransferreaktionen sind die Rotationskatalyse der F-Typ-ATP-Synthase und der Reaktionszyklus der sarkoplasmatischen P-Typ-Ca^{2+}-ATPase. Experimentelle Erkenntnisse zu funktionalen Konformationsänderungen sind für Komplex I erst ansatzweise vorhanden. Jedoch geben die auf der Röntgenstrukturanalyse basierenden Strukturmodelle einen wichtigen Hinweis zum Energietransfer innerhalb des Membranarms. Das proximale und das distale Pumpmodul sind durch eine mindestens 60 Angström lange helikale Struktur miteinander verbunden, die lateral auf der Intermembranseite und parallel zur langen Achse des Membranarms verläuft („Transmissionshelix", **Abb. 1 und 3**). Diese bisher aus keinem anderen Membranprotein bekannte strukturelle Anordnung scheint als molekulare Kuppelstange zu dienen und könnte eine zentrale Rolle bei der Energieübertragung vom proximalen zum distalen Pumpmodul spielen (**Abb. 1**).

Fazit

Die hier vorgestellten Ergebnisse der Röntgenstrukturanalyse haben unser Verständnis vom respiratorischen Komplex I wesentlich erweitert. Es bleiben aber eine Reihe neuer und alter Fragen ungeklärt und eine Verbesserung der strukturellen Auflösung und die experimentelle Überprüfung der hier postulierten Konformationsänderungen sind vordringliche Aufgaben für die Zukunft.

Danksagung

Die Autoren danken der DFG für die finanzielle Unterstützung (SFB 472, ZI 552/3-1, EXC115, EXC294) und dem ESRF und der SLS für die Gewährung von Messzeit. ∎

Literatur

[1] Brandt U (2006) Energy converting NADH:quinone oxido-reductase (Complex I). Annu Rev Biochem 75:69–92
[2] Clason T, Ruiz T, Schägger H et al. (2010) The structure of eukaryotic and prokaryotic complex I. J Struct Biol 169:81–88
[3] Sazanov LA, Hinchliffe P (2006) Structure of the hydrophilic domain of respiratory complex I from *Thermus thermophilus*. Science 311:1430–1436
[4] Efremov RG, Baradaran R, Sazanov LA (2010) The architecture of respiratory complex I. Nature 465:441–445
[5] Hunte C, Zickermann V, Brandt U (2010) Functional modules and structural basis of conformational coupling in mitochondrial complex I. Science 329:448–451
[6] Tocilescu MA, Zickermann V, Zwicker K et al. (2010) Quinone binding and reduction by respiratory complex I. Biochim Biophys Acta 1797:1883–1890

Korrespondenzadresse:
PD Dr. Volker Zickermann
Fachbereich Medizin, Molekulare Bioenergetik
Cluster of Excellence Frankfurt „Macromolecular Complexes"
ZBC – Zentrum für Biologische Chemie
Goethe-Universität Frankfurt a. M.
Theodor-Stern-Kai 7
D-60590 Frankfurt a. M.
Tel.: 069-6301-6927
Fax: 069-6301-6970
Zickermann@zbc.kgu.de

AUTOREN

Volker Zickermann
Jahrgang 1966. 1986–1992 Biochemiestudium an der Universität Hannover, Diplomarbeit Medizinische Universität zu Lübeck. 1992–1996 Promotion Universität Frankfurt a. M. 1996–1998 Postdoktorand an der Universität Helsinki, Finnland. Seit 1998 wissenschaftlicher Mitarbeiter, Zentrum der Biologischen Chemie, Universität Frankfurt a. M., 2010 Habilitation für das Fach Biochemie.

Carola Hunte
Jahrgang 1962. 1982–1989 Biologiestudium an den Universitäten Bielefeld; Exeter, UK; Bonn. 1989–1993 Promotion. 1993–1994 wissenschaftliche Mitarbeiterin, Universität Bonn. 1995–1999 Postdoktorandin bei Prof. Dr. Michel, Max-Planck-Institut (MPI) für Biophysik, Frankfurt a. M. 2000–2007 Gruppenleiterin, MPI für Biophysik. 2007–2010 Chair in Membrane Biology, University of Leeds, UK. Seit 2010 W3-Professur für Biochemie mit Schwerpunkt Strukturbiologie, BIOSS Centre for Biological Signalling Studies, Universität Freiburg.

Ulrich Brandt
Jahrgang 1961. 1980–1986 Biochemiestudium, Universität Tübingen. 1986–1989 Doktorand am Institut für Physikalische Biochemie der LMU München. 1990–1993 Forschungsaufenthalte: Universität Frankfurt a. M.; Glynn Research Institute, Bodmin, UK; Dartmouth Medical School, Hanover, NH, USA. 1994 Habilitation. Seit 1996 Professor für Biochemie. Seit 2009 geschäftsführender Direktor am Zentrum für Biologische Chemie der Universität Frankfurt a. M., Gründungsmitglied des Exzellenzclusters „Macromolecular Complexes".

Glykobiologie

Polysialinsäure – ein Zucker reguliert die Hirnentwicklung

HERBERT HILDEBRANDT, MARTINA MÜHLENHOFF, RITA GERARDY-SCHAHN
INSTITUT FÜR ZELLULÄRE CHEMIE, MEDIZINISCHE HOCHSCHULE HANNOVER (MHH)

Modification with polysialic acid controls functions of the neural cell adhesion molecule NCAM during ontogenic processes. This cooperation between a protein and its posttranslational modification provides an outstanding example of how glycans amplify the genomic information and create the functional diversity required to build complex structures like the human brain.

10.1007/s12268-012-0138-3
© Springer-Verlag 2012

■ Kohlenhydrate (Glykane) gebunden an Proteine und Lipide bilden als Glykokalyx den äußeren Saum und damit die Kommunikationsfront einer Zelle. Bei Wirbeltieren sind die höchst komplex aufgebauten „Zuckerbäumchen" oft mit Sialinsäure (Sia) dekoriert.

Als negativ geladener Aminozucker mit neun C-Atomen trägt Sia wesentlich zur negativen Oberflächenladung der Zelle bei. Die Art der glykosidischen Bindung der Sia und die Natur des Akzeptorzuckers sind entscheidend für den Informationsgehalt des Sialoglykokonju-

gats. In der Mehrzahl der Strukturen findet sich eine einzelne Sia in α-2,3- oder α-2,6-glykosidischer Bindung an Galaktose oder N-Acetylgalaktosamin. Darüber hinaus finden sich (z. B. in Gangliosiden) Di- und Oligosialostrukturen. An einer ganz kleinen Zahl von Proteinen findet sich eine polymere Form, die Polysialinsäure (PolySia[1]), als lange, unverzweigte Kette α-2,8-glykosidisch verknüpfter Sia. Der mit großem Abstand bedeutendste Träger der PolySia ist das NCAM (*neural cell adhesion molecule*; **Abb. 1A**, [1]). Vor mehr als 30 Jahren als prototypischer Vertreter eines Adhäsionsmoleküls der Immunglobulinfamilie identifiziert, wurde bereits in den ersten Analysen erkannt, dass sich die Bindungseigenschaften des NCAM durch die An- bzw. Abwesenheit von PolySia umkehren, was zu dem in **Abbildung 1B** dargestellten Modell führte. Als Polyanion mit raumfordernder Hydrathülle kontrolliert die PolySia in diesem Modell den Abstand und damit die Interaktionsmöglichkeiten zwischen zwei Zellen [2, 3].

Biosynthese der Polysialinsäure

Die Klonierung der ersten Polysialyltransferase (PST-1; ST8SiaIV) im Jahr 1995 ermöglichte die ersten Einblicke in

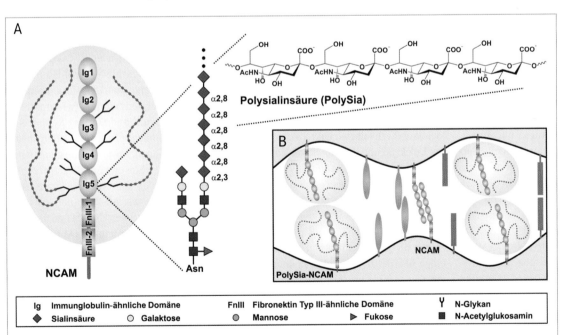

▲ **Abb. 1:** Struktur und Funktion von PolySia und NCAM. **A**, Darstellung des polysialylierten NCAM mit α-2,8-verknüpfter Polysialinsäure (PolySia) an einem typischen komplexen, hier biantennären Glykan. Die schattierte Sphäre deutet den hydrodynamischen Radius der PolySia an. **B**, Die gängigste Modellvorstellung [3] beschreibt die Funktion der PolySia über sterische Inhibition der Proteininteraktionen an Zell-Zell-Kontakten. Die Bindungseigenschaften des NCAM werden durch PolySia beeinflusst und dadurch der Abstand zwischen den Zellen bestimmt.

[1] In den Neurowissenschaften wird Polysialinsäure zumeist mit PSA bzw. PSA-NCAM abgekürzt. Da jedoch vielen Lesern PSA als „Prostata-spezifisches Antigen" bekannt sein dürfte, raten wir dringend zu der korrekten Abkürzung PolySia.

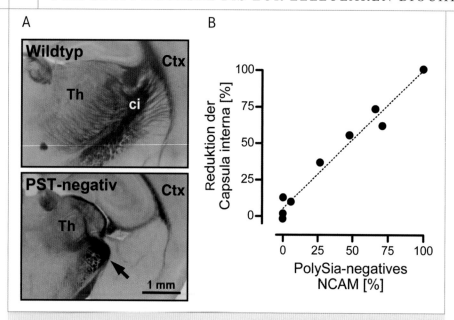

▲ **Abb. 2:** Hypoplasie der Capsula interna. **A**, Im Wildtyp durchlaufen Faserverbindungen zwischen Thalamus (Th) und Cortex (Ctx) die Capsula interna (ci). Mäusen ohne funktionelle Polysialyltransferasen (PST-negativ) fehlen diese Verbindungen weitgehend und Projektionen aus dem Thalamus scheinen fehlgeleitet (Pfeil). **B**, Das Ausmaß dieses Defekts korreliert mit der Menge an PolySia-freiem NCAM, welches im Verlauf der Hirnentwicklung anstelle der polysialylierten Form in abnormer Weise auftritt. Jeder Punkt bildet die Verhältnisse in einer der neun untersuchten Mauslinien ab (siehe Text; A und B modifiziert aus [8]).

die Biosynthese der PolySia [4]. Kurz darauf wurde klar, dass Säuger zwei im *trans*-Golgi-Netzwerk lokalisierte Enzyme besitzen, ST8SiaII und ST8SiaIV, die unabhängig voneinander PolySia am NCAM synthetisieren können. Für beide Polysialyltransferasen wurden Knock-out-Mäuse erzeugt, die in vergleichenden Studien genutzt wurden, um die Beiträge der einzelnen Enzyme an der PolySia-Biosynthese zu untersuchen. Während der perinatalen Entwicklung des Gehirns ist NCAM vollständig polysialyliert. Ein Ausfall der ST8SiaIV wird in diesem Stadium fast vollständig durch die Aktivität der ST8SiaII kompensiert, und auch ein Verlust der ST8SiaII senkt die PolySia-Biosynthese nur um ca. 40 Prozent [5, 6]. Der hierdurch identifizierte „Kapazitätsüberschuss" macht deutlich, dass die Biosynthese von PolySia in der Perinatalphase durch die Verfügbarkeit des Akzeptors NCAM begrenzt ist. Erst durch die postnatal abnehmenden Polysialyltransferase-Spiegel tritt PolySia-freies NCAM in Erscheinung [6]. Gesteuert über die individuell regulierte Expression von ST8SiaII und ST8SiaIV wird im adulten Gehirn schließlich nur noch ein kleiner Teil des NCAM mit PolySia modifiziert [2]

Polysialinsäure wird in der Entwicklung des Nervensystems genutzt

Während PolySia in der embryonalen Entwicklung des Gehirns fast allgegenwärtig ist, bleibt sie im adulten Gehirn lediglich in Berei-

chen persistierender Neurogenese und Plastizität erhalten [2]. Aufgrund ihrer biophysikalischen Eigenschaften wird PolySia vielfach als ein anti-adhäsiver Faktor gesehen, der durch unspezifische Inhibition zellulärer Interaktionen die Migration neuraler Vorläuferzellen fördert, das Auswachsen von Nervenfasern erleichtert und die Aus- und Umbildung von Synapsen unterstützt [3]. Dieses Bild basiert in erster Linie auf Studien an NCAM-Knock-out-Mäusen. Das Ausschalten des wichtigsten PolySia-Trägers führt zu einem fast vollständigen Verlust der PolySia [2, 3]. Die am besten charakterisierte neuroanatomische Veränderung dieser Mäuse ist ein deutlich kleinerer Riechkolben (olfaktorischer Bulbus). Der Defekt beruht auf einer Störung der Migration olfaktorischer Interneuronvorläufer auf ihrem Weg von der neurogenen Nische der subventrikulären Zone zum olfaktorischen Bulbus. Entgegen der vermuteten Bedeutung von PolySia-NCAM für die Hirnentwicklung zeigen die NCAM-Knock-out-Mäuse jedoch einen überraschend milden Phänotyp. Dies gilt ebenso für Mäuse mit Defizienz einer der beiden Polysialyltransferasen, die im Wesentlichen einzelne Aspekte des Phänotyps der NCAM-Knock-out-Maus abbilden [2].

Mausmodelle belegen die Regulation von NCAM-Funktionen durch Polysialinsäure

Die essenzielle Bedeutung der PolySia als regulatorische Modifikation des NCAM konn-

te erst durch Analyse von ST8SiaII/ST8SiaIV-Doppel-Knock-out-Mäusen aufgedeckt werden [7]. Der vollständige Verlust von PolySia bei unveränderter NCAM-Expression ergab einen Phänotyp, der klar in zwei Kategorien unterteilt werden konnte. Die erste Kategorie umfasst die aus NCAM-negativen Mäusen bekannten Defekte, welche damit direkt auf den Verlust der PolySia zurückgeführt werden können. Zur zweiten Kategorie zählen ein verzögertes postnatales Wachstum mit über 80 Prozent Mortalität innerhalb der ersten Lebenswochen sowie gravierende Störungen der Hirnentwicklung mit Fehlbildungen mehrerer axonaler Faserbahnen. Alle Entwicklungsstörungen dieser zweiten Kategorie können verhindert werden, indem neben den Polysialyltransferasen auch NCAM ausgeschaltet wird. Mit diesem dreifachen Knock-out wurde klar, dass der letale Phänotyp durch unphysiologisches Auftreten von „nacktem", das heißt PolySia-freiem NCAM hervorgerufen wird. Das Auftreten von „nacktem" NCAM zum falschen Zeitpunkt führt vermutlich zu Wechselwirkungen, die während der normalen Entwicklung durch Maskierung des NCAM mit PolySia verhindert werden.

Um zu prüfen, ob PolySia die Funktionen des NCAM während der Hirnentwicklung kontrolliert, wurden Mauslinien mit unterschiedlich kombinierten wildtypischen und mutierten Allelen der Polysialyltransferasen und des NCAM generiert. Neun aus 27 möglichen allelischen Kombinationen, die sich graduell in den Mengen an PolySia und „nacktem" NCAM unterschieden, wurden für eine detaillierte morphometrische Analyse ausgewählt [8]. Analysiert wurden Fasertrakte wie Corpus callosum und vordere Kommissur, welche die linke und rechte Großhirnhemisphäre verbinden, sowie die Capsula interna, welche von den Ein- und Ausgängen der Großhirnrinde durchlaufen wird. Die Studie ergab eine bemerkenswerte Korrelation zwischen der Menge an „nacktem" NCAM und dem Ausmaß der Fasertraktdefekte (**Abb. 2**). Dies erlaubt den Schluss, dass bereits kleinste Veränderungen in der Balance zwischen NCAM und PolySia-NCAM zu unkontrolliert interaktionsfähigem NCAM und hierdurch zu Störungen der Hirnentwicklung führen. Die richtige „Verdrahtung" des Gehirns erfordert demnach eine genaue Kontrolle der NCAM-Interaktionen, und diese wird durch die Addition der PolySia an NCAM erreicht.

Am Beispiel der Capsula interna wurden die Ursachen der in Polysialyltransferase-negativen Mäusen beobachteten Reduktion

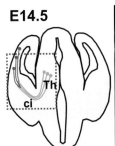

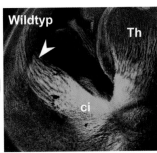

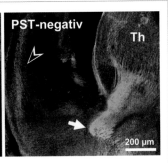

▲ **Abb. 3:** Fehlentwicklung der Faserverbindungen zwischen Cortex und Thalamus. Schema und immunhistochemische Darstellung thalamocorticaler (grün) und corticofugaler Fasern (rot) bei Mäusen am 15. Embryonaltag (E14.5). Im Wildtyp treffen die beiden Trakte zu diesem Zeitpunkt im basalen Telencephalon aufeinander (Pfeilspitze). Bei Tieren ohne funktionelle Polysialyltransferasen (PST-negativ) erreichen dagegen nur wenige corticofugale Fasern dieses Gebiet (offene Pfeilspitze). Die Projektionen aus dem Thalamus (Th) ändern zudem an der Grenze zum Striatum nicht ihre Richtung, um durch die Capsula interna (ci) zur Cortexanlage zu gelangen, sondern biegen nach ventral ab (Pfeil; modifiziert aus [9]).

[2] Hildebrandt H, Mühlenhoff M, Weinhold B et al. (2007) Dissecting polysialic acid and NCAM functions in brain development. J Neurochem 103:56–64
[3] Rutishauser U (2008) Polysialic acid in the plasticity of the developing and adult vertebrate nervous system. Nat Rev Neurosci 9:26–35
[4] Eckhardt M, Mühlenhoff M, Bethe A et al. (1995) Molecular characterization of eukaryotic polysialyltransferase-1. Nature 373:715–718
[5] Galuska SP, Oltmann-Norden I, Geyer H et al. (2006) Polysialic acid profiles of mice expressing variant allelic combinations of the polysialyltransferases ST8SiaII and ST8SiaIV. J Biol Chem 281:31605–31615
[6] Oltmann-Norden I, Galuska SP, Hildebrandt H et al. (2008) Impact of the polysialyltransferases ST8SiaII and ST8SiaIV on polysialic acid synthesis during postnatal mouse brain development. J Biol Chem 283:1463–1471
[7] Weinhold B, Seidenfaden R, Röckle I et al. (2005) Genetic ablation of polysialic acid causes severe neurodevelopmental defects rescued by deletion of the neural cell adhesion molecule. J Biol Chem 280:42971–42977
[8] Hildebrandt H, Mühlenhoff M, Oltmann-Norden I et al. (2009) Imbalance of neural cell adhesion molecule and polysialyltransferase alleles causes defective brain connectivity. Brain 132:2831–2838
[9] Schiff M, Röckle I, Burkhardt H et al. (2011) Thalamocortical pathfinding defects precede degeneration of the reticular thalamic nucleus in polysialic acid-deficient mice. J Neurosci 31:1302–1312

der Fasertrakte analysiert [9]. Ein wesentlicher Teil dieser Struktur wird von Fasern gebildet, die sensorische Informationen nach ihrer Prozessierung im Thalamus der Großhirnrinde zuführen (thalamocorticale Fasern) sowie von Axonen corticaler Neurone, die zurück in die thalamischen Kerngebiete projizieren (corticothalamische Fasern). In der Entwicklung des Mäusehirns wachsen diese beiden Projektionsbahnen aufeinander zu und treffen am Embryonaltag 14,5 aufeinander, um anschließend in wohlgeordneter Weise gegenläufig aneinander entlangzuwachsen (**Abb. 3**). In PolySia-negativen, NCAM-positiven Mäusen verlassen die thalamocorticalen Fasern frühzeitig ihre Projektionsbahn und nur wenige corticothalamische Fasern erreichen die Stelle des Aufeinandertreffens (**Abb. 3**). Der Ausfall von PolySia führt also zu massiven Störungen der axonalen Wegfindung in der Entstehung der reziproken Verbindung zwischen Thalamus und Cortex. Diese Projektionsfehler sind somit der Grund für die bei älteren Tieren beobachtete Hypoplasie der Capsula interna.

Gestörte Konnektivität – Verbindungen zu Schizophrenie?

Können die in Mausmodellen gewonnenen Einblicke in die Rolle von PolySia und NCAM helfen, die Entstehung psychiatrischer Erkrankungen beim Menschen zu verstehen? Aktuell weisen eine Reihe neuropathologischer und genetischer Befunde darauf hin, dass Veränderungen des PolySia-NCAM-Systems im Zusammenhang mit der Ausbildung von Schizophrenie stehen. Darüber hinaus deutet die Anwendung neuer bildgebender

Verfahren zunehmend auf eine gestörte strukturelle Konnektivität bei schizophrenen Patienten hin, die durch Veränderungen in den Faserbahnen entsteht. Auf Basis unserer Mausmodelle versuchen wir in einer aktuellen Studie zu klären, ob Veränderungen der Polysialylierung zu einer Prädisposition für diese Erkrankung beitragen. ∎

Literatur

[1] Hildebrandt H, Mühlenhoff M, Gerardy-Schahn R (2010) Polysialylation of NCAM. Adv Exp Med Biol 663:95–109

Korrespondenzadresse:
Prof. Dr. Herbert Hildebrandt
Prof. Dr. Rita Gerardy-Schahn
Institut für Zelluläre Chemie
Medizinische Hochschule Hannover
Carl-Neuberg-Straße 1
D-30625 Hannover
Tel.: 0511-532-9801
Fax: 0511-532-8801
hildebrandt.herbert@mh-hannover.de
gerardy-schahn.rita@mh-hannover.de

AUTOREN

Herbert Hildebrandt
Biologiestudium, Universität Tübingen. **1991** Research Fellow, University of Nevada, Reno, USA. **1994** Promotion, FU Berlin. **1994–2005** wissenschaftlicher Mitarbeiter, Assistent und Oberassistent, Universität Hohenheim. **2001** Habilitation in Zoologie. Seit **2006** Professor für Neuroglykobiochemie, Medizinische Hochschule Hannover.

Martina Mühlenhoff
Biochemiestudium, Universität Hannover. **1996** Promotion, Universität Hannover. Promotionsarbeit und Postdoc am Institut für Mikrobiologie, Medizinische Hochschule Hannover. Seit **2001** wissenschaftliche Mitarbeiterin am Institut für Zelluläre Chemie, Medizinische Hochschule Hannover.

Rita Gerardy-Schahn
Biochemiestudium, Universität Tübingen. **1989** Promotion, Universität Mainz. **1997** Habilitation für Biochemie und Molekularbiologie, Medizinische Hochschule Hannover. **2000-2004** Leiterin der Abteilung für Zelluläre Chemie, Medizinische Hochschule Hannover. Seit **2005** Direktorin des Instituts für Zelluläre Chemie, Medizinische Hochschule Hannover.

Proteomics

Wachstumsfaktoren der Cystin-Knoten-Familie und ihre Pro-Formen

ANJA BUTTSTEDT, FRANCESCA PAOLETTI, ELISABETH SCHWARZ
INSTITUT FÜR BIOCHEMIE UND BIOTECHNOLOGIE, UNIVERSITÄT HALLE-WITTENBERG

Die Wachstumsfaktoren der Cystin-Knoten-Familie haben eine charakteristische Anordnung der Disulfidbrücken gemeinsam. Die sezernierten Proteine werden als Prä-Pro-Formen mit umfangreichen Pro-Domänen synthetisiert, deren Funktionen bislang kaum verstanden sind.

Growth factors of the cystine knot family possess characteristic disulfide connectivities. The proteins are produced as pre-pro-proteins. The functions of the pro-domains are poorly characterized.

Wachstumsfaktoren der Cystin-Knoten-Familie

■ Mit Cystin-Knoten wird eine charakteristische Disulfidverbrückung bezeichnet, an der sechs Cystine beteiligt sind. Dabei verbinden zwei Disulfidbrücken das Polypeptid-Rückgrat zu einem Ring, durch den eine dritte Disulfidbrücke hindurchtritt. Innerhalb dieser Strukturfamilie werden zwei Klassen unterschieden: (1) Cystin-Knoten-Proteine, die als Wachstumsfaktoren aktiv sind und (2) die Inhibitoren darstellen. Bei den Wachstumsfaktoren tritt eine durch Cys I und IV gebildete Disulfidbrücke durch den Ring, während bei den Inhibitoren die Disulfidbrücke von Cys III und VI durch den Ring verläuft. Proteine, die zur Inhibitor-Klasse gezählt werden, wirken oft neurotoxisch, wie z. B. ωConotoxin, ein kleines Protein im Gift der marinen Kegelschnecke *Conus geographus* [1]. Eine Untergruppe der inhibitorischen Cystin-Knoten-Proteine stellen zyklische Proteine dar, die nur in Pflanzen vorkommen. Im Folgenden sollen die Cystin-Knoten-Proteine, welche Wachstumsfaktoren darstellen, näher beleuchtet werden.

Erstaunlich ist die weite Verbreitung und hohe Homologie der Wachstumsfaktoren, die dieser Familie angehören. Allein im menschlichen Genom codieren 134 offene Leserahmen für Cystin-Knoten-Proteine. Allerdings besitzen davon nur 84 auch codierende Sequenzen für Signalpeptide. Da Cystin-Knoten-Proteine sezernierte Proteine darstellen, sollte die Anwesenheit einer N-terminalen Signalsequenz entscheidend für die Sekretion und Biogenese der Polypeptide sein [2]. Interessanterweise findet man in den Genomen von Einzellern wie den Hefen keine DNA-Abschnitte, die für Cystin-Knoten-Proteine infrage kämen. Diese Proteinstrukturfamilie scheint also eine evolutionäre Errungenschaft mehrzelliger Organismen zu sein [2].

Cystin-Knoten-Proteine sind stets dimere Proteine. Im Falle des Nervenwachstumsfaktors (*nerve growth factor*, NGF) wird das Dimer vorwiegend durch hydrophobe Wechselwirkungen stabilisiert. Dabei sind die beiden Monomere parallel zueinander angeordnet (**Abb. 1**). Eine antiparallele Anordnung der Monomere wird bei den Mitgliedern der TGF-β/BMP-Familie (*transforming growth factor β/bone morphogenetic protein*) beobachtet. Zusätzlich sind die beiden Monomere dieser Strukturfamilie durch eine intermolekulare Disulfidbrücke verbunden.

Therapeutische Relevanz

Viele der Cystin-Knoten-Proteine stellen Zytokine dar und können dadurch zur Geweberegeneration beitragen. Durch diese Eigenschaft sind Cystin-Knoten-Proteine als therapeutische Proteine prädestiniert. Große medizinische Bedeutung besitzen beispielsweise die Neurotrophine wie der bereits erwähnte NGF oder Mitglieder der BMP-Familie. Die Knochenwachstumsfaktoren BMP-2 und BMP-7 werden bereits seit mehreren Jahren zur Therapie langsam heilender Knochendefekte eingesetzt. Um das Sicherheitsrisiko möglichst gering zu halten, kommen für die Herstellung der Proteine vorwiegend rekombinante Pro-

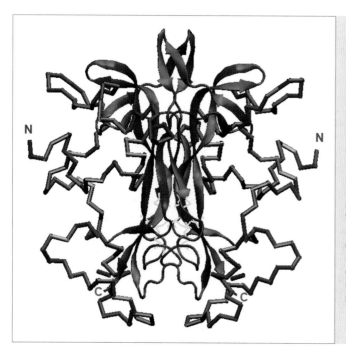

◄ **Abb. 1:** Modell für die Pro-Formen des Nervenwachstumsfaktor (NGF), abgeleitet durch Kleinwinkel-Röntgenstreuung (SAXS, *small angle X-ray scattering*). Der reife Teil ist rot und die Pro-Domäne schwarz dargestellt. Die am Cystin-Knoten beteiligten Cystine sind gelb markiert. Weitere Informationen zur Erzeugung der Struktur sind der Publikation [5] zu entnehmen. N: N-Terminus, C: C-Terminus.

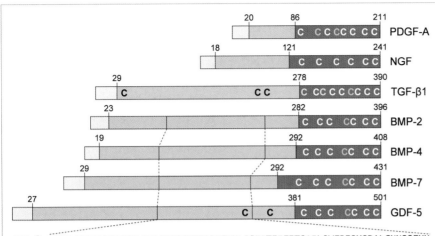

▲ **Abb. 2:** Schematische Darstellung der Prä-Pro-Formen verschiedener Cystin-Knoten-Proteine. Die Prä-Sequenzen sind hellgrau, die Pro-Domänen grau und die reifen Teile dunkelgrau markiert. Cysteine in den Pro-Formen sind als C angegeben. Cysteine in den Pro-Domänen sind schwarz, Cysteine des Cystin-Knotens weiß, Cysteine der intermolekularen Disulfidbrücken zwischen zwei Monomeren grün und Cysteine zusätzlicher Disulfidbrücken gelb dargestellt. Der Sequenzvergleich zeigt die markierten Abschnitte der Pro-Domänen von BMP-2, -4, -7 und GDF-5. Identische Aminosäuren sind rot gekennzeichnet. Aminosäuren, die nur innerhalb der BMP-Pro-Domänen identisch sind, sind blau gekennzeichnet.

duktionsverfahren zum Einsatz. Obwohl die Verabreichung rekombinanter Proteine in der Medizin heutzutage als selbstverständlich erscheint, sind die Herstellungsverfahren für diese Wirkstoffe komplex und erfordern jahrelange Entwicklungszeiten. Dies betrifft insbesondere durch Disulfidbrücken verbundene Proteine, die nur in einem oxidierenden Milieu Disulfidbrücken ausbilden und dadurch die native Struktur annehmen. Für die Herstellung disulfidverbrückter Wachstumsfaktoren im technischen Maßstab kommen zwei Verfahren infrage: Es können Expressionskonstrukte in Säugerzellen transformiert werden, die eine Sekretion der Wachstumsfaktoren vermitteln. Die rekombinanten Proteine werden dann wie in den endogenen Zellen in das endoplasmatische Retikulum sezerniert, falten sich dort zur nativen Struktur und werden schließlich ins Medium sezerniert. Eine Aufreinigung der Proteine aus dem Kulturüberstand erfolgt nach der Zellabtrennung. Eine kostengünstigere Alternative ist die intrazelluläre Synthese in prokaryotischen Wirtszellen wie *Escherichia coli*. Da sich im reduzierenden Zytosol keine Disulfidbrücken ausbilden, akkumulieren die Proteine als inaktive Aggregate oder Einschlusskörper (*inclusion bodies*). Die *inclusion bodies* können durch Zentrifugation erhalten werden, und das aggregierte Protein kann nach Solubilisierung zur nativen Struktur renaturiert werden. Da die Strukturbildung mit der Ausbildung der korrekten Disulfidbrücken einhergeht, spricht man von oxidativer Faltung.

Die Pro-Formen der Wachstumsfaktoren

Wachstumsfaktoren der Cystin-Knoten-Familie werden als Prä-Pro-Formen gebildet. Während die Rolle der Prä-Sequenzen als Sekretionssignale offensichtlich ist, bleibt die Frage nach den Funktionen der Pro-Domänen, die meist größer als die reifen Domänen sind, weitgehend unbeantwortet. Die Pro-Domänen der Wachstumsfaktoren werden bereits im Golgi-Netzwerk abgespalten. Interessant ist, dass die Pro-Domänen einiger Wachstumsfaktoren nicht vollständig proteolytisch abgebaut werden, sondern oft im Komplex mit den reifen Domänen sezerniert werden. Eine schematische Darstellung der Pro-Formen verschiedener Cystin-Knoten-Proteine ist in

Abbildung 2 gezeigt. Obwohl, wie im Folgenden dargestellt wird, die Pro-Domänen sehr divergente Funktionen erfüllen können, besteht in dem in **Abbildung 2** gekennzeichneten Bereich zwischen BMP-2, -4 und -7 eine Sequenzidentität von 19 Prozent.

Welche Rolle spielen aber nun die Pro-Domänen, die bei den Mitgliedern der TGF-β/BMP-Familie oft bis zu 350 Aminosäuren umfassen? Bei einigen Wachstumsfaktoren ist die Anwesenheit der Pro-Domäne wichtig für die Dimerisierung. Dies konnte für TGF-β1 und Activin A, weiteren Mitgliedern der TGF-β-Familie, bereits 1990 gezeigt werden [3]. Bei der zuvor beschriebenen Renaturierung von NGF aus Einschlusskörpern konnte die Ausbeute an renaturiertem Protein um ein Vielfaches gesteigert werden, wenn eine Renaturierung der Pro-Form stattfand [4]. Die 103 Aminosäuren umfassende Pro-Domäne konnte nach Faltung proteolytisch abgespalten werden. Die erhöhte Ausbeute durch Renaturierung der Pro-Form bedeutet, dass die Pro-Domäne während der oxidativen Faltung die Ausbildung der korrekten Disulfidbrücken begünstigt. Möglicherweise fungiert die Pro-Domäne als eine Art Gerüststruktur, die die Ausbildung des Cystin-Knotens fördert. Verbunden mit einem Verständnis der Funktion sind stets Strukturkenntnisse. Allerdings erwies sich die Aufklärung der Struktur der Pro-Domäne von NGF als schwierig, da die Domäne eine hohe strukturelle Flexibilität zeigt. Eine bevorzugte Konformation der Domäne in Assoziation mit dem reifen Teil ist in **Abbildung 1** gezeigt [5]. Die Funktion der Pro-Domäne von NGF scheint jedoch nicht auf die Faltung beschränkt zu sein. Anhand von nicht spaltbaren Varianten von Pro-NGF wurde gezeigt, dass im Gegensatz zu reifem NGF, das als Neurotrophin die Zellproliferation anregt, die Pro-Form von NGF ein Apoptose-Induktor ist [6]. Kurioserweise verleiht die Anwesenheit der Pro-Domäne dem Wachstumsfaktor eine völlig andere, biologisch entgegengesetzte Funktion.

Wie bereits oben erwähnt, bleiben bei einigen der Wachstumsfaktoren der Cystin-Knoten-Familie die Pro-Domänen nach intrazellulärer Abspaltung mit dem reifen Teil assoziiert. Nach Sekretion entfalten die Komplexe im Extrazellularraum zunächst keine biologische Aktivität, da die Pro-Domänen den reifen Teil in einer inaktiven, latenten Form halten. Entsprechend dieser Funktion wurde die Pro-Domäne des TGF-β1 als *latency associated peptide* bezeichnet. Durch Bindung an das *latency associated peptide* wird die Rezeptorbindung des reifen TGF-β1 verhindert. Anders bei BMP-7: Hier wird zwar auch die Pro-Domäne im Komplex mit dem reifen Protein sezerniert, dennoch scheint die Funktion der Pro-Domäne in einer Assoziation des Komplexes mit der extrazellulären Matrix zu liegen [7]. Es ist anzunehmen, dass hierdurch der Wachstumsfaktor in der extrazellulären Matrix konzentriert und der Transport im Extrazellularraum reguliert wird. Auch für BMP-9 und GDF-8 (*growth differentiation factor 8*) wurde ein nicht kovalenter Komplex der Pro-Domänen mit dem jeweiligen reifen Teil nachgewiesen. Die Assoziation mit der Pro-Domäne hat bei BMP-9 keine Auswirkung auf die Aktivität [8], dagegen ist GDF-8 in Anwesenheit der Pro-Domäne inaktiv [9]. Bei BMP-4 wird die Aktivität des Wachstumsfaktors durch zwei sequenzielle Prozessierungen in der Pro-Domäne reguliert. Nach Spaltung an der sekundären Prozessierungsstelle ist die Affinität der Pro-Domäne zum reifen Teil reduziert und aktives BMP-4 wird sezerniert [10]. Am Beispiel des GDF-5 wird die Bedeutung der Pro-Domänen besonders offensichtlich. Eine Punktmutation in den Pro-Domänen kann zu Skelettfehlentwicklungen beim Menschen führen [11].

Die Tatsache, dass zumindest für die Pro-Formen einiger Mitglieder der TGF-β/BMP-Familie eine Latenz vermittelnde Funktion bewiesen ist, könnte bedeuten, dass durch die Verwendung von Pro-Formen Überdosierungsprobleme vermieden werden können. Bei einer langsamen Umsetzung der Pro-Formen in die reifen Formen würden die Pro-Formen also eine Art Retard-Medikament darstellen. Für eine Zulassung als Medikament sind umfangreiche präklinische und klinische Studien notwendig. Je detaillierter das Wissen über die Funktionsweise eines Proteins, desto höher sind die Zulassungschancen. Während zahlreiche Publikationen Aufschluss über die Strukturen der reifen Wachstumsfaktoren geben, sind bislang nur eine niedrigauflösende Struktur der Pro-Form von NGF (**Abb. 1**) und eine Röntgenstruktur der Pro-Domäne des *platelet-derived growth fac-*

tor-A (PDGF-A) publiziert [5, 12]. Zusammen mit biochemischen und zellbiologischen Untersuchungen werden die Strukturen therapeutisch wichtiger Pro-Formen zu einem Verständnis der molekularen Rolle der Pro-Domänen beitragen. ▪

Literatur

[1] Isaacs NW (1995) Cystine knots. Curr Opin Struct Biol 5:391–395
[2] Vitt UA, Hsu SY, Hsueh AJ (2001) Evolution and classification of cystine knot-containing hormones and related extracellular signaling molecules. Mol Endocrinol 15:681–694
[3] Gray AM, Mason AJ (1990) Requirement for activin A and transforming growth factor-beta 1 pro-regions in homodimer assembly. Science 247:1328–1330
[4] Rattenholl A, Lilie H, Grossmann A et al. (2001) The pro sequence facilitates folding of human nerve growth factor from *Escherichia coli* inclusion bodies. Eur J Biochem 268:3296–3303
[5] Paoletti F, Covaceuszach S, Konarev PV et al. (2009) Intrinsic structural disorder of mouse proNGF. Proteins 75:990–1009
[6] Nykjaer A, Lee R, Teng KK et al. (2004) Sortilin is essential for proNGF-induced neuronal cell death. Nature 427:843–848
[7] Gregory KE, Ono RN, Charbonneau NL et al. (2005) The prodomain of BMP-7 targets the BMP-7 complex to the extracellular matrix. J Biol Chem 280:27970–27980
[8] Brown MA, Zhao Q, Baker KA et al. (2005) Crystal structure of BMP-9 and functional interactions with pro-region and receptors. J Biol Chem 280:25111–25118
[9] Jiang MS, Liang LF, Wang S et al. (2004) Characterization and identification of the inhibitory domain of GDF-8 propeptide. Biochem Biophys Res Commun 315:525–531
[10] Cui Y, Hackenmiller R, Berg L et al. (2001) The activity and signaling range of mature BMP-4 is regulated by sequential cleavage at two sites within the prodomain of the precursor. Genes Dev 15:2797–2802
[11] Ploger F, Seemann P, Schmidt-von Kegler M et al. (2008) Brachydactyly type A2 associated with a defect in proGDF5 processing. Hum Mol Genet 17:1222–1233
[12] Shim AH, Liu H, Focia PJ et al. (2010) Structures of a platelet-derived growth factor/propeptide complex and a platelet-derived growth factor/receptor complex. Proc Natl Acad Sci USA 107:11307–11312

Korrespondenzadresse:
Prof. Dr. Elisabeth Schwarz
Universität Halle-Wittenberg
Institut für Biochemie/Biotechnologie
Universität Halle-Wittenberg
Kurt-Mothes-Straße 3
D-06120 Halle/Saale
Tel.: 0345-55-24856
Fax: 0345-55-27013
elisabeth.schwarz@biochemtech.uni-halle.de

AUTORINNEN

Anja Buttstedt
Jahrgang **1983**. **2002–2007** Biologiestudium an der Universität Halle-Wittenberg. Seit **2007** Promotion als Stipendiatin des Graduiertenkollegs 1026 in der Abteilung Technische Biochemie.

Francesca Paoletti
Jahrgang **1976**. **1995–2001** Chemiestudium an der Universität von Triest, Italien. **2001–2005** Doktorandin bei SISSA (Triest, Italien). **2004–2005** EMBO Short term fellowship an der Universität Halle-Wittenberg. **2006** Promotion. Seit **2006** Postdoktorandin am European Brain Research Institute (EBRI), Rom, Italien. **2010** EMBO Short term fellowship am National Institute for Medical Research (NIMR), Mill Hill, London, UK.

Elisabeth Schwarz
Jahrgang **1957**. **1977–1981** Biologiestudium an der Universität Regensburg. **1986** Promotion am Max-Planck-Institut für Biochemie, Martinsried. **1988–1989** Postdoktorandin am John Innes Centre, Norwich, UK. **1989–1991** Postdoktorandin am Zentrum für Molekulare Neurobiologie, Hamburg. **1991–1996** Postdoktorandin an der LMU München. Seit **1996** Mitarbeiterin an der Universität Halle-Wittenberg, Abteilung Technische Biochemie; **2000** Habilitation, **2009** Ernennung zum außerplanmäßigen Professor.

Präsynaptische Hemmung

Funktion des neuronalen Cannabinoidrezeptors

BELA SZABO
INSTITUT FÜR EXPERIMENTELLE UND KLINISCHE PHARMAKOLOGIE UND
TOXIKOLOGIE, UNIVERSITÄT FREIBURG

Die Aktivierung des G-Protein-gekoppelten CB_1-Cannabinoidrezeptors im Gehirn führt zur präsynaptischen Hemmung der synaptischen Übertragung. Physiologisch wird dieser Rezeptor von den Endocannabinoiden 2-Arachidonylglycerol und Anandamid aktiviert.

Activation of the G protein-coupled CB_1 cannabinoid receptor in the brain leads to presynaptic inhibition of synaptic transmission. Physiologically, this receptor is activated by the endocannabinoids 2-arachidonylglycerol and anandamide.

■ Die psychotrope Komponente der Pflanze *Cannabis sativa* ist Δ^9-Tetrahydrocannabinol. Während der vergangenen 20 Jahre wurden viele Entdeckungen über die Wirkungsweise dieser Substanz gemacht. Zunächst wurden zwei G-Protein-gekoppelte Rezeptoren – CB_1 und CB_2 – als primäre Zielproteine für Δ^9-Tetrahydrocannabinol identifiziert. Dann wurden die endogenen Agonisten der Rezeptoren (Endocannabinoide) entdeckt. Schließlich wurden synthetische Agonisten und Antagonisten hergestellt. Der CB_1-Rezeptor ist vor allem in Neuronen lokalisiert, und diese Übersicht ist auf die Funktion des CB_1-Rezeptors fokussiert. Der CB_2-Rezeptor kommt vor allem in immunrelevanten Geweben und Organen vor, wie Milz, Tonsillen, Thymus, Knochenmark, B-Lymphozyten und Monozyten/ Makrophagen.

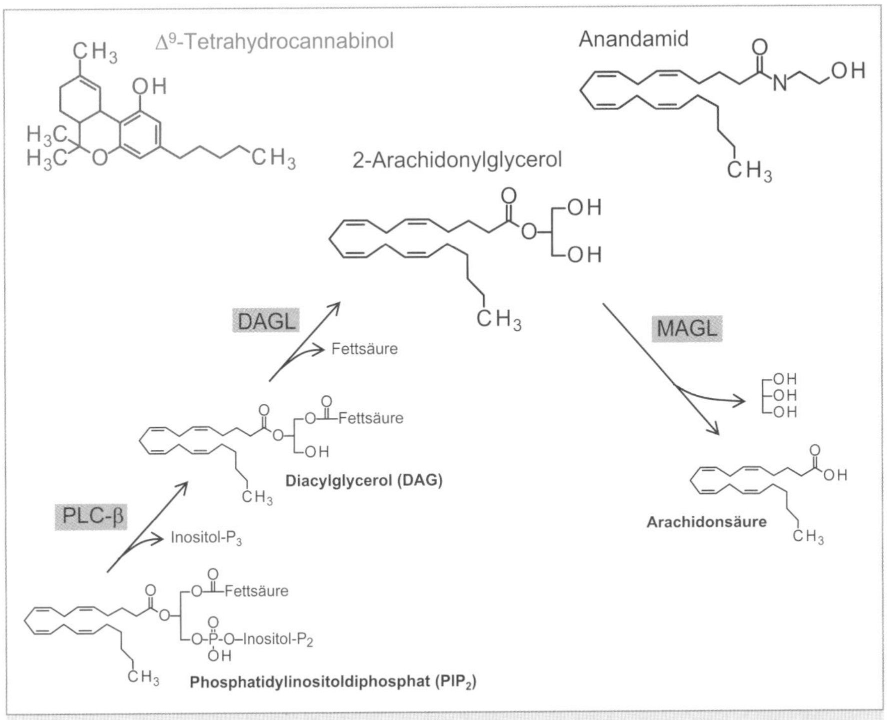

Der CB_1-Rezeptor

Der CB_1-Rezeptor ist ein typischer $G\alpha_{i/o}$-Protein-gekoppelter Rezeptor. Er ist Pertussistoxin-sensitiv, und seine Aktivierung führt zur Hemmung der Adenylatzyklase. CB_1-Rezeptor-Aktivierung kann auch zur Hemmung von N-, P/Q- und L-Typ von spannungsabhängigen Kalziumkanälen führen. G-Protein-gekoppelte einwärtsgerichtete Kaliumkanäle (GIRK-Kanäle) werden dagegen aktiviert. Über einen komplexen Mechanismus kann der CB_1-Rezeptor auch die MAPK(*mitogen-activated protein kinase*)-Signalkaskade aktivieren.

CB_1-Rezeptoren sind im zentralen und peripheren Nervensystem ubiquitär. Ihre Dichte im Gehirn ist besonders hoch: Verglichen mit anderen G-Protein-gekoppelten Rezeptoren besitzen sie wahrscheinlich die höchste Dichte. Sie kommen in allen größeren Gehirnregionen vor, wie Medulla oblongata, Cerebellum, Mittelhirn, Thalamus, Hypothalamus, Hippocampus, Amygdala, Basalganglien und Cortex. Im peripheren Nervensystem sind die CB_1-Rezeptoren in primären nozizeptiven Neuronen, an Neuronen des Sympathikus und des Parasympathikus und im Darmnervensystem vorhanden. Interessanterweise sind die CB_1-Rezeptoren nicht homogen in den verschiedenen Regionen eines Neurons verteilt. Sie sind vorrangig in der Membran der Axonterminale lokalisiert, ihre Konzentration in der Membran des somatodendritischen Kompartiments ist deutlich niedriger.

▲ **Abb. 1:** Chemische Struktur des wichtigsten Phytocannabinoids Δ^9-Tetrahydrocannabinol und der wichtigsten Endocannabinoide 2-Arachidonylglycerol und Anandamid. Bei 2-Arachidonylglycerol sind auch Wege der Synthese und des Metabolismus dargestellt. Die beteiligten Enzyme Phospholipase C-β (PLC-β), Diacylglycerol-Lipase (DAGL) und Monoacylglycerol-Lipase (MAGL) sind rosa unterlegt.

Die physiologischen Agonisten des CB_1-Rezeptors sind die Endocannabinoide. Der am besten bekannte exogene Agonist ist Δ^9-Tetrahydrocannabinol (**Abb. 1**); dabei handelt es sich nur um einen partiellen Agonisten, der auch am CB_2-Rezeptor wirkt. Heute sind viele selektiven synthetischen Agonisten verfügbar, die chemisch-strukturell manchmal mit den Endocannabinoiden, manchmal mit Δ^9-Tetrahydrocannabinol verwandt sind.

Der erste CB_1-selektive Antagonist, SR141716 (internationaler Freiname: Rimonabant), wurde 1994 bei Sanofi synthetisiert. Heute haben wir mehrere selektive CB_1-Antagonisten (Taranabant, Otenabant etc.). Die meisten von ihnen sind inverse Agonisten, das heißt sie können auch konstitutiv-aktive CB_1-Rezeptoren hemmen. Rimonabant war in Europa für die Dauer von zwei Jahren für die Behandlung der Obesität zugelassen. Die Substanz wurde jedoch zurückgezogen, vor allem wegen psychiatrischer Nebenwirkungen.

Endocannabinoide

Das erste Endocannabinoid, Arachidonylethanolamid (Anandamid; **Abb. 1**), wurde 1992 entdeckt. Es ist ein partieller Agonist an CB_1- und CB_2-Rezeptoren und kann zusätzlich auch TRPV1-Rezeptoren (Vanilloidrezeptoren) aktivieren. Im Jahre 1995 wurde ein weiteres Arachidonsäurederivat, 2-Arachidonylglycerol, als endogener Cannabinoidagonist identifiziert. Es ist ein Vollagonist an beiden Cannabinoidrezeptoren, und seine Konzentration im Gehirn ist viel höher als die Konzentration von Anandamid. Verschiedene Derivate von Anandamid und 2-Arachidonylglycerol wurden im Körper nachgewiesen, ihre Bedeutung neben den zwei „großen" Endocannabinoiden ist jedoch ungeklärt.

Endocannabinoide werden nicht in synaptischen Vesikeln gespeichert, wie die klassischen Neurotransmitter. Nach ihrer *on demand*-Synthese verlassen sie die Zelle durch Diffusion. Ihre Wirkung wird durch Aufnahme in Neurone und anschließende enzymatische Spaltung beendet. Hier wird beispielhaft auf die Synthese und Elimination von 2-Arachidonylglycerol eingegangen.

Neurone und Gliazellen können 2-Arachidonylglycerol synthetisieren (**Abb. 1** und **2**). Der am besten charakterisierte Weg der 2-Arachidonylglycerol-Produktion führt über die Hydrolyse von Phosphatidylinositoldiphosphat (PIP_2) durch Phospholipase C (PLC-β) und die anschließende Abspaltung eines Fettsäurerestes von Diacylglycerol durch Diacylglycerol-Lipase (DAGL). Immunhistoche

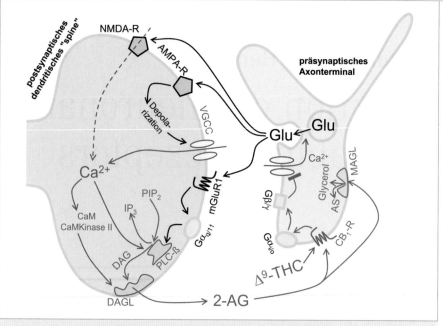

▲ **Abb. 2:** Hemmung der synaptischen Transmission durch exogene Cannabinoide und durch das Endocannabinoid 2-Arachidonylglycerol (*retrograde signaling*). Freigesetztes Glutamat (Glu) aktiviert postsynaptische AMPA- und NMDA-Glutamatrezeptoren. Der CB_1-Rezeptor (CB_1-R) ist am präsynaptischen Axonterminal lokalisiert. Seine Aktivierung führt über $G\alpha_{i/o}$- und $G\beta/\gamma$-Proteine zur Hemmung des spannungsabhängigen Kalziumkanals (*voltage-gated calcium channel*, VGCC) und so zur Hemmung der Glutamatfreisetzung aus dem synaptischen Vesikel. Der CB_1-R kann von exogenen Cannabinoiden (z. B. Δ^9-Tetrahydrocannabinol, Δ^9-THC) oder vom Endocannabinoid 2-Arachidonylglycerol (2-AG) aktiviert werden. 2-AG wird aus Dendriten des postsynaptischen Neurons freigesetzt. Es entsteht aus Phosphatidylinositoldiphosphat (PIP_2) über Diacylglycerol (DAG) mit Beteiligung der Enzyme Phospholipase C-β (PLC-β) und Diacylglycerol-Lipase (DAGL). Die 2-AG-Produktion kann durch Kalzium, das durch den VGCC oder den NMDA-Rezeptor in die Zelle gelangt, stimuliert werden. Aktivierung von $G\alpha_{q/11}$-Protein-gekoppelten Rezeptoren (z. B. metabotrope mGluR1-Glutamatrezeptor) kann ebenfalls zur 2-AG-Produktion führen. Nach der retrograden Diffusion zum präsynaptischen Axonterminal wird 2-AG durch die Monoacylglycerol-Lipase (MAGL) in Arachidonsäure (AS) und Glycerol umgewandelt.

mische Untersuchungen zeigen DAGL häufig in Dendriten und dendritischen Spines (Dornfortsätzen) in der Nähe von Synapsen mit CB_1-Rezeptor-positiven Axonterminalen. DAGL kann durch Orlistat (Tetrahydrolipstatin) gehemmt werden. In diesem Jahr wurde über die Generierung von DAGL-Knock-out-Mäusen berichtet [1].

Nach seiner Synthese diffundiert 2-Arachidonylglycerol aus der Zelle und aktiviert Cannabinoidrezeptoren. Die Wirkung von 2-Arachidonylglycerol wird durch Diffusion in Zellen und anschließende enzymatische Spaltung beendet. Es wurde angenommen, dass die Aufnahme in die Zellen durch einen speziellen Endocannabinoid-Transporter gefördert wird (*endocannabinoid membrane transporter*, EMT) – der definitive molekularbiologische Beweis für die Existenz des EMT fehlt jedoch. In den Zellen angekommen wird 2-Arachidonylglycerol vor allem durch die Monoglycerol-Lipase (MAGL) gespalten. Bei immunhistochemischen Untersuchungen wurde MAGL meistens in präsynaptischen Axonterminalen beobachtet. MAGL kann selektiv von der vor Kurzem synthetisierten Substanz JZL184 gehemmt werden [2].

Zyklooxygenase-2 und Lipoxygenasen (12-LOX und 15-LOX) können theoretisch ebenfalls zur Elimination von 2-Arachidonylglycerol beitragen.

CB_1-Rezeptor-vermittelte Wirkungen

Wegen ihres ubiquitären Vorkommens im Nervensystem vermitteln CB_1-Rezeptoren viele unterschiedliche Wirkungen, wenn sie von exogenen oder endogenen Cannabinoiden aktiviert werden. Im Folgenden werden ein paar Beispiele für diese Wirkungen genannt.

In Mäusen lösen Cannabinoide typischerweise vier Wirkungen gleichzeitig aus (*tetrad*): Sedierung/Hemmung der Bewegung, Antinozeption, Hypothermie und Katalepsie. Zudem wirken Cannabinoide „belohnend" (*rewarding*) bei Tieren: Sie werden „selbstappliziert", und sie führen zur konditionierten Platzpräferenz. Toleranz- und Abhängigkeitsentwicklung werden ebenfalls beobachtet. Cannabinoide haben eine antikonvulsive Wirkung. Exogene Agonisten, aber auch unter pathophysiologischen Bedingungen gebildete Endocannabinoide, haben eine neuroprotektive Wirkung nach Ischämie und Gehirntrauma.

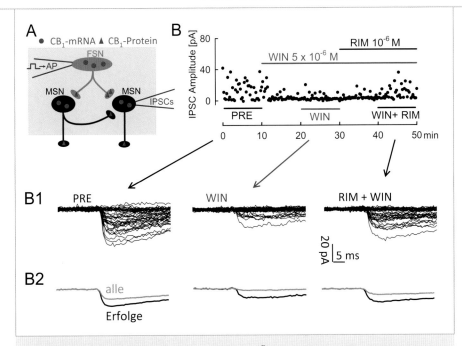

▲ **Abb. 3:** Beispiel für die Hemmung der synaptischen Übertragung durch Cannabinoide. Die Experimente wurden an Hirnschnitten des Corpus striatum durchgeführt, die aus Gehirnen von Mäusen hergestellt wurden [6]. **A,** CB$_1$-Rezeptor-mRNA und -Protein sind in *fast spiking*-Neuronen (FSN) und *medium spiny*-Neuronen (MSN) im Corpus striatum lokalisiert. Über die Patch-Clamp-Pipette im präsynaptischen FSN wurde das Neuron depolarisiert, um Aktionspotenziale (AP) auszulösen. Mit der Patch-Clamp-Pipette im MSN wurden die resultierenden *inhibitory postsynaptic currents* (IPSCs) registriert. **B,** Ablauf des Experiments: Nach der initialen Referenzphase (PRE) wurde der synthetische Cannabinoidagonist WIN55212-2 (WIN) superfundiert, später zusätzlich auch der CB$_1$-Antagonist Rimonabant (RIM). Die einzelnen Punkte stellen die Amplituden der IPSCs dar. **B1,** Die einzelnen synaptischen Ereignisse (IPSCs) während der drei Phasen des Experiments. **B2,** Gemittelt wurden alle synaptischen Ereignisse oder nur die synaptischen Erfolge. Das Experiment zeigt die starke Hemmung der synaptischen Übertragung von FSN zu MSN durch ein Cannabinoid. Der Antagonismus durch RIM beweist die Beteiligung von CB$_1$-Rezeptoren.

Die Aktivierung der CB$_1$-Rezeptoren kann eine starke Analgesie bewirken. Die Grundlage dafür sind die CB$_1$-Rezeptoren, die in fast allen Komponenten der aszendierenden schmerzleitenden Bahn vorkommen, beginnend mit den primären nozizeptiven C-Fasern. Endocannabinoide, die während Entzündung, neuropathischen Zuständen und Stress freigesetzt werden, können analgetisch wirken.

CB$_1$-Rezeptor-vermittelte präsynaptische Hemmung der synaptischen Übertragung

Es ist wahrscheinlich, dass hinter den vielen komplexen Cannabinoidwirkungen auf das Nervensystem ein Grundmechanismus steht, die Hemmung der Neurotransmitter-Freisetzung aus den Axonterminalen. **Abbildung 2** zeigt schematisch den Mechanismus der präsynaptischen Hemmung, **Abbildung 3** ein Beispiel für diese Hemmung. Präsynaptische CB$_1$-Rezeptoren sind auf den Axonterminalen vieler GABAergen, glutamatergen, cholinergen und noradrenergen Neurone im zentralen und peripheren Nervensystem lokalisiert. Die Aktivierung dieser Rezeptoren hemmt die Transmitterfreisetzung und

dadurch die synaptische Übertragung (Übersicht in [3]). Der wahrscheinliche Mechanismus der präsynaptischen Hemmung ist die Hemmung spannungsabhängiger Kalziumkanäle in den Axonterminalen (**Abb. 2**).

Endocannabinoid-vermittelte retrograde synaptische Übertragung

Die präsynaptischen CB$_1$-Rezeptoren können nicht nur von exogenen Cannabinoiden aktiviert werden, sondern auch von Endocannabinoiden. Die somatodendritische Region vieler Neurone produziert Endocannabinoide. Das aus dem postsynaptischen Neuron freigesetzte Endocannabinoid diffundiert zum präsynaptischen Axonterminal und aktiviert dort den CB$_1$-Rezeptor (**Abb. 2**). Diese retrograde synaptische Übertragung (*signaling*) wurde bei vielen GABAergen und glutamatergen Synapsen des zentralen Nervensystems beobachtet (Übersicht in [4]). Bei der überwiegenden Mehrzahl der Synapsen wurde 2-Arachidonylglycerol als Botenstoff der retrograden Übertagung identifiziert [1, 5]. Die 2-Arachidonylglycerol-Produktion kann über zwei Wege stimuliert werden (**Abb. 2**). Ein Anstieg der intrazellulären Kalziumkonzentration führt zur Endocannabinoid-Pro-

duktion. Physiologisch gelangt Kalzium über den spannungsabhängigen Kalziumkanal in das Neuron, der durch die AMPA-Rezeptor-vermittelte Depolarisation geöffnet wird (**Abb. 2**). Die Aktivierung von G$\alpha_{q/11}$-Protein-gekoppelten Rezeptoren (z. B. von mGluR1/5-Glutamatrezeptoren) ist der andere Stimulus der Endocannabinoid-Produktion. Gleichzeitiger Kalziumanstieg und Phospholipase-C-β-Aktivität stimulieren die 2-Arachidonylglycerol-Produktion besonders effektiv. Die Endocannabinoid-vermittelte retrograde synaptische Übertragung ist die Grundlage mehrerer Formen der kurz- und langfristigen synaptischen Plastizität. Man meint deshalb, dass die Endocannabinoid-vermittelte retrograde synaptische Übertragung für das Gedächtnis und das Lernen wichtig ist. ■

Literatur

[1] Tanimura A, Yamazaki M, Hashimotodani Y et al. (2010) The endocannabinoid 2-arachidonoylglycerol produced by diacylglycerol lipase α mediates retrograde suppression of synaptic transmission. Neuron 65:320−327

[2] Long JZ, Li W, Booker L et al. (2009) Selective blockade of 2-arachidonoylglycerol hydrolysis produces cannabinoid behavioral effects. Nature Chem Biol 5:37−44

[3] Szabo B, Schlicker E (2005) Effects of cannabinoids on neurotransmission. In: Pertwee R (Hrsg) Cannabinoids, Handbook of Experimental Pharmacology Vol 168. Springer-Verlag, Berlin, 327−365

[4] Kano M, Ohno-Shosaku T, Hashimotodani Y et al. (2009) Endocannabinoid-mediated control of synaptic transmission. Physiol Rev 89:309−380

[5] Szabo B, Urbanski MJ, Bisogno T et al. (2006) Depolarization-induced retrograde synaptic inhibition in the mouse cerebellar cortex is mediated by 2-arachidonoylglycerol. J Physiol (London) 577:263−280

[6] Freiman I, Anton A, Monyer H et al. (2006) Analysis of the effects of cannabinoids on identified synaptic connections in the caudate-putamen by paired recordings in transgenic mice. J Physiol (London) 575:789−806

Korrespondenzadresse:
Prof. Dr. Bela Szabo
Institut für Experimentelle und Klinische Pharmakologie und Toxikologie
Albert-Ludwigs-Universität Freiburg
Albertstraße 25
D-79104 Freiburg
Tel.: 0761-203-5312
Fax: 0761-203-5318
szabo@pharmakol.uni-freiburg.de

AUTOR

Bela Szabo
1977−1983 Studium der Humanmedizin an der Semmelweis Medizinischen Universität in Budapest. 1987 Promotion an der Universität Freiburg. 1995 Facharzt für Pharmakologie und Toxikologie. 1995 Habilitation für das Fach Pharmakologie und Toxikologie. Leitung der Arbeitsgruppe Neuropharmakologie im Institut für Pharmakologie der Universität Freiburg.

Zytologie

Molekulare Kontrolle der Aktindynamik *in vivo* bei *Drosophila*

CHRISTINA GOHL, THOMAS ZOBEL, SVEN BOGDAN
INSTITUT FÜR NEUROBIOLOGIE, UNIVERSITÄT MÜNSTER

Eine strikte, räumliche und zeitliche Kontrolle der Aktinpolymerisation ist essenziell für eine Vielzahl zellulärer Prozesse. *Drosophila*-Mutanten haben zu neuen Einblicken in die *in vivo*-Regulation der Aktindynamik geführt.

A tight spatio-temporal coordination of the machineries controlling actin polymerization is essential for a variety of cellular processes. *Drosophila* mutants have greatly contributed to our understanding of actin dynamics *in vivo*.

■ Ein wesentliches Merkmal von Aktin ist seine Fähigkeit, helikale Filamente zu bilden. Aktinfilamente stellen nicht nur eine wichtige strukturelle Zytoskelettkomponente dar, sondern sie sind krafterzeugende Motoren für zelluläre und intrazelluläre Bewegungen. Für die Neubildung von Aktinfilamenten (Nukleation) übernehmen der *actin-related protein*(Arp)2/3-Komplex und die Mitglieder der *Wiskott-Aldrich syndrome protein*(WASP)-Familie eine zentrale Funktion. In ihrer Funktion als *nucleation promoting factors* (NPF) aktivieren WASP-Proteine den Arp2/3-Komplex, der selbst nur eine geringe intrinsische Nukleationsaktivität aufweist. Damit kontrollieren die WASP-Proteine räumlich und zeitlich die Aktinpolymerisation in einer Zelle [1]. Die vollständige Genomsequenzierung verschiedener Modellorganismen wie der Hefe, von *Caenorhabditis elegans*, *Dictyoste-lium* und *Drosophila* belegt die starke Konservierung einzelner Mitglieder der WASP-Proteinfamilie wie WASP, WAVE und WASH im Verlauf einiger hundert Millionen Jahre Evolution. Ein gemeinsames Merkmal aller Mitglieder ist die katalytische C-terminale WCA-Domäne, die den Arp2/3-Komplex bindet und aktiviert. Dagegen unterscheiden sich die WASP-Proteine stark in ihren N-Termini. Dies spiegelt die unterschiedliche molekulare Regulation und die verschiedenen physiologischen Funktionen der WASP-Proteine wider. Trotz ähnlicher biochemischer Aktivität konnten in Zellkulturexperimenten WASP-Proteinen distinkte zelluläre Funktionen zugeordnet werden. Während WAVE insbesondere an den Spitzen von Lamellipodien zu finden ist und dort deren Bildung reguliert, übernimmt WASP essenzielle Funktionen während der Rezeptor-vermittelten Endozytose und der Bewegung endozytotischer Vesikel [1]. Dies verdeutlicht die enge mechanische Kopplung der Aktinpolymerisation mit Membranen, die gleichsam für die Bewegung der Plasmamembran wie auch für den Transport von Endomembranen essenziell ist. Neue, bildgebende Verfahren wie die SIM(*structured illumination microscopy*)-Technologie ermöglichen eine hochauflösende Darstellung und Analyse dieser Membran-dynamischen Prozesse (**Abb. 1**).

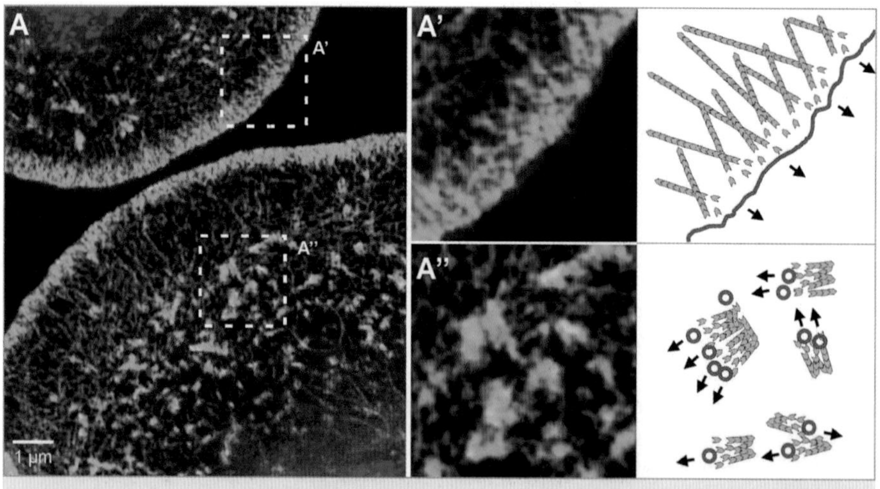

Obwohl Zellkulturmodelle und *in vitro*-Rekonstitutionsexperimente wesentlich zu unserem Verständnis der Funktion und molekularen Regulation der WASP-Proteine beitragen, gewähren sie nur einen vereinfachten Eindruck davon, wie die Aktinpolymerisation während der Entwicklung eines multizellulären Organismus räumlich und zeitlich reguliert wird. *Drosophila*-Mutanten haben zu neuen Einblicken in die *in vivo*-Regulation des Aktinzytoskeletts geführt. Im Gegensatz zu den Vertebraten besitzt *Drosophila* nur ein Gen für WASP, WAVE und WASH [2–4], sodass genetische Redundanz funktionelle Analysen nicht erschwert (**Abb. 2**).

Die genetische Analyse hat in *Drosophila* unterschiedliche Funktionen für WAVE und

▲ **Abb. 1:** Hochauflösende SIM(*structured illumination microscopy*)-Aufnahme von *Drosophila*-S2-Zellen, gefärbt für endogenes Cip4 (rot), einem F-BAR-Protein, das WASP und WAVE bindet und reguliert [6, 12]. Aktinfilamente sind mit Phalloidin (grün), Zellkerne mit DAPI markiert (blau). **A**, Übersichtsaufnahme. **A'**, Ausschnitt von **A** vom äußersten Leitsaum der Zelle. **A''**, Ausschnitt von **A** vom Zellinneren. Rechts: Schematische Darstellung der Neubildung von Aktinfilamenten (grün) als krafterzeugende Motoren für Protrusionen der Plasmamembran (rot) im Leitsaum (oben) sowie für die intrazellulären Bewegungen von Vesikeln (rot; unten).

WASP – die beiden zentralen Gründungs-
mitglieder dieser Proteinfamilie – identifiziert. Während WAVE als Hauptregulator von
Arp2/3 während der Oogenese, Augenent-
wicklung und ZNS-Entwicklung fungiert, ist
WASP maßgeblich bei Zelldeterminierungs-
prozessen im peripheren Nervensystem und
für die Ausbildung epithelialer Zellpolarität
verantwortlich [3]. WASP und WAVE steuern
sequenziell die Myoblastenfusion während
der Myogenese [5]. Zur genauen Funktion
von WASH (*Wiskott-Aldrich syndrome protein
and SCAR/WAVE homolog*) in *Drosophila* ist
bislang wenig bekannt. Erste funktionelle
Analysen weisen auf eine mit WAVE gemeinsame Rolle während der Oogenese hin [2].

Die Beobachtung distinkter phänotypischer
Defekte in *wasp*- und *wave*-Mutanten wirft
zwei zentrale Fragen auf: Welche zellulären
Aktin-abhängigen Prozesse sind in den
mutanten Fliegen gestört? Und wie regulieren WASP-Proteine differenziell diese Prozesse trotz ähnlicher biochemischer Aktivität?
Unsere Arbeiten belegen, dass die differenzielle Regulation von WASP und WAVE weniger durch ein räumlich und zeitlich kontrol-
liertes Expressionsmuster erfolgt, sondern
durch die Bildung distinkter makromoleku-
larer Proteinkomplexe gesteuert wird. Wie bei
den Vertebraten liegt *Drosophila*-WAVE hauptsächlich in einem ubiquitären pentameren
Komplex mit Abi, Kette, Sra-1 und HSCP300
vor, wohingegen WASP in unterschiedlichen,
gewebespezifischen Komplexen gefunden
wurde (**Abb. 2**, [6]).

Welche Funktion übernimmt der pentamere
WAVE-Komplex? RNA-Interferenz (RNAi)-
Experimente in unterschiedlichen Modellorganismen belegen übereinstimmend eine Stabilisierung von WAVE durch den Komplex.
Dagegen wurden unterschiedliche Befunde
zur regulatorischen Funktion des Komplexes
gemacht, die zum einen eine aktivierende und
zum anderen eine inhibitorische Rolle für die
WAVE-Funktion postulieren. Gendosis-Expe-
rimente in *Drosophila* belegen eindeutig eine
antagonisierende Wirkung von *kette* auf die
Funktion von *wave in vivo* [7]. Dieses *trans*-
inhibitorische Modell wurde in den vergangenen Jahren kontrovers diskutiert, aber kürzlich *in vitro* überzeugend belegt [8]. Demnach
liegt WAVE im Komplex inaktiv vor und wird
durch die gemeinsame Bindung von aktivier-
tem Rac1, Phospholipiden sowie durch die
Phosphorylierung distinkter Serin- und Tyro-
sinreste aktiviert. Ob diese Signale tatsächlich *in vivo* für die physiologische Funktion
von WAVE relevant sind, ist noch unklar.

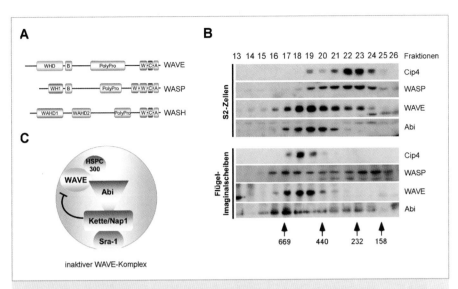

▲ **Abb. 2: A**, Modulare Domänenstruktur der Mitglieder der WASP-Proteinfamilie bei *Drosophila*.
WH 1: *WASP homology 1 domain*; WHD: *WAVE homology domain*; WAHD 1/2: *WASH homology
domain 1/2*; B: Bereich basischer Aminosäuren; PolyPro: Prolin-reiche Region; W, C und A bilden
die WCA-Domäne (*WASP homology 2 domain, cofilin homology and acidic domain*). **B**, Gelfiltra-
tionsprofile von Gesamtzellextrakten von S2-Zellen und Flügel-Imaginalscheiben. **C**, schematische
Darstellung des pentameren WAVE-Komplexes, bestehend aus den konservierten Proteinen WAVE
(*WASP-family verprolin homologous protein*), Abi (*Abelson interactor*), Sra-1 (*specifically Rac 1-
associated protein 1*), Kette/Nap 1 (*Nck-associated protein 1*) und HSPC 300 (*hematopoietic stem
progenitor cells 300*). Entsprechend dem Transinhibitionsmodell inhibiert Kette/Nap 1 die Aktivität von WAVE.

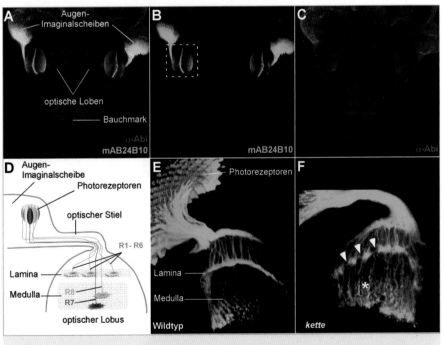

▲ **Abb. 3: A–C**, Übersicht der Abi-Expression in Augen-Imaginalscheiben und Gehirn von *Drosophila*-L3-Larven. Rot: Abi-Expression; grün: Gegenfärbung mit dem Photorezeptor-spezifischen
mAB24B10-Antikörper erlaubt die Darstellung aller acht Photorezeptoren und der Projektion ihrer
Axone in die optischen Loben. Anterior ist oben. Ausschnittsvergrößerung in E. **D**, schematische
Darstellung des larvalen optischen Systems. Die Axone der äußeren (R1–R6) und inneren (R7, R8)
Photorezeptoren wachsen über den optischen Stiel in die optischen Loben des Gehirns ein und
enden in unterschiedlichen optischen Ganglien (Lamina und Medulla, siehe Text). **E**, Projektionsmuster im Wildtyp, angefärbt mit dem mAB24B10-Antikörper. **F**, Projektionsmuster im *kette*-
mutanten Gehirn. Die Pfeile markieren Lücken in der Lamina; der Stern weist auf die abnorme
Bündelung der Axone hin.

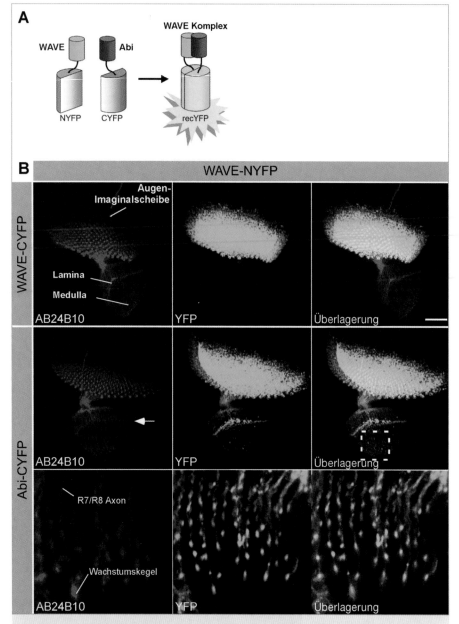

▲ **Abb. 4: A,** Prinzip der *bimolecular fluorescence complementation*(BiFC/split-GFP/YFP)-Technik. Die potenziellen Interaktionspartner (hier Abi und WAVE) werden jeweils an N- oder C-terminale Fragmente des YFP (*yellow fluorescent protein*) fusioniert, die keine Fluoreszenz zeigen. Interaktion zwischen Abi und WAVE führt zur Rekonstitution und Fluoreszenz von YFP. **B,** Ko-Expression von WAVE-NYFP mit einerseits WAVE-CYFP oder andererseits mit Abi-CYFP in Photorezeptorzellen mithilfe des Gal4/UAS-Systems unter Kontrolle des GMR-Promotors (GMR-Gal4). Die Photorezeptorzellen sind mit dem neuronalen 24B10-Antikörper gegengefärbt. WAVE-Dimere sind ausschließlich in den Zellkörpern der Photorezeptoren in der apikalen Region der Augen-Imaginalscheibe lokalisiert, während WAVE-Abi-Komplexe entlang der Axone und in den Wachstumskegeln der Photorezeptoren akkumulieren. Der Pfeil markiert die Lokalisation des WAVE-Abi-Komplexes in der Lamina.

Zur Untersuchung der physiologischen Funktion und molekularen Kontrolle von WAVE eignet sich das visuelle System von *Drosophila* hervorragend. Es stellt eine experimentell sehr gut untersuchte und einfach zu manipulierende Struktur dar. *Drosophila* besitzt ein Komplexauge, bestehend aus mehreren Hundert Einzelaugen, den Ommatidien (**Abb. 3**). Jedes Ommatidium besitzt acht Photorezeptoren oder R-Zellen (R1 bis R8) mit unterschiedlicher Lichtsensitivität. Mit Beginn des dritten Larvalstadiums beginnen die Axone der R-Zellen ins Gehirn einzuwachsen. Die Axone der äußeren R-Zellen (R1 bis R6) enden im ersten optischen Ganglion, der Lamina, wohingegen die inneren R-Zellen R7 und R8 weiter in das zweite optische Ganglion, die Medulla, projizieren (**Abb. 3D**).

Die korrekte Verschaltung der Photorezeptoren setzt somit einerseits das axonale Wachstum, andererseits die korrekte Zielfindung und Termination der Wachstumskegel der Photorezeptoren voraus.

Der Verlust einzelner Komponenten des WAVE-Komplexes, wie Kette oder des Rac1-Effektors Sra-1 verhindert nicht das Auswachsen der Photorezeptor-Axone, führt jedoch zu axonalen Projektionsdefekten [9]. Im Vergleich zum Wildtyp weisen *kette*-Mutanten eine abnorme Bündelung der Axone und Lücken in der Struktur der Lamina auf (**Abb. 3F**). Aktuelle phänotypische Analysen von *wave*- oder *abi*-Mutanten bestätigen unsere früheren Befunde. Der WAVE-Komplex ist notwendig für die korrekte Zielfindung, aber nicht für das Auswachsen retinaler Axone. Die zelluläre Ursache der axonalen Projektionsdefekte in Gehirnen von *wave*-Mutanten ist noch unklar und Gegenstand aktueller Analysen. An der exakten Verschaltung der über 6.000 Photorezeptoren eines Komplexauges sind nicht allein die Axone selbst beteiligt. Die präzise Termination der Photorezeptor-Axone erfordert ebenfalls eine enge Wechselwirkung zwischen spezialisierten Neuronen und Gliazellen im Zielgebiet [10]. Mitglieder des WAVE-Komplexes sind sowohl im Auge wie auch im Zielgebiet exprimiert (**Abb. 3**), sodass sie möglicherweise sowohl zellautonome wie auch nicht-zellautomome Funktionen während der Zielfindung der Photorezeptor-Axone übernehmen. *Drosophila* bietet als Modellsystem eine Vielfalt genetischer Methoden, um der genauen zellulären Funktion des WAVE-Komplexes auf die Spur zu kommen. Neben zelltypspezifischen Rettungsexperimenten, RNAi-Analysen (neuronale versus gliale Expression) sowie Mosaik-Analysen ist es wichtig, die Bildung und genaue Lokalisation des Komplexes *in vivo* darzustellen.

Zur Visualisierung des WAVE-Komplexes *in vivo* haben wir kürzlich die *bimolecular fluorescence complementation*(BiFC, auch split-GFP/YFP)-Technik in *Drosophila* etabliert (**Abb. 4,** [11]). Diese Methode basiert auf der Komplementation zweier Proteinfragmente zu einem funktionellen Reporterprotein. Dabei wird ein fluoreszierendes Reporterprotein wie das *green fluorescent protein* (GFP) oder GFP-Varianten (z. B. YFP, *yellow fluorescent protein*) in zwei sich komplementierende Fragmente gespalten und an putative Interaktionspartner gekoppelt (**Abb. 4**). Damit erlaubt BiFC nicht nur Protein-Protein-Interaktionen nachzuweisen, sondern auch die

Lokalisation der Komplexe *in vivo* zu verfolgen. Mithilfe dieser Technik gelang es erstmals die Bildung und Lokalisation des WAVE-Komplexes *in vivo* in *Drosophila* darzustellen [11]. Diese Analysen zeigen zudem, dass WAVE *in vivo* dimerisieren kann. Die konservierte N-terminale *WAVE homology domain* (WHD) ist nicht nur essenziell für die Dimerisierung von WAVE, sondern vermittelt zugleich die Interaktion mit Abi und ist daher für die Bildung des pentameren WAVE-Komplexes notwendig [11]. Erste vergleichende Untersuchungen von WAVE-Abi- und WAVE-WAVE-BiFC-Komplexen zeigen in Abhängigkeit vom Gewebekontext eine differenzielle Lokalisation. Beide Komplexe ko-lokalisieren zwar mit β-Integrin an der basalen Oberfläche im Flügelepithel, jedoch nicht im larvalen visuellen System (**Abb. 4**). WAVE-Dimere sind ausschließlich in den Zellkörpern der Photorezeptoren in der apikalen Region der Augen-Imaginalscheibe lokalisiert, während WAVE-Abi-Komplexe entlang der Axone und in den Wachstumskegeln der Photorezeptoren akkumulieren (**Abb. 4**). Welche funktionelle Bedeutung die Dimerisierung von WAVE *in vivo* hat und welche zusätzlichen Faktoren oder Signale (z. B. Phosphorylierung) für diese differenzielle Lokalisation verantwortlich sind, ist Gegenstand aktueller Untersuchungen.

Perspektiven

Die Untersuchungen von *Drosophila*-Mutanten mithilfe genetischer, aber auch biochemischer und zellbiologischer Methoden ermöglichen ein fundamentales Verständnis der grundlegenden Aktin-abhängigen Prozesse während der Entwicklung eines multizellulären Organismus. Es ist nun erstmalig möglich, mithilfe von Rettungsexperimenten WAVE-Aktivität *in vivo* zu messen. Notwendige Struktur-Funktionsanalysen, aber auch Untersuchungen zur physiologischen Rolle der Phosphorylierung oder Dimerisierung können künftig durchgeführt werden. Ähnliche Analysen in *wasp*- und *wash*-Mutanten werden sicherlich dazu beitragen, neue Einblicke in die molekulare Kontrolle der Aktin-

dynamik *in vivo* zu gewinnen. In der Zukunft wird die große Herausforderung darin bestehen, das molekulare Netzwerk zu verstehen, das zeitlich und räumlich die Aktinpolymerisation in der Zelle kontrolliert. Dies beinhaltet sicherlich auch die Analyse der Membranrezeptoren und der Rho-GTPasen, die maßgeblich an der Umwandlung extrazellulärer Signale in Veränderungen des Aktinzytoskeletts beteiligt sind. Zur Darstellung und Analyse dieser dynamischen Prozesse in Raum und Zeit ist die Anwendung neuer hochauflösender Mikroskopie-Technologien unerlässlich.

Danksagung

Die Autoren danken den gegenwärtigen und ehemaligen Mitgliedern der Arbeitsgruppen Bogdan und Klämbt, außerdem der Deutschen Forschungsgemeinschaft (DFG) für ihre finanzielle Unterstützung im Rahmen der Sonderforschungsbereiche SFB 492, SFB 629 und des Schwerpunktprogramms SPP1464. ∎

Literatur

[1] Pollard TD, Cooper JA (2009) Actin, a central player in cell shape and movement. Science 326:1208–1212
[2] Liu R, Abreu-Blanco MT, Barry KC et al. (2009) Wash functions downstream of Rho and links linear and branched actin nucleation factors. Development 136:2849–2860
[3] Zallen JA, Cohen Y, Hudson AM et al. (2002) SCAR is a primary regulator of Arp2/3-dependent morphological events in *Drosophila*. J Cell Biol 156:689–701
[4] Bogdan S, Stephan R, Lobke C et al. (2005) Abi activates WASP to promote sensory organ development. Nat Cell Biol 7:977–984
[5] Schafer G, Weber S, Holz A et al. (2007) The Wiskott–Aldrich syndrome protein (WASP) is essential for myoblast fusion in *Drosophila*. Dev Biol 304:664–674
[6] Fricke R, Gohl C, Dharmalingam E et al. (2009) *Drosophila* Cip4/Toca-1 Integrates Membrane Trafficking and Actin Dynamics through WASP and SCAR/WAVE. Curr Biol 19:1429–1437
[7] Bogdan S, Klambt C (2003) Kette regulates actin dynamics and genetically interacts with Wave and Wasp. Development 130:4427–4437
[8] Lebensohn AM, Kirschner MW (2009) Activation of the WAVE complex by coincident signals controls actin assembly. Mol Cell 36:512–524
[9] Bogdan S, Grewe O, Strunk M et al. (2004) Sra-1 interacts with Kette and Wasp and is required for neuronal and bristle development in *Drosophila*. Development 131:3981–3989
[10] Chotard C, Salecker I (2007) Glial cell development and function in the Drosophila visual system. Neuron Glia Biol 3:17–25
[11] Gohl C, Banovic D, Grevelhoerster A et al. (2010) WAVE can form hetero- and homo-oligomeric complexes at integrin junctions in Drosophila visualized by Bimolecular fluorescence complementation. J Biol Chem 285:40171–40179
[12] Fricke R, Gohl C, Bogdan S (2010) The F-BAR protein family Actin' on the membrane. Commun Integr Biol 3:89–94

Korrespondenzadresse:
PD Dr. Sven Bogdan
Institut für Neurobiologie
Universität Münster
Badestraße 9
D-48149 Münster
Tel.: 0251-832-1123
Fax: 0251-832-4686
sbogdan@uni-muenster.de

AUTOREN

Thomas Zobel, Christina Gohl und Sven Bogdan (v. l. n. r.)

Christina Gohl
2001–2006 Biologiestudium an der Universität Münster; dort 2006 Diplomarbeit in Entwicklungs-/Zellbiologie und 2010 Promotion in Entwicklungs-/Zellbiologie.

Thomas Zobel
2003–2009 Biologiestudium an der TU Braunschweig; dort 2009 Diplomarbeit in Entwicklungsgenetik. Seit 2009 Doktorand an der Universität Münster in Entwicklungs-/Zellbiologie.

Sven Bogdan
1991–1996 Biologiestudium an der Universität Bochum; dort 1997 Diplomarbeit in Zellbiochemie. 2000 Promotion in Entwicklungs-/Zellbiologie am Universitätsklinikum Essen. 2000–2005 Wissenschaftlicher Mitarbeiter/Assistent (C1) am Institut für Neuro- und Verhaltensbiologie der WWU Münster; 2006 Unabhängiger Nachwuchsgruppenleiter, Institut für Neuro- und Verhaltensbiologie. 2009 Habilitation (Venia legendi in Zoologie/Neurobiologie).

Replikative Seneszenz

Telomere und Telomerase in Zellalterung und Karzinogenese

HENNING WEGE[1], TIM H. BRÜMMENDORF[2]
[1]GASTROENTEROLOGIE UND HEPATOLOGIE, UNIVERSITÄTSKLINIKUM HAMBURG-EPPENDORF
[2]KLINIK FÜR HÄMATOLOGIE UND ONKOLOGIE, UNIVERSITÄTSKLINIKUM AACHEN

Die replikative Zellalterung ist durch eine Telomerverkürzung charakterisiert. Kurze Telomere sind mit erhöhter genetischer Instabilität assoziiert. Das Enzym Telomerase wirkt der Telomerverkürzung in Keimbahnzellen und Tumorzellen entgegen.

Replicative cellular aging is characterized by progressive telomere attrition. Critically short telomeres are associated with increased genetic instability. The enzyme telomerase counterbalances telomere shortening in germ line and tumour cells.

Telomere und die replikative Zellalterung

■ In Eukaryoten, also auch in humanen Zellen, werden die Enden der Chromosomen als Telomere bezeichnet. Der Begriff leitet sich vom griechischen τέλος ([telos], Ende) und μέρος ([meros], Teil) ab und wurde vom Genetiker und späteren Nobelpreisträger Hermann J. Müller im Jahre 1938 geprägt. Bereits Müller erkannte, dass die Telomere eine entscheidende Funktion für die Stabilität und Integrität linearer Chromosomen haben. Telomere bestehen aus einer kurzen DNA-Sequenz (beim Menschen das Hexanukleotid 5'-TTAGGG-3'), die sich hundert- bis tausendfach wiederholt, und bilden einen essenziellen 3'-Überhang am Chromosomenende. Mit der Telomer-DNA sind heterochromatische Proteine assoziiert, insbesondere POT1 (*protection of telomeres 1*), TRF1 (*telomeric-repeat binding factor 1*), TRF2, TINF2 (*TRF1-interacting nuclear factor 2*), TPP1 (*TINF2-interacting protein*) und RAP1 (*transcriptional repressor/activator protein*). Zusammen formen diese als Shelterin bezeichneten Nukleoproteinkomplexe molekulare Kappen an den Chromosomenenden und schützen dadurch die codierenden Abschnitte vor Degradation, Rekombination und Fusion. Durch die Bildung molekularer Kappen werden die Chromosomenenden dem Zugriff zelleigener Reparatursysteme, die durch Doppelstrangbrüche aktiviert werden, entzogen. Die Sequenz der Telomer-DNA und auch die Länge der Telomere zeigen speziesspezifische Unterschiede. Während der Mensch im Durchschnitt über einige Tausend Repetitionen pro Chromosomenende verfügt (Telomerlänge bei der Geburt: ca. 15 bis 20 Kilobasenpaare), findet man in einzelnen Mausspezies ein Vielfaches dieser Länge. Weitere Untersuchungen ergaben, dass die Telomerlänge auch innerhalb einer Spezies, selbst innerhalb verschiedener Gewebe und sogar von Chromosomenarm zu Chromosomenarm variiert [1].

Zu Beginn des 20. Jahrhunderts galt die Annahme, dass somatische Zellen von Vertebraten unbegrenzt in Zellkultur expandiert werden können. Erst 1961 widerlegten Hayflick und Moorhead dieses Dogma. Sie zeigten, dass sich diploide Fibroblasten *in vitro* nur für eine begrenzte Zeit teilen (60 bis 80 Populationsverdopplungen), bevor sie in einen irreversiblen Proliferationsarrest mit Erhalt der metabolischen Funktionen eintreten (replikative Seneszenz). Die Zeit bis zur Aktivierung des Seneszenz-Programms (auch als Hayflick-Limit bezeichnet) wird nicht

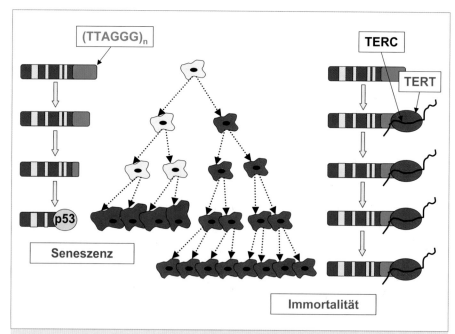

▲ **Abb. 1:** Replikative Telomerverkürzung. Mit jeder Zellteilung kommt es aufgrund der semikonservativen DNA-Replikation zu einer Verkürzung der Telomere. Das Enzym Telomerase mit den Komponenten TERC und TERT gleicht die Telomerverkürzung noch während der Replikation aus und ermöglicht eine unbegrenzte zelluläre Proliferation (Immortalität). Weitere Erklärungen im Text.

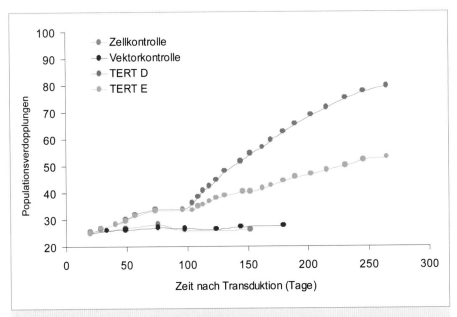

▲ **Abb. 2:** Immortalisierung. Humane Hepatozyten wurden mit TERT transduziert und im Vergleich zu einer Zellkontrolle und einer Vektorkontrolle in Langzeitkultur expandiert. Telomeraserekonstituierte Zellklone (TERT D und TERT E) proliferieren über das Hayflick-Limit hinaus mit stabilen Telomeren.

durch die chronologische Zeit in Zellkultur, sondern durch die Anzahl der durchlaufenen Zellteilungen und der damit verbundenen Erosion der Telomere kontrolliert. Diese replikative Telomerverkürzung (beim Menschen 50 bis 200 Basenpaare je Zellteilung) ist eine Folge der inkompletten semikonservativen Replikation der DNA sowie enzymatischer Prozesse während der S-Phase im Zellzyklus. Nach einer bestimmten Anzahl an Zellteilungen wird eine kritische Telomerlänge erreicht, die eine ausreichende Protektion der Chromosomenenden nicht mehr zulässt. Hierzu ergaben unsere Untersuchungen, dass auch die *in vitro*-Expansion humaner Progenitorzellen der fetalen Leber durch die replikative Telomerverkürzung auf 35 bis 45 Populationsverdopplungen begrenzt wird [2]. Anschaulich beschrieb Calvin Harley 1990 die Begrenzung der Proliferationskapazität durch die replikative Telomerverkürzung als „mitotische Uhr". Aufgrund dieser Zusammenhänge können aus der Telomerlänge peripherer Blutzellen indirekt die replikative Lebensspanne hämatopoetischer Stammzellen und die Kinetik des Stammzellumsatzes abgeleitet werde [3, 4]. Patienten mit aplastischer Anämie mit erhöhtem Stammzellumsatz zeigen z. B. eine beschleunigte Telomerverkürzung, die auch prognostisch relevant ist [5]. Ebenfalls kommt es nach allogener Knochenmarktransplantation anfänglich zu einer akzelerierten Telomerverkürzung [6].

Auch eine Destabilisierung der Telomere bei suffizienter Telomerlänge, z. B. durch Modifikation der Telomersequenz oder Suppression der stabilisierenden Proteine, induziert einen Verlust der Schutzfunktion mit Aktivierung des Seneszenz-Programms. Diese Beobachtung verdeutlicht, dass nicht allein die Länge der Telomere für eine unbegrenzte Proliferation von Bedeutung ist, sondern vielmehr deren Funktion, das heißt die Interaktion der stabilisierenden Proteine und der Telomer-DNA.

Telomerase und die zelluläre Immortalität

Im Gegensatz zu normalen somatischen Zellen lässt sich in Tumorzellen und in Keimbahnzellen eine konstante oder sich nur geringfügig ändernde Telomerlänge trotz unbegrenzter Proliferation (Immortalität) beobachten (**Abb. 1**). In diesen Zellen wirkt das Enzym Telomerase, das erstmalig 1985 in Wimperntierchen nachgewiesen wurde, der Telomerverkürzung entgegen [7]. Elizabeth H. Blackburn, Jack W. Szostak und Carol W. Greider erhielten für die Erstbeschreibung der Telomerase 2009 den Nobelpreis für Medizin. Das Ribonukleoprotein Telomerase enthält die essenzielle RNA-Komponente TERC (*telomerase RNA component*), die zur Bindung an das Chromosomenende und als Matrize für die Neusynthese von Telomer-DNA dient. Die Aktivität des Holoenzyms wird von der katalytischen reversen Transkriptase TERT

(*telomerase reverse transcriptase*) bestimmt, deren Expression in differenzierten humanen Zellen supprimiert ist. Zusätzlich modulieren zahlreiche Telomerase-bindende Proteine, insbesondere TP1 (*telomerase associated protein 1*) und Dyskerin, die Telomerase-Aktivität. In Keimbahnzellen und humanen Malignomen lassen sich hohe Spiegel für die Expression von TERT und eine robuste Telomerase-Aktivität nachweisen.

Die Bedeutung der Telomerase für eine ungestörte zelluläre Proliferation wurde eindrücklich in Mausexperimenten belegt. Untersuchungen an Mäusen, deren Telomerase-Aktivität durch homozygote Deletion der essenziellen RNA-Komponente unterdrückt wurde (mTERC$^{-/-}$), zeigten eine kontinuierliche Telomerverkürzung. In späten Generationen mit kritischer Telomerlänge wurden eine Zunahme von Fusionen und eine erhöhte genetische Instabilität beobachtet. Die Mäuse wiesen Defekte in der Spermatogenese bis hin zur Infertilität, Milzatrophie, Störungen der Wundheilung, Defizite in der Infektabwehr sowie eine Reduktion der Knochenmarkreserve auf [8]. Es kam außerdem zu einer vier- bis sechsfach erhöhten Tumorinzidenz, wahrscheinlich aufgrund der gesteigerten genetischen Instabilität. Wir bestätigten für humane Leberzellen, dass eine ektope Expression von TERT zur Stabilisierung der Telomere und zur Immortalität führt (**Abb. 2**).

Neuere Untersuchungen offenbarten, dass die Regulation der Telomerlänge wahrscheinlich komplexer ist, als ursprünglich vermutet, und nicht nur von der Aktivität der Telomerase und der Geschwindigkeit der replikativen Telomerverkürzung abhängt. Während 90 Prozent der humanen Malignome eine hohe Telomerase-Aktivität aufweisen, stabilisieren die restlichen zehn Prozent ihre Chromosomenenden durch einen Telomerase-unabhängigen Prozess, der erstmals 1995 als ALT-Mechanismus (*alternative lengthening of telomeres*) postuliert wurde.

Neben der Stabilisierung der Telomere werden auch Funktionen der Telomerase beschrieben, die unabhängig von der Telomerlänge ablaufen (nicht-kanonische Funktionen der Telomerase) und zu eine gesteigerten Resistenz gegenüber Apoptose-Induktion und oxidativem Stress führen. Möglicherweise lassen sich diese Funktionen auf eine verbesserte Schutzfunktion der Telomere bei hoher Telomerase-Aktivität zurückführen. In embryonalen Stammzellen mit hoher Telomerase-Aktivität konnte z. B. eine verringerte Akkumulation von Peroxiden als Hinweis auf eine erhöhte Resistenz gegenüber oxidativem Stress nachgewiesen werden [9]. Die zusätzlichen Funktionen der Telomerase, die vor allem in Stammzellen relevant zu sein scheinen, könnten auch in der Karzinogenese eine Rolle spielen.

Telomerstabilisierung in der Karzinogenese

Die robuste Stabilisierung der Telomere ist eine notwendige Voraussetzung für eine unbegrenzte Expansion (prä-)maligner Zellklone. In der überwiegenden Zahl maligner Tumoren besteht eine hohe Telomerase-Aktivität, während sich im umliegenden Normalgewebe kaum aktive Telomerase nachweisen lässt. Die Telomerstabilisierung wird auf eine Re-Expression von TERT zurückgeführt, die *per se* jedoch noch keine Transformation auslöst, was z. B. Langzeitkulturen in immortalisierten humanen Leberzellen belegen [10].

Ähnlich wie der Apoptose wird auch der Telomerverkürzung und der replikativen Seneszenz eine tumorsuppressive Funktion zugeschrieben. Dysfunktionale Telomere werden als Doppelstrangbrüche erkannt und verhindern via p53 und/oder dem Retinoblastoma-Tumorsuppressor-Signalweg (RB) mit konsekutiver Induktion von p21 und/oder p16 eine weitere zelluläre Expansion. Bei Inaktivität oder Mutation dieser Signalwege führt die kritische Telomerverkürzung jedoch zu instabilen Chromosomen mit deutlich erhöhtem Risiko für Aberrationen (Fusionen und Aneuploidien). Die Telomerverkürzung ist somit bei inkompetenter DNA-Schadensantwort durch Steigerung der genetischen Instabilität relevant für die Initiierung (prä-)maligner Zellklone. Bei der chronisch myeloischen Leukämie ist die Telomerlänge mit dem Progressionsrisiko korreliert und ermöglicht Rückschlüsse auf das Ausmaß der genetischen Instabilität [11]. Für die weitere Tumorprogression ist dann jedoch eine Stabilisierung der kurzen Telomere notwendig, um eine mitotische Katastrophe mit Proliferationsarrest und Zelltod zu vermeiden [12].

Die replikative Telomerverkürzung schützt bei intakter DNA-Schadensantwort vor einer malignen Transformation. Bei Mutationen von p53 und/oder RB begünstigt die Telomerverkürzung jedoch die weitere Transformation. Folglich wird die Wirkung einer gezielten therapeutischen molekularen Aktivierung oder Inhibition der Telomerase in Bezug auf die Karzinogenese vom Funktionszustand der Telomere und dem Status der DNA-Schadensantwort bestimmt.

Danksagung

Die Arbeit wurde von der Deutschen Forschungsgemeinschaft (WE 2903/1-3 sowie BR 3630/2-1), der Eppendorfer Krebs- und Leukämiehilfe und dem Forschungsförderungsfonds Medizin der Universität Hamburg gefördert. ■

Literatur

[1] Martens UM, Zijlmans JM, Poon SS et al. (1998) Short telomeres on human chromosome 17p. Nat Genet 18:76–80
[2] Wege H, Le HT, Chui MS et al. (2003) Telomerase reconstitution immortalizes human fetal hepatocytes without disrupting their differentiation potential. Gastroenterology 124:432–444
[3] Rufer N, Brummendorf TH, Kolvraa S et al. (1999) Telomere fluorescence measurements in granulocytes and T lymphocyte subsets point to a high turnover of hematopoietic stem cells and memory T cells in early childhood. J Exp Med 190:157–167
[4] Drummond MW, Balabanov S, Holyoake TL et al. (2007) Concise review: Telomere biology in normal and leukemic hematopoietic stem cells. Stem Cells 25:1853–1861
[5] Brummendorf TH, Maciejewski JP, Mak J et al. (2001) Telomere length in leukocyte subpopulations of patients with aplastic anemia. Blood 97:895–900
[6] Brummendorf TH, Rufer N, Holyoake TL et al. (2001) Telomere length dynamics in normal individuals and in patients with hematopoietic stem cell-associated disorders. Ann N Y Acad Sci 938:293–303
[7] Greider CW, Blackburn EH (1985) Identification of a specific telomere terminal transferase activity in *Tetrahymena* extracts. Cell 43:405–413
[8] Blasco MA, Lee HW, Rizen M et al. (1997) Mouse models for the study of telomerase. Ciba Found Symp 211:160–170
[9] Armstrong L, Saretzki G, Peters H et al. (2005) Overexpression of telomerase confers growth advantage, stress resistance, and enhanced differentiation of ESCs toward the hematopoietic lineage. Stem Cells 23:516–529
[10] Haker B, Fuchs S, Dierlamm J et al. (2007) Absence of oncogenic transformation despite acquisition of cytogenetic aberrations in long-term cultured telomerase-immortalized human fetal hepatocytes. Cancer Lett 256:120–127
[11] Brummendorf TH, Holyoake TL, Rufer N et al. (2000) Prognostic implications of differences in telomere length between normal and malignant cells from patients with chronic myeloid leukemia measured by flow cytometry. Blood 95:1883–1890
[12] Keller G, Brassat U, Braig M et al. (2009) Telomeres and telomerase in chronic myeloid leukaemia: impact for pathogenesis, disease progression and targeted therapy. Hematol Oncol 27:123–129

Korrespondenzadresse:
Prof. Dr. Tim H. Brümmendorf
Hämatologie und Onkologie
Universitätsklinikum Aachen
Pauwelsstraße 30
D-52074 Aachen
Tel.: 0241-80-89805
Fax: 0241-80-82449
tbruemmendorf@ukaachen.de

AUTOREN

Henning Wege
Medizinstudium, Universität Witten/Herdecke. **1999–2002** Promotionsarbeit am Transplant Research Institute der University of California, Davis bei Prof. Dr. Mark Zern. **2003** Universitätsklinikum Hamburg-Eppendorf. **2009** Facharzt für Innere Medizin. **2010** Projektleiter SFB 841 (Leberentzündung: Infektion, Immunregulation und Konsequenzen).

Tim H. Brümmendorf
1988–1995 Medizinstudium, Universitäten Heidelberg und Hamburg. **1995–1997/1999–2004** klinische Ausbildung zum Hämatologen/Onkologen am Universitätsklinikum Tübingen. **1997–1999** Postdoctoral Fellowship am Terry Fox Laboratory in Vancouver, Canada. **2004** Habilitation zum Thema „Telomerbiologie und zelluläre Alterung hämatopoetischer Stammzellen". **2005–2009** Oberarzt und Medizinischer Geschäftsführer des Universitären Cancer Center Hamburg (UCCH) am Universitätsklinikum Hamburg-Eppendorf. Seit **2009** Direktor der Klinik für Hämatologie und Onkologie am Universitätsklinikum der RWTH Aachen.

Methodische Entwicklungen

Teil 5: Methodische Entwicklungen zur Polymerasekettenreaktion (PCR) und zu Nanostrukturen

Die PCR hat sich im Labor verbreitet wie kaum eine andere Methode, wenn man einmal von so allgemeinen Techniken wie Elektrophorese und Chromatografie absieht. Trotzdem gibt es weiterhin Fortschritte in dieser Technologie. Für die Sequenzierung von DNA aus sehr alten, eiszeitlichen Proben ist die PCR immer noch ein wichtiges Hilfsmittel (M. Knapp *et al.*). Sie wird auch in großem Stil zur eindeutigen Identifizierung verschiedener Spezies in einer Probe (D. Erpenbeck *et al.*) und unbekannter Markergene (F. Ordon & A. Graner) genutzt. Allerdings bedingt der unkritische Einsatz gerade der quantitativen PCR auch Fehlerquellen, die den Vergleich von Ergebnissen erschwert (M. W. Pfaffl & I. Riedmaier).

Die Verkleinerung von Strukturen bis in den Nanometerbereich führt bei vielen Materialien zu ganz neuen Eigenschaften. In zwei Artikeln werden Nanomaterialien beschrieben, die für Verpackung und Transport anderer Moleküle genutzt werden können. M. M. Kämpf *et al.* haben Hydrogele entwickelt, die auf einen externen Stimulus hin Proteine wie Wachstumsfaktoren freisetzen. T. Gerling & H. Dietz bauen dagegen ganz unterschiedliche Strukturen aus DNA-Einzelsträngen auf, unter denen auch Käfigstrukturen für andere Moleküle sind. Das Problem der Einzelmolekülerkennung an Membranporen lösen zwei Gruppen auf verschiedene Weise mit einem grundsätzlich ähnlichen Ansatz. G. Baaken & J. C. Behrens messen den Durchtritt unterschiedlich kleiner Moleküle durch Nanoporen mittels des Wechsels der Leitfähigkeit, während A. Kleefen & R. Tampé im Fluoreszenzmikroskop den Durchtritt von fluoreszenzmarkierten Molekülen an vielen Nanoporen gleichzeitig beobachten können.

Multiplex-PCR

Neue PCR-Technologien für alte DNA

MICHAEL KNAPP[1], KNUT FINSTERMEIER[2], SUSANNE HORN[2], MATHIAS STILLER[3], MICHAEL HOFREITER[4]

[1]ALLAN WILSON CENTRE FOR MOLECULAR ECOLOGY AND EVOLUTION, UNIVERSITY OF OTAGO, DUNEDIN, NEUSEELAND
[2]ABTEILUNG FÜR EVOLUTIONÄRE GENETIK, MAX-PLANCK-INSTITUT FÜR EVOLUTIONÄRE ANTHROPOLOGIE, LEIPZIG
[3]DEPARTMENT OF BIOLOGY, PENNSYLVANIA STATE UNIVERSITY, PA, USA
[4]DEPARTMENT OF BIOLOGY, THE UNIVERSITY OF YORK, UK

Die PCR war für mehr als 20 Jahre das wichtigste Werkzeug zur Erforschung alter DNA. Ihre Weiterentwicklung sowie die Einführung alternativer Techniken ermöglichte den Sprung der Erforschung alter DNA ins Zeitalter des *Next Generation Sequencing*.

For more than 20 years, PCR was the most important tool in ancient DNA research. New PCR variants as well as the introduction of alternative techniques enabled ancient DNA research to leap into the age of „Next Generation Sequencing".

■ Für die Erforschung alter DNA kann die Bedeutung der Polymerasekettenreaktion (PCR) (**Abb. 1**, [1]) kaum hoch genug eingeschätzt werden. Aufgrund der meist geringen Konzentration von endogenen Zielmolekülen in DNA-Extrakten aus subfossilen Tier- und Pflanzenresten ist eine Vervielfältigung der Ziel-DNA Grundvoraussetzung für weiterführende Analysen.

Sequenzierung definierter Genomabschnitte mithilfe der PCR

Wie in vielen Bereichen der Genetik wird auch in der Erforschung alter DNA die PCR verwendet, um bestimmte Genomabschnitte zu vervielfältigen und dann nach der von Sanger entwickelten Methode zu sequenzieren (**Abb. 2A**, [2]). Dabei ergeben sich allerdings verschiedene Probleme, die vor allem auf den stark degradierten Zustand und die geringen Mengen an endogener alter DNA zurückzuführen sind. DNA-Moleküle beginnen sofort nach dem Tod eines Organismus, in kleinere Bruchstücke zu zerfallen. Deshalb enthalten DNA-Extrakte aus eiszeitlichen (mehr als 10.000 Jahre alten) Proben, z. B. von Mammuts [3] oder Neandertalern [4], selten endogene Moleküle von mehr als 100 bis 150 Basenpaaren Länge. PCR-Amplifikationen von größerer Länge sind selten erfolgreich und mehrere, überlappende PCRs sind nötig, um längere Genomregionen zu vervielfältigen.

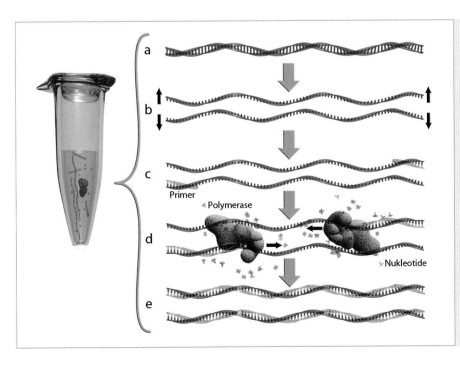

◄ **Abb. 1:** Einzelamplifikation (ePCR): doppelsträngiges DNA-Molekül (a) wird denaturiert (b), danach werden Primer angelagert (c). Eine Polymerase synthetisiert einen neuen DNA-Strang auf der Grundlage eines vorhandenen DNA-Strangs (d), dies ergibt zwei identische Kopien des ursprünglichen DNA-Moleküls (e).

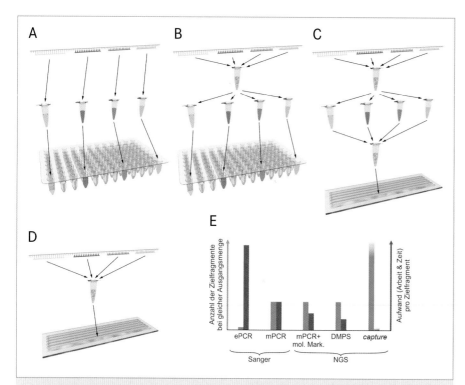

▲ **Abb. 2:** PCR-Evolution. **A**, Einzelamplifikation (ePCR) mit Sanger-Sequenzierung: DNA-Zielregionen werden in separaten PCRs vervielfältigt und dann einzeln nach der Methode von Sanger sequenziert. **B**, Zwei-Schritt-Multiplex-PCR (mPCR) und Sanger-Sequenzierung: Zahlreiche nicht-überlappende DNA-Zielregionen werden gemeinsam vervielfältigt. Danach dient das Multiplex-PCR-Produkt als Startmaterial für die Einzelamplifikation und Sanger-Sequenzierung der in ihm enthaltenen Amplikons. **C**, Zwei-Schritt-Multiplex-PCR und *Next Generation Sequencing* (NGS): Wie **B**, aber die Amplikons werden nach der Einzelamplifikation in äquimolarem Verhältnis gemischt und gemeinsam auf einer NGS-Plattform sequenziert. **D**, Multiplex-PCR und direktes *Next Generation Sequencing* (DMPS): Das Multiplex-PCR-Produkt wird direkt auf einer NGS-Plattform sequenziert. **E**, Vergleich verschiedener Sequenzierstrategien. Weitere Erklärungen im Text.

Aufgrund der oft geringen DNA-Konzentration in solchen Extrakten besteht ferner die Gefahr, dass eine Amplifikation von einem einzigen, in vielen Fällen beschädigten, Molekül ausgeht. Um die dadurch entstehenden Sequenzierfehler zu identifizieren und ggf. zu korrigieren, sollte jede PCR mindestens zweimal durchgeführt und die Sequenzdaten auf Konsistenz überprüft werden. Oft stehen aber nur wenige, wertvolle Milligramm Knochen, Zahn oder Gewebereste für die DNA-Extraktion zur Verfügung. Daher ist die Menge der vorhandenen alten DNA häufig ein limitierender Faktor, der die Anzahl der möglichen PCRs und somit die maximale Länge der analysierbaren Genomregion begrenzt.

Multiplex-PCR und Sanger-Sequenzierung

Um trotz geringer DNA-Mengen möglichst viele oder insgesamt möglichst lange Genomregionen vervielfältigen zu können, wurde die zweistufige Multiplex-PCR (mPCR) entwickelt [5]. Statt in jeder PCR nur ein einziges Primerpaar einzusetzen, werden im ersten Schritt zahlreiche Primerpaare in derselben PCR verwendet, wobei die mPCR nicht mehr Ausgangs-DNA als eine gewöhnliche PCR benötigt. Allerdings dürfen die verschiedenen Amplikons in einer Reaktion nicht überlappen, da die bevorzugte Amplifikation kurzer Fragmente in der PCR zu einer starken Vervielfältigung der kurzen Überlappungsregionen zwischen Amplikons führen würde. Die mPCR erlaubt also lange, zusammenhängende Genomregionen wie beispielsweise das mitochondriale Genom in nur zwei PCRs zu vervielfältigen, auch wenn die Ausgangs-DNA stark fragmentiert ist. In einem zweiten Schritt werden die Produkte der mPCR als Startmaterial für weitere Einzelamplifikationen und der späteren Sequenzierung der in ihnen enthaltenen Amplikons genutzt (**Abb. 2B**).

Multiplex-PCR und *Next Generation Sequencing*

Die Einführung von *Next Generation Sequencing*(NGS)-Technologien im Jahre 2005 hat seitdem zu einer Revolution der Genetik geführt [6]. Diese neuen DNA-Sequenziertechnologien zeichnen sich durch enorm hohen Durchsatz bei relativ geringer Leselänge aus. So ermöglichen z. B. die zur Sequenzierung des Neandertaler-Genoms verwendeten Instrumente der Firmen Roche und Illumina [7] die Sequenzierung von bis zu 600 Millionen Basenpaaren bei 400 Basenpaaren durchschnittlicher Leselänge (Roche) bzw. 50 Milliarden Basenpaaren bei 2 x 100 Basenpaaren Leselänge (Illumina). Die kurze Leselänge und die große Datenmenge bilden ideale Voraussetzungen für die Sequenzierung fragmentierter alter DNA. Zudem lassen sich mPCR-Ansätze problemlos mit NGS-Verfahren kombinieren. Statt jedes einzelne Amplikon getrennt zu sequenzieren, wie dies bei der traditionellen Sanger-Sequenzierung der Fall wäre, können die Amplikons nach dem zweiten Schritt der mPCR in äquimolarem Verhältnis gemischt und anschließend in eine einzige Sequenzierbibliothek umgewandelt werden (**Abb. 2C**). Aufgrund des enormen Durchsatzes der NGS-Technologien ermöglicht es diese Strategie, kostengünstig zahlreiche Amplikons gleichzeitig zu sequenzieren und so große Sequenzdatenmengen in kurzer Zeit zu erzeugen. Ferner ist es auch möglich, Amplikons von unterschiedlichen Proben mit individuellen, künstlich erzeugten, kurzen Oligonukleotiden zu kennzeichnen und anschließend parallel zu sequenzieren [8]. Somit wird eine optimale Ausnutzung der Kapazität des jeweiligen Sequenzierinstruments gewährleistet.

Direkte Sequenzierung von Multiplex-PCR-Produkten

Wenn größere genomische Bereiche von mehreren Individuen, z. B. im Rahmen einer Populationsstudie, sequenziert werden sollen, stößt die klassische zweistufige mPCR schnell an ihre ökonomischen Grenzen. Durch die Vielzahl an Einzelamplifikationen im zweiten Schritt nach der eigentlichen mPCR wird die praktische Umsetzung des Protokolls im Labor schnell äußerst aufwendig. Da im ersten (Multiplex-)Schritt bereits alle Zielfragmente simultan amplifiziert werden, verzichtet die direkte Multiplex-Sequenzierung (DMPS) gänzlich auf die Einzelamplifikationen (**Abb. 2D**, [9]). Dies bedeutet eine erhebliche Zeitersparnis (**Abb. 2E**) sowie eine Reduzierung der Amplifikationskosten. Ein Nachteil der DMPS liegt in der unterschiedlichen Effizienz einzelner Primerpaare, wodurch es zu einer starken

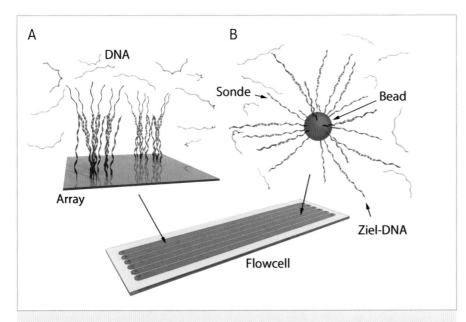

▲ **Abb. 3:** *Capture*-Anreicherungsverfahren: Ziel-DNA (blau) bindet an Sonden (rot) zur Abtrennung unerwünschter DNA (grau). **A,** Sonden an Array gebunden. **B,** Sonden an magnetisches Kügelchen (Bead) gebunden.

Ungleichverteilung der Amplikons am Ende der mPCR kommen kann. Um dieser Ungleichverteilung entgegenzuwirken, wird die Zahl der PCR-Zyklen in der mPCR auf 20 bis 25 reduziert. So kann die Anzahl der amplifizierten Zielfragmente über das Niveau exogener und endogener Nicht-Ziel-DNA gehoben werden und gleichzeitig ihre Ungleichverteilung minimiert werden. Nach der Amplifikation werden die mPCR-Produkte direkt in Sequenzierbibliotheken umgewandelt. Um die gemeinsame Sequenzierung von mPCR-Produkten unterschiedlicher Herkunft zu ermöglichen, wurde das klassische Protokoll zur Erstellung von Sequenzierbibliotheken [9] mit einer Methode zur molekularen Markierung von DNA-Molekülen kombiniert. Je nach gewünschter Sequenziertiefe können damit beliebig viele individuell markierte Multiplex-PCR-Ansätze gemeinsam und kosteneffizient auf einer der NGS-Plattformen sequenziert werden. DMPS kombiniert PCR-Sensitivität mit einem effizienten Protokoll zur Erstellung molekular markierter Sequenzierbibliotheken und ermöglicht damit große, homologe Sequenzbereiche von einer Vielzahl subfossiler oder rezenter Proben zeit- und kostengünstig zu sequenzieren.

DNA-*capture*-Methoden

Seit Kurzem findet eine andere Strategie zur Anreicherung von Zielmolekülen für die DNA- oder RNA-Sequenzierung große Aufmerksamkeit: Hybridisierung und *capture* [10]. Hybridisierungen sind hocheffizient wenn große Zielregionen, oft Kilo- oder Megabasen, aus genomischer DNA angereichert werden sollen. Die Herstellung von Sequenzierbibliotheken aus genomischer DNA anstelle von PCR-Produkten und die Hybridisierung an entsprechende DNA-Sonden sind die grundlegenden Prinzipien dieser Methoden. Die Sonden repräsentieren die gewünschte Zielregion und bestehen aus kurzen (60 Basenpaare) oder längeren, meist synthetischen Oligonukleotiden. Die Zielmoleküle werden über ihre Bindung an die Sonden selektiert, während nicht hybridisierte Moleküle der Sequenzierbibliothek durch Waschschritte entfernt werden. Die Sonden sind bei diesem *capture*-Schritt oft physisch fixiert, z. B. über kovalente Bindung an die Glasoberfläche eines Arrays (**Abb. 3A**) oder über Biotin-Streptavidin-Bindung an kleine magnetische Kügelchen (**Abb. 3B**).

Hybridisierung und *capture*-Methoden haben einige Vorteile, besonders im Forschungsfeld der alten DNA. Zunächst sind sie weniger verunreinigungsanfällig: Lange, moderne DNA-Moleküle, die in der PCR bevorzugt amplifiziert werden, werden bei der Herstellung einer Sequenzierbibliothek nicht bevorzugt. Ferner können individuelle Moleküle aufgrund ihrer Anfangs- und Endkoordinaten relativ zu einem Referenzgenom identifiziert werden [11]. So kann ausgeschlossen werden, dass die Sequenzdaten von einem einzigen, potenziell chemisch veränderten Molekül stammen. Folglich sind keine Replikate der Ansätze nötig. Auch beeinträchtigen Unterschiede zwischen Sonde und Zielmolekül die Effizienz der Anreicherung weniger stark, als dies bei Unterschieden zwischen Primern und Primerbindungsstellen in der PCR der Fall ist, da die Sonden länger als konventionelle PCR-Primer sind.

Die PCR bleibt jedoch nach wie vor ein wichtiges Werkzeug innerhalb der Hybridisierungs- und *capture*-Protokolle. So müssen NGS-Bibliotheken nach der Hybridisierung in der Regel mithilfe von PCR amplifiziert werden, um genügend Material für die Sequenzierung zu erzeugen. Auch die Herstellung der Sonden kann mittels *long-range*- oder herkömmlicher PCR im eigenen Labor durchgeführt werden [12]. Und schließlich kann die individuelle molekulare Markierung von Sequenzierbibliotheken vor der Durchführung von Hybridisierungs- und *capture*-Experimenten mithilfe der PCR erfolgen.

Zusammenfassung und Ausblick

Die PCR ist nicht nur ein Standardwerkzeug im Bereich der Forschung an alter DNA, sondern findet auch eine breite Palette von neuen Anwendungen im Bereich des NGS. Trotz der Entwicklung alternativer Techniken zur Anreicherung von Zielsequenzen bleibt die PCR auch nach mehr als 20 Jahren ein unersetzlicher Bestandteil der Erforschung alter DNA.

Danksagung

Wir danken dem Allan Wilson Centre for Molecular Ecology and Evolution, der Max-Planck-Gesellschaft, der VolkswagenStiftung, der Pennsylvania State University und der University of York für finanzielle Unterstützung. ▪

Literatur

[1] Saiki RK, Gelfand DH, Stoffel S et al. (1988) Primer-directed enzymatic amplification of DNA with a thermostable DNA-polymerase. Science 239:487–491

[2] Sanger F, Nicklen S, Coulson AR (1977) DNA sequencing with chain-terminating inhibitors. Proc Natl Acad Sci USA 74:5463–5467

[3] Miller W, Drautz DI, Ratan A et al. (2008) Sequencing the nuclear genome of the extinct woolly mammoth. Nature 456:387–390

[4] Briggs AW, Good JM, Green RE et al. (2009) Targeted retrieval and analysis of five Neandertal mtDNA genomes. Science 325:318–321

[5] Krause J, Dear PH, Pollack JL et al. (2006) Multiplex amplification of the mammoth mitochondrial genome and the evolution of Elephantidae. Nature 439:724–727

[6] Margulies M, Egholm M, Altman WE et al. (2005) Genome sequencing in microfabricated high-density picolitre reactors. Nature 437:376–380

[7] Green RE, Krause J, Briggs AW et al. (2010) A draft sequence of the Neandertal genome. Science 328:710–722

[8] Meyer M, Stenzel U, Hofreiter M (2008) Parallel tagged sequencing on the 454 platform. Nat Protoc 3:267–278
[9] Stiller M, Knapp M, Stenzel U et al. (2009) Direct multi-plex sequencing (DMPS) – a novel method for targeted high-throughput sequencing of ancient and highly degraded DNA. Genome Res 19:1843–1848
[10] Mamanova L, Coffey AJ, Scott CE et al. (2010) Target-enrichment strategies for next-generation sequencing. Nat Methods 7:111–118
[11] Prüfer K, Stenzel U, Hofreiter M et al. (2010) Computational challenges in the analysis of ancient DNA. Genome Biol 11:47
[12] Noonan JP, Coop G, Kudaravalli S et al. (2006) Sequencing and analysis of Neanderthal genomic DNA. Science 314:1113–1118

Korrespondenzadresse:
Michael Knapp, PhD (Massey University)
University of Otago
Department of Anatomy and Structural Biology
270 Creat King Street
Dunedin 9016, Neuseeland
Tel.: +64-(0)3-479-4376
Fax: +64-(0)3-479-7254
michael.knapp@otago.ac.nz

AUTOREN

Michael Knapp, Knut Finstermeier, Susanne Horn, Mathias Stiller und Michael Hofreiter (v. l. n. r)

Die Autoren arbeiteten **2005–2010** gemeinsam in der Max-Planck-Nachwuchsgruppe Molekulare Ökologie am Max-Planck-Institut für evolutionäre Anthropologie in Leipzig. Hauptziel ihrer Forschung ist die Anwendung alter DNA auf verschiedene evolutionäre Fragestellungen. Dazu zählen die Verwandtschaftsverhältnisse ausgestorbener Arten zu ihren lebenden Verwandten, die Veränderung genetischer Diversität über Zeiträume von mehreren Zehntausenden von Jahren sowie die genetischen Grundlagen für phänotypische Unterschiede zwischen Arten.

Molekulare Taxonomie

DNA-Barcoding – Schlüssel zu den Geheimnissen der Schwämme

DIRK ERPENBECK, SERGIO VARGAS, GERT WÖRHEIDE
DEPARTMENT FÜR GEO- UND UMWELTWISSENSCHAFTEN,
PALÄONTOLOGIE & GEOBIOLOGIE, GEOBIO-CENTER, LMU MÜNCHEN

Sponges are an important phylum for evolutionary research, for the ecology of aquatic ecosystems and in biotechnology. Research on sponges requires the unambiguous identification of species. This is now facilitated by molecular methods, i. e. DNA barcoding. The aim of the Sponge Barcoding Project is the identification of diagnostic DNA sequences of all sponge species by PCR and DNA sequencing.

10.1007/s12268-012-0141-8

Schwämme – der unterschätzte Tierstamm

■ Schwämme (Porifera, **Abb. 1**) waren lange Zeit den meisten Menschen nur als Badeschwämme bekannt. Selbst diese epochal gewachsene Funktion ist im Laufe der Zeit durch synthetische Produkte stark zurückgegangen. Die immense historische, evolutive, biochemische und ökologische Funktion dieser Tiere ist eigentlich erst in den letzten Jahrzehnten in den Vordergrund gerückt.

Schwämme gelten stammesgeschichtlich als der älteste rezente Tierstamm. Die Existenz dieser Tiere im Präkambrium scheint erwiesen, und fossile Biomarker schätzen das Alter der Schwämme auf mehr als 630 Millionen Jahre. Für evolutionsbiologische Fragestellungen, wie z. B. die Rekonstruktion des Bauplans des letzten gemeinsamen Vorfahren aller Tiere, sind die Porifera somit ausgesprochen wichtige Forschungsobjekte.

Schwämme waren es auch, die im Kambrium als erste Riffbildner die marine Landschaft prägten – lange bevor die Korallen diese Position übernommen hatten. Heute finden wir nur noch sehr vereinzelt Schwammriffe als Reliktfaunen in kälteren oder tieferen Gewässern. Dennoch gehören die Porifera zu den evolutiv erfolgreichsten Tiergruppen, denn sie sind beinahe unverändert seit dem Kambrium in fast allen aquatischen Lebensräumen der Erde anzutreffen. Sie besiedeln alle marinen Lebensräume von den Gezeitenzonen bis zur Tiefsee (mit über 6.800 Metern Tiefe) und von den Tropen bis zu den Polargebieten. Als Süßwasserschwämme besiedeln sie die meisten stehenden und fließenden Gewässer auf allen Kontinenten außer der Antarktis. Hierbei übernehmen Schwämme sehr wichtige ökologische Funktionen, die häufig unterschätzt werden. Als sessile Filtrierer organischer Partikel haben sie großen Einfluss in den Stoffkreisläufen. So ist ein Kubikdezimeter Schwamm fähig, einen Liter Wasser in einer Sekunde abzufiltrieren – dies dient dem Gasaustausch und der Nahrungsaufnahme. Durch ihre poröse Bauweise und ihre Filteraktivität beherbergen Schwämme eine Vielzahl von Symbionten. Organismen einer Vielzahl mariner Tierstämme können mit Schwämmen assoziiert sein, aber vorwiegend sind Symbiosen mit Algen, Pilzen, Bakterien und Archaeen anzutreffen. Die äußeren, lichtexponierten Teile des Schwammes beherbergen oftmals photosynthetisch aktive Mikroorganismen, wie einzellige Algen und Cyanobakterien, während heterotrophe und autotrophe Symbionten weiter im Inneren anzutreffen sind. Häufig sind diese Symbionten intrazellulär – einige Schwämme, die sogenannten „Bakterioschwämme" können bis zu mehr als 50 Prozent ihrer Biomasse aus Bakterien bestehen. Die sessile Lebensweise und der seit Hunderten Millionen Jahren nahezu unveränderte Bauplan bedingte hingegen ein Verteidigungssystem gegen die wachsende Zahl an Räubern, Parasiten und Konkurrenten um Platz und Ressourcen. Deswegen haben Schwämme im Laufe der Zeit höchst effektive biochemische Abwehrsysteme entwickelt: Sie produzieren eine Vielzahl bioaktiver Metaboliten, die mit ihren antibiotischen, antiviralen, antifungalen und sonstigen, auch für den Menschen nutzbaren pharmazeutischen Eigenschaften vor einigen Jahrzehnten in den Fokus der biochemischen Industrie gerückt sind [1]. Porifera gelten innerhalb der marinen Organismen als größte Quelle immer neuer, wirksamer biochemischer Strukturen, die im Wettlauf gegen die zunehmenden bakteriellen Resistenzen gegen Antibiotika für einen wertvollen Vorsprung sorgen. Das intensive Züchten von Schwämmen zur Gewinnung dieser Metaboliten wird vor allem in den Tropen mit sogenannten Marikulturen versucht, die Züchtung von Schwämmen im Aquarium gilt hingegen als schwierig.

Bedeutung von molekularen Methoden in der Schwammidentifikation

Der großen wissenschaftlichen, ökonomischen und ökologischen Bedeutung der Schwämme stehen hingegen große Schwierigkeiten gegenüber, einzelne Spezies genau zu identifizieren. Schwämme werden seit jeher anhand ihrer Skelettkomponenten bestimmt. Diese Skelettelemente bestehen meist aus mineralischen, häufig sehr einfach gebauten Nadeln (Spikulae), die aus Silikat oder Kalziumcarbonat gebildet und häufig zu einem dreidimensionalen Skelett verbunden werden, welches dem Schwamm seine Struktur verleiht. Kalkige Basalskelette oder das Fehlen von mineralischen Komponenten ist ebenfalls möglich – manche Schwämme besitzen lediglich ein Skelett aus Spongin, einem Kollagenderivat, oder ihnen fehlt das Skelett gänzlich und lediglich Kollagenfibrillen sorgen für ihre Struktur. Kurzum, weder das mineralische Skelett noch die organischen

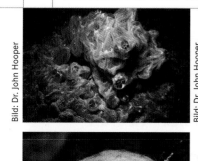

◀ **Abb. 1:** Einige repräsentative marine Schwämme. Kleine Bilder (von links oben nach rechts unten): die Demospongien *Mycale* spec., *Callyspongia* spec., *Astrosclera willeyana* und der Kalkschwamm *Sycetta* spec. Großes Bild: der Kalkschwamm *Pericharax heteroraphis*.

Bild: Dr. John Hooper

Bild: Mathias Bergbauer

Bild: Dr. John Hooper

Skelettkomponenten oder andere morphologische oder histologische Strukturen der Schwämme besitzen ausreichende Merkmale, um die mehr als 8.000 bekannten oder die vermuteten weiteren 7.000 noch unbekannten Arten morphologisch voneinander abzugrenzen. Selbst die Bestimmung gängiger Arten ist für den Laien häufig unmöglich. Für Grundlagenforschung, Biodiversitätsanalysen, aber auch für die angewandte Wissenschaft an dieser wichtigen Tiergruppe sind hingegen genaue Artidentifizierungen unerlässlich.

Aus diesem Grund werden bei Schwämmen, wie bei vielen anderen Organismen auch, Methoden der DNA-basierten Taxonomie angewandt. Dieses sogenannte DNA-Barcoding basiert auf dem Prinzip, dass die DNA-Sequenz eines bestimmten Gens (der DNA-Barcode) artspezifisch und somit diagnostisch für jeweils eine Organismenart ist [2]. Aus diesem Grund wird seit einigen Jahren eine DNA-Sequenzdatenbank für Schwämme aufgebaut, nach der die Schwämme schnell und zweifelsfrei identifiziert werden können (www.spongebarcoding.org). Ziel des *Sponge Barcoding Project* ist es, innerhalb der nächsten Jahre die diagnostischen DNA-Sequenzen aller Schwammarten zu erfassen, um auf diesem Wege die Schwammidentifizierung mittels einfacher PCR und Sequenzanalyse zu gewährleisten [3]. Die weltweiten und umfassenden DNA-Barcoding-Initiativen (*Barcoding of Life*) erstreben, mit möglichst nur einem DNA-Marker die Identifizierung aller Arten in einer Organismengruppe zu gewährleisten. Ein 680 Basenpaare langes Fragment der mitochondrialen Cytochrom-Oxidase-Untereinheit 1 (CO1) ist dafür bei höheren Tieren (Bilateria) erfolgreich eingesetzt worden. Universelle CO1-Primer sollen hier die Möglichkeit bieten, bei jedem Metazoon angewendet werden zu können. Bei vielen Nicht-Bilateria (alle Organismen, die nicht zu den Zweiseitentieren gehören, wie z. B. Schwäm-

me, Nesseltiere, Rippenquallen und Placozoen) ist aber die DNA-Substitutionsrate der mitochondrialen Gene um das Zehnfache niedriger. Dies bedeutet, dass mehrere Arten einen 680-Basenpaare-Barcode teilen können. Deswegen wird hier zusätzlich erprobt, ob ein zweiter DNA-Barcode mit dem CO1-Standard-Barcoding-Fragment kombiniert werden kann. Dieser zweite Barcode kann entweder von einem anderen Gen stammen, z. B. für die große ribosomale cytoplasmatische Untereinheit (28S-rRNA), oder eine Verlängerung des 680-Basenpaare-CO1-Barcodes um weitere 500 Basenpaare des 3'-Endes beinhalten [4].

Um in kürzester Zeit eine möglichst umfassende DNA-Barcoding-Datenbank aufzubauen, bedient sich das *Sponge Barcoding Project* vorwiegend Museumsmaterial. Zoologische Museen haben den Vorteil, dass Gewebe von vielen unterschiedlichen Arten auf kleinstem Raum beprobt werden können. Zudem ist das Material schon weitestgehend durch Experten identifiziert, sodass eine aufwendige Nachbestimmung entfällt. Ein Großteil der Proben des *Sponge Barcoding Project* entstammt bisher der Sammlung des Queensland-Museums in Brisbane, Australien, die mit über 30.000 Exemplaren die größte Schwammsammlung der südlichen Hemisphäre ist. Wenige Kubikmillimeter Gewebe von 17.000 Schwammproben des Queensland-Museums, die von den *hotspots* der Schwammdiversität wie dem Großen Barriereriff, dem Korallenmeer oder auch dem Indo-Pazifik stammen, sind in 96-Well-Mikrotiterplatten zum *Sponge Barcoding Project* geschickt worden, welches am GeoBio-Center der LMU München koordiniert wird. Hier wurden sie in einer modifizierten Plattenextraktionsmethode extrahiert, und CO1-Barcoding-Fragmente werden amplifiziert und sequenziert [5]. Die extrahierte DNA wird in der DNA-Bank der Zoologischen Staatssammlung München fachgerecht aufbewahrt.

Hindernisse und ihre Umgehung

Für den Erfolg einer Barcoding-Initiative aus Sammlungsmaterial ist die Aufbewahrung des Gewebes von großer Bedeutung. Die Schwamm-DNA-Qualität hängt von vielen unterschiedlichen Faktoren ab, z. B. wie schnell der Schwamm nach der Sammlung in Ethanol konserviert wurde, ob die Ethanolkonzentration über den gesamten Lagerungszeitraum ausreichend hoch und die Lagerungstemperaturen niedrig waren. Eine Fixierung des Schwammes in Formalin für morphologische Untersuchungen wurde früher häufig und heute nur noch gelegentlich vorgenommen. Die daraus resultierende Quervernetzung von Nukleinsäuren und Proteinen gestaltet die Extraktion PCR-amplifizierbarer DNA schwierig. Im *Sponge Barcoding Project* müssen neben der DNA-Qualität noch zwei weitere schwammspezifische Hindernisse beachtet werden. Erstens bestehen DNA-Extrakte von Schwämmen in den seltensten Fällen nur aus reinen Schwamm-Nukleinsäuren. Die DNA der unzähligen Schwammsymbionten, besonders Endosymbionten, ist nicht vom Wirt zu trennen und wird mitextrahiert. Dies kann bei Verwendung von universellen Barcoding-Primern häufig zur Ko-Amplifikation der Symbionten führen. Weiterhin können viele der sekundären Metaboliten, die sowohl vom Schwamm als auch von Symbionten produziert werden, eine inhibitorische Wirkung auf die Polymerase während der PCR zeigen.

Im Rahmen des Schwamm-Barcoding-Projektes wurde eine Analyse-Pipeline entwickelt, um größere Probenmengen im 96er-Plattenformat zu bearbeiten. Aus unserer Erfahrung mit den Queensland-Museum-Proben (nach Analyse der ersten 35 Gewebeplatten) konnten wichtige Rückschlüsse erzielt werden (**Abb. 2**). Diese insgesamt 3.360 Gewebefragmente hatten ein Alter (Zeit seit der Sammlung) von einem bis 51 (durchschnittlich 13) Jahren. Wir fanden, entgegen

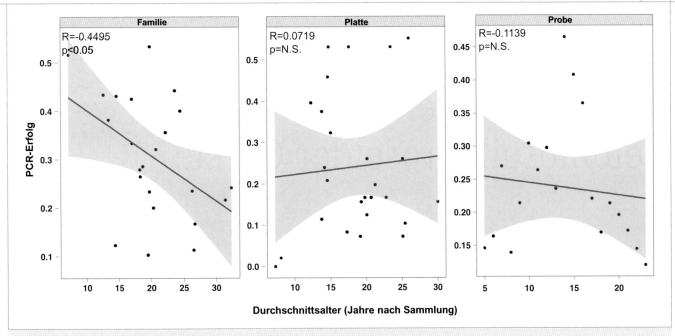

▲ **Abb. 2:** Verhältnis zwischen PCR-Erfolg (in Prozent) und Probenalter (in Jahren nach der Sammlung). Links: Verhältnis zwischen PCR-Erfolg und Probendurchschnittsalter für Familien mit 30 oder mehr bearbeiteten Proben. Mitte: PCR-Erfolg pro Durchschnittsalter der PCR-Platten (Durchschnittsalter der 96 Proben der Platte). Rechts: Einfluss des Probenalters auf den PCR-Erfolg, unabhängig von der taxonomischen Zugehörigkeit.

unserer Erwartungen, keine generell negative Korrelation zwischen Probenalter und PCR-Erfolg. Wenn die Analyse hingegen auf Familien (mindestens 30 Proben pro Familie) beschränkt wurde, konnte eine deutlich negative Korrelation zwischen (Durchschnitts-)Probenalter und PCR-Erfolg sichtbar gemacht werden. Hierbei erkennt man taxonspezifische Einflüsse. Ausreißer in dieser Analyse sind auf nachgewiesene familienspezifische Insertionen in der *priming site* und Metabolitenproduktionen zurückzuführen [6].

Beim *Sponge Barcoding Project*, wie bei vielen anderen Barcoding-Projekten auch, werden die Gewebeplatten für die Prozessierung nach unterschiedlichsten Gesichtspunkten zusammengestellt. Das Durchschnittsalter der Proben auf jeder Platte betrug zwischen zehn und 30 Jahren. Durchschnittlich konnten 27 Prozent der Proben auf jeder Platte mit der ersten Standard-PCR-Reaktion erfolgreich amplifiziert werden. Hier verteilt sich der Wert je nach Platte zwischen null und 55 Prozent. Es kann hingegen kein Zusammenhang zwischen dem Durchschnittsalter der Platte und der PCR gefunden werden. Dies bedeutet, dass im Arbeitsablauf des Barcodings keine Vorselektion der Platten bezüglich des zu erwartenden PCR-Erfolgs möglich ist. Die nicht in der ersten PCR erfolgreich amplifizierten Proben müssen daraufhin mit unterschiedlichen DNA-Konzentrationen oder anderen PCR-Parametern nachbearbeitet werden. Dieses Rosinen-Herauspicken ist ein zeit- und personalaufwendiger Prozess, ist aber leider unerlässlich, um Einblick in die Taxonomie

und Diversität dieses wichtigen Tierstamms zu erzielen und von hier die wichtigen Aussagen für die Evolution aller Tiere und Anwendungen für die Biotechnologie ableiten zu können. ∎

Literatur

[1] Faulkner DJ (2000) Highlights of marine natural products chemistry (1972–1999). Nat Prod Rep 17:1–6
[2] Hebert PDN, Cywinska A, Ball SL et al. (2003) Biological identifications through DNA barcodes. Proc Biol Sci 270:313–332
[3] Wörheide G, Erpenbeck D (2007) DNA taxonomy of sponges – progress and perspectives. J Mar Biol Assoc UK 87:1629–1633
[4] Erpenbeck D, Hooper JNA, Wörheide G (2006) CO1 phylogenies in diploblasts and the 'Barcoding of Life' – are we sequencing a suboptimal partition? Mol Ecol Notes 6:550–553
[5] Vargas S, Erpenbeck D, Schuster A et al. (2010) A high-throughput, low-cost Porifera DNA barcoding pipeline. VIII World Sponge Conference. Girona, Spain: 242
[6] Rot C, Goldfarb I, Ilan M et al. (2006) Putative cross-kingdom horizontal gene transfer in sponge (Porifera) mitochondria. BMC Evol Biol 6:71

Korrespondenzadresse:
Prof. Dr. Gert Wörheide
Ludwig-Maximilians-Universität
Department für Geo- und Umweltwissenschaften
Paläontologie & Geobiologie
Richard-Wagner-Straße 10
D-80333 München
Tel.: 089-2180-6718
Fax: 089-2180-6601
woerheide@lmu.de
www.palmuc.de
www.spongebarcoding.org

AUTOREN

Dirk Erpenbeck
Jahrgang 1972. 1992–1999 Biologiestudium in Aachen; Bonn; Lund, Schweden, und Madrid, Spanien. 2004 Promotion an der Universität Amsterdam, Niederlande. 2005–2008 Postdoc am Queensland-Museum und der University of Queensland, Brisbane, Australien, sowie an der Universität Göttingen. Seit 2009 wissenschaftlicher Mitarbeiter an der LMU München.

Sergio Vargas
Jahrgang 1980. 1998–2008 Biologiestudium an der Universität von Costa Rica. Seit 2009 wissenschaftlicher Mitarbeiter/Doktorand an der LMU München.

Gert Wörheide
Jahrgang 1965. 1994 Diplom in Geologie/Paläontologie, FU Berlin. 1998 Promotion, Universität Göttingen. 1998–2002 Postdoc am Queensland-Museum und der University of Queensland Brisbane, Australien. 2002–2008 Juniorprofessor, Universität Göttingen. 2008 Lehrstuhl für Paläontologie & Geobiologie, LMU München; Direktor der Bayerischen Staatssammlung für Paläontologie & Geologie. 2009 Sprecher des Geo-Bio-Centers der LMU.

Pflanzenzüchtung

Resistenz gegen die Gelbmosaikvirose der Gerste

FRANK ORDON[1], ANDREAS GRANER[2]
[1]INSTITUT FÜR RESISTENZFORSCHUNG UND STRESSTOLERANZ, JULIUS KÜHN-INSTITUT (JKI), QUEDLINBURG
[2]LEIBNIZ-INSTITUT FÜR PFLANZENGENETIK UND KULTURPFLANZENFORSCHUNG (IPK), GATERSLEBEN

Am Beispiel der Resistenz der Gerste gegen die Gelbmosaikvirose wird der Einsatz der Polymerasekettenreaktion (PCR) zur Entwicklung und Nutzung molekularer Marker bis hin zur Isolation des Resistenzgens aufgezeigt.

Using the resistance of barley to barley yellow mosaic virus and barley mild mosaic virus, the application of the polymerase chain reaction (PCR) for the development of molecular markers and for the isolation of a resistance gene is described.

■ Die Pflanzenproduktion steht weltweit vor erheblichen Herausforderungen. So werden im Jahre 2050 – vor dem Hintergrund sich ändernder Verzehrsgewohnheiten in Schwellenländern und dem zunehmenden Flächenverbrauch für die Bioenergiegewinnung und die Produktion nachwachsender Rohstoffe – ca. neun Milliarden Menschen zu ernähren sein. Dies macht einen weiteren Anstieg der Pflanzenproduktion um mindestens 70 Prozent erforderlich [1]. Am Anfang der pflanzlichen Produktionskette steht das Saatgut, sodass der Pflanzenzüchtung eine besondere Bedeutung bei der Bewältigung dieser Aufgaben zukommt.

Pflanzenzüchtung basiert auf der Erzeugung genetischer Variation, z. B. durch Kreuzung oder Mutationsauslösung, gefolgt von der Selektion entsprechender Nachkommen im Hinblick auf die gewünschten Leistungsmerkmale (unter anderem Ertrag, Qualität, Krankheitsresistenz). Die Pflanzenzüchtung konnte dabei in den vergangenen Jahren erhebliche Erfolge erzielen, so ist z. B. der Wintergerstenertrag in den vergangenen 50 Jahren in Deutschland um ca. 70 Kilogramm pro Hektar und Jahr gestiegen. Etwa 50 Prozent dieses Ertragsfortschritts beruhen auf dem Züchtungsfortschritt [2]. Die andere Hälfte trugen Verbesserungen in Ackerbau, Anbautechnik und Pflanzenschutz bei. Der Erfolg der Selektion ist neben weiteren Faktoren von der Erblichkeit (Heritabilität) des betrachteten Merkmals, das heißt dem Anteil der genotypischen Varianz an der phänotypischen Varianz, abhängig. Je sicherer der Rückschluss vom Phänotyp auf den Genotyp ist, desto höher ist der Selektionserfolg. Dieser Rückschluss ist jedoch häufig schwierig, da der Phänotyp das Ergebnis des Zusammenwirkens von Genotyp und Umwelt darstellt. Die Entdeckung der Polymerasekettenreaktion (PCR) beschleunigte die Entwicklung molekularer DNA-Marker. Diese erlauben die Erfassung der Variation für einfach (Majorgene) und komplex vererbte (*quantitative trait loci*, QTL) Eigenschaften auf genotypischer Ebene. DNA-Marker sind unabhängig von Umwelteinflüssen, die unter bestimmten Voraussetzungen die Analyse eines Merkmals erschweren bzw. unmöglich machen. So ist z. B. im Gegensatz zur phänotypischen Selektion die markergestützte Identifikation krankheitsresistenter Kreuzungsnachkommen in Abwesenheit eines entsprechenden Pathogenbefalls möglich. Im Folgenden soll – beispielhaft für die Nutzung der PCR in der Pflanzenzüchtung – die Entwicklung und Nutzung molekularer Marker bis hin zur Genisolation anhand der Resistenz der Gerste gegen die Gelbmosaikvirose aufgezeigt werden.

Die Gelbmosaikvirose der Gerste

Gerste (*Hordeum vulgare*) ist nach Weizen (*Triticum aestivum*) mit einer Anbaufläche von ca. zwei Millionen Hektar die bedeutendste Kulturart in Deutschland. Die Gelbmosaikvirose wurde erstmals im Jahre 1978 in Deutschland nachgewiesen und hat sich seit dieser Zeit zu einer der bedeutendsten Krankheiten der Wintergerste entwickelt. Die Krankheit wird durch verschiedene Stämme des *barley yellow mosaic virus* (BaYMV) und des *barley mild mosaic virus* (BaMMV) hervorgerufen, welche durch den bodenbürtigen Pilz *Polymyxa graminis* übertragen werden (**Abb. 1**), und verursacht Ertragsverluste von bis zu 50 Prozent. Die einzige Möglichkeit, den Wintergerstenanbau in den sich ausdehnenden Befallsgebieten zu sichern, besteht im Anbau widerstandsfähiger (resistenter)

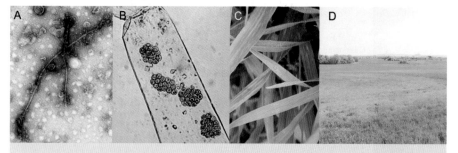

▲ **Abb. 1:** Die Gelbmosaikvirose der Gerste. **A**, elektronenmikroskopische Aufnahme des *barley yellow mosaic virus* (BaYMV). **B**, Dauersporen des pilzlichen Überträgers von BaYMV, *Polymyxa graminis*, in einer Gerstenwurzel. **C**, Gelbmosaikvirus-Symptome an der Einzelpflanze. **D**, Gelbmosaikvirose im Feldbestand (Bilder: F. Ehrig, U. Kastirr, A. Habekuss, JKI).

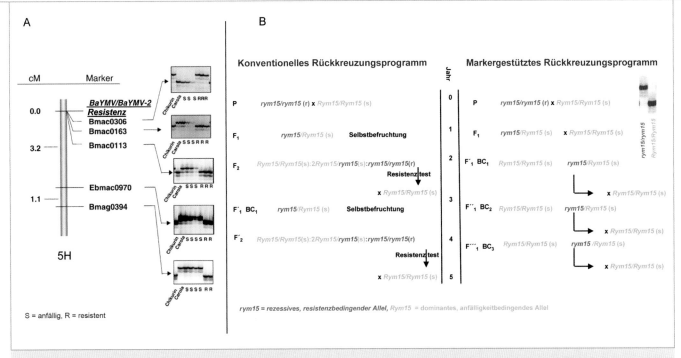

▲ **Abb. 2:** Molekulare Marker für Gelbmosaikvirus-Resistenzgene. **A**, molekulare Marker für die BaYMV/BaYMV-2-Resistenz der Herkunft „Chikurin Iba-raki 1". Carola: anfällige Kreuzungseltern; cM: Centimorgan. **B**, Vergleich eines konventionellen und eines markergestützten Rückkreuzungsprogramms zur Einlagerung eines rezessiven Resistenzgens gegen die Gelbmosaikvirose der Gerste. P: Kreuzungseltern; F: Nachkommenschaftsgenerationen; BC: Rückkreuzungsgenerationen. Weitere Erläuterungen im Text.

Sorten. Eine sichere Selektion resistenter Pflanzen auf Einzelpflanzenniveau ist nicht möglich, da befallene Feldflächen meist eine ungleichmäßige Verteilung virustragender Pilzsporen aufweisen. Darüber hinaus sind das Auftreten der Virose und die Symptomausprägung an befallenen Pflanzen in starkem Maße von den Witterungsbedingungen abhängig, das heißt nicht jedes Jahr kann eine erfolgreiche Selektion durchgeführt werden. PCR-basierte Marker erlauben hingegen eine effektive Selektion auf Einzelpflanzenniveau in frühen Entwicklungsstadien der Pflanzen im Labor, unabhängig vom Auftreten der Virose im Freiland, und tragen damit zur Beschleunigung des Zuchtfortschritts bei.

Entwicklung und Nutzung molekularer Marker für Gelbmosaik-virus-Resistenzgene

Nachdem zunächst Anfang der 1990er-Jahre molekulare Marker für Gelbmosaikvirus-Resistenzgene mittels RFLP (Restriktions-fragment-Längenpolymorphismus)-Technik entwickelt wurden, die sich jedoch aufgrund der hohen benötigten DNA-Menge sowie des aufwendigen Nachweises (Southern Blot und radioaktiver Nachweis) in der Pflanzenzüchtung nicht durchsetzen konnten, wurden in einem nächsten Schritt PCR-basierte Marker für verschiedene Gelbmosaikvirus-Resistenzgene entwickelt (**Abb. 2**, [3]). Diese erlauben eine effektive Selektion auf Einzelpflan-

zenniveau, da das Fehlen oder das Auftreten eines mit dem Resistenz- bzw. Anfälligkeit-bedingenden Allel gekoppelten Fragments Auskunft darüber gibt, ob eine Pflanze resistent oder anfällig ist (**Abb. 2**). Darüber hinaus erlauben entsprechende Marker eine beschleunigte Inkorporation rezessiver Gelb-mosaikvirus-Resistenzgene in adaptiertes Zuchtmaterial, da der in konventionellen Rückkreuzungsprogrammen nötige Selbst-befruchtungsschritt entfallen kann, weil das rezessive Resistenz-bedingende Allel mithil-fe des molekularen Markers identifiziert werden kann, während phänotypisch alle Nachkommen anfällig sind. Entsprechende Resistenzgene sind häufig nicht gegen alle Stämme der genannten Viren wirksam bzw. werden im Laufe der großflächigen Nutzung dieser Resistenzgene überwunden. Mithilfe PCR-gestützter Marker können diese Gene – insbesondere in Verbindung mit Haploidtechni-ken – effektiv in einem Genotyp kombiniert werden. Durch eine Komplementation des Wirkungsspektrums wird die Nutzungsdau-er der einzelnen Resistenzgene verlängert [3].

PCR-gestützte Isolation des Gelbmosaikvirusresistenz-Locus Rym4/Rym5

Neben der Nutzung in markergestützten Selektionsprogrammen stellen gekoppelte Marker auch den Ausgangspunkt für die Gen-isolation mittels kartengestützter Klonierung

dar. Voraussetzung ist eine hohe Auflösung der genetischen Karte in der Zielregion. So kann durch die Analyse einer Kreuzungs-nachkommenschaft von 5.000 F_2-Pflanzen eine Auflösung von 0,01 Centimorgan erzielt werden; diese Auflösung ermöglicht es, aus einer Bibliothek des Gerstengenoms das Chro-mosomenfragment, welches das Resistenz-gen trägt, zu identifizieren. Die Bibliothek besteht aus vielen Tausend Chromosomen-fragmenten mit einer Durchschnittslänge von etwa 100.000 Nukleotiden, welche in Form künstlicher Bakterien-Chromosomen (*Bac-terial Artificial Chromosomes*, BACs) erhalten werden (**Abb. 3**). Bei der Gerste mit einer Genomgröße von ca. 5.000 Megabasenpaaren und einer Länge der genetischen Karte von ca. 1.400 Centimorgan entspricht 0,01 Cen-timorgan ca. 35.000 Basenpaaren und liegt damit innerhalb der durchschnittlichen Insertgröße einer BAC-Bibliothek. Genetisch eng mit dem Resistenzgen gekoppelte Mar-ker (= 0,01 Centimorgan) erlauben es daher, nach der PCR-gestützten Sichtung der ge-samten BAC-Bibliothek, den das Resistenz-gen tragenden BAC zu identifizieren. Mit die-sem Verfahren konnte der auf Chromosom 3H lokalisierte Resistenzlocus *Rym4/Rym5* iso-liert werden. Die Resistenz wird durch Muta-tionen im Translations-Initiationsfaktor 4E (*HveIF4E*) hervorgerufen [4] und ist wahr-scheinlich dadurch bedingt, dass in resisten-ten Pflanzen die Translation und Replikation

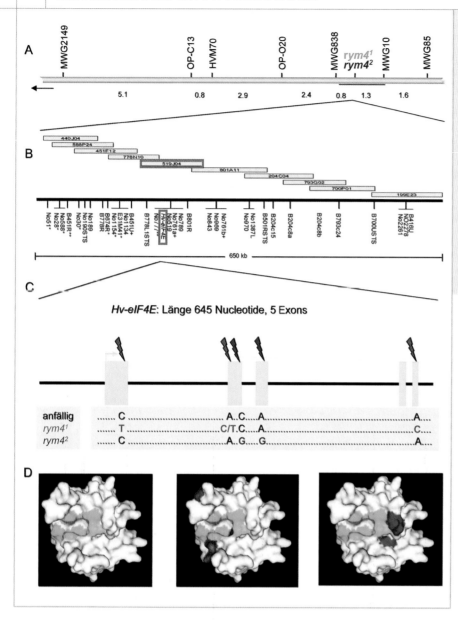

◀ **Abb. 3:** Kartengestütze Isolierung des *rym4*-Resistenzgens. **A,** Ausschnitt aus der genetischen Karte des langen Arms von Chromsom 3. Pfeil: Richtung des Centromers. Markerabstände in cM. Die Zielregion um das Resistenzgen ist unterstrichen. Darin kartierte DNA-Marker sind nicht dargestellt. **B,** BAC-Contigkarte der Zielregion. Der rot markierte BAC trägt das Resistenzgen *Hv-eIF4E*. Dessen Position ist zusammen mit den genetischen Markern der Zielregion auf in der 650 Kilobasen umfassen physischen Karte der Zielregion angegeben. **C,** Struktur des Resistenzgens. Die Basenaustausche der beiden resistenten Allele rym4¹ und rym4² sind in den jeweiligen Exons angezeigt. **D,** Dreidimensionales Modell von *Hv-eIF4E*. In Grün sind die Amiosäuren der CAP-Bindungsdomäne dargestellt. Die durch die Mutationen in rym4¹ und rym4² veränderten Aminosäuren sind jeweils rot und blau markiert.

kommende genetische Vielfalt zu nutzen und auf die künftigen Herausforderungen zu reagieren.

Literatur

[1] Godfray HCJ, Beddington JR, Crute IR et al. (2010) Food Security: The Challenge of Feeding 9 Billion People. Science 327:812–818

[2] Ahlemeyer J (2009) Nur noch wenig Ertragszuwächse. DLG Saatgutmagazin 7:22–24

[3] Friedt W, Ordon F (2007) Molecular markers for gene pyramiding and resistance breeding in barley. In: Varshney R, Tuberosa R (Hrsg) Genomics-assisted crop improvement, Vol. 2: Genomics applications in crops. Springer, Heidelberg. 81–101

[4] Stein N, Perovic D, Kumlehn J et al. (2005) The eukaryotic translation initiation factor 4E confers multiallelic recessive Bymovirus resistance in *Hordeum vulgare* (L.). Plant Journal 42:912–922

Korrespondenzadressen:
PD. Dr. Frank Ordon
Julius Kühn-Institut (JKI)
Institut für Resistenzforschung und Stresstoleranz
Erwin-Baur-Straße 27
D-06484 Quedlinburg
Tel.: 03946-47601
Fax: 03946-47600
Frank.ordon@jki.bund.de

Prof. Dr. Andreas Graner
Leibniz-Institut für Pflanzengenetik und Kulturpflanzenforschung (IPK)
Corrensstraße 3
D-06466 Gatersleben
Tel.: 039482-5220
Fax: 039482-5500
graner@ipk-gatersleben.de

der viralen Information verhindert wird. Neben der Funktionsaufklärung erlaubt die Kenntnis des Gens die Identifikation weiterer Allele von *HveIF4E* mit einem breiteren Wirkungsspektrum gegen die verschiedenen Isolate des BaMMV bzw. BaYMV.

Fazit und Ausblick

Die Entdeckung der PCR stellte eine wichtige Grundlage für die Entwicklung von DNA-Markern und die Isolierung von agronomisch wichtigen Genen dar. Wie am Beispiel der Gelbmosaikvirose gezeigt, eröffnet die Verfügbarkeit eng gekoppelter Marker und die Kenntnis der Sequenz und Funktion agronomisch bedeutsamer Gene neue Wege zur Nutzung der genetischen Vielfalt unserer Kulturpflanzen. Die systematische Sequenzierung von Nutzpflanzengenomen wird diesen Prozess in Zukunft weiter beschleunigen. Der Pflanzenzüchtung wird es damit möglich, gezielter und schneller die natürlich vorkommende genetische Vielfalt zu nutzen und auf die künftigen Herausforderungen zu reagieren.

AUTOREN

Frank Ordon
Jahrgang 1963. 1984–1989 Studium der Agrarwissenschaften an der Universität Gießen. 1989–1992 Doktorarbeit am Lehrstuhl für Pflanzenzüchtung der Universität Gießen. 1998 Habilitation. 2002–2007 Leiter des Instituts für Epidemiologie und Resistenzressourcen der Bundesanstalt für Züchtungsforschung. Seit 2008 Leiter des Instituts für Resistenzforschung und Stresstoleranz des Julius Kühn-Instituts (JKI).

Andreas Graner
Jahrgang 1957. 1978–1984 Studium der Agrarwissenschaften an der TU München. 1985–1987 Doktorarbeit an der Biologischen Bundesanstalt am Institut für Resistenzgenetik. 1997 Habilitation. 1997–1999 Leiter der Arbeitsgruppe Molekulare Getreidegenetik am Leibniz-Institut für Pflanzengenetik und Kulturpflanzenforschung (IPK) Gatersleben. Seit 2000 Leiter der Bundeszentralen *ex situ*-Genbank für landwirtschaftliche und gartenbauliche Kulturpflanzen am IPK und Professor für Pflanzengenetische Ressourcen an der Universität Halle-Wittenberg.

Evaluierung der qPCR

Die Real-Time-RT-PCR-Datenanalyse im Fokus der MIQE-Richtlinie

MICHAEL W. PFAFFL, IRMGARD RIEDMAIER
LEHRSTUHL FÜR PHYSIOLOGIE, WISSENSCHAFTSZENTRUM WEIHENSTEPHAN FÜR
ERNÄHRUNG, LANDNUTZUNG & UMWELT, TU MÜNCHEN

Die MIQE-Richtlinie wurde 2009 von einer Gruppe internationaler Wissenschaftler ins Leben gerufen, um die Qualität, die Richtigkeit sowie die Zuverlässigkeit der gewonnenen qPCR-Ergebnisse im Labor und in der wissenschaftlichen Literatur zu steigern.

The MIQE guidelines were established 2009 by a group of international scientist to improve the quality, the accuracy, and the reliability of the generated quantitative PCR results in the lab and in the scientific literature.

■ Das langfristige Ziel ist es, die „MIQE-Richtlinie" als den akkuraten und zuverlässigen Qualitätsstandard für das experimentelle Design, die Durchführung der quantitativen PCR (qPCR), die Datenanalyse sowie das Publizieren der PCR-Daten zu etablieren [1]. Seit ihrem Erscheinen sind die Richtlinien in molekularbiologisch forschenden Laboratorien sowie in den wissenschaftlichen Medien ein wichtiger Diskussionspunkt.

Seit dem Siegeszug der qPCR in den 1990er-Jahren sagt man der Methode in der modernen molekularbiologischen Forschung und der molekularen Diagnostik eine schnelle und einfache Durchführbarkeit und eine unkomplizierte Anwendung nach. Aufgrund dieser Kriterien und unter dem internationalen Druck, „schnell" zu veröffentlichen (*„publish or perish"*), wird oft viel zu unkritisch mit den gewonnenen Daten umgegangen und in der Folge leichtfertig publiziert. In der aktuellen Literatur besteht leider ein akuter Mangel an Informationen zu den experimentellen Einzelheiten der durchgeführten Studien. In Publikationen, auch in hoch renommierten Journalen, fehlen essenzielle Informationen, die es erlauben die wissenschaftliche Qualität der dargestellten Resultate objektiv und kritisch zu bewerten. Ziel der MIQE-Richtlinie ist es, die Vollständigkeit der publizierten Methodik zu gewährleisten und die Richtigkeit der gewonnenen qPCR-

Ergebnisse sicherzustellen. Somit kann die experimentelle Transparenz gesteigert und die Wiederholbarkeit innerhalb und zwischen den Laboratorien gefördert werden [1].

Die MIQE-Guidelines stellen einen Richtliniensatz dar, gruppiert in neun Abschnitten mit 85 Einzelpunkten, der das Minimum an für die Veröffentlichung nötigen, wünschenswerten Informationen über qPCR-Experimente beschreibt. Diese Transparenz ermöglicht anderen Forschergruppen, den veröffentlichten Daten zu vertrauen und ggf. die gewonnenen Ergebnisse zu reproduzieren und zu bestätigen. Im Großen und Ganzen sollen die MIQE-Richtlinien zu einer besseren experimentellen Praxis und der Offenlegung der Methodik anregen, um eine zuverlässigere und unmissverständlichere Deutung der qPCR-Resultate zu erlauben. Ziel ist es, die Qualität der Experimente offenzulegen, um deren Ergebnisse zu evaluieren und die biologische Deutung zu ermöglichen. So soll in Zukunft vermieden werden, dass aufgrund mangelhaften Vorgehens bei qPCR-Experimenten falsche biologische Schlussfolgerungen gezogen werden.

Normalisierung

Betrachtet man die möglichen Fehlerquellen der qPCR, so sticht die fehlerhafte Analyse der PCR-Daten heraus. Die unkritische Auswahl der Referenzgene zur Normalisierung,

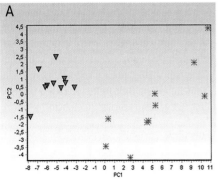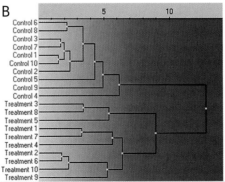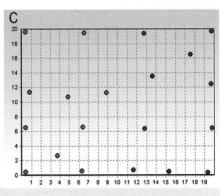

▲ **Abb. 1:** Expressionsdaten von zehn behandelten Tieren (Kälber, rote Farbgebung) im Vergleich mit zehn unbehandelten Kontrollen (grüne Farbgebung) mittels *principal component analysis* (PCA) (**A**), hierarchische Clusteranalyse (HCA) (**B**) und Neuralen Netzwerken (**C**), analysiert mit dem GenEx-Softwarepaket.

DOI: 10.1007/s12268-011-0047-x

die fehlende Effizienzkorrektur sowie die unpassende oder falsche Statistik führen zu einer signifikanten Verzerrung der Ergebnisse und somit zu einer falschen quantitativen Aussage [2]. Die Auswahl der geeigneten Referenzgene für die Normalisierung stellt viele Wissenschaftler vor ein Problem. Man muss sich fragen: warum? Zur Verifizierung der richtigen Referenzgene wurde bereits viel publiziert, und es wurden einige Algorithmen entwickelt, welche dabei helfen, die richtigen Kandidaten zu finden; die wichtigsten Algorithmen sind hierbei geNorm [3], BestKeeper [4], Normfinder [5] oder Global Pattern Recognition [6]. Der geNorm-Algorithmus hat sich anhand der jahrelangen Erfahrung als der Goldstandard zur Normalisierung in der Expressionsanalytik herauskristallisiert. Ziel aller Analysen ist die Auswahl mehrerer stabil exprimierter und nicht regulierter Referenzgene sowie die Bestimmung der optimalen Anzahl der Gene zur Berechung des Normalisierungsfaktors. In der Praxis werden heute immer noch Referenzgene anhand von Publikationen ausgewählt, und nicht wie empfohlen ihre Funktionalität als unregulierte Referenzgene validiert. Richtigerweise und MIQE-konform sollten in jeder durchgeführten Studie die stabilen Referenzgene bestimmt und studienspezifisch zur Normalisierung herangezogen werden. Mindestens zwei, besser drei Referenzgene werden zur Normalisierung empfohlen [1, 3]. Führt man die Normalisierung mit den validierten Referenzgenen durch und bedient sich bei der Datenanalyse frei verfügbarer Quantifizierungssoftware, kann man die technische Varianz reduzieren und die Aussagekraft des Experiments steigern [2, 3]. Normfinder, BestKeeper und geNorm sind einerseits als Freeware verfügbar oder sind teilweise in größere Softwarepakete zur relativen Quantifizierung implementiert: GenEx [7], qBase/qBaseplus [8] sowie in diversen REST-Versionen [9] oder online zur Normalisierung von qPCR-Arrays [6].

PCR-Effizienzkorrektur

Des Weiteren sticht die fehlende Effizienzkorrektur ins Auge. Klassischerweise wird die Berechnung des relativen Expressionsunterschieds über die *delta-delta-Cq*-Methode nach Livak und Schmittgen durchgeführt [10]. Die Expression eines Zielgens ($Cq_{Zielgen}$) wird mittels derer eines internen Referenzgens ($Cq_{Referenzgen}$) normalisiert. In einem zweiten Schritt werden die normalisierten Expressionsunterschiede ($\Delta Cq = Cq_{Zielgen}$ –

$Cq_{Referenzgen}$) in der Behandlungsgruppe mit der Kontrollgruppe verglichen, und man kommt zum $\Delta\Delta Cq$-Wert. Der relative Expressionsunterschied (R) der interessanten Zielgene berechnet sich nach der Formel: $R = 2^{-\Delta\Delta Cq}$ [10].

Die *delta-delta-Cq*-Methode setzt eine konstante Verdoppelung der DNA-Menge in jedem Real-Time-PCR-Zyklus voraus. Man legt somit eine ideale PCR-Effizienz in allen Proben (E = 2) zugrunde und verwendet die Normalisierung anhand eines einzelnen Referenzgens. Die wirkliche PCR-Effizienz eines einzelnen Zyklus bewegt sich im Bereich zwischen 1,7 bis 2,1. Sie ist abhängig von der Qualität des Assays und dem Grad der Inhibition in den unterschiedlichen PCR-Ansätzen [9, 11]. Deswegen ergeben geringste Schwankungen in den PCR-Effizienzen zwischen Zielgen und Referenzgen enorme Verschiebungen der Expressionsratio und führen zu verzerrten quantitativen Resultaten. Um die unterschiedlichen PCR-Effizienzen rechnerisch zu kompensieren und den MIQE-Anforderungen zu folgen, wurden Berechnungsmodelle, wie das effizienzkorrigierte relative Quantifizierungsmodell entwickelt [9, 11]. Hierbei wird die PCR-Effizienz eines jeden Gens bestimmt und im Berechnungsalgorithmus der relativen Expression (R) berücksichtigt:

$$R = \frac{(E_{Zielgen})^{\Delta CP_{Zielgen}\,(Kontrolle - Behandlung)}}{(E_{Referenzgen})^{\Delta CP_{Referenzgen}\,(Kontrolle - Behandlung)}}$$

Die effizienzkorrigierte relative Quantifizierung mittels Real-Time-qRT-PCR unter Einbeziehung mehrerer validierter Referenzgene stellt bis dato die effektivste Form der Nukleinsäure-Quantifizierung dar, die den MIQE-Richtlinien folgt [1]. Diese Methode findet auch Anwendung in den bereits genannten Softwarepaketen: Genex [7], qBase/qBaseplus [8] und REST [9].

Statistik

Der letzte Punkt in einem PCR-Experiment ist die Auswahl der richtigen Statistik zur Analyse der gewonnenen Daten. Das passende statistische Verfahren richtet sich nach dem experimentellen Design, also wie viele biologische Individuen und Wiederholungen beprobt wurden und auf welchen analytischen Ebenen technische Replikate eingebaut wurden. Im Falle der qRT-PCR sind technische Wiederholungen auf folgenden Ebenen denkbar: Extraktion, reverse Transkription (RT) und PCR. Da die Datenstruktur oft nicht gleichmäßig über die experimentellen Grup-

pen verteilt ist und die erhaltenen Cq-Werte meist nicht normalverteilt sind, stellt die Wahl der richtigen statistischen Methode große Herausforderungen an eine Analysensoftware. Der Vergleich mehrerer Behandlungsgruppen, in sich heterogene Patientengruppen, unregelmäßige Zeitreihen, unterschiedliche Gruppengrößen oder ein Vergleich über mehrere Versuchsdurchläufe erschweren die statistische Analyse. Die Wahl des richtigen und robusten statistischen Verfahrens ist oft schwer. Die Statistik im REST-Softwarepaket basiert auf einem sehr robusten und von einer Normalverteilung unabhängigen Randomisierungstest (Bootstrapping-Verfahren), bei dem beliebig viele Tausend Randomisierungen und Wiederholungen durchgeführt werden können [9]. Die REST-Software ist frei erhältlich und findet sich in vielen Versionen zu den unterschiedlichsten Anwendungsgebieten.

Multivariate Datenanalyse

Das heutige Zeitalter der Hochdurchsatz-qPCR stellt die Datenanalyse vor neue Herausforderungen. Mithilfe kommerziell erhältlicher qPCR-Arrays können 96 bzw. 384 verschiedene Transkripte quantitativ erfasst werden, welche in der Folge mit den richtigen Referenzen normalisiert werden müssen. Des Weiteren sind die Regulation bestimmter Gene und die Einteilung in Gruppen mit ähnlichem Expressionsverhalten und ähnlicher Dynamik von Interesse. Auch die Analyse von Markergenen steht im Zentrum der Expressionsanalytik und benötigt valide statistische Methoden zur Bestätigung [12]. Zur Auswertung der Expressionsprofile vieler Gene über viele biologische Proben stehen multivariate statistische Methoden zur Verfügung. Hier haben sich vor allem folgende multivariate Methoden etabliert: die *principal component analysis* (PCA), die hierarchische Clusteranalyse (HCA) und Neurale Netzwerke (*self organizing maps*) (**Abb. 1**), implementiert im GenEx-Softwarepaket (http://genex.genequantification.info) oder als Open-Source-Software, frei verfügbare R-Programmierpakete, erhältlich über Bioconductor (www.bioconductor.org/help/search/index.html?q=qpcr).

Ausblick

Da wir uns erst am Anfang der Hochdurchsatz-qPCR-Ära befinden und wir in Zukunft mit einer riesigen Expressionsdatenflut rechnen müssen, ist es notwendig, weitere neue Algorithmen zu entwickeln, die es uns erlauben, diese Daten zuverlässig, schnell und

MIQE-konform zu analysieren. In diesem Beitrag konnten nur die wichtigsten Komplexe der qPCR-Datenanalyse aufgeführt werden.

∎

Literatur

[1] Bustin SA, Benes V, Garson JA et al. (2009) The MIQE guidelines: minimum information for publication of quantitative real-time PCR experiments. Clinical Chemistry 55:611–622

[2] Kitchen RR, Kubista M, Tichopad A (2010) Statistical aspects of quantitative real-time PCR experiment design. Methods 50:231–236

[3] Vandesompele J, De Preter K, Pattyn F et al. (2002) Accurate normalization of real-time quantitative RT-PCR data by geometric averaging of multiple internal control genes. Genome Biol 3:RESEARCH0034

[4] Pfaffl MW, Tichopad A, Prgomet C et al. (2004) Determination of stable housekeeping genes, differentially regulated target genes and sample integrity: BestKeeper – Excel-based tool using pair-wise correlations. Biotechnol Lett 26:509–515

[5] Andersen CA, Jensen JL, Orntoft TF (2004) Normalization of real-time quantitative reverse transcription-PCR data: a model-based variance estimation approach to identify genes suited for normalization, applied to bladder and colon cancer data sets. Cancer Res 64:5245–5250

[6] Akilesh S, Shaffer DJ, Roopenian D (2003) Customized molecular phenotyping by quantitative gene expression and pattern recognition analysis. Genome Res 13:1719–1727

[7] Bergkvist A, Rusnakova V, Sindelka R et al. (2010) Gene expression profiling – clusters of possibilities. Methods 50:323–335

[8] Hellemans J, Mortier G, De Paepe A et al. (2007) qBase relative quantification framework and software for management and automated analysis of real-time quantitative PCR data. Genome Biol 8:R19

[9] Pfaffl MW, Horgan GW, Dempfle L (2002) Relative Expression Software Tool (REST©) for group wise comparison and statistical analysis of relative expression results in real-time PCR. Nucleic Acids Res 30:e36

[10] Livak KJ, Schmittgen TD (2001) Analysis of relative gene expression data using real-time quantitative PCR and the 2(−delta delta C(T)) method. Methods 25:402–408

[11] Pfaffl MW (2001) A new mathematical model for relative quantification in real-time RT-PCR. Nucleic Acids Res 29:e45

[12] Riedmaier I, Becker C, Pfaffl MW et al. (2009) The use of omic technologies for biomarker development to trace functions of anabolic agents. J Chromatogr A 1216:8192–8199

Korrespondenzadresse:

Prof. Dr. Michael W. Pfaffl
Lehrstuhl für Physiologie
Wissenschaftszentrum Weihenstephan für Ernährung, Landnutzung & Umwelt
Technische Universität München
Weihenstephaner Berg 3
D-85354 Freising-Weihenstephan
Tel.: 08161-713511
Fax: 08161-714204
Michael.Pfaffl@wzw.tum.de
http://MIQE.gene-quantification.info

AUTOREN

Michael W. Pfaffl
1986–1993 Studium der Agrar- und Tierwissenschaften. **1993–1996** Studium der Biotechnologie, **1997** Promotion, **2003** Habilitation (Physiologie) und Privatdozent. **Seit 2011** Professor (apl) für Molekulare Physiologie am Lehrstuhl für Physiologie, TU München.

Irmgard Riedmaier
2000–2004 Studium der Biologie (Diplom) an der TU München, **2009** Promotion. Seit **2009** Wissenschaftliche Mitarbeiterin am Lehrstuhl für Physiologie, TU München.

Biohybride Materialien

Materialien zur induzierbaren Freisetzung von Biopharmazeutika

MICHAEL M. KÄMPF, ERIK H. CHRISTEN, WILFRIED WEBER
FAKULTÄT FÜR BIOLOGIE UND BIOSS – CENTRE FOR BIOLOGICAL SIGNALLING
STUDIES, UNIVERSITÄT FREIBURG
DEPARTMENT FÜR BIOSYSTEME, ETH ZÜRICH, SCHWEIZ

Stimulus-responsive Materialien, die adaptiv auf Umweltsignale reagieren, eröffnen neue Möglichkeiten in Biomedizin und Technik. Wir beschreiben hier exemplarisch, wie pharmakologisch gesteuerte biohybride Materialien zur induzierbaren Freisetzung von Biopharmazeutika verwendet werden können.

Stimulus-responsive materials that react adaptively to environmental cues provide new solutions in biomedicine and technology. Here we exemplarily describe, how pharmacologically controlled biohybrid materials can be applied for the inducible release of biopharmaceuticals.

■ In den letzten Jahren konnte das Forschungsfeld der interaktiven Materialien große Fortschritte verzeichnen. Die Entwicklung neuer „intelligenter" Materialsysteme, die auf externe Stimuli mit einem definierten Verhalten wie beispielsweise Schwellen, Schrumpfen oder sich Auflösen reagieren, eröffnet neue Möglichkeiten für biomedizinische Anwendungen. In den letzten Jahren wurden Stimulus-responsive Hydrogele synthetisiert, die als Antwort auf Änderungen des pH-Wertes, der Ionenkonzentration, der Temperatur, der Lichtwellenlänge oder auf chemische Moleküle, wie z. B. Antigene oder Zucker, ihre Eigenschaften verändern [1–6]. Diese Fähigkeit, auf Umweltbedingungen zu reagieren, ermöglicht ihren Einsatz als Steuerkomponenten in Medikamentendepots, in Sensoren oder als intelligente Ventile in mikrofluidischen Anwendungen [7–9].

Stimulus-responsive Hydrogele als extern steuerbare Depots für Biopharmazeutika

Hydrogele, die als Antwort auf ein externes Signal eine definierte Dosis eines Biopharmazeutikums freisetzen, weisen ein interessantes Potenzial für zukünftige biomedizinische Anwendungen auf. Eine häufige Limitierung Stimulus-responsiver Hydrogele lag

bisher darin, dass die Steuersignale nur schwierig innerhalb des Organismus zu verabreichen und physiologisch meist inkompatibel sind [3–5]. Um diese Barrieren zu überwinden, wurde kürzlich eine neue Generation an pharmakologisch gesteuerten Hydrogelen beschrieben [10]. Diese Hydrogele bestehen aus linearen Polymeren, die durch dimere Proteine quervernetzt wurden und somit ein dreidimensionales, stabiles Netzwerk ausbilden. Durch Zugabe pharmakologischer Signalmoleküle, durch die die Proteindimere dissoziieren, konnte die Hydrogelstruktur gelockert werden. Der erste Prototyp, der nach diesem Designprinzip vorgestellt wurde, besteht aus dem bakteriellen Protein Gyrase B (GyrB), das über das Aminocoumarin-Antibiotikum Coumermycin dimerisiert wird und durch Kopplung an lineares Polyacrylamid zu einer dreidimensionalen Hydrogelstruktur führt. Durch Zugabe des klinisch zugelassenen Antibiotikums Novobiocin dissoziieren die GyrB-Dimere, und das Hydrogelnetzwerk löst sich schließlich auf.

Ein möglicher Nachteil dieser ersten Generation eines pharmakologisch gesteuerten

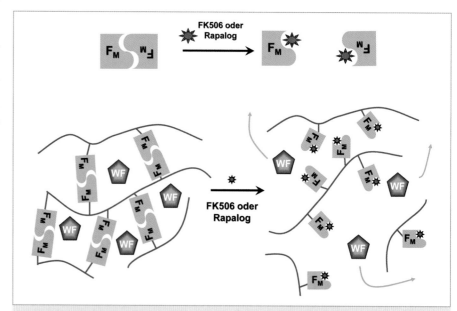

▲ **Abb. 1:** Hydrogel-Designkonzept. Lineares, funktionalisiertes Polyacrylamid wird über Homodimere des FKBP12-Proteins (F_M) quervernetzt und bildet so eine dreidimensionale Gelstruktur aus, in die ein Biopharmazeutikum wie z. B. ein Wachstumsfaktor (WF) eingebettet werden kann. Nach Zugabe des Stimulus-Moleküls FK506 oder eines nicht immunsuppressiven Rapalogs (Strukturanalogon von Rapamycin) werden die F_M-Dimere dissoziiert, was zur Folge hat, dass das Hydrogelnetzwerk gelockert wird und das eingebettete Protein freigesetzt wird.

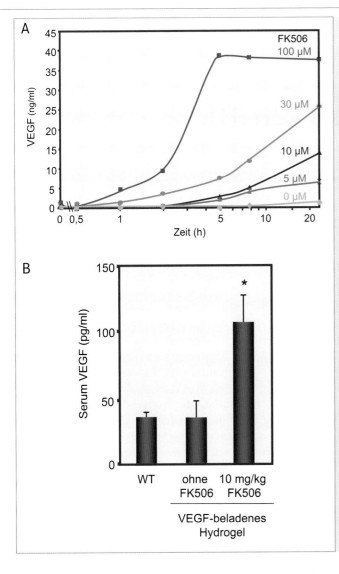

A

(Graph A: VEGF (ng/ml) vs Zeit (h), with curves labeled FK506 100 µM, 30 µM, 10 µM, 5 µM, 0 µM)

B

(Graph B: Serum VEGF (pg/ml) for WT, ohne FK506, 10 mg/kg FK506 — VEGF-beladenes Hydrogel; * over 10 mg/kg FK506 bar)

◀ **Abb. 2:** Induzierbare Freisetzung des Modell-Biopharmazeutikums VEGF *in vitro* und *in vivo*. **A**, Freisetzung *in vitro*. Hydrogele mit eingebettetem VEGF (vaskulärer endothelialer Wachstumsfaktor) wurden in synthetischer Körperflüssigkeit in Gegenwart steigender Konzentrationen des Signalmoleküls FK506 inkubiert. Die Freisetzung von VEGF wurde über 24 Stunden verfolgt. **B**, Freisetzung *in vivo*. Hydrogele mit eingebettetem VEGF wurden subkutan in Mäuse implantiert. Eine Gruppe der Mäuse erhielt daraufhin intraperitoneal 10 mg/kg FK506, eine andere Gruppe erhielt kein FK506. Nach 7,5 Stunden wurde die Serum-VEGF-Konzentration bestimmt und mit der von unbehandelten Mäusen (WT) verglichen. Die Auswertung erfolgte nach dem t-Test, und ein Unterschied zur Kontrolle (WT) mit $p < 0,05$ ist mit einem Stern markiert, n = 3.

peutischen Anwendung, in der solche Materialien einen Beitrag zur Patienten-verträglichen, extern kontrollierten Verabreichung von Biopharmazeutika leisten könnten.

Danksagung

Unsere Forschung auf funktionalen Materialien wird ermöglicht durch die GEBERT-RÜF-STIFTUNG (Grant GRS-042/07), die Roche Research Foundation (Grant 151-2008) sowie die Exzellenzinitiative des Bundes und der Länder (EXC 294).

Literatur

[1] Sheppard NF Jr, Lesho MJ, Tucker RC et al. (1997) Electrical conductivity of pH-responsive hydrogels. J Biomater Sci Polym Ed 8:349–362
[2] Li H, Lai F, Luo R (2009) Analysis of responsive characteristics of ionic-strength sensitive hydrogel with consideration of effect of equilibrium constant by a chemo-electro-mechanical model. Langmuir 25:13142–13150
[3] Lendlein A, Zotzmann J, Feng Y et al. (2009) Controlling the switching temperature of biodegradable, amorphous, shape-memory poly(rac-lactide)urethane networks by incorporation of different comonomers. Biomacromolecules 10:975–982
[4] Zhao YL, Stoddart JF (2009) Azobenzene-based light-responsive hydrogel system. Langmuir 25:8442–8446
[5] Miyata T, Asami N, Uragami T (1999) A reversibly antigen-responsive hydrogel. Nature 399:766–769
[6] Ehrick JD, Luckett MR, Khatwani S et al. (2009) Glucose responsive hydrogel networks based on protein recognition. Macromol Biosci 9:864–868
[7] Tyagi S, Li Z, Chancellor M, De Groat WC et al. (2004) Sustained intravesical drug delivery using thermosensitive hydrogel. Pharm Res 21:832–837
[8] Tokarev I, Tokareva I, Gopishetty V et al. (2010) Specific biochemical-to-optical signal transduction by responsive thin hydrogel films loaded with noble metal nanoparticles. Adv Mater 22:1412–1416
[9] Beebe DJ, Moore JS, Bauer JM et al. (2000) Functional hydrogel structures for autonomous flow control inside microfluidic channels. Nature 404:588–590
[10] Ehrbar M, Schoenmakers R, Christen EH et al. (2008) Drug-sensing hydrogels for the inducible release of biopharmaceuticals. Nat Mater 7:800–804
[11] Kämpf MM, Christen EH, Ehrbar M et al. (2010) A gene therapy technology-based biomaterial for the trigger-inducible release of biopharmaceuticals in mice. Adv Funct Mater 20:2534–2538
[12] Rivera VM, Wang X, Wardwell S et al. (2000) Regulation of protein secretion through controlled aggregation in the endoplasmic reticulum. Science 287:826–830

Michael M. Kämpf, Erik H. Christen und Wilfried Weber (v. l. n. r.)

Korrespondenzadresse:
Prof. Dr. Wilfried Weber
Institut für Biologie II
BIOSS – Centre for Biological Signalling Studies
Albert-Ludwigs-Universität Freiburg
Engesserstraße 4b
D-79108 Freiburg
Tel.: 0761-203-97654
Fax: 0761-203-97660
wilfried.weber@biologie.uni-freiburg.de
www.biologie.uni-freiburg.de/forschung/biochemie.php

Hydrogels ist die Verwendung eines bakteriellen Proteins, das zu immunologischen Komplikationen führen kann. Um dieses Risiko zu minimieren, wurde eine zweite Hydrogelgeneration entwickelt [11], die auf einer F36M-Variante des menschlichen Proteins FKBP12 (im Folgenden mit F_M abgekürzt) basiert, das ursprünglich für gentherapeutische Anwendungen entwickelt wurde. Das Protein F_M dimerisiert spontan und kann durch Zugabe von FK506 oder nicht immunosuppressiven Strukturanaloga (Rapaloge) [12] wieder monomerisiert werden. Durch Kopplung von dimerem F_M an lineares Polyacrylamid konnte somit ein Hydrogel synthetisiert werden, das sich durch Zugabe von Rapalogen Dosis-abhängig wieder auflöst (**Abb. 1**).

Um die Eignung dieses Hydrogels für die induzierbare Freisetzung eines Biopharmazeutikums zu evaluieren, wurde das Modellprotein VEGF (vaskulärer endothelialer Wachstumsfaktor) in ein F_M-basiertes Hydrogel eingebettet. In Gegenwart von hohen Dosen des Signalmoleküls wurde das VEGF innerhalb weniger Stunden freigesetzt, wohingegen die Verwendung tieferer Signalmolekülkonzen-

trationen zu einer einstellbaren VEGF-Freisetzungsrate führte (**Abb. 2A**). Basierend auf diesen Daten sowie Zellkultur-basierten Tests, die keine toxischen Nebenwirkungen aufzeigten, wurde die Eignung der Hydrogele als extern steuerbares Medikamentendepot in Mäusen untersucht. Hierzu wurden VEGF-beladene Hydrogele subkutan in Mäusen implantiert, und es konnte gezeigt werden, dass in Abwesenheit des Signalmoleküls kein VEGF freigesetzt wurde, dass jedoch die intraperitoneale Verabreichung der Signalsubstanz zu einem signifikanten Anstieg der VEGF-Konzentration im Serum führte (**Abb. 2B**)

Ausblick

Diese Studien zeigen das Potenzial pharmakologisch gesteuerter Hydrogele für die induzierbare Freisetzung von Biopharmazeutika. Solche Materialien weisen ein großes Anwendungspotenzial in der Forschung und Entwicklung auf, z. B. im *Tissue Engineering* als intelligente Nische für (Stamm-)Zellen oder in *in vivo*-Studien zur Untersuchung der Wirkung einzelner Proteine. Diese Studien sind der erste Schritt zu einer möglichen thera-

Biomolekulare Nanotechnologie

Faltkunst mit DNA-Origami

THOMAS GERLING, HENDRIK DIETZ

LABOR FÜR BIOMOLEKULARE NANOTECHNOLOGIE, TU MÜNCHEN

Many processes in biology rely fundamentally on the relative position and orientation of interacting molecules. It is notoriously difficult to observe, let alone control, the position and orientation of molecules because of their small size and the constant thermal fluctuations that they experience. Molecular self-assembly with DNA origami enables building custom-shaped nanometer-scale objects with molecular weights in the megadalton regime. It provides a unique route for placing molecules and constraining their fluctuations in user-defined ways and thus opens up completely new avenues for scientific exploration.

DOI: 10.1007/s12268-012-0176-x
© Springer-Verlag 2012

■ Anfang der 1980er-Jahre schlug der Kristallograf Nadrian „Ned" Seeman vor, die gut verstandenen strukturellen und chemischen Eigenschaften des Erbgutmoleküls DNA gezielt auszunutzen, um DNA-Moleküle als molekularen Baustein für selbst assemblierende Nanostrukturen zu verwenden. Ned gilt seither als Gründungsvater einer neuen Disziplin der angewandten Wissenschaften: der DNA-basierten Nanotechnologie [1]. Seine grundlegende Motivation war es, DNA-Kristalle zu erzeugen, in denen Proteine zum Zwecke der hochauflösenden Strukturaufklärung kontrolliert eingelagert werden können. Dieses ambitionierte Ziel hat er zwar noch nicht erreicht, gleichwohl erfreut sich die DNA-Nanotechnologie eines explosiven Wachstums. Mittlerweile ist es beispielsweise gelungen, mittels DNA-Nanoröhrchen die Struktur von Membranproteinen aufzulösen [2, 3], gezielt Krebszellen abzutöten [4], und es sind DNA-basierte molekulare Computer erfunden worden [5].

DNA-Origami

Ein als „DNA-Origami" bekannt gewordenes Designprinzip ermöglicht es, nahezu baukastenartig eine Vielfalt von hoch komplexen Nanostrukturen aus DNA zu konstruieren, die in Größe und Masse vergleichbar mit Ribosomen sind [6–8]. Dabei können viele Tausend DNA-Basenpaare an gewünschten Punkten im Raum mit fast atomarer Genauigkeit positioniert werden. Das Grundprinzip ähnelt hier nur sehr entfernt der japanischen Kunst des Papierfaltens. DNA-Origami bezeichnet ein Verfahren, in dem ein mehrere Tausend Basen langes DNA-Einzelstrangmolekül wie ein „Schussgarn" in eine gewünschte Raumstruktur verwoben wird. Die Fixierung im Raum erfolgt durch „Klebstoff" DNA Moleküle, die segmentweise gewünschte Abschnitte des langen Schussgarnmoleküls durch Ausbildung doppelhelikaler DNA-Domänen miteinander verbinden. Möchte man z. B. die in **Abbildung 1** dargestellten Nanostrukturen konstruieren, muss zunächst ein Weg ersonnen werden, um ähnlich wie beim Kinderspiel „Haus des Nikolaus" die Zielstruktur mit einem geschlossenen Pfad des Schussgarns zu durchlaufen. Unter Beachtung geometrischer Randbedingungen, die aus der doppelhelikalen Struktur der DNA resultieren, wird

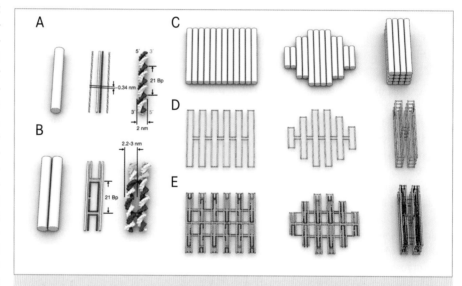

▲ **Abb. 1:** Die DNA-Origami-Falttechnik. **A,** DNA-Doppelhelices werden schematisch als Zylinder bzw. dicht nebeneinander laufende Linien dargestellt. Weiße Linie: langes „Schussgarn"-Molekül; farbige Linien: dazu komplementäre „Klebstoff"-Moleküle. Rechts: atomares Modell einer B-Form-DNA-Doppelhelix mit ihren typischen Abmessungen (Bp: Basenpaare). **B,** Benachbarte doppelhelikale DNA-Domänen werden durch chemische Strangverbindungen miteinander verbunden: kovalente Phosphodiesterbindungen, die durch Strangaustausch zwischen benachbarten DNA-Domänen zustandekommen (in der Zylinderdarstellung sind die Verbindungen der Einfachheit halber weggelassen). **C,** Beispiele für einzel- und mehrlagige DNA-Origami-Nanostrukturen in der Zylinderdarstellung. **D, E,** Beispiele für mögliche Pfade, mit denen das lange Schussgarn-DNA-Molekül (weiße Linie) durch eine gewünschte Zielstruktur gelegt werden kann, welche dann durch Positionierung einer Vielzahl von Klebstoffmolekülen (farbige Linien) mittels Strangverbindungen stabilisiert werden kann. Dabei müssen geometrische Randbedingungen beachtet werden, die sich aus der helikalen Struktur der DNA-Doppelhelix ergeben. Dies wird insbesondere wichtig bei der Konstruktion von mehrlagigen DNA-Nanostrukturen wie der hier gezeigte DNA-Ziegelstein aus 16 DNA-Doppelhelices.

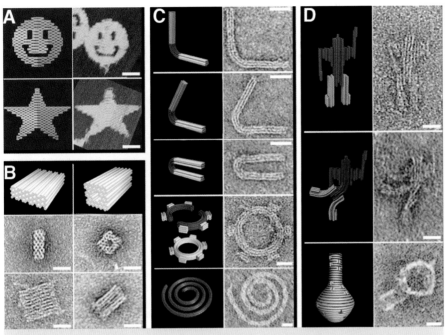

▲ **Abb. 2:** DNA-Origami-Nanostrukturen. **A**, die ersten einzellagigen DNA-Origami-Nanostrukturen ([6], © Nature Publishing Group). Rechts: rasterkraftmikroskopische Aufnahmen der links dargestellten Modelle. Maßstab: 40 nm. **B**, die ersten mehrlagigen DNA-Origami-Nanostrukturen ([7], © Nature Publishing Group). Transmissionselektronenmikroskopische (TEM-) Aufnahmen von DNA-Nanoquadern ohne und mit Loch in der Mitte sowie deren Modelle. Maßstab: 20 nm. **C**, DNA-Origami-Nanostrukturen mit Designerkrümmung ([8], © AAAS). Der Krümmungswinkel eines DNA-Nanostabs kann dabei präzise eingestellt werden. Weiterhin sind ein DNA-Nanozahnrad, das aus zwei Bausteinen zusammengesetzt ist, und eine DNA-Nanospirale gezeigt, jeweils mit TEM-Aufnahmen (rechts). Maßstab: 20 nm. **D**, DNA-Nanostrukturen mit höher aufgelösten Struktureigenschaften. Rechts: TEM-Aufnahmen eines geraden und eines „tanzenden" DNA-Nanomännchens (Maßstab: 20 nm) ([10], © Nature Publishing Group) sowie einer DNA-Nanovase ([11], © AAAS) (unten; Maßstab: 50 nm). Links: die zugehörigen Strukturmodelle.

dann ein Satz von Klebstoffmolekülen dazu verwendet, den Pfad des Schussgarns mittels einer hohen Dichte von chemischen DNA-Strangverknüpfungen zu stabilisieren. Die DNA-Sequenz des Schussgarnmoleküls dient als Vorlage, um die lokal komplementären Sequenzen der kurzen Klebstoffmoleküle zu bestimmen, welche dann durch chemische Synthese hergestellt werden. Je nach Zielstruktur kann es sich dabei um mehrere Hundert DNA-Moleküle mit jeweils unterschiedlichen Sequenzen handeln. In einem Reaktionsgefäß, das alle molekularen Komponenten enthält, kann die Zielstruktur durch einen thermisch induzierten Selbstassemblierungsprozess produziert werden.

Die fertig assemblierten Strukturen können mit chromatografischen Verfahren aufgereinigt werden und mit hochauflösenden Abbildungstechniken wie z. B. der Elektronenmikroskopie untersucht werden.

Anwendungen in den Biowissenschaften

Mithilfe der beschriebenen Methodik wurden in den letzten Jahren eine Fülle von komplexen DNA-basierten Nanostrukturen entwickelt (**Abb. 2**). Dabei ging es in erster Linie darum, ein grundlegendes Verständnis für die Möglichkeiten und Grenzen der DNA-Origami-Technik zu erlangen. Mit der Etablierung von robusten Assemblierungsprotokollen sind nun aber auch erste Anwendungen möglich geworden, in denen DNA-Nanostrukturen über den Selbstzweck hinaus zum wissenschaftlichen Fortschritt in anderen Wissenschaftsfeldern beitragen.

So ist es beispielsweise gelungen, DNA-Nanostäbchen herzustellen, die in flüssig-kristalliner Form zur Strukturbestimmung von Membranproteinen durch kernmagnetische Resonanz beitragen [3]. Ein weiteres Beispiel sind DNA-Nanoplättchen, die in Kombination mit Nanoporen einen vielversprechenden Weg zur Hochdurchsatz-Detektion von biologischen Rezeptor-Liganden-Wechselwirkungen eröffnen [9] und möglicherweise auch zur Sequenzierung von DNA-Molekülen beitragen können.

An dieser Stelle soll eine etwas futuristisch anmutende Anwendung im Bereich der medizinischen Therapeutik diskutiert werden, da sie unserer Meinung nach auf ganz besondere Weise das Potenzial der DNA-basierten Nanotechnologie beleuchtet. Die zugrunde liegende Idee basiert auf winzigen DNA-Kapseln, die in ihrem Inneren ein Medikament beherbergen. Die Oberfläche der DNA-Kapsel könnte virusartig mit bestimmten Rezeptoren funktionalisiert werden, die es der Kapsel ermöglichen, spezifisch an bestimmte Zelltypen, wie z. B. eine Krebszelle, anzudocken. Je nach Struktur und Beschaffenheit der DNA-Kapsel können dann zwei denkbare Mechanismen ausgelöst werden. Die Bindung an die Zelle kann einerseits dazu führen, dass die DNA-Kapsel in die Zelle eingeschleust wird (Endozytose) und im Inneren weitere Reaktionen auslösen kann. Somit kann z. B. durch Manipulation der Genregulation über RNA-Interferenz oder Einführung von Transkriptionsfaktoren möglicherweise der Zellzyklus beeinflusst werden. Andererseits könnte die DNA-Kapsel auch so konstruiert werden, dass sie direkt auf der Zelloberfläche geöffnet wird. Dadurch kann das enthaltene Medikament lokal auf der Zelloberfläche zugänglich gemacht werden und stünde etwa zur Blockade von Membrankanälen oder zum Auslösen von Signalkaskaden zur Verfügung. Aufgrund der virusartigen Größe der DNA-Kapsel wird dabei nur die jeweils attackierte Zielzelle beeinflusst. Benachbarte, möglicherweise für die Therapie nicht interessante Zellen bleiben von der Behandlung unbetroffen. Es sind auch Mechanismen denkbar, die es der Kapsel ermöglichen würden, nach Auslösen einer Signalkaskade von der behandelten Zelle reversibel wieder abzudocken und nach einer diffusiven Suche weitere Zellen zu behandeln.

Der Entwicklung solcher Therapiemöglichkeiten stehen natürlich einige Hürden entgegen. Eine wichtige Frage ist beispielsweise, ob DNA-Nanostrukturen in physiologischen Umgebungen (wie z. B. Blut) ihre strukturelle Integrität behalten. Blut beinhaltet eine Fülle von verschiedenen Proteinen, die DNA chemisch abbauen können (Nukleasen). Dies kann in einem Organismus prinzipiell zur Zerstörung der DNA-Kapsel und somit zur Freisetzung des Medikaments führen, bevor die Kapsel krankhafte Zellen überhaupt erreicht hat. **Abbildung 3** zeigt die Ergebnisse von Experimenten, in denen massive, ziegelsteinartige DNA-Nanostrukturen mit virusartigen Abmessungen (Länge: unter 70 Nanometer) dem Angriff von Nukleasen unter physiologischen Bedingungen ausgesetzt wurden [10]. Die strukturellen Auswirkungen wurden mithilfe der Transmissions-Elektro-

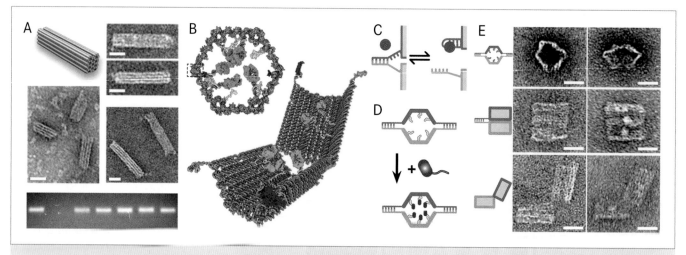

▲ **Abb. 3:** Die DNA-Origami-Technik für zukünftige medizinische Therapieansätze auf der Ebene einzelner Zellen. **A**, Experimente zur Stabilität einer massiven DNA-Origami-Nanostruktur unter Nukleaseangriff ([10], © Nature Publishing Group). Oben links: 3D-Modell der Nanostruktur. Oben rechts: TEM-Aufnahmen der beiden Seitenansichten, die als Referenz dienen. Mitte rechts: TEM-Aufnahmen des 32-Helixbündels nach zwei Stunden bei 37 °C und (Mitte links) nach einer Stunde Inkubation mit T7-Endonuklease I (Maßstab: 20 nm). Unten: DNA-Nanostrukturen, die für eine Stunde mit unterschiedlichen Nukleasen inkubiert wurden (2 %-Agarosegel). Von links nach rechts: Negativkontrolle ohne Nukleasen, DNase I, T7-Endonuklease, Mse-I-Restriktionsendonuklease, T7-Exonuklease, Lambda-Exonuklease und *E. coli*-Exonuklease I. **B**, Strukturmodelle der DNA-Kapsel ([4], © AAAS). Oben: Frontansicht der geschlossenen DNA-Kapsel. An der Vorderseite werden mithilfe von zwei DNA-Aptameren (links im Kasten und rechts) die beiden Hälften der DNA-Kapsel miteinander verbunden und diese damit verschlossen. Unten: perspektivische Ansicht der offenen DNA-Kapsel. Bindestellen für die Antikörper (violett) sind in Gelb eingezeichnet. **C**, Öffnungsmechanismus der DNA-Kapsel. Bindung eines Antigens (rote Kugel) an das DNA-Aptamer (blauer Einzelstrang) führt aufgrund einer Strangverdrängung zur Öffnung der DNA-Kapsel. **D**, Durch Bindung von Antikörpern (violett) an die gelb markierten Stellen, kann die DNA-Kapsel beladen werden. **E**, verschiedene Ansichten der Kapsel unter dem Transmissionselektronenmikroskop. Maßstab: 20 nm. Frontansicht (oben), Seitenansichten der geschlossenen (Mitte) und geöffneten DNA-Kapsel (unten), die entweder leer (links) oder mit Antikörpern beladen ist (als weiße Punkte in den rechten Aufnahmen sichtbar).

nenmikroskopie und Agarosegelelektrophorese untersucht (**Abb. 3**). Die getesteten Nukleasen nagen zwar die Struktur an, doch selbst nach einer Stunde Inkubation mit verschiedenen Nukleasen bleiben große Teile der Struktur intakt. Diese Experimente zeigen somit, dass massive DNA-Nanostrukturen bei geeigneter Ausführung der Hüllen zumindest prinzipiell für die Anwendung in der medizinischen Therapeutik geeignet sind.

Eine Bostoner Arbeitsgruppe hat sich kürzlich mit der Entwicklung eines Zelltyp-Erkennungsmechanismus beschäftigt und dazu eine etwa 40 Nanometer kleine, tonnenförmige DNA-Kapsel entwickelt (**Abb. 3B**, [4]). Es ist ihnen gelungen, in der Petrischale mit der DNA-Kapsel spezifisch gewünschte Zelltypen in ihrem Lebenszyklus durch Auslösen einer Signalkaskade zu beeinflussen. Die DNA-Kapsel kann mittels zweier molekularer Vorhängeschlösser (DNA-Aptamere) verschlossen werden, welche wiederum durch bestimmte Antigene spezifisch geöffnet werden können (**Abb. 3**). Durch Verwendung von zwei molekularen Schlössern, die auf unterschiedliche Antigene reagieren, konnte ein Öffnungsmechanismus realisiert werden, der ein logisches UND-Gatter darstellt. Die Autoren konnten zeigen, dass sich die DNA-Kapsel nur dann öffnet, wenn sie die richtige Kombination von

Antigenen vorfindet. In der getesteten Version führte eine Öffnung der DNA-Kapsel nun zur Bindung eines in der Kapsel enthaltenen Moleküls (z. B. Antikörper) an bestimmte Rezeptoren auf einer Zelloberfläche. Dadurch wurde in der Zelle eine Reihe von weiteren Reaktionen ausgelöst, die zum Zelltod (Apoptose) führten. In einem entsprechenden Experiment konnten durch diesen Mechanismus bis zu 40 Prozent eines gewünschten Zelltyps abgetötet werden. Die Kombination einer massiven und Serum-stabilen DNA-Nanostruktur mit zelltypspezifischen Öffnungsmechanismen erscheint daher sehr vielversprechend für zukünftige intelligente und möglicherweise personifizierte Therapieansätze.

Ausblick

Viele Prozesse in der Biologie hängen fundamental von der relativen Position und Orientierung von miteinander wechselwirkenden Molekülen ab. Selbige experimentell aufzulösen und vielleicht sogar zu kontrollieren, stellt eine große technische Herausforderung dar, weil Moleküle eben so winzig sind und in Lösung ständiger thermischer Fluktuation unterworfen sind. DNA-Origami stellt uns einen einzigartigen Weg zur Erzeugung von Trägerstrukturen zur Positionierung von Molekülen und Einschränkung ihrer Fluktu-

ationen zur Verfügung. Wir sind daher überzeugt, dass die DNA-basierte Nanotechnologie in der nahen Zukunft zur Entwicklung einer Fülle von Nanowerkzeugen führen wird, die existierende Methoden in den Biowissenschaften deutlich verbessern können, aber auch vollkommen neue Möglichkeiten für die Grundlagenforschung eröffnen.

Unsere langfristige Vision ist es aber auch, die Produktion und die Kontrolle über DNA-basierte Nanostrukturen so weit zu verfeinern, dass eines Tages synthetische molekulare Maschinen am Reißbrett entworfen werden können, die wie ihre biologischen Vorbilder die unterschiedlichsten Aufgaben auf der Nanometerskala erfüllen können. Synthetische Translationsmotoren, wie Myosin, Kinesin und Dynein, könnten als Nano-Transportsysteme fungieren. Membranständige Rotationsmotoren, wie die ATP-Synthase oder der Flagellenmotor, könnten die Herstellung oder den Abbau von großtechnisch relevanten Molekülen zyklisch katalysieren oder als Antrieb von nanoskaligen Transportvehikeln dienen. Mit einer Bibliothek von solchen synthetischen, funktionalen Bauelementen zusammen mit einem fundamentalen Verständnis molekularer Prozesse sollte es dann möglich werden, eine breit anwendbare biologisch inspirierte Nanotechnologie zu etablieren, die den Menschen in der Zukunft auch im täglichen Leben nützlich werden wird.

Literatur

[1] Seeman NC (2010) Nanomaterials based on DNA. Annu Rev Biochem 79:65–87

[2] Douglas SM, Chou JJ, Shih WM (2007) DNA-nanotube-induced alignment of membrane proteins for NMR structure determination. Proc Natl Acad Sci USA 104:6644–6648

[3] Berardi MJ, Shih WM, Harrison SC et al. (2011) Mitochondrial uncoupling protein 2 structure determined by NMR molecular fragment searching. Nature 476:109–113

[4] Douglas SM, Bachelet I, Church GM (2012) A logic-gated nanorobot for targeted transport of molecular payloads. Science 335:831–834

[5] Adleman LM (1994) Molecular computation of solutions to combinatorial problems. Science 266:1021–1024

[6] Rothemund PWK (2006) Folding DNA to create nanoscale shapes and patterns. Nature 440:297–302

[7] Douglas SM, Dietz H, Liedl T et al. (2009) Self-assembly of DNA into nanoscale three-dimensional shapes. Nature 459:414–418

[8] Dietz H, Douglas SM, Shih WM (2009) Folding DNA into twisted and curved nanoscale shapes. Science 325:725–730

[9] Wei R, Martin T, Rant U et al. (2012) DNA origami gate-keepers for solid-state nanopores. Angew Chem Int Ed (im Druck)

[10] Castro CE, Kilchherr F, Kim DN et al. (2011) A primer to scaffolded DNA origami. Nat Methods 8:221–229

[11] Han D, Pal S, Nangreave J et al. (2011) DNA origami with complex curvatures in three-dimensional space. Science 332:342–346

Korrespondenzadresse:
Prof. Dr. Hendrik Dietz
Labor für Biomolekulare Nanotechnologie
Physik Department & Walter Schottky Institute
Technische Universität München
Am Coulombwall 4a
D-85748 Garching bei München
Tel.: 089-289-11615
Fax: 089-289-11612
dietz@tum.de
http://bionano.physik.tu-muenchen.de

AUTOREN

Thomas Gerling
2003–2009 Diplom in Physik, LMU München. **2009–2010** wissenschaftlicher Mitarbeiter bei Prof. Dr. P. Fromherz, Department für Membran- und Neurophysik, Max-Planck-Institut für Biochemie, München. **2010** Promotion bei Prof. Dr. H. Dietz, Labor für Biomolekulare Nanotechnologie, TU München.

Hendrik Dietz
1998–2004 Studium der Physik an der Universität Paderborn, Universidad de Zaragoza, Spanien und LMU München. **2007** Promotion in Physik, TU München. **2007–2009** Postdoc am Department für Biochemie und Molekulare Pharmakologie, Harvard Medical School, Boston, MA, USA. Seit **2009** Extraordinariat Experimentelle Biophysik an der TU München.

Nanoporenanalytik

Hochauflösende Einzelmolekülanalyse mit Nanoporen-Arrays

GERHARD BAAKEN[1, 2], JAN C. BEHRENDS[1, 3]

[1]PHYSIOLOGISCHES INSTITUT, UNIVERSITÄT FREIBURG

[2]INSTITUT FÜR MIKROSYSTEMTECHNIK (IMTEK), UNIVERSITÄT FREIBURG

[3]FREIBURGER ZENTRUM FÜR MATERIALFORSCHUNG (FMF)

Ein Array aus einzelnen individuell elektrisch kontaktierten biologischen Nanoporen in synthetischen Lipidmembranen erlaubt die parallele Detektion einzelner Moleküle in wässrigen Lösungen. Die hohe Auflösung der Messungen wird beim Einsatz zur präzisen Bestimmung der Massenverteilung von Polymeren deutlich.

A chip array in which single biological nanopores in synthetic lipid membranes are electrically contacted individually allows parallel single molecule detection in aqueous solution. The high resolution of the measurements is shown in an application to precisely determine the distribution of polymer masses.

■ In den letzten Jahren sind zahlreiche Anwendungsmöglichkeiten von nanoskaligen Poren insbesondere als Sensoren für die Marker-freie molekulare Analyse gezeigt worden. Beispiele sind die Detektion und Charakterisierung von Polynukleotiden (DNA, RNA) oder Proteinen ebenso wie von synthetischen Polymeren, die Einzelmolekül-Kraftspektroskopie und die Einzelmolekül-Massenspektrometrie [1–3]. Das Funktionsprinzip der Nanoporenanalytik ist ebenso einfach wie faszinierend: Es beruht auf der Messung der Ionenleitfähigkeit einer Pore in einer wässrigen Salzlösung (z. B. Kaliumchlorid). Gerät ein ebenfalls in Lösung befindliches größeres Molekül, wie z. B. ein DNA-Einzelstrang oder ein synthetisches Polymer, in die Pore wird deren elektrische Leitfähigkeit für Sekundenbruchteile schlagartig kleiner (**Abb. 1**). Ganz ähnlich wie mit einer Lichtschranke lässt sich also die Anwesenheit eines Moleküls in der Pore in Echtzeit detektieren. Wichtig ist, dass, obwohl es sich um eine elektrische Messung handelt, der Analyt selbst nicht elektrisch geladen sein muss.

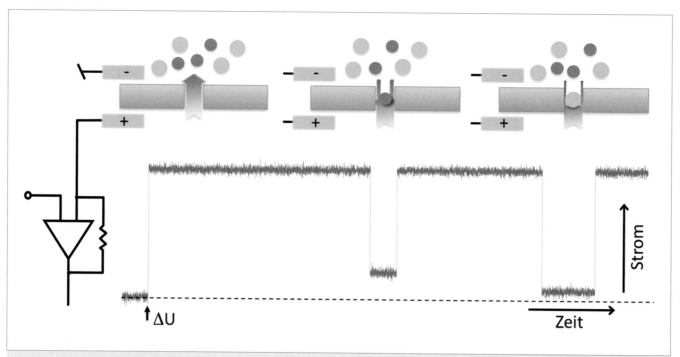

▲ **Abb. 1:** Prinzip der Detektion mit Nanoporen. Über genau eine Pore in einem Isolator wird eine konstante Spannung ΔU angelegt. Die Vorrichtung befindet sich in wässriger Salzlösung, sodass es entsprechend dem Ohm'schen Gesetz zu einem ionischen Stromfluss kommt, der der Leitfähigkeit der Pore proportional ist. Gerät ein Molekül in die Pore wird der Stromweg teilweise verlegt und es kommt zu einer kurzzeitigen Verringerung des Stroms, dem Widerstandspuls. Größe und Dauer der Pulse sind mit der Größe des Moleküls korreliert.

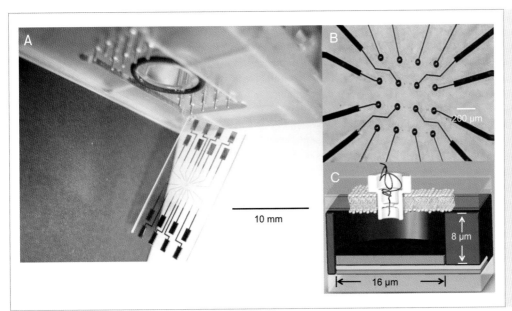

◀ **Abb. 2:** Aufbau und Kontaktierung des MECA-Chips. **A**, MECA-Chip und Chiphalter (oben). Sichtbar sind die Goldkontakte sowie die Leiterbahnen, die zum zentralen Sensor-Array ziehen. **B**, Auflichtmikroskopisches Bild des MECA mit 16 Kavitäten. **C**, Schematische Darstellung einer Mikroelektrodenkavität mit Bilipidschicht und Pore, in der ein blockierendes Molekül gezeichnet ist. Die unterschiedlichen Materialien sind farbcodiert: Glas (hellgrau), Haftschicht aus Chrom (grün), Gold (gelb), Ag/AgCl (dunkelgrau) und photostrukturierbares Polymer (blau). Reproduziert aus [9], © American Chemical Society.

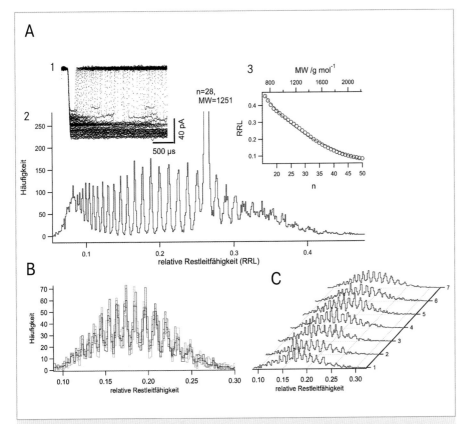

▲ **Abb. 3:** Polymermassenspektrometrie mit dem MECA-Chip. **A**, Ergebnisse einer Ableitung von einer einzelnen alpha-Hämolysin-Pore mit einem hochauflösenden Messverstärker in Gegenwart einer polydispersen Mischung von Polyethylenglykol(PEG)-Molekülen unterschiedlicher Größe (MW ca. 700 bis 2.200 Gramm pro Mol). Zur Kalibrierung wurde dieser Mischung eine höhere Konzentration eines hochreinen, monodispersen Polymers (MW = 1.251) beigegeben. (1) Überlagerte Widerstandspulse (n = 100). Es können Pulse deutlich unter einer Millisekunde aufgelöst werden. (2) Häufigkeitsverteilung der während des Blocks verbleibenden relativen Restleitfähigkeit (RRL, auf Offenleitfähigkeit normiert). Deutlich erkennbar sind diskrete Maxima im Bereich von 0,09 bis ca. 0,4. Sie entsprechen jeweils einer bestimmten Anzahl von Wiederholungseinheiten (n) des Polymers (3). **B, C**, RRL-Verteilungen aus einer simultanen Ableitung von mehreren Einzelporen in Gegenwart von polydispersem PEG 1.500 mithilfe eines Mehrkanalverstärkers. Auch hier sind deutliche Maxima erkennbar, deren Position zwischen den einzelnen Elementen des Arrays übereinstimmt.

Über die bloße Detektion hinaus sind sowohl Stärke als auch Zeitdauer des Blocks mit der Größe des blockierenden Moleküls korreliert. Das Detektionsprinzip – auch als *resistive pulse sensing* (Widerstandspulsdetektion) bezeichnet – hat also Ähnlichkeit mit der Vorrichtung, die Wallace Coulter in den 1950er-Jahren als Zähl- und Messgerät für Partikel im Mikrometermaßstab (wie z. B. Blutzellen) zum Patent angemeldet hat, weshalb Nanoporen auch als „molekulare Coulter-Counter" bezeichnet werden. Auf der Nanometerskala allerdings spielen, anders als beim Coulter-Counter, molekulare Interaktionen zwischen Pore und Analyt für die Detektion eine wichtige Rolle.

Als biologische Nanoporen kommen Membranproteine zum Einsatz, die in ihrer natürlichen Funktion Stofftransporte vermitteln. Das besonders häufig verwendete Membranaktive alpha-Toxin des Bakteriums *Staphylococcus aureus* hat lytische Wirkung auf Erythrozyten und ist ein wichtiger Virulenzfaktor. Neben diesem alpha-Hämolysin wurden auch mit einem Porin der äußeren Membran eines Mykobakteriums (MspA) vielversprechende Messungen durchgeführt [4].

Mit modernen Methoden der Nanostrukturierung lassen sich nanometergroße Poren auch technisch herstellen, indem z. B. dünne Schichten aus Siliziumnitrid oder neuerdings auch aus Graphen mit fokussierten Elektronen- oder Ionenstrahlen bearbeitet werden [5]. Auch mit solchen Poren können einzelne Proteine, Polynukleotide und synthetische Polymere detektiert werden. Gegenüber diesen Festkörpernanoporen haben die biologischen Proteinnanoporen jedoch wichtige Vorteile. Dazu zählen insbesondere die Tatsache, dass ihre elektrische Leitfähigkeit relativ stabil ist, sowie die Möglichkeit, mithilfe von gezielten Mutationen und chemischer Modifizierung in die Pore z. B. Bindungsstellen für Analyten einzubringen. Derart modifizierte Poren können dann über die Dauer des Blocks Informationen über Bindungsaffinitäten liefern.

Biologische Nanoporen können allerdings erst als Sensoren funktionieren, wenn sie in synthetische Membransysteme als funktionelle Proteine eingebaut worden sind. Hierzu werden Phospholipid-Doppelschichten über eine Öffnung in einer Trennwand zwischen zwei mit Salzlösung gefüllten Kompartimenten ausgespannt, die zur Messung der Porenleitfähigkeit über nicht-polarisierbare Elektroden zweiter Art (Ag/AgCl-Elektroden) mit der Messelektronik verbunden werden.

Die in der Forschung gegenwärtig für solche Messungen verwendeten Aufbauten und Methoden können nur von erfahrenen Spezialisten produktiv verwendet werden. Sie sind darüber hinaus einer Automatisierung nicht zugänglich und nicht für simultane Messungen an mehreren einzelnen Poren geeignet. Die Phospholipidschichten werden dabei von Hand über jeweils einzeln präparierte Aperturen in hydrophoben Materialien, meist Teflonfolien, aufgetragen. Die zukünftige Erschließung der vielfältigen und attraktiven Anwendungsfelder der Nanoporenanalytik in Chemie und Biologie hängt also entscheidend davon ab, dass es gelingt, Plattformtechnologien zu entwickeln, die schnelle und möglichst automatische elektrische Messungen an Nanoporen mit möglichst hohem Durchsatz erlauben.

Eine ähnliche Entwicklung hat auf einem verwandten Gebiet – der elektrophysiologischen Analyse von zellulären Ionenkanälen – bereits Forschung und Entwicklung in der Pharmaindustrie erreicht und entscheidend vorangetrieben [5]. Möglich wurde dies durch Übersetzung der klassischen Patch-Clamp-Technologie in Chip-basierte Formate in Form von planaren Arrays [6]. Ähnliche Bemühungen haben auf dem Gebiet der Nanoporenanalytik in den letzten Jahren begonnen [7]. Ziel ist die Schaffung miniaturisierter Messaufbauten, die eine schnelle und sichere sowie automatisierbare Ausbildung von Bilipidschichten und Rekonstitution des Porenproteins und parallele Messungen von vielen Nanoporen erlauben. Die Herstellung solcher biohybriden Sensor-Arrays, die biologische und technisch hergestellte Kompo-

nenten integrieren müssen, ist Teil einer der vielversprechendsten, aber auch herausforderndsten Aufgaben der Mikro- und Nanotechnologie: die technische Nutzbarmachung der unübertroffenen Sensitivität und Spezifität von biologischen Makromolekülen als Sensoren [8].

Entscheidend für die Entwicklung von Nanoporen-Arrays ist, dass die Messauflösung, insbesondere das Signal-zu-Rausch-Verhältnis, nicht schlechter werden darf als bei Messungen an einzelnen Poren und wenn möglich gegenüber den gegenwärtig genutzten, experimentellen Techniken sogar verbessert werden sollte. Einige der attraktivsten denkbaren Anwendungen der Nanoporenanalytik, wie beispielsweise die Sequenzierung von DNA-Einzelsträngen waren bisher unter anderem wegen mangelnder Präzision und Zeitauflösung bei der Leitfähigkeitsmessung nicht realisierbar. Für eine möglichst hohe Auflösung ist es unter anderem erforderlich, die elektrische Kapazität der Gesamtanordnung aus Trägersubstrat und synthetischer Membran so gering wie möglich zu halten. Dies bedeutet vor allem, dass die Abmessungen aller Elektrolytbenetzten Flächen, die direkt in Kontakt mit dem Messverstärker stehen, möglichst klein sein sollten.

Mit dieser Zielsetzung haben wir in den letzten fünf Jahren in Kooperation von Mikrosystemtechnik und Elektrophysiologie die sogenannte MECA (*microelectrode cavity array*)-Plattform entwickelt [9, 10]. Im Gegensatz zu anderen Ansätzen, bei denen die elektrische Messung letztlich über mikrofluidische Elektrolytkanäle vermittelt wird, die an die Apertur herangeführt werden, erfolgt die elektrische Kontaktierung beim MECA über mikrosystemtechnisch hergestellte Ag/AgCl-Mikroelektroden am Boden von Sacklöchern, die in einem photolithographisch strukturierbaren Polymersubstrat auf einem Glassubstrat ausgebildet sind. Sie haben Durchmesser im Bereich von sechs bis 50 Mikrometer und sind acht Mikrometer tief. Sie werden über Goldleiterbahnen mit der Messelektonik verbunden und können im Abstand von wenigen 100 Mikrometern angeordnet werden, was eine sehr dichte Integration ermöglicht. Gegenwärtig verwenden wir einen Prototyp mit 16 solchen Kavitäten (**Abb. 2**), der mit mikrosystemtechnischen Standardmethoden hergestellt wird. Eine besondere technische Herausforderung liegt dabei in der Herstellung langzeitstabiler Ag/AgCl-Elektroden mit Durchmessern weit unter 100 Mikro-

meter. Hierzu kommen eigens entwickelte Verfahren der elektrochemischen Silberabscheidung sowie der anschließenden Umwandlung eines Teils des Silbers in AgCl zum Einsatz.

Messungen mit einem hochauflösenden Verstärker, der jedoch nur über einen Messkanal verfügt, ergeben ein gegenüber den klassischen Systemen um den Faktor 5 vermindertes Störrauschen. Dies erlaubt z. B. mithilfe einer alpha-Hämolysinpore die massenspektroskopische Analyse von Polymermischungen mit der Auflösung einzelner Wiederholungseinheiten. Dabei konnten Widerstandspulse von nur 250 Mikrosekunden Dauer, wie sie vor allem durch sehr kleine Polymere (Molekulargewicht unter 1.500 Gramm pro Mol) verursacht werden, präzise vermessen und in die Analyse einbezogen werden. Ein solches Experiment ist in **Abbildung 3A** gezeigt. Auch simultane Messungen von bis zu 16 Bilipidschichten haben wir bereits durchgeführt; der dazu nötige Mehrkanalverstärker hat eine deutlich geringere Zeitauflösung. Dennoch fanden wir bei simultanen Ableitungen an mehreren Einzelporen Einzelmolekül-Massenspektren mit exakt übereinstimmenden Maxima (**Abb. 3B, C**). Verschiedene Arbeitsgruppen arbeiten bereits an verbesserter Mehrkanalelektronik, sodass in naher Zukunft auch simultane Ableitungen mit hoher Zeitauflösung möglich sein werden.

Diese und ähnliche Entwicklungen sollen es ermöglichen, dass die Analytik mit biologischen Nanoporen in wenigen Jahren zu einer Standardmethode der Biotechnologie und der chemischen Analytik wird. Planare Arraystrukturen, wie die hier vorgestellte, sind prinzipiell gut geeignet, auch die Herstellung der synthetischen Membranen zu automatisieren. Erste Versuche in diese Richtung sind vielversprechend. Auch die Rekonstitution der Proteine wird zunehmend besser verstanden und kontrollierbarer [11]. Insofern ist die Hoffnung berechtigt, dass biologische Nanoporen-Arrays ein erstes Beispiel für die erfolgreiche und auch analytisch nutzbare Integration biologischer Nanostrukturen in technische Systeme sein werden.

Danksagung

Wir danken dem BMBF für die finanzielle Förderung sowie unseren Kollegen Jürgen Rühe, Norbert Ankri und Anne-Katrin Schuler für die Unterstützung und fruchtbare Zusammenarbeit.

Literatur

[1] Majd S, Yusko EC, Billeh YN et al. (2010) Applications of biological pores in nanomedicine, sensing, and nanoelectronics. Curr Opin Biotechnol 21:439–476

[2] Kasianowicz JJ, Robertson JWF, Chan ER et al. (2008) Nanoscopic porous sensors. Annu Rev Anal Chem 1:737–766

[3] Muthukumar M (2011) Polymer Translocation. CRC Press, New York

[4] Derrington IM, Butler TZ, Collins MD et al. (2010) Nanopore DNA sequencing with Mspa. Proc Natl Acad Sci USA 107:16060–16065

[5] Dunlop J, Bowlby M, Peri R et al. (2008) High-throughput electrophysiology: an emerging paradigm for ion-channel screening and physiology. Nat Rev Drug Discov 7:358–368

[6] Behrends JC, Fertig N (2007) Planar Patch Clamping. In: Walz, W (Hrsg) Patch-Clamp Analysis: Advanced Techniques. 2. Aufl., Humana Press, Totowa, NJ. 411–433

[7] Demarche S, Sugihara K, Zambelli T et al. (2011) Techniques for recording reconstituted ion channels. The Analyst 136:1077

[8] Astier Y, Bayley H, Howorka S (2005) Protein components for nanodevices. Curr Opin Chem Biol 9:576–584

[9] Baaken G, Ankri N, Schuler A-K et al. (2011) Nanopore-based single-molecule mass spectrometry on a lipid membrane microarray. ACS Nano 5:8080–8088

[10] Baaken G, Sondermann M, Schlemmer C et al. (2008) Planar microelectrode-cavity array for high-resolution and parallel electrical recording of membrane ionic currents. Lab Chip 8:938–944

[11] Renner S, Bessonov A, Simmel FC (2011) Voltage-controlled insertion of single α-hemolysin and *Mycobacterium smegmatis* nanopores into lipid bilayer membranes. Appl Phys Lett 98:083701

Korrespondenzadresse:
Prof. Dr. Jan Behrends
Physiologisches Institut
Universität Freiburg
Hermann-Herder-Straße 7
D-79104 Freiburg i. Br.
Tel.: 0761-2035146
Fax: 0761-203 5147
jan.behrends@physiologie.uni-freiburg.de

AUTOREN

Gerhard Baaken
Jahrgang 1975. Studium der Mikrosystemtechnik an der Universität Freiburg. Dort 2005 Ingenieursdiplom, 2008 Promotion. Seit 2009 Wissenschaftlicher Mitarbeiter und Projektleiter im BMBF-Verbundprojekt „PolyEphys".

Jan C. Behrends
Jahrgang 1963. Medizinstudium an der LMU München. 1989 Ärztliche Prüfung. 1993 Promotion in experimenteller Neurophysiologie. 2002 Habilitation für Physiologie an der LMU. Forschungstätigkeit an der Kyushu University, Japan, dem Institut Pasteur, Paris, Frankreich, sowie dem MPI für Psychiatrie (Abt. Neurophysiologie) in Martinsried bei München. Seit 2003 Universitätsprofessor für Physiologie an der Universität Freiburg.

Nanosensorik

Multiplex-Einzelmolekülanalyse von Transmembranprozessen

ALEXANDER KLEEFEN, ROBERT TAMPÉ

INSTITUT FÜR BIOCHEMIE, BIOZENTRUM, UNIVERSITÄT FRANKFURT A. M.

Ein *lab on a chip*-System, das aus Feldern mit jeweils Tausenden von Nanoporen besteht, kann zur parallelen Einzelmolekül-Analyse insbesondere von nicht-elektrogenen Membrantransportprozessen eingesetzt werden.

A lab-on-a-chip device consisting of arrays with thousands of nanopores is used for the parallel analysis of membrane proteins. The system is particularly suited for the precise characterization of non-electrogenic transporters.

■ Membranständige Rezeptoren, Kanäle und Transporter zählen zu den wichtigsten Zielmolekülen der Pharmaforschung. Zur Etablierung von effizienten *high throughput screenings* (HTS) müssen Messungen hochparallel und mit geringem Probenverbrauch durchführbar sein. Trotz der besonderen Bedeutung steht die Entwicklung geeigneter Verfahren zur parallelen Untersuchung von Membranproteinen noch am Anfang. Bei Membranproteinen, die den Transport von Ionen oder Molekülen über die Zellmembran vermitteln, ist primär das Messen der Transportkinetik von Interesse. Vielversprechende Fortschritte bezüglich der Parallelisierung konnten hier besonders bei elektrischen Messverfahren erzielt werden [1, 2]. Diese

sind jedoch nicht einsetzbar, falls das transportierte Substrat ungeladen ist oder der Transport sehr langsam erfolgt. Durch fluoreszenzbasierte Methoden sind hingegen auch nicht-elektrogene Transportprozesse zugänglich [3]. Darüber hinaus ermöglicht die Fluoreszenzanalyse die gleichzeitige Untersuchung mehrerer unterschiedlicher Substrate, wenn diese mit spektral verschiedenen Fluoreszenzfarbstoffen markiert sind.

Als Analyseplattform [4] dient ein Siliziumchip, auf dessen Oberfläche sich etwa 50.000 mittels Elektronenstrahllithografie gefertigte Nanoporen befinden (**Abb. 1**). Der Durchmesser der Poren (12 bis 120 Nanometer) kann durch die beim „Schreiben" mit dem Elektronenstrahl verwendete Energiedosis

präzise kontrolliert werden. Jede Pore bildet den Zugang zu einem jeweils eigenen Mikrokompartiment im Inneren des Chips, das als Reservoir für das transportierte, fluoreszenzmarkierte Substrat dient. Die Seitenlänge dieses Kompartiments (fünf Mikrometer) beträgt etwa das 100-fache des Nanoporendurchmessers, sodass es (im Gegensatz zur Pore) im optischen Mikroskop deutlich zu erkennen ist. Die Kavitäten sind von einer nur 50 Nanometer dünnen, transparenten Siliziumnitridschicht bedeckt, die das Auslesen der Fluoreszenz innerhalb des Kompartiments ermöglicht. Sowohl die Poren als auch die Kompartimente lassen sich während des Fertigungsprozesses exakt und unabhängig voneinander dimensionieren. Die exakte Gleichförmigkeit der Kompartimente ist dabei unerlässlich für die Vergleichbarkeit der parallelen Messungen. Die Seitenwände der Kompartimente sind reflektierend, was die Fluoreszenzausbeute erhöht und somit zu höherer Empfindlichkeit beiträgt.

Freitragende Lipidmembranen

Um die oft sehr empfindlichen Membranproteine in ihrer natürlichen Struktur und Funktion zu erhalten, müssen sie stets unter physiologischen Bedingungen und innerhalb einer Lipidmembran verbleiben. Oft werden sie nach der Isolierung und Reinigung in eine künstliche Membran rekonstituiert, in der

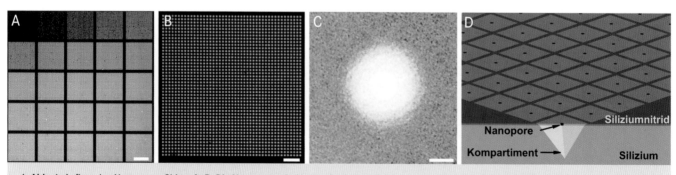

▲ **Abb. 1:** Aufbau des Nanoporen-Chips. **A, B,** Die Nanoporen sind in quadratischen Feldern angeordnet (A), die jeweils 45 × 45 Poren beinhalten (B). **C,** Der Durchmesser der Poren ist in jedem Feld unterschiedlich, bei den kleinsten Poren lediglich 15 bis 20 nm (hier: 18 nm). **D,** Die Poren bilden den Zugang zu den pyramidenförmigen Kompartimenten im Inneren des Chips, deren quadratische Grundfläche 5 × 5 µm² misst. Maßbalken: 100 µm (A), 50 µm (B), 20 nm (C). Reproduziert aus [4], © American Chemical Society.

DOI: 10.1007/s12268-011-0106-3

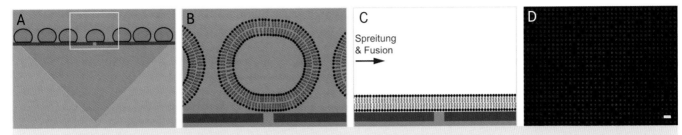

▲ **Abb. 2:** Präparation lösemittelfreier freitragender Lipidmembranen auf Nanoporen. **A–C,** Lipidvesikel adsorbieren auf der Oberfläche (A, B) und bilden in einem selbstorganisierten Prozess eine kontinuierliche, unilamellare Lipidschicht aus, die auch die Nanoporen bedeckt (C). **D,** Durch Einschluss eines Fluoreszenzmarkers in den Kompartimenten kann überprüft werden, ob die Poren effizient abgedichtet sind. Nach Austausch des Außenmediums zeigen nur Membran-überspannte Poren Fluoreszenz im Kompartiment. Maßbalken: 10 µm. Reproduziert aus [4], © American Chemical Society.

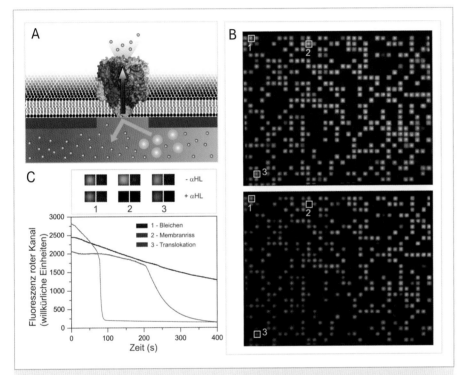

▲ **Abb. 3:** Parallele Analyse von Membrantransport am Beispiel von α-Hämolysin. **A,** In die Kompartimente werden zwei Substrate eingeschlossen, von denen nur eines (Atto532, roter Kanal, rote Kugeln) durch die Proteinpore transportiert werden kann. Das zweite Substrat (Alexa-488-Dextran, grüner Kanal, grüne Kugeln) kann dagegen nur freigesetzt werden, falls die Lipidmembran über der Nanopore reißt. Die Transportkinetik beider Substrate kann über die Fluoreszenzintensität der Kompartimente zeitgleich verfolgt werden. **B,** Innerhalb des Sichtfelds des Mikroskops können zudem etwa 1.000 Nanoporen simultan analysiert werden (roter und grüner Kanal überlagert). Das obere Bild zeigt den Nanoporen-Chip vor, das untere nach der Zugabe von α-Hämolysin. Die drei eingerahmten Kompartimente sind vergrößert in **C** dargestellt. **C,** Der Graph zeigt den zeitlichen Verlauf der roten Fluoreszenzintensität in diesen Kompartimenten nach Zugabe von Hämolysin (αHL). Anhand der Kinetik lassen sich Poren ohne Protein (1), gerissene Lipidmembran (2) und Translokation durch die Proteinpore (3) deutlich voneinander unterscheiden. Reproduziert aus [4], © American Chemical Society.

sich keine Fremdproteine befinden. Viele Membranproteine vertragen dabei organische Lösungsmittel nicht, die z. B. bei der Präparation von sogenannten schwarzen Lipidmembranen (*black lipid membranes*, BLMs) verwendet werden. Es ist daher von besonderem Vorteil, mit lösemittelfreien Membranen zu arbeiten. In Festkörper-unterstützten

Membranen sind Membranproteine in der Regel ebensowenig stabil. Der Kontakt der Proteine mit der Trägeroberfläche kann vermieden werden, indem die Proteine in freitragende Membranen über den Nanoporen eingebracht werden. Diese Lipidmembranen werden durch Selbstorganisation gebildet. Dazu wird der Chip zunächst durch Oxida-

tion im Sauerstoffplasma hydrophilisiert. Eine weitere Beschichtung bzw. chemische Modifikation der Oberfläche ist nicht notwendig. An der Oberfläche adsorbierte Lipidvesikel bilden spontan eine planare, unilamellare Membran aus, die auch die Nanoporen überspannt und damit abdichtet. Dies lässt sich durch Einschluss eines Fluoreszenzmarkers in den Kavitäten nachweisen (**Abb. 2**): Nach Ausbildung der Membran und Austausch des Außenmediums zeigen ausschließlich die Membran-überspannten Nanoporen Fluoreszenz in den Kompartimenten. Nur auf diesen lassen sich erfolgreich Messungen von Transportprozessen durchführen. Im Gegensatz zu früheren Arbeiten mit Poren im Mikrometer-Maßstab [5] gelingt das Abdichten der Nanoporen nun auch mit Vesikeln von nur 300 bis 400 Nanometer Durchmesser. Dies ist ein entscheidender Fortschritt, da Vesikel dieser Größe routinemäßig für die Rekonstitution von Membranproteinen verwendet werden. Diese Proteoliposomen können somit unmittelbar für Messungen der Proteine auf den Nanoporen-Chips verwendet werden. Ein weiterer Vorteil der Nanodimensionierung ist, dass die freitragenden Lipidmembranen auf den kleineren Poren wesentlich stabiler sind als bei BLMs, die in der Regel in Teflonporen im Mikrometer- bis Millimeterbereich präpariert werden. Aufgrund der Dimensionen der Nanoporen befindet sich statistisch nur ein einzelnes Membranprotein in jeder Pore (*single channel recording*).

Parallele Analyse des Membrantransports auf Nanoporen-Feldern

Die Transportkinetik einzelner Membranproteinmoleküle lässt sich über zeitaufgelöste Fluoreszenzmessungen in Echtzeit verfolgen (**Abb. 3**). Durch Markierung mit unterschiedlichen Fluorophoren kann zusätzlich zeitgleich ein Referenzsubstrat untersucht werden (Positiv- oder Negativkontrolle). Dies ermöglicht es beispielsweise, das eventuelle Reißen der Lipidmembran von Protein-vermittelter Translokation zu unterscheiden. Die Referenz kann auch zur Normierung der Messung genutzt werden. Des Weiteren lassen sich auf diese Weise Substratspezifität sowie Ligand- und Inhibitor-Wechselwirkungen leichter studieren. Um das Potenzial der Parallelisierung noch zu erweitern, könnten die einzelnen Nanoporen-Felder durch Integration eines Mikrofluidiksystems als voneinander vollständig unabhängige Einheiten angesprochen werden. Somit ließen sich auf einem Chip gleichzeitig unterschiedliche Proteine und Liganden aufbringen. Beim Aufbringen der Proteine auf die Chipoberfläche sind ebenfalls weitere Alternativen denkbar: Neben Proteoliposomen könnte die planare Lipidmembran auch aus Vesikeln gebildet werden, die direkt aus der Zellmembran (*native vesicles*) [6] oder Zellorganellen stammen (z. B. Mikrosomen). Durch die Nutzung der hochpräzisen Techniken der Halbleiter-Strukturierung ist eine kontinuierliche Verbesserung, Flexibilität und Erweiterung dieses Systems möglich.

Danksagung

Wir bedanken uns beim BMBF und der DFG für finanzielle Förderung sowie unseren Partnern Daniel Pedone, Christian Grunwald, Ruoshan Wei, Matthias Firnkes, Gerhard Abstreiter, Ulrich Rant, Hagan Bayley und Min Chen für die fruchtbare Zusammenarbeit und Ihre Unterstützung.

Literatur

[1] Suzuki H, Takeuchi S (2008) Microtechnologies for membrane protein studies. Anal Bioanal Chem 391:2695–2702
[2] Demarche S, Sugihara K, Zambelli T et al. (2011) Techniques for recording reconstituted ion channels. Analyst 136:1077–1089
[3] Peters R (2003) Optical single transporter recording: transport kinetics in microarrays of membrane patches. Annu Rev Biophys Biomol Struct 32:47–67
[4] Kleefen A, Pedone D, Grunwald C et al. (2010) Multiplexed Parallel Single Transport Recordings on Nanopore Arrays. Nano Lett 10:5080–5087
[5] Buchholz K, Tinazli A, Kleefen A et al. (2008) Silicon-on-insulator based nanopore cavity arrays for lipid membrane investigation. Nanotechnology 19:445305
[6] Pick H, Schmid EL, Tairi AP et al. (2005) Investigating cellular signaling reactions in single attoliter vesicles. J Am Chem Soc 127:2908–2912

Korrespondenzadresse:
Prof. Dr. Robert Tampé
Institut für Biochemie, Biozentrum
Goethe-Universität Frankfurt a. M.
Max-von-Laue-Straße 9
D-60438 Frankfurt a. M.
Tel.: 069-79829476
Fax: 069-79829495
tampe@em.uni-frankfurt.de

AUTOREN

Alexander Kleefen
Jahrgang **1982. 2002–2007** Biochemiestudium (Diplom) an der Universität Frankfurt a. M. Dort seit **2008** Doktorand im Institut für Biochemie bei Prof. Dr. Tampé.

Robert Tampé
Jahrgang **1961.** Studium der Chemie/Biochemie an der TU Darmstadt, **1989** Promotion. Danach Postdoc-Aufenthalt an der Stanford University, CA, USA. **1991** Leiter einer unabhängigen Nachwuchsgruppe am Max-Planck-Institut für Biochemie, Martinsried und an der TU München. **1996** Habilitation in Biochemie und Biophysik an der TU München; Heisenberg-Stipendium der Deutschen Forschungsgemeinschaft. **1998** Ruf auf Lehrstuhl Physiologische Chemie des Klinikums der Universität Marburg. Seit **2001** Professur am Institut für Biochemie, Universität Frankfurt a. M.